21世纪全国应用型本科土木建筑系列实用规划教材

高层建筑结构设计

主　编　张仲先　王海波
副主编　黄太华　闫　磊
参　编　刘立平　黎　丹
　　　　程志勇　夏冬桃
　　　　胡军安　张　杰
　　　　周春圣
主　审　苏　原

内 容 简 介

本书是按照我国现行有关规范与规程，参考同类优秀教材，并结合我国高层建筑发展状况而编写的。主要内容包括绪论，高层建筑结构体系与布置原则，高层建筑结构荷载及其效应组合，框架结构、剪力墙结构、框架-剪力墙结构的近似计算方法，高层建筑扭转的近似计算方法，钢筋混凝土框架结构设计，钢筋混凝土剪力墙结构设计，复杂高层建筑结构简介，高层建筑钢结构与混合结构设计简介等。

本书可作为普通高等院校土木工程专业的学生学习高层建筑结构设计的教材，同时可作为建筑结构专业工程技术人员的参考用书。

图书在版编目(CIP)数据

高层建筑结构设计/张仲先，王海波主编. —北京：北京大学出版社，2006.7

(21 世纪全国应用型本科土木建筑系列实用规划教材)

ISBN 7-301-10753-9

Ⅰ. 高… Ⅱ. ①张… ②王… Ⅲ. 高层建筑—结构设计—高等学校—教材 Ⅳ. TU973

中国版本图书馆 CIP 数据核字(2006)第 057946 号

书　　名：高层建筑结构设计
著作责任者：张仲先　王海波　主编
策 划 编 辑：吴　迪　李昱涛
责 任 编 辑：吴　迪
标 准 书 号：ISBN 7-301-10753-9/TU・0039
出　版　者：北京大学出版社
地　　址：北京市海淀区成府路 205 号　100871
网　　址：http://www.pup.cn　http://www.pup6.com
电　　话：邮购部 62752015　发行部 62750672　编辑部 62750667　出版部 62754962
电 子 信 箱：pup_6@163.com
印　刷　者：北京宏伟双华印刷有限公司
发　行　者：北京大学出版社
经　销　者：新华书店
787 毫米×1092 毫米　16 开本　16 印张　363 千字
2006 年 7 月第 1 版　2018 年 8 月第 12 次印刷
定　　价：23.00 元

《21世纪全国应用型本科土木建筑系列实用规划教材》

专家编审委员会

丛书总序

我国高等教育发展迅速，全日制高等学校每年招生人数至2004年已达到420万人，毛入学率19%，步入国际公认的高等教育“大众化”阶段。面临这种大规模的扩招，教育事业的发展与改革坚持以人为本的两个主体：一是学生，一是教师。教学质量的提高是在这两个主体上的反映，教材则是两个主体的媒介，属于教学的载体。

教育部曾在第三次新建本科院校教学工作研讨会上指出：“一些高校办学定位不明，盲目追求上层次、上规格，导致人才培养规格盲目拔高，培养模式趋同。高校学生中‘升本热’、‘考硕热’、‘考博热’持续升温，应试学习倾向仍然比较普遍，导致各层次人才培养目标难于全面实现，大学生知识结构不够合理，动手能力弱，实际工作能力不强。”而作为知识传承载体的教材，在高等教育的发展过程中起着至关重要的作用，但目前教材建设却远远滞后于应用型人才培养的步伐，许多应用型本科院校一直沿用偏重于研究型的教材，缺乏针对性强的实用教材。

近年来，我国房地产行业已经成为国民经济的支柱行业之一，随着本世纪我国城市化的大趋势，土木建筑行业对实用型人才的需求还将持续增加。为了满足相关应用型本科院校培养应用型人才的教学需求，从2004年10月北京大学出版社第六事业部就开始策划本套丛书，并派出10多位编辑分赴全国近30个省份调研了两百多所院校的课程改革与教材建设的情况。在此基础上，规划出了涵盖“大土建”六个专业——土木工程、工程管理、建筑学、城市规划、给排水、建筑环境与设备工程的基础课程及专业主干课程的系列教材。通过2005年1月份在湖南大学的组稿会和2005年4月份在三峡大学的审纲会，在来自全国各地几十所高校的知名专家、教授的共同努力下，不但成立了本丛书的编审委员会，还规划出了首批包括土木工程、工程管理及建筑环境与设备工程等专业方向的40多个选题，再经过各位主编老师和参编老师的艰苦努力，并在北京大学出版社各级领导的关心和第六事业部的各位编辑辛勤劳动下，首批教材终于2006年春季学期前夕陆续出版发行了。

在首批教材的编写出版过程中，得到了越来越多的来自全国各地相关兄弟院校的领导和专家的大力支持。于是，在顺利运作第一批土建教材的鼓舞下，北京大学出版社联合全国七十多家开设有土木建筑相关专业的高校，于2005年11月26日在长沙中南林学院召开了《21世纪全国应用型本科土木建筑系列实用规划教材》（第二批）组稿会，规划了①建筑学专业；②城市规划专业；③建筑环境与设备工程专业；④给排水工程专业；⑤土木工程专业中的道路、桥梁、地下、岩土、矿山课群组近60个选题。至此，北京大学出版社规划的“大土木建筑系列教材”已经涵盖了“大土建”的6个专业，是近年来全国高等教育出版界唯一一套完全覆盖“大土建”六个专业方向的系列教材，并将于2007年全部出版发行。

我国高等学校土木建筑专业的教育，在国家教育部和建设部的指导下，经土木建筑专业指导委员会六年来的研讨，已经形成了宽口径“大土建”的专业发展模式，明确了土木建筑专业教育的培养目标、培养方案和毕业生基本规格，从宽口径的视角，要求毕业生能从事土木工程的设计、施工与管理工作。业务范围涉及房屋建筑、隧道与地下建筑、公路与城市道路、铁道工程与桥梁、矿山建筑等，并且制定一整套课程教学大纲。本系列教材就是根据最新的培养方案和课程教学大纲，由一批长期在教学第一线从事教学并有过多年工程经验和丰富教学经验的教师担任主编，以定位“应用型人才培养”为目标而编撰，具有以下特点：

(1) 按照宽口径土木工程专业培养方案，注重提高学生综合素质和创新能力，注重加强学生专业基础知识和优化基本理论知识结构，不刻意追求理论研究型教材深度，内容取舍少而精，向培养土木工程师从事设计、施工与管理的应用方向拓展。

(2) 在理解土木工程相关学科的基础上，深入研究各课程之间的相互关系，各课程教材既要反映本学科发展水平，保证教材自身体系的完整性，又要尽量避免内容的重复。

(3) 培养学生，单靠专门的设计技巧训练和运用现成的方法，要取得专门实践的成功是不够的，因为这些方法随科学技术的发展经常在改变。为了了解并和这些迅速发展的方法同步，教材的编撰侧重培养学生透析理解教材中的基本理论、基本特性和性能，又同时熟悉现行设计方法的理论依据和工程背景，以不变应万变，这是本系列教材力图涵盖的两个方面。

(4) 我国颁发的现行有关土木工程类的规范及规程，系 1999～2002 年完成的修订，内容有较大的取舍和更新，反映了我国土木工程设计与施工技术的发展。作为应用型教材，为培养学生毕业后获得注册执业资格，在内容上涉及不少相关规范条文和算例。但并不是规范条文的释义。

(5) 当代土木工程设计，越来越多地使用计算机程序或采用通用性的商业软件，有些结构特殊要求，则由工程师自行编写程序。本系列的相关工程结构课程的教材中，在阐述真实结构、简化计算模型、数学表达式之间的关系的基础上，给出了设计方法的详细步骤，这些步骤均可容易地转换成工程结构的流程图，有助于培养学生编写计算机程序。

(6) 按照科学发展观，从可持续发展的观念，根据课程特点，反映学科现代新理论、新技术、新材料、新工艺，以社会发展和科技进步的新近成果充实、更新教材内容，尽最大可能在教材中增加了这方面的信息量。同时考虑开发音像、电子、网络等多媒体教学形式，以提高教学效果和效率。

衷心感谢本套系列教材的各位编著者，没有他们在教学第一线的教改和工程第一线的辛勤实践，要出版如此规模的系列实用教材是不可能的。同时感谢北京大学出版社为我们广大编著者提供了广阔的平台，为我们进一步提高本专业领域的教学质量和教学水平提供了很好的条件。

我们真诚希望使用本系列教材的教师和学生，不吝指正，随时给我们提出宝贵的意见，以期进一步对本系列教材进行修订、完善。

本系列教材配套的 PPT 电子教案以及习题答案在出版社相关网站上提供下载。

《21 世纪全国应用型本科土木建筑系列实用规划教材》

专家编审委员会

2006 年 1 月

前　　言

近 20 年来，我国的高层建筑发展犹如雨后春笋，十分迅猛。无论是在高层建筑建造的地域与数量方面，还是在结构的高度与层数、新的结构体系与新材料的应用方面都不断地取得突破，表明我国高层建筑的设计水平和施工技术发展迅速。为了适应我国高层建筑发展的需要，为解决和丰富广大土木工程专业的学生学习高层建筑结构设计的学习用书和众多建筑结构专业的工程技术人员的学习与参考用书，编写这本教材十分必要。

本书的编写不仅参考了同类的优秀教材，还紧密结合国内外，尤其是我国高层建筑的发展与应用现状，严格按照 1998—2002 版的国家现行有关规范与规程进行。这些规范和规程主要包括《建筑结构荷载规范》(GB 50009—2001)、《建筑抗震设计规范》(GB 50011—2001)、《混凝土结构设计规范》(GB 50010—2002)、《高层建筑混凝土结构技术规程》(JGJ 3—2002)、《高层民用建筑钢结构技术规程》(JGJ 99—1998)、《钢骨混凝土结构设计规程》(YB 9082—1997)、《型钢混凝土组合结构技术规程》(JGJ 138—2001)、《钢管混凝土结构设计与施工规程》(CECS 28:90)等。学习本书时，读者应具备混凝土结构和钢结构以及结构力学和材料力学方面的基础知识。通过本书的学习不仅可以帮助读者获得高层建筑结构设计方面的知识，还可帮助读者加深对相关规范与规程的认识与理解，增加对钢骨混凝土及钢管混凝土结构构件设计方面的知识。

全书共分 9 章，主要介绍了高层建筑的发展概况与应用现状、主要特点以及结构分析方法的发展；各种常用结构体系的特点与布置原则、荷载计算与效应组合；对框架结构、剪力墙结构及框架-剪力墙结构的内力分析方法与设计要求作为重点进行了介绍；对复杂高层建筑结构的设计也作了适当的介绍。本书以钢筋混凝土结构为主，同时也介绍了高层钢结构和混合结构。第 1 章及 2.3 节由华中科技大学张仲先教授编写，第 2 章 2.1、2.2 节及第 5 章由黄石理工学院的程志勇副教授编写，第 3 章由武汉工业学院黎丹老师编写，第 4 章由湖南城市学院的王海波副教授编写，第 6 章由中南林业科技大学的黄太华副教授编写，第 7 章由湖北工业大学的夏冬桃、胡军安老师编写，第 8 章由南京工程学院的闫磊老师编写，第 9 章由重庆大学的刘立平副教授编写。全书由华中科技大学张仲先教授和湖南城市学院王海波副教授主编，由华中科技大学苏原副教授主审。华中科技大学土木工程与力学学院张杰博士和周春圣硕士在本书的编写过程中花了大量的时间，在资料收集、插图绘制、全书的校对以及部分章节的编写方面做了大量的工作。

由于编者水平有限，时间仓促，不妥之处在所难免，衷心希望广大读者批评指正。

编　者

2006 年 2 月

目　录

第1章　绪　　论

教学提示：本章介绍了高层建筑的范畴与主要特点，高层建筑结构(包括承载能力、侧移限制、舒适度及稳定与抗倾覆等方面)的总体设计要求，高层建筑的发展历史与现状以及发展过程中表现出来的主要特点，并对高层建筑结构分析与计算方法的发展作了相应的叙述。

教学要求：本章要求学生掌握高层建筑的结构特点，熟悉高层建筑的设计要求，了解高层建筑的发展概况及其结构分析方法。

1.1　高层建筑结构的特点

1.1.1　高层建筑的范畴

有关高层建筑的定义目前尚没有统一规定，从理论上讲应按照结构的受力特性来划分，即按水平作用对建筑物的影响程度来划分。联合国教科文组织下属的世界高层建筑委员会曾于1972年在美国宾夕法尼亚州的伯利恒市召开的国际高层建筑会议上专门讨论了这个问题，提出将9层及9层以上的建筑定义为高层建筑，并建议按建筑的高度将其分为4类：第一类高层建筑：9层～16层(最高到50m)；第二类高层建筑：17层～25层(最高到75m)；第三类高层建筑：26层～40层(最高到100m)；第四类高层建筑(超高层建筑)：40层以上(高度在100m以上)。

但是，不同的国家或地区根据其具体情况，综合建筑类别、材料品种以及防火要求等因素也还有自己的规定。如美国把高层建筑的起始高度规定为22m～25m或7层以上；日本规定为11层、31m；德国规定为22层(从室内地面起)；法国规定为住宅50m以上、其他建筑28m以上。

在我国，关于高层建筑的界限规定也未完全统一。行业标准《高层建筑混凝土结构技术规程》(JGJ 3—2002)(以下简称高规)规定，10层及10层以上和高度超过28m的钢筋混凝土民用建筑属于高层建筑。国家标准《高层民用建筑设计防火规范》(GB 50045—1995)规定，10层及10层以上的住宅建筑(包括底层设置商业服务网点的住宅)和建筑高度超过24m的公共建筑为高层建筑。建筑高度指建筑物室外地面到其檐口或屋面屋面板板顶的高度，屋顶上的瞭望塔、水箱间、电梯机房、排烟机房和出屋面的楼梯间等不计入建筑高度和层数内。

1.1.2　高层建筑结构的主要特点

在一般房屋的结构设计中，通常将整个结构划分为若干平面结构单元，单元按受荷面积或间距分配荷载，然后逐片按平面结构进行力学分析和设计，然而这种简化分析和设计的方法对高层建筑结构却并不适用。高层建筑在水平荷载作用下，如何将各楼层的总水平力(或称为层剪力)分配到各竖向平面结构(例如竖向平面框架、竖向平面剪力墙)呢？由于各片竖向平面结构(或称抗侧力结构)的刚度、形式并不相同，变形特征也不一样，因此，不能简单地像一般房屋那样由受荷面积和间距进行分配，否则会使抗侧力刚度大的结构分配到的水平力过小。高层建筑结构具有如下主要特点。

(1) 水平荷载对结构的影响大，侧移成为结构设计的主要控制目标之一。对一般建筑物，其材料用量、造价及结构方案的确定主要由竖向荷载控制，而在高层建筑结构中，高宽比增大，水平荷载(包括风力和地震力)产生的侧移和内力所占比重增大，成为确定结构方案、材料用量和造价的决定因素。其根本原因就是侧移和内力随高度的增加而迅速增长。例如一竖向悬臂杆件在竖向荷载作用下产生的轴力仅与高度成正比，但在水平荷载作用下的弯矩和侧移却分别与高度呈二次方和四次方的曲线关系。因此，当建筑物达到一定高度或层数之后，内力和位移均急剧增加。如图 1.1 所示是结构内力(N、M)、位移(Δ)与高度(H)的关系，除了轴向力 N 与高度成正比外，弯矩 M 与位移 Δ 都呈指数曲线上升，因此，随着高度的增加，水平荷载将成为控制结构设计的主要因素，结构侧移成为结构设计的主要控制目标。在高层建筑结构中，除了像多层和低层房屋一样进行强度计算外，还必须控制其侧移的大小，以保证高层建筑结构有足够的刚度，避免因侧移过大而造成结构开裂、破坏、倾覆以及一些次要构件和装饰的损坏。

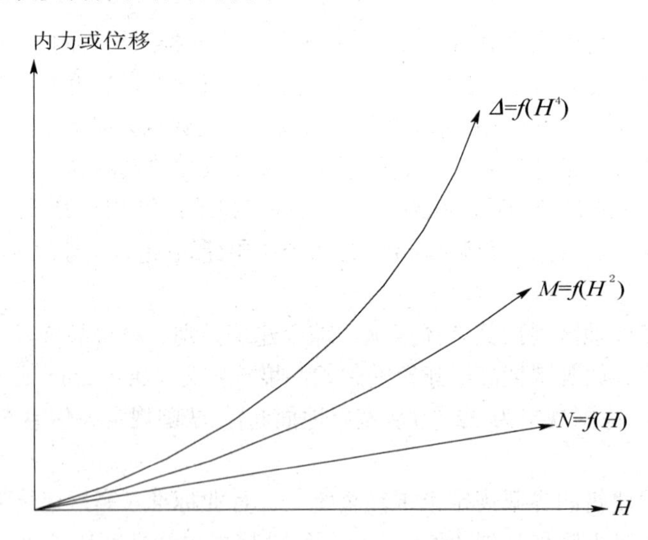

图 1.1　结构内力、位移与高度的关系

(2) 楼(屋)盖结构整体性要求高。高层建筑结构的整体共同工作特性主要是各层楼板(包括楼面梁系)作用的结果，由于楼板在自身平面内的刚度很大，变形较小，故在高层建筑中一般都假定楼板在自身平面内只有刚体位移(仅产生平动和转动)，而不改变形状，并忽略楼板平面之外的刚度。因此，在高层建筑结构中的任一楼层高度处，各抗侧力结构都要受到楼板刚体移动的制约，即所谓的位移协调，这时抗侧刚度大的竖向平面结构必然要分担较多的水平力。在随后的章节中可看到，用简化方法进行内力和位移计算时应该采用其抗侧力刚度分配水平力；用计算机进行计算时应该采用整体协同工作分析或将整个结构作为三维空间体系的分析方法。

(3) 高层建筑结构中构件的多种变形影响大。在一般房屋结构分析中，通常只考虑构件弯曲变形的影响，而忽略构件轴向变形和剪切变形的影响，因为一般来说其构件的轴力和剪力产生的影响很小。而对于高层建筑结构，由于层数多、高度高，轴力很大，从而沿高度逐渐积累的轴向变形很显著，中部构件与边部、角部构件的轴向变形差别大，对结构内力分配的影响大，因而构件中的轴向变形影响必须加以考虑；另外，在剪力墙结构体系中还应计及整片墙或墙肢的剪切变形，在筒体结构中还应计及剪变滞后的影响等。

(4) 结构受到动力荷载作用时的动力效应大。根据结构本身的特点不同，如结构的类型与形式，结构的高度与高宽比，结构的自振周期与材料的阻尼比等的不同，结构受到地震作用或风荷载作用时，产生的动力效应对结构的影响也不同，有时这种动力效应严重影响结构物的正常使用，甚至造成房屋的破坏。

(5) 扭转效应大。当结构的质量分布、刚度分布不均匀时，高层建筑结构在水平荷载作用下容易产生较大的扭转作用，扭转作用会使抗侧力结构的侧移发生变化，从而影响各个抗侧力结构构件(柱、剪力墙或筒体)所受到的剪力，并进而影响各个抗侧力结构构件及其他构件的内力与变形。因此，在高层建筑结构设计中，结构的扭转效应是不可忽视的问题。即使在结构的质量和刚度分布均匀的高层结构中，在水平荷载作用下也仍然存在扭转效应。

(6) 必须重视结构的整体稳定和抗倾覆问题。在高层建筑结构设计中，应该重视结构的整体稳定性与结构的抗倾覆能力，防止结构发生整体失稳的破坏情况。

(7) 当建筑物高度很大时，结构内外与上下的温差过大而产生的温度内力和温度位移也是高层建筑结构的一种特点。

1.1.3　高层建筑的设计要求

在高层建筑结构的设计中应注重概念设计，重视结构的选型和平、立面布置的规则性，择优选用抗震和抗风性能好且经济合理的结构体系，加强构造措施。在抗震设计中应保证结构的整体抗震性能，使整个结构具有必要的承载能力、刚度和延性。

1. 承载力验算

高层建筑结构设计应保证结构在可能同时出现的各种外荷载作用下，各个构件及其连接均有足够的承载力。《建筑结构设计统一标准》规定构件按极限状态设计，承载能力极限状态要求采用由荷载效应组合得到的构件最不利内力进行构件截面承载力验算。结构构件承载力验算的一般表达式如下。

不考虑地震作用组合时　$$\gamma_0 S \leqslant R \tag{1-1}$$

考虑地震作用参与组合时　$$S_E \leqslant R_E / \gamma_{RE} \tag{1-2}$$

式中：S——不考虑地震作用时的荷载效应组合(简称无震组合)得到的构件内力设计值；

S_E——考虑地震作用时的荷载效应组合(简称有震组合)得到的构件内力设计值。

S 及 S_E——分别代表轴力、弯矩、剪力或扭矩。

R 及 R_E——分别为无震组合或有震组合时构件承载力设计值，可分别代表轴力、弯矩、剪力或扭矩。

γ_0 和 γ_{RE}——分别为无震组合时构件的重要性系数，有震组合时构件承载力抗震调整系数。

关于 S 及 S_E 的组合，R 及 R_E 的计算及 γ_0 和 γ_{RE} 的取值详见本书第 3 章。

2. 侧移限制

(1) 使用阶段层间位移限制。

结构的刚度可以用限制侧向变形的形式表达，我国现行规范主要限制层间位移。

$$(\Delta u/h)_{max} \leqslant [\Delta u/h]\ (\Delta u/h)_{max} \tag{1-3}$$

式中：Δu——荷载效应组合所得结构楼层层间位移；

h——该层层高；

$\Delta u/h$——层间转角，应取各楼层中最大的层间转角，即验算是否满足要求；

$[\Delta u/h]$——层间转角限制值。

在正常状态下，限制侧向变形的主要原因有：防止主体结构及填充墙、装修等非结构构件的开裂与损坏；同时过大的侧向变形会使人有不舒适感，影响正常使用；过大的侧移还会使结构产生较大的附加内力(P-Δ 效应)。在正常使用状态下(风荷载和小震作用) $\Delta u/h$ 的限值按表 1-1 选用(高规 4.6.3 条)。

表 1-1　正常使用情况下的 $\Delta u/h$ 的限制值

材　料	结构高度	结构类型	限　制　值
钢筋混凝土结构	不大于 150m	框架	1/550
		框架-剪力墙、框架-核心筒、板柱-剪力墙	1/800
		剪力墙、筒中筒	1/1000
		框支层	1/1000
	不小于 250m	各种类型结构	1/500
钢结构		各种类型结构	1/250

注：高度在 150m～250m 之间的钢筋混凝土高层建筑，限制值按上表限制值插入计算确定。

(2) 防止倒塌层间位移限制。

在罕遇地震作用下，为防止结构倒塌，要限制结构的最大弹塑性层间位移。罕遇地震作用下 $\Delta u/h$ 的限值按表 1-2 选用(高规 4.6.5 条)。

表 1-2　罕遇地震作用下的弹塑性层间位移 $\Delta u/h$ 的限制值

材　料	结构类型	限　制　值
钢筋混凝土结构	框架	1/50
	框架-剪力墙、框架-核心筒、板柱-剪力墙	1/100
	剪力墙、筒中筒	1/120
	框支层	1/120
钢结构	各种类型结构	1/70

3. 舒适度的要求

高层建筑物在风荷载作用下将产生振动，过大的振动加速度将使居住在高楼内的人们感觉不舒适，甚至不能忍受。国外研究人员对人的舒适程度与振动加速度之间的关系进行了研究，两者的关系见表 1-3，表中 g 为重力加速度。对照国外的研究成果和有关标准，与我国现行行业标准《高层民用建筑钢结构技术规程》(JGJ 99—1998)相协调，高规要求高度超过 150m 的高层建筑混凝土结构应具有更好的使用条件，满足舒适度的要求，按现行国家标准《建筑结构荷载规范》GB 50009 规定的 10 年一遇的风荷载取值计算，或由专门风洞试验确定的结构顶点最大加速度 a_{max} 不应超过表 1-4 的限值。

表 1-3 舒适度与振动加速度的关系

不舒适的程度	建筑物的加速度	不舒适的程度	建筑物的加速度
无感觉	$<0.005g$	十分扰人	$0.05g\sim0.15g$
有感觉	$0.005g\sim0.015g$	不能忍受	$>0.15g$
扰人	$0.015g\sim0.05g$		

表 1-4 结构顶点最大加速度限值 a_{max}

使用功能	a_{max} (m/s^2)	使用功能	a_{max} (m/s^2)
住宅、公寓	0.15	办公、旅馆	0.25

4. 稳定和抗倾覆

(1) 结构整体稳定验算。

无侧移时，一般不会发生整体失稳(高层结构刚度较大，现浇楼板作为横向隔板，整体性较强)；有侧移时，水平荷载会产生重力二阶效应($P-\Delta$ 效应)，$P-\Delta$ 效应太大时会导致结构发生整体失稳破坏。

(2) 高层钢筋混凝土结构的稳定验算。

剪力墙、框架-剪力墙、筒体结构应符合式(1-4)要求，框架结构应符合式(1-5)要求，式中 n 为结构总层数，否则将认为结构不满足整体稳定性要求。

$$EJ_{\mathrm{d}} \geqslant 1.4H^2\sum_{i=1}^{n}G_i \qquad (i=1,\ 2,\ \cdots,\ n) \tag{1-4}$$

$$D_i \geqslant 10\sum_{j=i}^{n}G_j/h_i \qquad (i=1,\ 2,\ \cdots,\ n) \tag{1-5}$$

当剪力墙、框架-剪力墙、筒体结构符合式(1-6)所示条件，或者框架结构符合式(1-7)所示条件时，认为结构满足稳定性要求，且可不考虑重力二阶效应的影响。

$$EJ_{\mathrm{d}} \geqslant 2.7H^2\sum_{i=1}^{n}G_i \qquad (i=1,\ 2,\ \cdots,\ n) \tag{1-6}$$

$$D_i \geqslant 20\sum_{j=i}^{n}G_j/h_i \qquad (i=1,\ 2,\ \cdots,\ n) \tag{1-7}$$

剪力墙、框架-剪力墙、筒体结构符合式(1-8)所示条件或框架结构符合式(1-9)所示条件时，可以认为结构满足稳定性要求，但应考虑重力二阶效应对水平力作用下结构内力和位移的不利影响。高层建筑结构重力二阶效应可采用弹性方法计算，也可以采用对未考虑重力二阶效应的计算结果乘以增大系数的方法近似考虑。

$$2.7H^2\sum_{i=1}^{n}G_i > EJ_{\mathrm{d}} > 1.4H^2\sum_{i=1}^{n}G_i \tag{1-8}$$

$$20\sum_{j=i}^{n}G_j/h_i > D_i > 10\sum_{j=i}^{n}G_j/h_i \tag{1-9}$$

考虑方法(乘以)
- 结构位移增大系数
  - F_1(剪力墙、筒体结构)
  - F_{1i}(框架结构)
- 结构弯矩、剪力增大系数
  - F_2(剪力墙、筒体结构)
  - F_{2i}(框架结构)

式中：EJ_d ——结构一个主轴方向的弹性等效抗侧刚度；

D_i ——第 i 楼层的弹性等效抗侧刚度；

H——房屋高度；

h_i ——第 i 楼层层高；

G_i, G_j——第 i，j 层重力荷载设计值。F_1、F_2 及 F_{1i}、F_{2i} 的计算详见高规 5.4.3 条。

(3) 高层钢结构的稳定验算。

各楼层柱子平均长细比和平均轴压比应满足一定要求，不需进行整体稳定验算的条件是在不考虑 $P-\Delta$ 效应的弹性层间位移小于某个限值。对钢支撑、剪力墙和筒体的钢结构构件，$\Delta u/h \leqslant 1/1000$ 时，可不计 $P-\Delta$ 效应。对无支撑的纯框架和 $\Delta u/h > 1/1000$ 的有支撑钢结构应考虑 $P-\Delta$ 效应来计算结构的内力和位移，但一般高层钢结构需计算 $P-\Delta$ 效应。

(4) 高层建筑抗倾覆。

正常设计的高层结构一般不会产生倾覆。控制倾覆的措施有：$H/B>4$ 时，在地震作用下，基底不允许出现零应力区；$H/B\leqslant 4$ 时，在地震作用下，零应力区面积不应超过基底面积的 15%。

1.1.4 高层建筑结构的概念设计

在结构设计中包括结构作用效应分析和结构抗力分析。传统设计方法较注重这两方面的精确力学数学分析，而忽视对一些综合的相关因素的考虑。当今世界，科学和工商业高度发展，高层建筑结构的功能和所处的环境、条件也在变化，它迫使人们寻求一种新的结构设计思维方法。概念设计是保证结构具有良好抗震性能的一种方法，就是在结构设计中对某些无法进行精确计算，而现行的规范、规程又无法具体明确规定的内容，由设计人员将自己所掌握的知识综合运用到结构设计全过程。这些知识包括科学试验结论、震害调查结论、前人的设计经验(包括成功的经验和失败的教训)等。

结构设计的全过程包括结构方案的确定、结构布置、内力分析与配筋计算、构造措施。设计人员在对结构的地震作用、风作用、温度作用、各种其他偶然作用、结构的真实荷载效应、结构所处条件、场地土特性、结构抗力和一些基本概念深刻理解的基础上，运用正确的思维方法去指导设计，就是说不仅要做必要的结构计算，而且要对引起结构不安全的各种因素做综合的、宏观的、定性的分析并采取相应的对策，以求在总体上降低结构破坏概率。因此，要做好概念设计，需要多方面的知识，包括理论分析、构造措施、施工技术、设计经验、事故及震害分析和处理等。尤其是结构的抗震设计，必须运用概念设计方法，下面简述概念设计在若干方面的体现。

在结构布置方面，关键是受力明确，传力途径简捷，因此应尽量避免采用上刚下柔和平面刚度不均匀的结构体系。保证结构协同工作的传力构件主要是楼(屋)面结构，因此要采取措施加强楼板的刚度。结构延性是度量结构抗震性能的重要指标，但不是唯一指标。过大地利用延性可能导致次生内力加剧，且延性大小的量度方法也不统一。应将结构强度、变形、破坏过程和破坏模式综合考虑。

地震动导致震害的主要原因是地基失效和结构的地震反应。地基失效指因地层断裂、错位、滑塌、液化等失去承载力。结构的地震反应包括加速度、速度和位移，并由此引起的结构损害和破坏。要分清原因，区别对待，正确设计。地震动有远震和近震之分。远离震中地区长周期波成分较多，对高柔建筑物影响大；而距震中近的地区短周期地震波较多，对低而刚的建筑物影响大。采取的对策是设法减小共振因素，提高结构耗能能力，多道设防。要特别重视塔楼的设防措施。竖向地震作用一般不作考虑，但日本阪神地震表明其作用不容忽视，尤其是其与水平地震作用组合形成的危害。在9度抗震设计及8度抗震设计的大跨结构、长悬臂结构中，应考虑竖向地震的作用。

地震作用的时间、强度、频数和震源是变化的，因此难以精确地考虑地震动的作用。解决的对策只能是定性正确，定量大致合理。追求精确的地震作用效应是不现实的，只能在必要的计算基础上加充分的构造措施实现防震目的。震害表明，结构的连接点、支承点的不可靠性，往往导致结构的坍塌，阪神地震就证明了这一点，因此应该重视连接点的设计计算和构造措施。历次震害表明，一场大灾害(如地震、风灾、水灾等)伴随的次生灾害(火灾、断电和通信、停水等)，对人类生命财产的危害往往比结构的损害更为严重，因此应建立起总体抗灾的观念。

地震震害具有选择性、累积性和重复性。在坚硬场地土上，短周期结构震害比中、长周期结构的震害严重，而软弱场地土上某些中、长周期结构震害比短周期结构的震害严重。场地土的软弱夹层对中、短周期结构有时还起到减振作用。液化土如处于地基主要受力层以下，且无喷冒滑坡可能时，对剪切波作用下的中、短周期结构也能起到减振作用。地震作用总是先行损坏最薄弱结构。地震震害的累积性表现为在前震、主震和余震的同一地震序列中结构多次受损的累积效应，还表现为远场地层使地面水平运动持续时间延长，以及再次遭震的震害累积等。结构震害的重复性表现为同一场地上，特性相同的结构在多次地震下出现相似的震害。针对地震震害的上述特性，抗震设计时应在明确本地区设防烈度和地震历史的条件下综合考虑上部建筑、基础和地基土的情况，合理地进行结构选型、总平面布置并采用各种具体的减震措施。

上述仅为概念设计部分内容。概念设计内容丰富，涉及面广泛，需不断总结经验，深化研究。那种只注重具体计算，孤立地看待个别问题，忽略综合地、全面地、宏观地分析问题的做法，是不可取的。

1.2　高层建筑的发展概况

1.2.1　高层建筑的发展

1. 古代高层建筑

人类自古以来就有向高空发展的愿望和要求，并在建筑上付诸实现。公元前280年建成的亚历山大港口的灯塔，高度超过了 100m，并全部用石材砌筑，曾耸立在港口 1000 多年，引导过往船只避免触礁。古代的罗马城在公元 80 年已有砖墙承重的 10 层建筑。

图 1.2　嵩岳寺塔

我国古代高层建筑集中表现为各种宝塔。现存最早的嵩岳寺塔(如图 1.2 所示)，由北魏在公元 523 年建于河南登封县境的嵩山南麓，总高 41m 左右，为砖砌单层筒体，平面为正 12 边形，外形为 15 层密檐。公元 836 年唐朝中叶的南诏国(即今云南)后期，建于大理城北苍山之麓崇圣寺三塔的主塔，顶高 70m，称千寻塔(如图 1.3 所示)，为 16 层密檐式方塔，砖砌单层筒体，历经 1000 多年的风雨和频繁地震而屹立不倒。我国现存最高的砖塔为河北定县城内的开元寺塔，建于北宋时期，塔高 84m，砖砌双层筒体，共 11 层，平面为正八角形，因又可登塔瞭望，监视敌情，所以俗称瞭敌塔。坐落在西藏拉萨的布达拉宫(如图 1.4 所示)，外 13 层，内 9 层，是海拔最高，集宫殿、城堡、寺院和藏汉建筑风格于一体的宏伟建筑。初建于公元 7 世纪，17 世纪后陆续重建扩建，用花岗岩砌筑。1994 年大修竣工并测绘，以红山脚下国家永久性水平测量点为基点，最高点为达赖灵塔的金顶，相对高度为 115.7m，海拔 3756.5m。

图 1.3　千寻塔

图 1.4　西藏布达拉宫

2. 高层建筑的发展现状

近代与现代世界高层建筑结构体系的发展过程可以大致地归纳在表 1-5 中。近代高层建筑是城市化、工业化和科学技术发展的产物。城市工业和商业的迅速发展，城市人口的猛增，建设用地的日渐紧张，促使建筑向空中发展。科学技术进步，新材料新工艺的涌现，使人们在高空居住和工作成为可能。建筑师和开发商最为骄傲的是建筑高度。

第一台电梯在 1859 年用于纽约第五大街的一家旅馆中。作为近代高层建筑起点的标志是1883年在芝加哥开始建造的家庭保险公司大楼(Home Insurance Building)，11 层，高 55m，采用铸铁框架，部分钢梁和砖石自承重外墙。1891—1895 年在芝加哥建造的共济会神殿(Masonis Temple)大楼，20 层，92m 高，是首次全部用钢做框架的高层建筑。1903 年在辛辛那提建造的英格尔大楼(Ingall)，16 层，是最早的钢筋混凝土框架高层建筑。钢框架由于增设了斜支撑，刚度和强度得到加强，使建筑物的高度可以显著增加。1905—1909 年在纽约建造了 50 层、高 213m 的大都会生命大厦(Metropolitan Life Building)。1913 年在纽约建成乌尔沃斯大厦(Woolworth Building)，57 层，高 241m，内部设电梯 26 部，可容纳万人以上人员办公。1931 年纽约建成帝国大厦(Empire State Building)，102 层，381m 高，有 65 部电梯。在此后的 40 年中，一直是世界上最高的建筑物。1972—1974 年，在纽约和芝加哥分别建成世界贸易中心双塔(World Trade Center Twin Towers，1972 年建成，在 2001 年 9·11 事件中被毁)和西尔斯大厦(Sears Tower，如图 1.5 所示)，均为 110 层，高度分别为 417m、415m 和 443m；直至 1995 年，它们一直是世界上已经建成最高的 3 栋高层建筑。

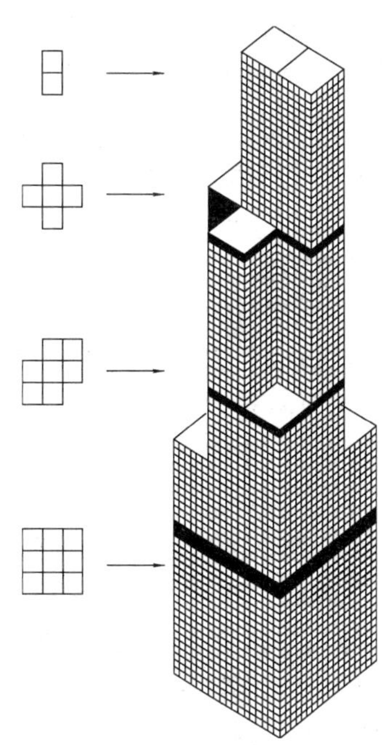

图 1.5　西尔斯大厦

表 1-5　近现代高层建筑结构体系的发展

始用年代	结构体系和特点
1885	砖墙、铸铁柱、钢梁
1889	钢框架
1903	钢筋混凝土框架
20 世纪初	钢框架＋支撑
第二次世界大战后	钢筋混凝土框架＋剪力墙、钢筋混凝土剪力墙、预制钢筋混凝土结构
20 世纪 50 年代	钢框架＋钢筋混凝土核芯筒、钢骨钢筋混凝土结构
20 世纪 60 年代末和 20 世纪 70 年代初	框筒、筒中筒、束筒、悬挂结构、偏心支撑和带缝剪力墙板框架
20 世纪 80 年代	巨型结构、应力蒙皮结构、隔震结构
20 世纪 80 年代中期	被动耗能结构、主动控制结构、混合控制结构

高层建筑的故乡是美国，1885 年建成的美国芝加哥家庭保险公司被公认为是世界第一幢高层建筑。自此，摩天大厦以飞快的速度覆盖了芝加哥、纽约等地，成为“一种独特的美国艺术形式”，然而在以著名建筑师菲利普·约翰逊为首的一大批人已经拒绝在美国建造摩天大楼的同时，环太平洋西岸的亚洲国家及地区都成为高层建筑的新生地，且有愈演愈烈之势。

在欧洲，虽然高层建筑一直在不断地发展，但是它却从来没有得到过世界高层建筑的桂冠。东欧在 20 世纪 50 年代建造了两座摩天大楼，一座是前苏联在 1953 年建造的莫斯科国立大学主楼，高 240m，36 层。另一座是波兰在 1955 年建造的华沙文化宫大厦，高 231m，42 层，这两座摩天大楼一直到 20 世纪 80 年代还保持着欧洲最高建筑的纪录。法国巴黎在 1973 年建造了 229m 高的蒙巴那斯大厦。20 世纪 90 年代后，德国法兰克福商品交易会大厦竣工，这座 257m 高的建筑成为欧洲第一摩天大楼，但不久又被建造在同一地点的、高 259m 的商业银行大厦超过。

亚洲高层建筑也不甘示弱，在第二次世界大战后经济得到迅猛发展的日本，于 1968 年首次建成了 36 层的霞关大厦，以后陆续兴建了许多高层建筑，并兴建了日本这一时期最高的东京阳光大楼，60 层，高 226m。20 世纪 80 年代后，亚洲的高层建筑得到了非常迅速的发展，日本建造了东京市政厅大厦，48 层，高 243m，成为当时日本的最高建筑。进入 20 世纪 90 年代，日本不断酝酿着更高的建筑。横滨标志大厦建成于 1993 年，地下 3 层，地上 73 层，高度达 296m，在世界高层建筑的排名中进入了前 30 位。新加坡在 1986 年建成了 280m 高的海外联合银行中心和 235m 高的财政部办公楼两座摩天大厦，到 1995 年已有 4 座高层建筑高度超过了 230m。同样，马来西亚的吉隆坡、韩国首尔、泰国曼谷、中国台湾和香港也相继在高层建筑方面有所建树，引起世界瞩目。被称做钢筋混凝土森林的香港是世界上最拥挤的地方之一。在 20 世纪 50 年代就开始兴建高层建筑，并建成了当时最高的康乐中心大厦，52 层，高 179m。由于经济起飞，商业金融业的发达，香港的高层建筑在 20 世纪 60 年代至 20 世纪 70 年代迅速发展。高 216m，65 层的合和中心大厦建成后，成为当时亚洲最高的建筑物之一。20 世纪 80 年代香港建成了外形独特的香港上海汇丰银行总部大厦，楼高 48 层，178.8m。1989 年建成的中国银行大厦高达 369m，72 层，成为香港的标志性建筑，也是当时世界 5 幢最高的建筑之一。

以下对已建成的世界最高的前 10 大高层建筑作简略介绍。

(1) 中国台北的 101 大楼是中国台北的国际金融中心大厦，1998 年 1 月动工，主体工程于 2003 年 10 月完工，101 层、高 508m(含天线)，是到现在为止世界上最高的建筑，有世界最大且最重的“风阻尼器”，还有两台世界最高速的电梯，从一楼到 89 楼，只要 39 秒的时间。在世界高楼协会颁发的证书中，台北 101 大楼拿下了“世界高楼”4 项指标中的 3 项世界之最，即“最高建筑物”(508m)、“最高使用楼层”(438m)和“最高屋顶高度”(448m)，如图 1.6 所示。

(2) 马来西亚国家石油公司双塔大楼。马来西亚国家石油公司双塔大楼位于吉隆坡市中心美芝律，高 88 层，是当今世界的超级建筑。巍峨壮观，气势雄壮，是马来西亚的骄傲。它曾以 451.9m 的高度打破了美国芝加哥西尔斯大楼保持了 22 年的最高记录。这个工程于 1993 年 12 月 27 日动工，1996 年 2 月 13 日正式封顶，1997 年建成使用。登上双塔大楼，整个吉隆坡市秀丽风光尽收眼底，夜间城内万灯齐放，景色尤为壮美，如图 1.7 所示。

图 1.6　中国台北 101 大楼

图 1.7　马来西亚石油双塔大楼

(3) 美国西尔斯大厦。西尔斯大厦是位于美国伊利诺州芝加哥的一幢摩天大楼，楼高 443m，共 110 层，由建筑师密斯·凡德勒设计。美国伊利诺伊州的芝加哥市堪称摩天大楼的发源地。它是为西尔斯-娄巴克公司建造的，于 1973 年竣工。西尔斯大厦由 9 座塔楼组成。它们的钢结构框架焊接在一起，这有助于减少因其高度所造成的在风中摇动。所有的塔楼宽度相同，但高度不一。大厦外面的黑色环带巧妙地遮盖了服务性设施区。西尔斯大厦共有 110 层，一度是世界上最高的办公楼。每天约有 1.65 万人到这里上班。第 103 层距地面 412m，有一个供观光者俯瞰全市用的观望台，天气晴朗时可以看到美国的 4 个州，如图 1.8 所示。

(4) 中国上海金茂大厦。金茂大厦是具有中国传统风格的超高层建筑，是上海迈向 21 世纪的标志性建筑之一，由美国 SOM 设计事务所主设计。1998 年 8 月建成。占地 2.36 万 m^2，建筑面积 28.95 万 m^2。高 420.5m，88 层。金茂大厦主楼 1～52 层为办公用房，53～87 层为五星级宾馆，88 层为观光层。大厦充分体现了中国传统的文化与现代高新科技相融合的特点，既是中国古老塔式建筑的延伸和发展，又是海派建筑风格在浦东的再现，如图 1.9 所示。

图 1.8　美国西尔斯大厦

图 1.9　上海金茂大厦

(5) 中国香港国际金融中心大厦。举世知名的建筑师 Cesar Pelli 在国际建筑设计比赛中获胜，随即获邀参与国际金融中心二期设计工作。为突显传统摩天大厦的特色，国际金融中心二期以简洁、稳固及具有代表性的意念设计为特色。巨型尖顶式建筑环抱城市及海港全景，顶部具雕刻美感的皇冠式设计标志着大楼与无边天际相接。香港国际金融中心大厦(二期)外形设计概念是以一个向外地朋友“招手”的手势。晚上亮灯后俨如维多利亚港旁的火炬，闪烁璀璨。香港国际金融中心大厦(二期)2003 年落成，高 420m，共 88 层，如图 1.10 所示。

图 1.10　香港国际金融中心大厦(二期)

(6) 广州中信广场大厦。天河中信广场是广州继 63 层广东国际大厦为当年全国最高建筑之后，又一次夺得 20 世纪 90 年代的全国之冠，楼高达 391m，80 层，迄今为止仍是广东省之最。作为中国最高的建筑之一，中信广场有 68 部电梯上上下下，保利物业负责人称，整个中信就是“立起来的街道”，如图 1.11 所示。

(7) 深圳信兴广场大厦。信兴广场地王大厦由 68 层商业大楼、32 层商务公寓、5 层购物中心及 2 层地下停车场组成，楼高 384m，占地 18734m^2，总建筑面积 27 万 m^2，总投资 40 亿港币，如图 1.12 所示。

图 1.11　广州中信广场大厦

图 1.12　深圳信兴广场大厦

(8) 美国纽约帝国大厦。2001年4月30日，矗立在美国纽约市中心高381m、共102层的帝国大厦度过了70个春秋。20世纪30年代，美国经济处于大萧条时期，人民生活更加困苦，而华尔街的老板们却热衷于竞赛修建摩天大楼。百万富翁拉斯科布为了显示自己的富有，决意修建一座世界最高的楼房。他找来著名的建筑师威廉·拉姆，问楼房能盖多高，拉姆沉思片刻后回答说："1050 英尺(约 320m)。"拉斯科布对这个高度很不满意，因为这仅仅比当时纽约新建成的克莱斯勒大厦高1.22m。于是，建筑师设法增加了一节61m高的圆塔，使帝国大厦的高度为381m。这座摩天大楼只用了410天就建成了，也可算是建筑史上的奇迹。在很长一段时间里，帝国大厦一直是世界最高的楼房，如图1.13所示。

图 1.13 美国帝国大厦

(9) 中国香港中环广场大厦。1993年香港中环广场大厦建成，高374m，78层，是香港目前最高的摩天大楼，也同样跻身于世界最高建筑物前10名之列。大厦看起来是三角形造型，其实并不是真三角形，因为它的尖角均被切去。大厦顶部以金字塔形状的坡顶以及立于其上的桅杆作收束，白天在日光照耀下闪闪发光。立面以3 种不同颜色的隔热玻璃围护。金色、银色涂层的玻璃构成垂直和水平图案而用其他颜色涂饰的花玻璃穿插其间，形成典雅而又闪烁发光的形象。

(10) 中国香港中银大厦。香港中国银行大厦，由贝聿铭建筑师事务所设计，1990年完工。总建筑面积12.9万m^2，地下2层，地上70层，总高369m。结构采用4角12层高的巨型钢柱支撑，室内无一根柱子。

随着科技的发展高层建筑的最高高度不断地被突破，在阿拉伯联合酋长国的迪拜，一座世界最高的摩天大楼将要拔地而起。桩柱已经打入了50多米深的地底，它们将要托起一座154层的摩天大楼，大楼建筑面积33.4万m^2。摩天大楼建成后，将和迪拜海湾大酒店(如图1.14所示)，一起成为迪拜的城市象征。这座摩天大楼名为"迪拜大楼"(Burj Dubai)，它比中国台北、美国芝加哥和世界其他地方最高的摩天大楼还要高出许多层，但究竟有多高，如今还保密，目的是要在当今世界竞相建筑全球最高摩天大楼的竞赛中，迷惑那些想当第一的竞争对手。这座造价9亿美元的摩天大楼预计在2008年落成。

从设计模型看，迪拜摩天大楼就像准备发射升空的一架巨型航天飞机，如图1.15所示。这座外围结构是不锈钢和玻璃的银白色建筑将使中东恢复它过去曾经拥有世界最高建筑的名声，1889年落成的法国埃菲尔铁塔，其高度超过了埃及吉萨地区的大金字塔，中东地区从此失去了拥有世界最高建筑的声誉。迪拜摩天大楼作为世界最高的建筑，可以保持若干年，但可以预期某个地方还将会建造更高的摩天大楼，那只是个时间和资金方面的问题。

图 1.14 迪拜海湾大酒店

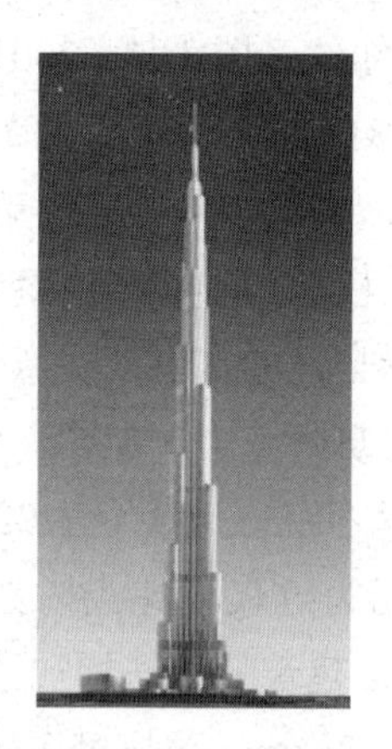

图 1.15 迪拜大楼设计模型

3. 我国高层建筑的发展与结构体系简介

我国高层建筑的发展经过一段从低到高，从单一到复杂的发展阶段。1977 年广州白云宾馆的建造，使我国高层建筑的高度突破了100m(33 层)，此后广州花园酒店、北京饭店、南京金陵饭店以及广州白天鹅宾馆等相继出现。深圳、珠海特区的建设，从一开始就给人们以全新的概念和面貌，高层建筑在这些城市几乎成了主调，深圳国贸中心大厦的建设(50 层、160m)是它的代表作。以后的深圳发展中心大厦(43 层、165m、钢和钢筋混凝土框架结构)、深圳中国银行(38 层、134m、现浇钢筋混凝土框筒结构)等，都反映了我国高层建筑发展的速度和水平。

已建成和即将建成的世界最高的前 17 栋高层建筑如图 1.16 所示。

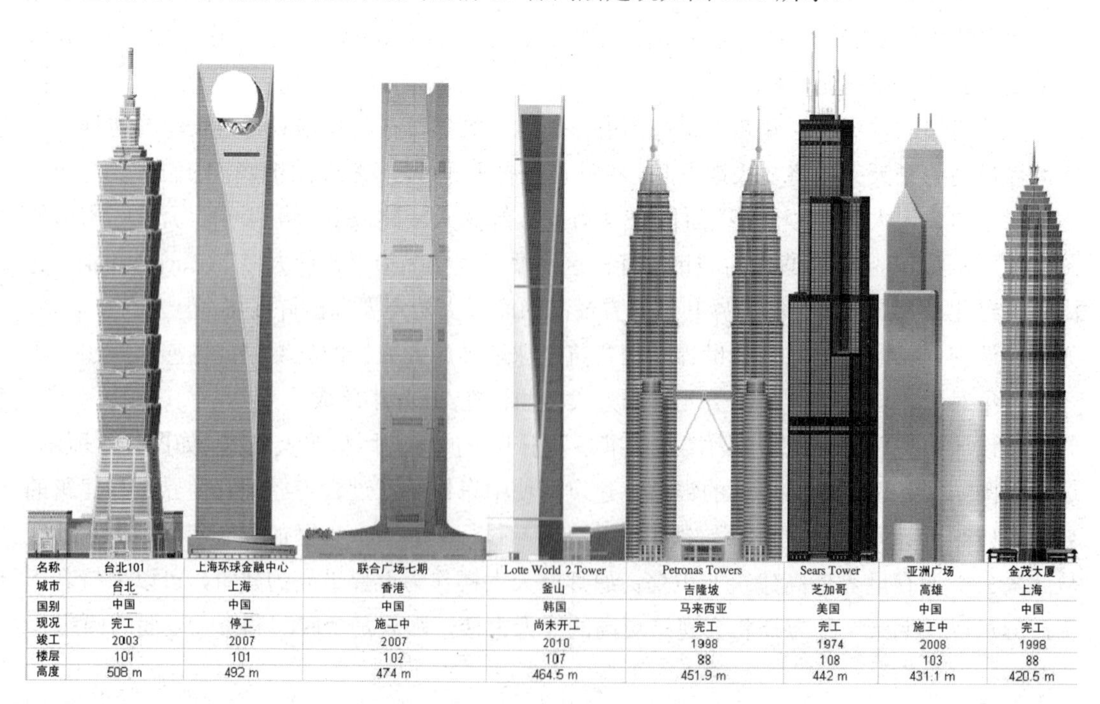

名称	台北101	上海环球金融中心	联合广场七期	Lotte World 2 Tower	Petronas Towers	Sears Tower	亚洲广场	金茂大厦
城市	台北	上海	香港	釜山	吉隆坡	芝加哥	高雄	上海
国别	中国	中国	中国	韩国	马来西亚	美国	中国	中国
现况	完工	停工	施工中	尚未开工	完工	完工	施工中	完工
竣工	2003	2007	2007	2010	1998	1974	2008	1998
楼层	101	101	102	107	88	108	103	88
高度	508 m	492 m	474 m	464.5 m	451.9 m	442 m	431.1 m	420.5 m

图 1.16 已建成和即将建成的世界最高的前 17 栋高层建筑

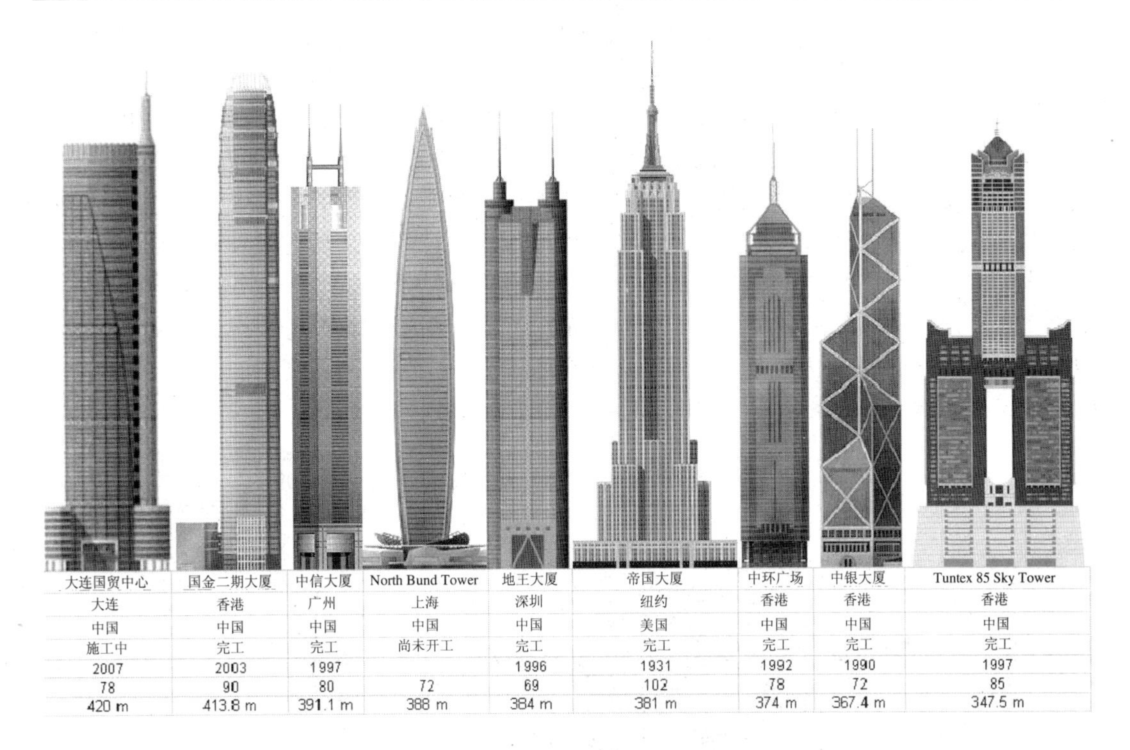

大连国贸中心	国金二期大厦	中信大厦	North Bund Tower	地王大厦	帝国大厦	中环广场	中银大厦	Tuntex 85 Sky Tower
大连	香港	广州	上海	深圳	纽约	香港	香港	香港
中国	中国	中国	中国	中国	美国	中国	中国	中国
施工中	完工	完工	尚未开工	完工	完工	完工	完工	完工
2007	2003	1997		1996	1931	1992	1990	1997
78	90	80	72	69	102	78	72	85
420 m	413.8 m	391.1 m	388 m	384 m	381 m	374 m	367.4 m	347.5 m

图 1.16(续)

1986 年以后，超高层建筑迅速增长，1990 年在 9 个城市建成 29 栋超高层建筑。到 1994 年末，据不完全统计，全国已经建成高度在 100m 以上的建筑 152 栋，分布在 29 个城市，其中上海 38 栋、北京 24 栋、深圳 24 栋、广州 17 栋，其他 49 栋分布在 25 个城市。在已建成的超高层建筑中，旅馆 40 栋、多功能建筑 50 栋、办公楼 15 栋、专业性建筑(电力、电信、广播、电视、邮政等建筑)17 栋、公寓 30 栋，其中多功能建筑呈现增长较快的势头。

从选用的结构材料看，钢筋混凝土 143 栋，占主体；其他有钢结构 5 栋；钢-钢筋混凝土结构 4 栋。从结构类型看，筒体和框架-筒体有 72 栋，为数最多；其次为框架-剪力墙 35 栋。剪力墙和框支剪力墙多用于住宅、旅馆和商住楼，筒体、框架-筒体和框架-剪力墙多用于多功能综合楼和办公楼、专业楼等需要更大空间的建筑；剪力墙和框支剪力墙有 45 栋。到 20 世纪末，处于世界前 100 名的高层建筑中，采用全钢结构的有 46 栋，采用钢筋混凝土结构的有 17 栋，采用钢-钢筋混凝土混合结构的有 34 栋；国内已建的前 100 名高层建筑中，采用全钢结构的有 2 栋，采用钢筋砼结构的有 80 栋，采用钢-钢筋砼混合结构的有 18 栋。

从以上统计中可看到：全钢结构建筑在国外用的较多，特别是早期的高层建筑几乎全部采用全钢结构，钢筋砼结构在国内用的较多。而近年来，不少设计采用了钢-钢筋砼混合结构，同样具有全钢结构的自重轻、施工速度快的特点，这是优于砼结构的重要方面；在造价方面又低于全钢结构。也就是说，钢-钢筋砼混合结构充分发挥了钢结构及砼结构各自的优点，适合目前我国经济与技术发展的水平，在我国高层建筑结构中的应用日益增多，并逐渐成为当今我国高楼建设中的主导结构类型。

目前，我国已建成和正在筹建中的高度超过 150m 的高楼近 20 栋。如图 1.9 所示为坐落于浦东陆家嘴金融贸易区，于1998年建成的88层、高420.5m的金茂大厦，暂时是我国(除港、澳、台之外)最高的建筑，与金茂大厦相距不远正在施工的寰球金融中心，按照规划，地下3层、地上101层、建筑高度492m、总建筑面积近40万m^2，由办公、酒店、商业、观光以及会议等设施构成。该工程于1997年年初开工。原设计高460m，后来因受亚洲金融危机影响，工程曾一度停工。2003年2月工程复工。但由于当时中国台北和香港都已在建480m高的摩天大厦，超过寰球金融中心的原设计高度。后对原设计方案进行了修改，大楼顶部圆形风洞设计改为倒梯形。修改后的寰球金融中心比原来增加7层，即达到地上101层，地下3层，总高度达到492m。目前世界第一高楼台北101大楼总高度为508m，但其中包括了60m高的天线，因此上海寰球金融中心的主体结构高度超过了台北101大楼的主体结构高度，总投资额超过10亿美元，如图1.17和1.18所示。

图1.17　施工中的上海寰球金融中心

图1.18　上海寰球金融中心

高层建筑结构由于承受垂直荷载与水平风荷载及地震的共同作用，其高度越高，水平作用的影响就越大，对结构设计来讲选用一种具有适当刚度的结构体系则是设计的关键，从国内现有的设计与施工水平的实际状况来看，如下几种结构体系有可能在设计中被采用：钢筋砼结构、钢结构、钢-钢筋混凝土混合结构(这类结构日本称为钢骨钢筋混凝土结构，前苏联称为劲性混凝土结构，我国简称为钢混结构)。现就这几种结构体系各自的特点，通过比较结构的受力特点与结构刚度的大小，所采用结构技术的先进性等综合因素及每种结构体系对建筑使用功能的适用性几方面作以下叙述。

从结构体系上看，高层建筑早期多采用钢筋混凝土纯框架结构。由于它平面布置灵活，空间大，能适应较多功能的需要，因此成为高层建筑的主要结构形式。如早期的北京饭店、上海的国际饭店，以及后期的长城饭店等建筑都采用这种结构。但是，这种结构的侧向刚度较小，在一般节点连接情况下，当承受侧向的风力或地震作用时，将会有较大的侧向变形。因此，限制了这种结构形式的高度和层数。为了满足更高层数的要求，结合住宅、公寓和宾馆对单开间的需求，出现了较高层数的剪力墙结构，如广州的白云宾馆和前三门住宅工程，都采用了这种结构形式。剪力墙结构有良好的侧向刚度和规整的平面布置，按照功能要求，设置自下而上的现浇钢筋混凝土剪力墙，对抵抗侧向风力和地震作用是十分有利的，因此，它所允许建造的高度可以远远高于纯框架结构。剪力墙结构的不足之处在于平面布置的灵活性较差，使用上也受到一定限制。因此，它的适应范围较小，仅适用于住宅、公寓和宾馆等建筑。

建筑功能要求有较大的灵活性，但同时又能满足风和地震作用的考验，取纯框架和剪力墙结构两者之长，形成了框架-剪力墙结构。框架结构具有布置灵活的优点，而剪力墙结构具有良好的抗侧力能力，结合后的结构体系可广泛满足一般建筑功能要求。在适当位置设置一定数量的剪力墙，既是建筑布置的需要，又是结构抗侧力的需要。因此，框架-剪力墙结构体系的适用范围和适应的高度较宽，是一种较好的结构体系。如北京饭店东楼、北京国际大厦、上海展览中心北馆、上海扬子江大饭店等都采用这种结构。

钢筋混凝土筒体结构的出现主要是为了满足高层建筑更高层数的要求。筒体结构可以是内筒外框，因此亦称框筒结构。也可以是内筒和外框架筒(以密柱深梁形成框架筒)，又可称筒中筒结构。筒体结构具有很好的整体性和抗侧力性能，在平面布置和满足功能要求方面也有明显优势。筒体结构具有刚劲的抗侧力刚度，使其为众多高层和超高层建筑结构所采用。如北京国贸中心大厦、北京新华社大楼、深圳国贸中心大厦、上海电信大楼以及广东国际大厦等都采用这种结构。钢结构具有承载力高，自重轻，占地面积小，使用空间大，工业化程度高，施工速度快，抗震性能好，基础费用低等优点。国内采用钢结构的高层建筑有 1996 年建成的上海世界广场(42 层)，为框架-支撑结构，1991 年建成的京城大厦(39 层)，为框架-剪力墙结构等。

为了发挥钢结构和钢筋混凝土结构各自的优越性，由两者结合形成的钢-钢筋砼混合结构成为超高层建筑的重要发展趋势。这一结构体系发挥了钢结构自重轻、强度高、使用空间大、施工速度快与钢筋砼结构刚度大、造价低等优点，是一种很好的结构体系，在高层建筑结构设计中得到了越来越广泛的应用。这种结构体系适合目前我国经济发展水平。深圳 1996 年建成的地王大厦(81 层)应用了由钢框架-钢筋砼筒体组成的钢-钢筋砼混合结构，上海 1988 年建成的希尔顿酒店(43 层)应用了由钢框架-钢筋砼芯筒组成的钢-钢筋砼混合结构。

1.2.2 高层建筑的发展特点

(1) 新材料的开发和应用。随着高性能混凝土材料的研制和不断发展，混凝土的强度等级和韧性性能也不断地改善。混凝土的强度等级已经可以达到 C100 甚至更高，在高层建筑中应用高强度混凝土，可以减小结构构件的尺寸，减少结构自重，必将对高层建筑结构的发展产生重大影响。

高强度且具有良好可焊性的厚钢板将成为今后高层建筑钢结构的主要用钢，而耐火钢材 FR 钢的出现为钢结构的抗火设计提供了方便。采用 FR 钢材制作高层钢结构时，其防火保护层的厚度可大大减小，在有些情况下可以不采用防火保护材料，从而降低钢结构的造价，使钢结构更具有竞争性。

(2) 层数增多，高度加高。由于使用功能、城市规划和用地紧张等原因，我国高层建筑目前已突破 88 层和 421m 大关。也有一些正在设计和施工的 88 层以上的建筑，如上海的寰球金融中心。地震区的钢筋混凝土高层建筑结构设计，我国处在世界领先地位。

(3) 组合结构高层建筑增多，采用组合结构可以建造比混凝土结构更高的建筑。在强震国家日本，组合结构高层建筑发展迅速，其数量已超过混凝土结构高层建筑。除外包混凝土组合柱外，钢管混凝土组合柱应用也很广泛，外包混凝土的钢管混凝土双重组合柱的应用也很多。由于钢管内混凝土处于3轴受压状态，能提高构件的竖向承载力，从而可以节省钢材。巨型组合柱首次在香港的中国银行应用，取得了很大的经济效益，上海金茂大厦的结构中也成功地应用了巨型组合柱。随着混凝土强度的提高以及结构构造和施工技术上的改进，组合结构在高层建筑中的应用将进一步扩大。

(4) 新型结构形式的应用增多。已建成的香港中国银行大厦和正在筹划中的芝加哥532m高的摩天大楼方案，都采用了桁架筒体，并将全部垂直荷载传至周边结构，它们的单位面积用钢量都仅约150kg/m^2，特别节省钢材。预计这种结构体系今后在300m以上的高层建筑中将得到更多的应用。巨型框架体系由于其刚度大，便于在内部设置大空间，今后也将得到更多的应用。多束筒体系已表明在适应建筑场地、丰富建筑造型、满足多种功能和减小剪力滞后等方面具有很多优点，预计今后也将扩大应用。

(5) 平面布置与竖向体型更加复杂。近年来，出现了不规则、不对称和曲线形的建筑平面。这固然是由于建筑功能和城市规划的需要，但结构分析技术和计算手段的提高也为它创造了前提条件。另外由于现代高层建筑向多功能综合性发展，内设办公室、旅馆、住宅、商店、餐厅和文体等服务项目，因此要求不同楼层有不同的结构布置，使得沿竖向发生结构形式和刚度的突变，需通过承托大梁或过渡层过渡，这样就对结构设计提出了更高的要求。

(6) 耗能减震技术的应用将得到发展。建筑结构的减震有被动耗能减震和主动减震(有时也称被动控制和主动控制)两种，在高层建筑中的被动耗能减震结构有耗能支撑，带竖缝耗能剪力墙，被动调谐质量阻尼器以及安装各种被动耗能的油阻尼器等。主动减震则是计算机控制的，由各种驱动器驱动的调谐质量阻尼器对结构进行主动控制或混合控制的各种作用过程。结构主动减震的基本原理是通过安装在结构上的各种驱动装置和传感器与计算机系统相连接，计算机系统对地振动(或风振)和结构反应进行实时分析，向驱动装置发出信号，驱动装置对结构不断地施加各种作用，以达到在地震(或风振)作用下减小结构反应的目的。目前在日本高层建筑结构中应用各种振动控制的实例已超过30个，在中国内地和中国台湾省有3个工程应用了这种技术。随着人类进入信息时代，计算机、通信设备以及各类办公电子设备不受振动干扰而安全平稳地运行，具有头等重要意义，这就要创造安全、平稳、舒适的办公室环境，并要能对各种扰动进行有效的隔离和控制，因此，高层建筑的减震控制将有很大的发展前景。

(7) 新的施工技术与施工工艺不断出现。

(8) 计算机的应用技术不断发展，促进分析计算能力的不断提高，详见本章1.3节。

1.3　高层建筑结构分析方法简介

1.3.1　以手算为基础的近似计算方法

20世纪50年代至20世纪70年代后期由于计算机条件所限，高层建筑结构设计基本上是手算。3大常规结构的是当时的主要结构形式，不同的结构体系决定了不同的计算方法。

1. 框架结构体系

竖向荷载作用，多跨多层框架在竖向荷载作用下线位移的影响很小，一般可忽略。常用的方法有：力矩分配法和分层计算法。分层法除忽略侧移影响外，还忽略每层梁的竖向荷载对其他各层的影响。

水平荷载作用，常用的方法如下。

(1) 反弯点法，反弯点法的基本假设是把框架中的横梁简化为刚性梁，因而框架结点不发生转角，只有侧移，同层各柱剪力与柱的侧移刚度系数成正比，所以，反弯点法亦可称为剪力分配法，反弯点法多用于初步设计。

(2) 广义反弯点法——D 值法。广义反弯点法在推导反弯点高度比和侧移刚度时要考虑结点转角的影响，修改后的侧移刚度改用 D 表示，故称为 D 值法。用 D 值法计算结构内力、位移简单而精度较高，有相应的表格可以查用。

(3) 无剪力分配法，它的应用条件是刚架中除两端无相对线位移的杆件外，其余杆件都是剪力静定层次的，它多用于单跨对称刚架，对于多跨符合倍数关系的刚架也可以用无剪力分配法。

(4) 迭代法，又称卡尼法，它可以用在刚架同层内各柱高度不等，柱有铰支座，存在有连续柱的复杂刚架中。框架结构在上述计算方法中应用最广泛的还是竖向荷载下的分层法和水平荷载下的 D 值法，D 值法物理概念清楚，计算简单，精度较好，受到工程设计人员欢迎。

随着高层建筑层数和总高度的增加，在风力大的沿海地区，或地震设防烈度较高地区，水平力在高层建筑结构设计中会上升为起控制作用的因素。由于框架结构抗侧移刚度小，当建筑物高度大时框架结构不易满足变形要求，因此在工程设计中框架结构受到高度限制。

2. 剪力墙结构体系

理论分析与试验研究表明，剪力墙的工作特点取决于开孔的大小。《高规》给出了各类剪力墙的划分判别式。当墙整体系数 $\alpha>10$，墙肢一般不会出现反弯点时，可按整体小开口墙算法计算；当 $\alpha<10$，墙肢不(或很少)出现反弯点时，按多肢墙算法计算；当 $\alpha>10$，较多墙肢出现反弯点时，按壁式框架法计算。关于 α 的定义详见第 4 章。

整体小开口剪力墙可按材料力学方法略加修正进行计算。双肢(或多肢)剪力墙一般采用连续化方法，以沿竖向连续分布的连杆代替各层连梁的作用，用结构力学力法原理，以连梁跨中剪力为基本未知量，由切口处位移协调条件建立二阶常微分方程组。华南理工大学梁启智教授把解微分方程组法应用于多肢墙，并把此方法推广到空间剪力墙结构。中国建筑科学研究院赵西安教授在引入各墙肢在同一水平上侧向位移相等，且在同一标高处转角和曲率也相等的假设条件后，把多肢墙的微分方程组合并为一个方程求解。

3. 框架-剪力墙结构体系

框–剪结构手算方法通常采用连续化建立常微分方程的方法。假设楼板在自身平面内的刚度无限大，房屋体型规整，剪力墙布置对称均匀，忽略水平力作用下房屋沿竖轴的扭转。这时可将结构单元中所有的剪力墙合并为弯曲刚度为 EI 的总剪力墙，将所有框架合并为剪切刚度为 C_F 的总框架，把框架视为剪力墙的“弹性地基”，按弹性地基梁的概念建立四阶微分方程求解。相应的计算图表已编制完成，供初步设计时查用。

4. 底层大空间剪力墙结构体系

底层为部分框支的剪力墙结构是适应底层大开间要求而采用的一种结构形式，称为底层大空间剪力墙结构。这种结构由于上部墙体与底层框架的性质不同，给计算带来一定的困难。清华大学包世华教授采用分区混合法求解，对上层剪力墙部分(包括壁式框架)，仍可采用普通剪力墙计算中采用的假定，连梁用连续连杆代替，取连续连杆的剪力为基本未知量，在连续连杆切口方向建立变形连续方程(力法方程)；在底层框架部分采用了同层各结点水平位移相等，同层各结点转角相同的假定，取底层框架的结点位移为基本未知量，对框架结点的位移方向建立相应的平衡方程(位移法方程)，用混合法求解，方法简单，精度较好。

1.3.2 以杆件为单元的矩阵位移法

20 世纪 80 年代，计算机在我国得到了很大发展，微型计算机进入到科研及工程设计单位，20 世纪 90 年代 486 机已很普及，伴随计算机的发展，结构矩阵分析与程序设计也随之得到迅速发展，目前，微机在高层建筑结构分析中已普遍采用。在 1990 年召开的第 11 届全国高层建筑结构会议上，报告了 57 项工程设计实例，全部采用了计算机计算。

1. 高层建筑结构协同工作分析法

为了适应国内中小型机及微型机内存不大的特点，1974 年对高层建筑常规 3 大结构提出了协同工作分析方法。协同工作分析法首先将结构划分为若干平面结构(框架或壁式框架)，并视为子结构，然后引入楼板刚度无限大的假设，以平面杆件为单元，每个杆端有 3 个位移，并以楼板处的 3 个位移(平移 u、v 转角 θ)为基本未知量，建立与之相应的平衡方程(位移法基本方程)，用矩阵位移法求解，得楼层位移，从而计算各片框架或剪力墙分配的水平力，最后进行平面结构分析求得各杆件内力。此法提出以后，得到了极为迅速地推广，是常用的 3 大结构体系分析中采用最多的方法。随之开发了考虑规范要求的第一代空间协同工作程序，并首先用于上海大名饭店的设计，解决了小机器计算大工程的难题，为几百座高层建筑提供了计算手段，成为 20 世纪 70 年代后期至 20 世纪 80 年代中期解算 3 大常规结构体系的主力程序。程序种类很多，其中有代表性的是中国建筑科学研究院(以下简称建研院)计算中心的 ETS3，它商品化程度高，当时被 400 个以上用户采用，并评为 1991 年全国首届微机软件优秀产品。

2. 高层建筑结构空间结构分析法

协同工作分析法是人为地将空间的高层建筑结构划分为平面结构进行分析，此法存在以下不足。

(1) 适应范围受限制，只能用于平面较为简单规则，能划分为平面框架或平面剪力墙的结构。

(2) 同一柱(墙)分别属于纵向或横向的不同框架，轴向力计算值各不相同，存在轴向力和轴向变形不协调问题。

进入 20 世纪 80 年代以后，国内高层建筑框筒和复杂体型结构增多，结构空间作用十分明显，必须考虑其空间的协调性，因而发展了空间杆系(含薄壁杆)分析法，为了区别于空间协同工作分析法，通常称为 3 维空间结构分析法。此法以空间杆件为单元，以结点位移(3 个线位移；3 个角位移；对薄壁杆结点还多一个翘曲位移)为基本未知量，按空间杆结构建立平衡方程求解。空间杆系分析方法较少受形状、体系限制，应用面很广，但未知量极多，需要有大型、高速的计算机。为便于在工程中应用，仍保持楼板刚性的假定，用楼面公共自由度(平移 u、v 转角 θ)代替层各结点相应的自由度，未知数可减少 30%以上。20 世纪 80 年代中期以前，此法主要用于大中型计算机，先后用于深圳国际贸易中心(50 层，160m)，北京中央彩电大楼(27 层，112m，9 度设防)的结构分析，并进行了彩电大楼的有机玻璃模型试验，验证了计算方法的可靠性。1987 年实现了在 IBM-PC 系列微机上应用的 3 维空间分析程序。目前，它可以在微机上计算到近 100 层、少于 10 个塔的复杂平面与体型的高层建筑结构(每层可以达 800 根柱，1500 根梁)，从而解决了高层建筑结构空间计算方法的普及问题。

这类程序目前已经商品化，有代表性的微机程序如建研院结构所的 TBSA、TAT，建研院计算中心的 STW2、南京市建筑设计院的 504 分析程序及清华大学建筑设计研究院的 ADBW 程序等。ADBW 程序不采用以往多数程序所采用的薄壁杆件剪力墙单元，而采用了另一种新型剪力墙单元，即每道剪力墙同一层内竖向将两端的柱和墙在交界处切开，上下层之间用一根平面内抗弯刚度无穷大，平面外抗弯刚度为零的特殊刚性梁连接，这种剪力墙单元在整体结构计算中显得较为合理。

商品化程序面向工程设计人员，全部汉字菜单操作，用几何图形输入结构数据，自动导入荷载，有严密的数据检查功能和防止误操作功能，并且有各种图形显示、输出功能，符合设计人员的习惯。其中 TBSA、TAT 程序用户已达 2000 余家，遍及全国 28 省市和港澳地区，被评为 1991 年全国首届微机软件优秀产品。

三维空间结构分析法，因假设少、适应性广、精度高等特点，已成为当前高层建筑复杂体系分析的主流。为了推广薄壁杆件力学知识，1991 年包世华、周坚出版了薄壁杆件结构力学教材，为普及薄壁杆件力学起了积极作用。

3. 以解析、半解析方法为基础的常微分方程求解器方法

高层建筑结构分析除了发展离散化的方法之外，也应发展解析或半解析方法。这不仅是因为前者计算量大，有些复杂的剪力墙结构简化为一根杆，计算简图简化不尽合理外，而且因为人们对高层建筑的解析方法曾经作过相当多的工作，有很好的基础。后来之所以没有发展下去，一是因为解微分方程组的困难；二是因为结构体系日益复杂，要求计算模型也复杂。现在国内外的研究者们已经开发研制了相当有效的常微分方程求解器(Ordinary Differential Equation Solver，ODES)，功能很强，尤其是自适应求解，可以满足用户预先对解答精度所指定的误差限，即能给出数值解析解的精度，为发展解析解或半解析解提供了强有力的计算工具。从 1990 年开始，包世华及其研究集体在解析半解析微分方程求解器解法中，已经做了大量工作，在静力、动力、稳定和二阶分析诸方面都取得了开拓性的进展。

4. 多种单元组合的有限元方法

近年来，我国高层建筑因功能出现多种要求，结构的平面布置和竖向体型也不规则，从而对结构分析提出了更高的要求。如高层建筑结构要考虑楼板变形(平面内、外)、复杂

的剪力墙(尤其是开有不规则的洞口，平面复杂的芯筒)、框支剪力墙的墙-框交接区和厚板式转换层结构等，这些结构用单一杆件单元的计算模型已不能正确描述，而应寻找更合理和符合实际的计算模型及计算方法，这就是多种单元组合的有限元法。有限元法将高层建筑结构离散为弹性力学的平面单元、墙元、板元和杆元的组合结构，组成未知数更多的大型方程组求解，从而得到更细致、更精确的应力分布。这些方法有较高的学术价值，可以作为各种简化方法的依据，在具备大、中型计算机，并且工程有需要时可以采用。

为适应多种单元组合的有限元分析，针对不同的结构类型及计算要求，选用合适的通用或专用计算程序，对设计工作有着重要意义。目前，在高层建筑结构分析中，用得较多、影响较大的包括引进的 SAP 系列程序等，现在正改进和微机化，使之更便于应用。接下来的 1.3.3 节和 1.3.4 节就有代表性的通用或专用程序作一简要介绍。

1.3.3　结构分析通用程序

结构分析通用程序是指可用于建筑、机械、航天等各部门的结构分析程序。其特点是单元种类多、适应能力强、功能齐全。

1. SAP 程序系列

SAP2000 是独立的基于有限元的结构分析和设计程序。它提供功能强大的交互式用户界面，带有很多工具，可以帮助用户快速和精确创建模型，同时具有分析复杂工程所需的分析技术。SAP2000 是面向对象的，即用单元创建模型来体现实际情况，一个与很多单元连接的梁用一个对象建立。和现实世界一样，与其他单元相连接所需要的细分由程序内部处理。分析和设计的结果对整个对象产生报告，而不是对构成对象的子单元产生报告，信息提供更容易解释并且和实际结构更一致。

2. ADINA 程序

ADINA 和 ADINAT 是两个可相互配合使用的结构分析和热分析程序系统。它是在美国麻省理工学院 K.J.Bathe 教授指导下，总结 SAP 和 NONSAP 程序的编制经验，并结合有限元和计算方法的发展而研制的大型结构分析程序系统。程序共有 12 种单元，能解决线性静力、动力问题；非线性静力、动力问题；稳态、瞬态温度等问题。

1.3.4　高层建筑结构专用程序

结构分析通用程序虽然可以用来对高层建筑结构进行静力和动力分析，但正因为它通用性强，反而不如专用程序针对性强。

1. ETABS 程序

ETABS 程序是高层建筑结构空间计算的专用程序，是在 TABS 程序(E.L.Wilson 等人编制)的基础上，增加了求解空间框架和剪力墙的功能，能在静载和地震力作用下对高层建筑结构进行弹性计算的程序。柱子考虑弯曲、轴向和剪切变形的影响，梁考虑弯曲和剪切变形的影响，剪力墙可以用带刚域梁和墙板单元计算。扩大的功能有：时程分析法计算结构总反应(包括楼层变位，层间位移、剪力、扭矩和倾覆力矩)；在静力和动力分析中考虑 $P—\Delta$ 效应；在地震反应谱分析中考虑空间各振型的相互影响，采用完全二次型组合法进行组合(CQC 方法)；计算每个单元的应力比等。程序的功能比较齐全，已由清华大学土木系增加了符合我国规范的配筋计算。

2. TBFEM 2.0 版程序及 SATWE 程序

TBFEM 2.0 版程序是由中国建筑科学研究院高层建筑技术开发部开发的平面有限元应力分析、内力配筋程序。程序主要用于复杂开洞剪力墙和框支剪力墙设计和对任意指定截面计算内力及配筋。SATWE 程序是中国建筑科学研究院 CAD 工程部为高层结构分析与设计而研制的空间组合结构有限元分析软件，其核心工作是在壳元基础上凝聚成墙元模拟剪力墙。

目前国内也正在研制一批大型组合结构计算程序。我国学者对有限元理论和技巧有众多的贡献，如高精度元、混合有限元、拟协调元和广义协调元等等，这些高精度元在高层建筑结构分析中均可应用，并可提高结构分析的精度。

1.3.5 结构的动力特性及动力时程分析

结构动力特性分析的目的是求结构的自振周期和振型，是计算地震作用和风振作用的主要参数。影响高层建筑自振周期的因素很多，由计算得到的结果往往与实测情况有较大出入。据统计，框架结构，计算周期平均为实测周期的 1.5～3 倍，对框架-剪力墙结构约为 1.5 倍，对于填充墙很少的剪力墙结构，计算周期与实测周期相差较小。因而，计算值在应用时一般要加以修正。20 世纪 70 和 80 年代我国已经对各种不同类型的建筑物进行了大量的基本周期实测工作，通过对已建成建筑物的自振周期的实测，可以总结出各种类型建筑物自振周期经验公式，这些公式综合反映了各种因素的影响。实测资料的统计是理论计算修正系数的依据，对工程设计有较大的实际意义。《高规》给出了高层建筑基本周期的近似计算公式，以给设计人员一个参考的范围。目前，协同工作程序和空间分析程序都能利用频率方程直接计算出杆系结构的各阶周期和振型。为适应手算，近似计算方法也得到发展。

框筒和筒中筒结构是空间超静定结构，它的频率、振型的计算工作量很大。直接输入地震波对高层建筑进行动力分析称为高层建筑结构时程分析法。它能够了解结构在强地震动下，从弹性、开裂、屈服、极限直至倒塌的全部反应过程，能揭露出结构设计中的薄弱环节，从而能对结构物实际抵御地震袭击的能力作出正确评估，可以有效地改进结构的抗震设计。使用实际结构不同的简化方法可以得到不同的结构振动模型，大致可分 3 类。

(1) 层模型。层模型将结构的质量集中于楼层处，用每层的刚度(层刚度)表示结构的刚度，也称为层间模型，层间模型又可分为剪切型层模型和剪弯型层模型及多串集中参数层模型。

(2) 杆系-层模型。层的刚度由杆系形成，但每层考虑一个集中质量求解运动方程，得到某一时刻的总体位移后再回到杆系。它的特点是：“静按杆系，动按层间，分别判断，合并运动”。

(3) 杆系模型。将高层建筑结构视为杆件体系，结构的质量集中于各结点，动力自由度数等于结构结点线位移自由度数。弹塑性杆件的计算模型可分为吉伯森(M. F. Giberson)的单分量模型，克拉夫(R. W. Clough)的双分量模型和青山博之的 3 分量模型。

由于空间杆系模型计算工作量特别大，只有靠大型、高速计算机才能完成，有些技术问题还需进一步研究，目前还不能用在工程上。在工程设计中，当前应用较多的还是弹性反应分析的层模型。这一模型的优点是用机时少，能反映整体结构的弹性位移及层间位移。代表性的程序有中国建筑科学研究院结构所的 TBDYNA 系列及中国建筑科学研究院抗震所的工程抗震设计软件 ERED，这种模型的缺点也是相当明显的，对于新建工程，用户对各层屈服内力、屈服后的刚度和退化规律都无法提供参数，因而很难进行弹塑性分析。此外，此模型无法判断每根杆件的工作状态，因而不能达到揭露薄弱杆件的需求。杆系-层模型兼有层模型和杆系模型的优点，克服了它们中的某些缺点，它是高层建筑结构真正进行杆件弹塑性动力分析的一种有发展前途的计算模型。但目前此模型多因前后处理不佳、规范结合不够、商业化程度不高或因没有经过鉴定，没能广泛在工程中应用，估计不久的将来，杆系-层模型将是时程分析法中的主导模型。

表达构件弹塑性性质的滞回线模型，目前多采用退化双线型、三线型和四线型等几种形式，积分方法一般采用纽马克(Newmark)-β 法或威耳逊(Wilson)-θ 法。

通过弹塑性动力分析，比较弹塑性反应位移值与弹性反应位移值的大小，研究从弹性反应位移预估弹塑性反应位移的方法，对结构的设计有积极的参考价值。

1.3.6　高层建筑力学分析近期进一步研究的课题

21 世纪我国高层建筑将会有更显著发展，因而高层建筑结构分析方法也将会有新的进步。下列课题将应进一步研究。

(1) 改进把剪力墙和筒体结构简化成杆件的不尽合理的计算简图，由空间杆件向空间组合结构发展。进一步提供计算复杂 3 维空间结构的计算方法和程序。

(2) 尽快开发钢结构和钢-混凝土结构计算方法及其程序(程序中应包括：斜支撑、铰接单元、考虑节点区的剪切变形，计算温度应力，整体稳定、局部稳定及考虑 $P—\Delta$ 效应的二阶分析)。

(3) 筒体结构的简化计算方法，提出能用于施工图设计的手算方法，以便于校验。

(4) 解析、半解析求解器方法的进一步完善和系列化，推出商品化的程序。

(5) 建立多维地震波钢筋混凝土空间复杂体型的杆系-层模型时程分析法及其程序，研究广义坐标下杆系-层模型的新的计算理论，建立广义坐标下杆系-层模型时程分析应用程序。

(6) 改进现有多质点集中参数及多串质点并列集中参数层模型，科学地确定各种层参数，使其能够进行弹-塑性时程分析。

(7) 几何非线性及材料非线性结构的计算，其中包括研究结构的稳定理论及计算方法，载荷增量法研究变刚度结构的弹塑性计算。

(8) 对楼板开有大孔洞等复杂情况，如何评价楼板的整体刚度，楼板平面内与平面外刚度对结构的受力影响及其计算。

(9) CAD 系统的进一步完善，智能 CAD 系统的实用化。

(10) 高层建筑结构的专家系统及优化设计方法。

1.4　本课程的主要内容

高层建筑结构作为承受竖向与水平荷载的体系和建筑物的骨架，在高层建筑的发展中起着非常重要的作用。高层建筑结构作为一门学科，包括钢结构、混凝土结构、钢-混凝土组合结构等各类高层建筑的性能及设计和施工方面的有关技术问题。本门课程讨论了混凝土结构钢结构和钢-混凝土组合结构设计方面的问题。其主要内容有：结构的体系和布置；结构的荷载作用及其效应组合；结构的设计原则和设计方法；结构的静力和动力分析方法以及实用简化分析方法；结构的抗震分析和抗震设计；框架梁、柱和剪力墙等抗侧力构件的性能和设计；结构的节点构造和设计；地基和基础的设计等。

本课程的主要任务是学习高层建筑结构设计的基本方法。主要要求是：了解高层建筑结构的常用结构体系、特点以及应用范围；熟练掌握风荷载及地震作用计算方法；掌握框架结构、剪力墙结构、框-剪结构等 3 种基本结构内力及位移计算方法，理解这 3 种结构内力分布及侧移变形的特点及规律，学会这 3 种结构体系中所包含的框架及剪力墙构件的配筋计算方法及构造要求。通过本课程的学习，还应掌握高层钢筋混凝土结构的抗震设计原则及方法，能区别抗震设计与非抗震设计的不同要求；对钢-混凝土组合结构(劲性钢筋混凝土结构)的内力分布、计算特点及结构设计有初步认识；对高层建筑结构的基础设计有初步的了解。由于目前计算机应用程序的发展以及各种结构设计软件的出现，绝大部分高层建筑结构设计都是通过设计软件来完成的，然而大量的工程实践告诉我们，结构的概念设计更加重要，结构体系的选用和结构布置往往对设计起着决定的作用。

在本课程的学习中，还将用到国家现行的有关设计标准，如《高层建筑混凝土结构技术规程》(JGJ 3—2002)、《高层民用建筑钢结构技术规程》(JGJ 99—1998)、《混凝土结构设计规范》(GB 50010—2002)、《钢结构设计规范》(GB 50017—2003)、《建筑抗震设计规范》(GB 50011—2001)、《建筑结构荷载规范》(GB 50009—2001)及《建筑地基基础设计规范》(GB 50007—2002)等。学习本课程中的基本原理将有助于理解这些规范中的有关规定，正确地运用规范进行工程设计。而将规范的有关内容引入到教材中也将使这门课程更加贴近工程实际。本课程各部分内容的具体要求如下。

(1) 结构体系及布置。

了解水平力对结构内力及变形的影响，了解不同结构体系的特点及适用范围，了解结构总体布置的原则及需要考虑的问题，了解各种结构缝的处理，地基基础选型等。

(2) 荷载作用与结构计算简化原则。

熟练掌握总体风荷载和局部风荷载的计算，以及用反应谱方法计算等效地震作用的方法。理解地震作用两阶段设计的内容、方法及目的以及多遇地震、罕遇地震和设防烈度的关系。掌握结构自振周期计算的实用方法，理解结构计算的平面结构假定。

(3) 荷载效应组合及设计要求。

掌握荷载效应组合各种工况的区别应用，理解无地震组合及有地震组合时承载力验算与位移限值的区别。掌握确定结构抗震等级的方法，进一步理解两阶段抗震设计方法。

(4) 结构内力与位移计算。

熟练掌握反弯点法、D 值法计算内力及位移方法，深入理解这两种方法的区别及应用范围及位移的影响因素、杆件弯曲变形及轴向变形对侧移的影响等。掌握竖向荷载作用下的分层法内力计算。

(5) 剪力墙结构内力与位移计算。

理解开洞对剪力墙内力及位移的影响，理解不同近似方法的适用范围。深入理解连续化方法的基本假定、公式推导、公式图表应用等，熟练掌握用连续化方法计算简图的确定方法及带刚域杆件刚度的计算方法。

了解扭转对结构的影响，熟练掌握质量中心及刚度中心的近似计算方法，能正确应用剪力修正系数。理解框架与剪力墙协同工作的意义。能正确建立计算简图，掌握总框架、总剪力墙、总连梁刚度计算方法，会用公式及曲线计算内力及位移。掌握刚度特征值λ的物理意义及其对内力分配的影响，还要掌握框剪结构内力分布及侧移特点。

(6) 框架设计和构造。

了解延性框架意义和实现延性框架的基本措施。掌握梁、柱、节点区的破坏形态，会区别抗震及非抗震情况下对配筋的要求。掌握梁、柱、节点区的配筋设计方法。掌握几个重要概念：延性框架、强柱弱梁、强剪弱弯、轴压比及箍筋作用。

(7) 剪力墙设计和构造。

了解剪力墙结构配筋特点及构造要求，掌握悬臂剪力墙及联肢剪力墙的截面配筋计算方法，了解影响剪力墙延性的因素，理解框支剪力墙、落地剪力墙的设计要点。

(8) 复杂高层建筑结构。

了解带转换层高层建筑结构、带加强层高层建筑结构、错层结构、连体结构及多塔结构等复杂高层建筑结构的特点与主要设计要求。

(9) 高层钢结构及钢与混凝土组合结构。

了解平面结构及空间结构计算的不同假设、区别及应用范围。了解高层建筑钢结构及钢-混凝土组合结构的结构布置与设计要求，掌握构件承载力设计计算方法和节点设计方法。

第 2 章　高层建筑结构体系与布置原则

教学提示： 本章介绍了高层建筑的承重单体与抗侧力结构单元的主要类型及其组成的各种常用结构体系，对每种结构体系的特点作了相应的论述，并结合国家现行相关规范对各种结构体系的布置原则作了比较系统的介绍。这些原则主要包括：房屋结构的最大适用高度及高宽比限值、结构的平面及竖向布置要求、变形缝的类型与设置、不规则结构的类型与确定。重点介绍了结构的抗震等级与抗震概念设计方面的内容，另外本章对高层建筑基础还作了简要介绍。

教学要求： 了解水平荷载对结构内力及变形的影响，熟悉不同结构体系的特点及适用范围，熟悉结构总体布置的原则，了解各种结构缝的处理、地基基础选型。

2.1　高层建筑的承重单体与抗侧力结构单元

建筑结构的作用是承受建筑及结构本身的重量以及其他多种多样的荷载和作用，它是一个空间的结构整体。一般来说，建筑的上部结构由水平分体系和竖向分体系组成。水平分体系在能够承受局部竖向荷载作用的同时，尚需承受水平荷载并把荷载传给竖向分体系并保持其界面的结合形状。竖向分体系在传递整个恒载的同时，将水平剪力传给基础。竖向分体系必须由水平分体系联系在一起，以便有更好的抗弯和抗压曲能力。水平分体系作为竖向分体系的横向支撑将其连接起来，减小其计算长度并影响其侧向刚度及侧向稳定性。竖向分体系的间距也影响水平分体系的选型及布置。

建筑结构的基本构件有板、梁、柱、墙、筒体和支撑等，基本构件或其组合如柱、墙、桁架、框架、实腹筒、框筒等便是联系杆件和分体系的“桥梁”，它是建筑结构的基本受力单元，称作承重单体或抗侧力单元。尽管单个的杆件可以作为基本的受力单元，如柱、墙等，但构件只有作为单独的一个基本的受力单元时才可称其为承重单体或抗侧力单元。如由梁柱组成的一榀平面框架、由 4 片墙围成的墙筒或由 4 片密柱深梁型框架围成的框筒，尽管其基本构件依旧是线型或面型构件，但此时它们已转变成具有不同力学特性的平面或空间抗力单元，考虑竖向荷载时它们是基本的承重单体，考虑侧向荷载时它们是基本的抗侧力单元。高层建筑结构体系通常也是按照其承重单体与抗侧力单元的特性来命名的，如基本的承重单体与抗侧力单元为框架、墙的，则称其为框架或剪力墙结构，承重单体或抗侧力单元包含框筒的，则称其为框筒结构。

竖向承重单体或抗侧力结构单元是竖向或水平分体系的基本组成部分，它们的抗力是高层建筑结构分体系的抗力的基本组成单元。高层建筑结构的竖向荷载比较大，但它作用在结构上引起的结构响应通常都能被比较好地抵抗，因此竖向承重单体的问题比较好解决。相比之下，风荷载与地震作用等水平力的作用要严重得多，其内力和挠度等都比较大且要花大功夫来抵抗。高层建筑的抗侧力结构显得尤为重要，这就要求结构工程师在设计高层建筑结构时认真选择结构体系并布置好结构的抗侧力单元。

2.2 高层建筑的结构体系

高层建筑发展到今天，其结构体系形式繁多，划分的标准也多种多样。从结构工程师的观点出发，高层建筑结构体系的分类标准通常依据其竖向承重单体和抗侧力单元的类型来划分，常见的 3 大结构体系就是如此。

2.2.1 框架结构

框架结构是由梁、柱等线型构件通过节点连接在一起构成的结构，其基本的竖向承重单体和抗侧力单元为梁、柱通过节点连接形成的框架。框架结构最理想的施工材料是钢筋混凝土，这是因为钢筋混凝土节点具有天然的刚性。框架结构体系也可以用于钢结构建筑中，但钢结构的抗弯节点处理费用相对较高。如图 2.1 所示为一些框架结构的柱网布置示意图。钢筋混凝土框架结构按施工方法的不同，可以分为以下 4 种。

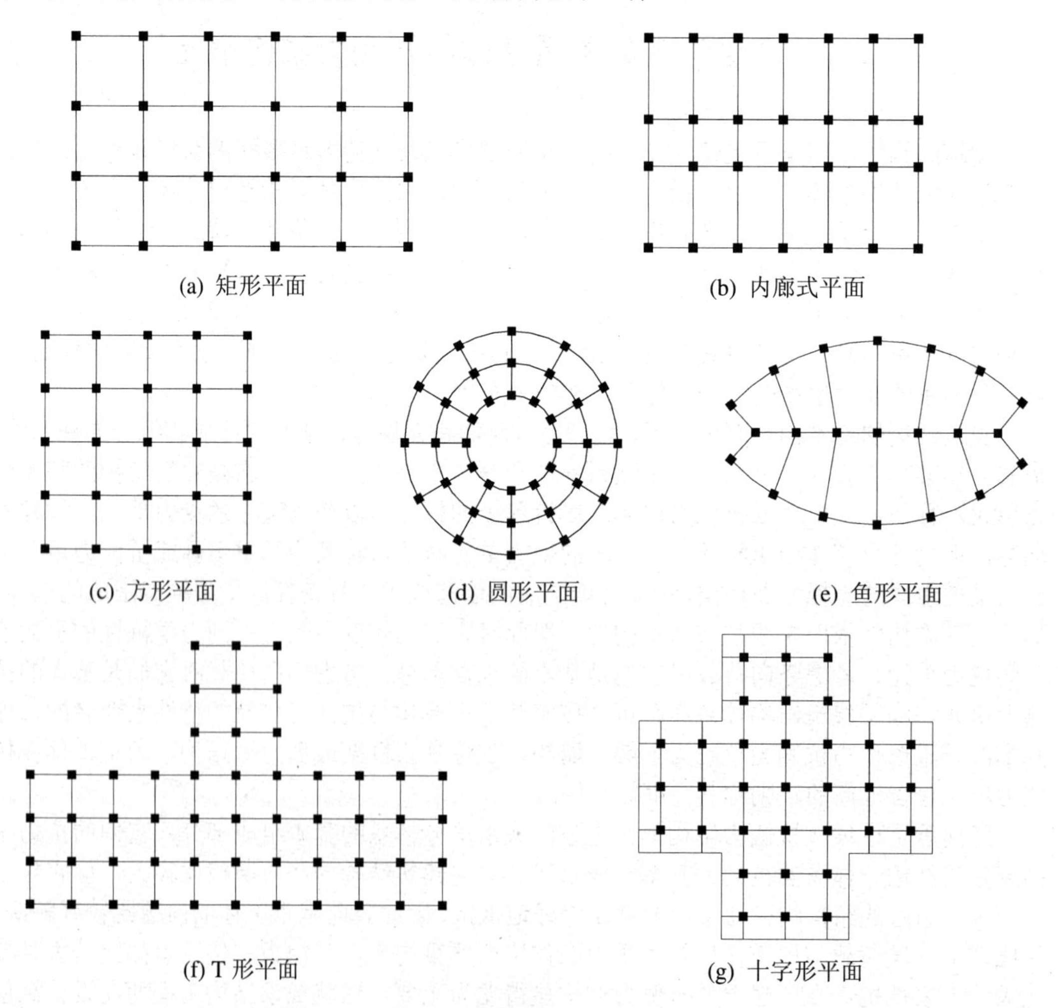

图 2.1 框架结构柱网布置图

(1) 梁、板、柱全部现场浇筑的现浇框架。

(2) 楼板预制，梁、柱现场浇筑的现浇框架。

(3) 梁、板预制，柱现场浇筑的半装配式框架。

(4) 梁、板、柱全部预制的全装配式框架等。

如果框架柱的截面形式是十字形、T 形、L 形、一字形等非矩形或圆形的形状，则构成异形柱框架结构体系(如图 2.2 所示)。

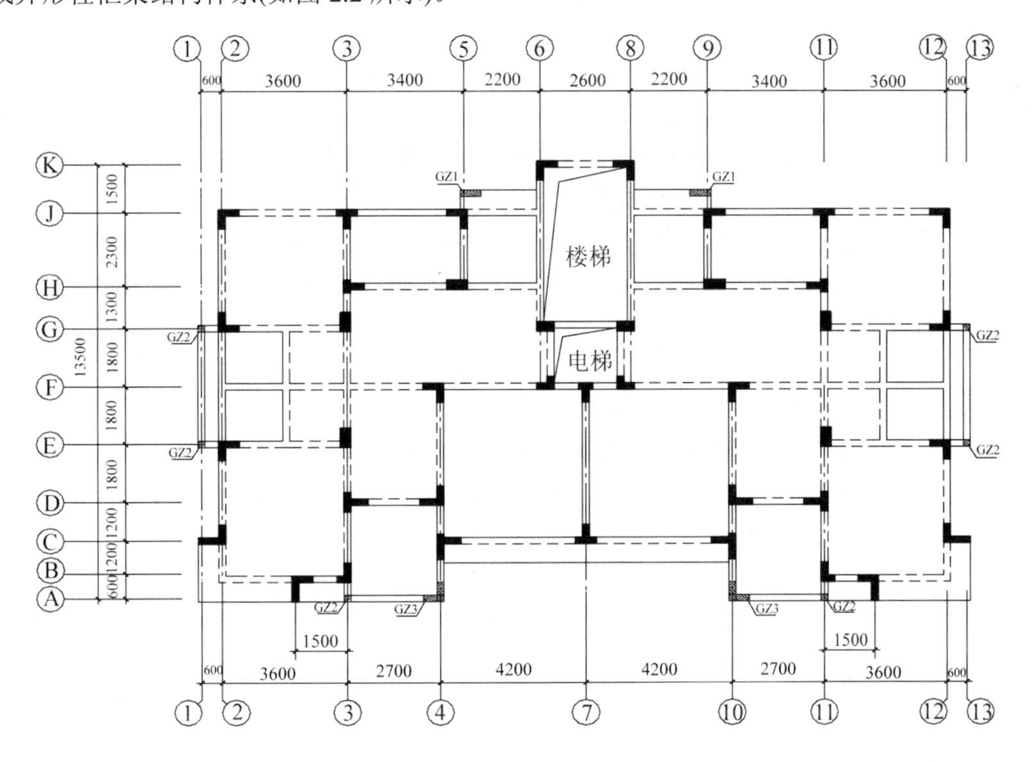

图 2.2　某住宅异形柱框架结构

框架结构的抗力来自于梁、柱通过节点相互约束的框架作用。单层框架柱底完全固结，单层梁的刚度也大到可以完全限制柱顶的转动，此时在侧向荷载作用下，柱的反弯点在柱的中间，其承受的弯矩为全部外弯矩的一半，另一半由柱子的轴力形成的力偶矩来抵抗。这种情况下的梁、柱之间的相互作用即为框架作用的理想状态——完全框架作用。一般来说，当梁的线刚度为柱的线刚度的 5 倍以上时，可以近似地认为梁能完全限制柱的转动，此时就比较接近完全框架作用。实际的框架作用往往介于完全框架作用与悬臂排架柱之间，梁、柱等线型构件受建筑功能的限制，截面不能太大，其线刚度比较小，故而抗侧刚度比较小。

在水平荷载的作用下将产生较大的侧向位移。其中一部分是框架结构产生的整体弯曲变形，即柱子的轴向拉伸和压缩所引起的侧移，在完全框架作用情况下，拉压力偶抵抗一半的外力矩，此时的整体弯曲还是比较明显的。另一部分是剪切变形，即框架的整体受剪，层间梁、柱杆件发生弯曲而引起的水平位移。在完全框架作用情况下，柱子的弯曲尚需抵抗一半外弯矩，在普通的框架中，柱的弯曲需抵抗更多的外弯矩，这对比较柔的线型构件来说是比较难抵抗的。通过合理设计，框架结构本身的抗震性能良好，能承受较大的变形。

但由于框架结构的构件截面较小，抗侧刚度较小，在强震作用下结构的整体位移和层间位移都比较大，这对结构构件以及非结构构件都是不利的，容易加重震害。此外，框架结构的节点内力集中，受力非常复杂，是结构抗震设计的关键部位。

框架结构最主要的优点是：较空旷且建筑平面布置灵活，可做成具有较大空间的会议室、餐厅、办公室、实验室等，同时便于门窗的灵活设置，立面也可以处理得富于变化，可以满足各种不同用途的建筑的需求。但由于其结构的受力特性和抗震性能的限制，使得它的适用高度受到限制。

2.2.2　剪力墙结构

由墙体承受全部水平作用和竖向荷载的结构体系称为剪力墙结构体系。一般情况剪力墙结构均做成落地形式，但由于建筑功能及其他方面的要求，部分剪力墙可能不能落地，如图 2.3 所示即为此类部分框支剪力墙结构。剪力墙结构一般用钢筋混凝土作为建筑材料，其基本的承重单体和抗侧力结构单元均为钢筋混凝土墙体。剪力墙结构按照施工方法的不同可以分为以下 3 种。

(1) 剪力墙全部现浇的结构。

(2) 全部用预制墙板装配而成的剪力墙结构。

(3) 部分现浇、部分为预制装配的剪力墙结构。

图 2.3　部分框支剪力墙立面布置示意图

剪力墙结构是在框架结构的基础上发展出来的。框架结构中柱的抗弯刚度是比较小的，由材料力学的知识可知，构件的抗弯刚度与截面高度的 3 次方成正比。高层建筑要求结构体系具有较大的侧向刚度，故而增大框架柱截面高度以满足高层建筑侧移要求的办法自然就产生了。但是由于它与框架柱的受力性能有很大不同，因而形成了另外一种结构构件。在承受水平作用时，剪力墙相当于一根悬臂深梁，其水平位移由弯曲变形和剪切变形两部分组成。在高层建筑结构中，框架柱的变形以剪切变形为主，而剪力墙的变形以弯曲变形为主，其位移曲线呈弯曲形，特点是结构层间位移随楼层的增高而增加。“剪力墙”这个术语有时并不太确切的原因也即在此。

相比框架结构来说，剪力墙结构的抗侧刚度大，整体性好，如图 2.4 所示。结构顶点水平位移和层间位移通常较小，能满足高层建筑对抵抗较大水平作用的要求，同时剪力墙的截面面积大，竖向承载力要求也比较容易满足。在进行剪力墙的平面布置时，一般应考虑能使其承担足够大的自重荷载以抵销水平荷载作用下的弯曲拉应力，但是轴向荷载又不能太大，以致轴压比太大而大幅降低本来就不高的剪力墙的延性。剪力墙可以在平面内布置，但为了能更好地满足设计意图、提高抗弯刚度和构件延性，经常设计成 L、T、I 或[型等截面形式。

历次地震表明，经过恰当设计的剪力墙结构具有良好的抗震性能。采用剪力墙结构体系的高层建筑，房间内没有梁柱棱角，比较美观且便于室内布置和使用。但剪力墙是比较宽大的平面构件，使建筑平面布置、交通组织和使用要求等受到一定的限制。同时剪力墙的间距受到楼板构件跨度的限制，不容易形成大空间，因而比较适用于具有较小房间的公寓住宅、旅馆等建筑。用于普通单元住宅建筑时，由于其平面布置的复杂性，容易形成截面高宽比小于 8 的短肢剪力墙(如图 2.4 所示)，此时其抗震性能比普通剪力墙差，需要更加仔细地设计。

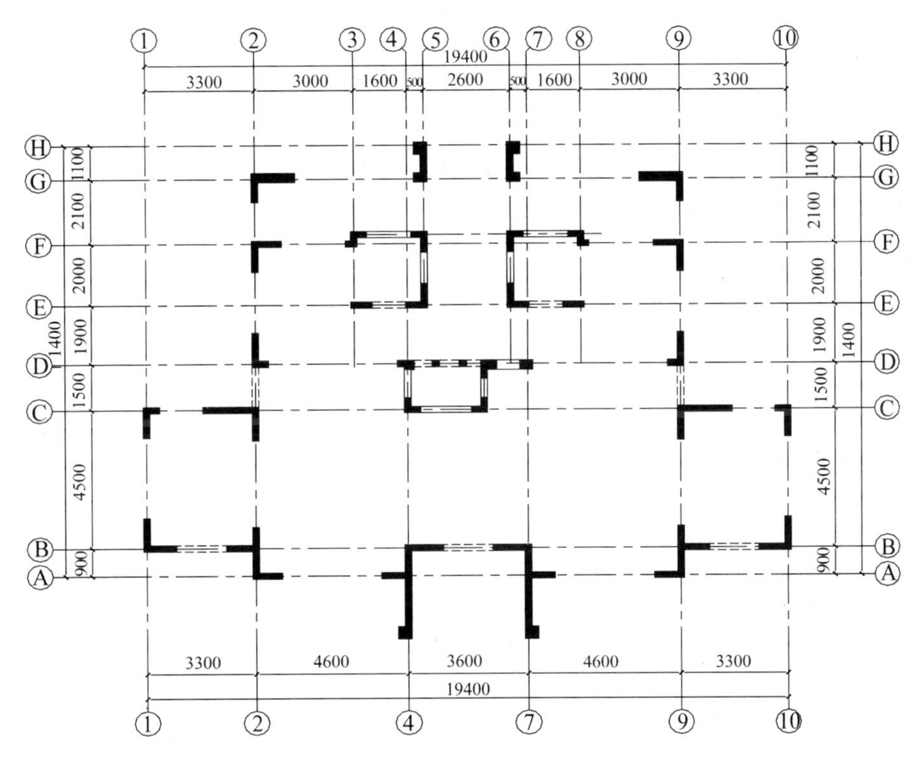

图 2.4　含短肢剪力墙的剪力墙结构平面布置示意图

2.2.3　框架-剪力墙结构

框架-剪力墙结构体系是把框架和剪力墙两种结构共同组合在一起形成的结构体系，竖向荷载由框架和剪力墙等竖向承重单体共同承担，水平荷载则主要由剪力墙这一具有较大刚度的抗侧力单元来承担。这种结构体系综合了框架和剪力墙结构的优点并在一定程度上规避了两者的缺点，达到了扬长避短的目的，使得建筑功能要求和结构设计协调得比较好。它既具有框架结构平面布置灵活、使用方便的特点，又有较大的刚度和较好的抗震能力，因而在高层建筑中应用非常广泛，如图 2.5 所示为框架-剪力墙结构。它与框架结构、剪力墙结构是目前最常用的 3 大常规结构。

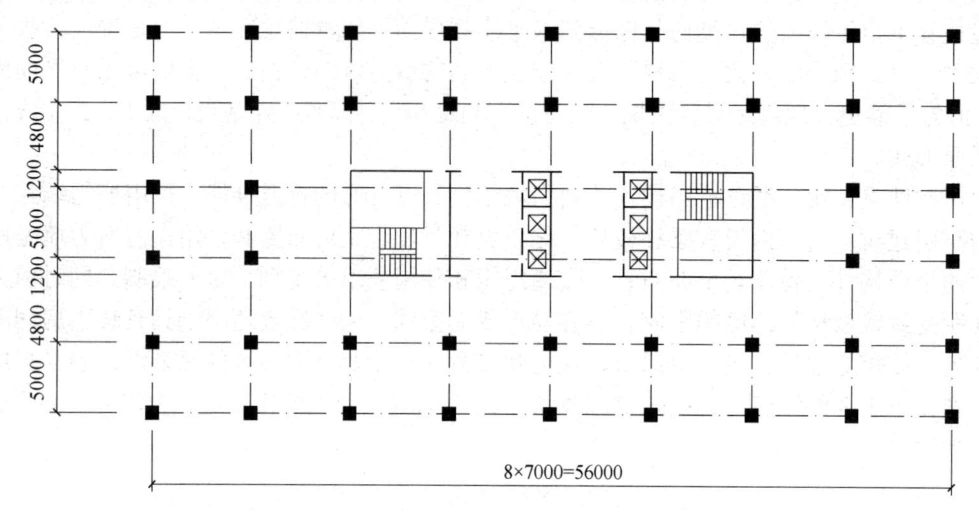

图 2.5　框架-剪力墙结构

剪力墙作为竖向悬臂构件，其变形曲线以弯曲型为主，越向上，侧移增加越快。而框架则类似于竖向悬臂剪切梁，其变形曲线为剪切型，越向上，侧移增加越慢。在同一层中由于刚性楼板的作用，两者的变形协调一致。在框架-剪力墙结构中，剪力墙较大的侧向刚度使得它分担了大部分的水平剪力，这对减小梁柱的截面尺寸，改善框架的受力状况和内力分布非常有利。框架所承受的水平剪力较小且沿高度分布比较均匀，因此柱子的断面尺寸和配筋都比较均匀。越接近底部剪力墙所承受的剪力也就越大，这有利于控制框架的变形；而在结构上部，框架的水平位移有比剪力墙的位移小的趋势，剪力墙还承受框架约束的负剪力。框架-剪力墙结构很好地综合了框架的剪切变形和剪力墙的弯曲变形受力性能，它们的协同工作使各层层间变形趋于均匀，改善了纯框架或纯剪力墙结构中上部和下部楼层层间变形相差较大的缺点。其变形特征如图 2.6 所示。

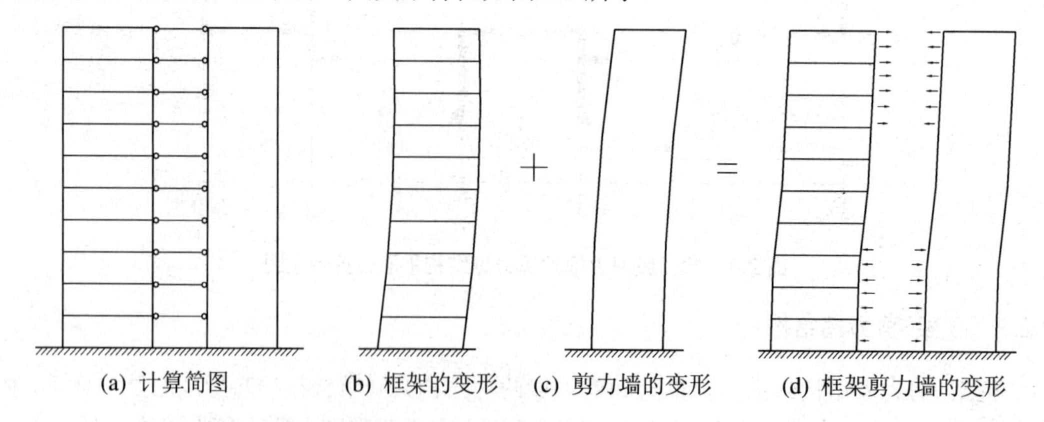

图 2.6　框架-剪力墙结构在侧向力作用下协同工作时的变形特征

在实际应用中还有另外一些与框架-剪力墙的受力和变形性能相似的结构体系，如框架-支撑结构和板柱-剪力墙结构等。在框架-支撑结构中，支撑是轴向受力的杆件，作用类似于框剪结构中的剪力墙，其较大的轴向刚度抵抗了大部分的水平作用和竖向荷载；而在板柱-剪力墙结构中，板柱就相当于框剪结构中的框架部分，其框架作用由板、柱和板柱节点形成。

2.2.4　筒体结构

当建筑向上延伸达到一定高度时，在平面上需要布置较多的墙体以形成较大刚度来抵抗水平作用，此时常规的 3 大结构体系往往不能满足要求。在高层建筑结构中，作为主要竖向交通联系使用的电梯常常布置在建筑的中心或两端，此时常常将电梯井壁集中布置为墙体。电梯井 4 面围有剪力墙，尽管开有洞口对其刚度有一定的削弱，但是其整体刚度比同样的独立几片墙要大得多，这是由于相互联系的各片墙围成一个筒后，其整体受力与变形性能有很大的变化，此时形成的空间作用已使面型的剪力墙单元转变成具有空间作用的筒体单元，它具有很大刚度和承载力，能承受很大的竖向荷载和水平作用。由于筒体结构单元受力性能的特殊性，常将竖向承重单体和抗侧力结构单元含筒体单元的结构体系称为筒体结构。

筒体结构的基本特征是主要由一个或多个空间受力的竖向筒体承受水平力。筒体可以由剪力墙组成，也可以由密柱深梁构成。筒体是空间整截面工作的，如同一个竖在地面上的箱形悬臂梁。框筒在水平力作用下，不仅平行于水平力作用方向的框架(腹板框架)起作用，而且垂直于水平力方向上的框架(翼缘框架)也共同受力。薄壁筒在水平力的作用下更接近于薄壁杆件，产生整体弯曲和扭转。

筒体结构的类型很多，根据筒体的布置、组成和数量等可再分为框筒、筒中筒、桁架筒、成束筒等结构体系。框筒结构只有一个密柱深梁外筒，竖向荷载主要由内部柱子承受，水平荷载主要由外筒抵抗；筒中筒结构一般由中央剪力墙内筒和周边外框筒组成；桁架筒包含有由两个方向的桁架组成的空间筒体，附加支撑是一种非常有效率的方法；当单个筒体不足以承受水平力时，由若干个筒体串联套叠起来形成的结构体系即为成束筒结构体系。高层建筑的内筒集中布置在楼(电)梯间和服务性房间，常是由较密集的剪力墙形成的一个截面形状复杂的薄壁筒；外筒则多为由密柱(一般跨度在 3m 以内)深梁所组成的框筒，密柱框筒到下部楼层往往要通过转换楼层扩大柱距形成大入口。需要注意的是，框架-筒体结构与框筒结构不是同一个概念，前者指的是由框架和筒体结构单元组成的结构，框架与筒体是平行的受力单元。

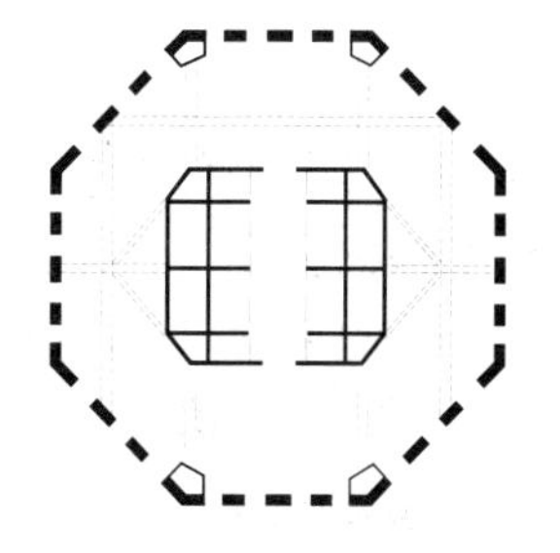
图 2.7　筒中筒结构

筒体结构除内部剪力墙薄壁筒处外，经过适当的组合在建筑内部也能形成较大的自由空间，平面可以自由灵活分隔。经过合理设计，筒体结构可以具有良好的刚度、承载力和抗震抗风性能，适用于多功能、多用途的超高层建筑。如图2.7 所示为上海某八角形筒中筒结构，48 层，高 161.40m，8 个角部设置了由剪力墙围成的刚度较大的角柱或角筒，具有非常好的抗震抗风性能。

2.2.5　巨型结构

巨型结构由两级结构组成，第一级结构一般有巨型框架结构和巨型桁架结构。巨型桁架由电梯井、楼梯间等组成巨型柱，每隔若干层设置很高的实腹梁或空腹桁架梁作为巨型梁，二者组成巨型框架以承受水平力和竖向力。其余竖向的分布荷载或集中荷载则由二级结构如上下层巨型框架梁之间的框架梁柱等传递给巨型框架。

巨型结构构件形成的空间较空洞，二级结构自身承受的荷载较小，构件截面较小且可灵活布置，增加了建筑布置的灵活性和有效使用面积。有些紧靠巨型梁的楼层甚至可以不设置内柱，形成较大的空旷空间。

如图 2.8 所示的巨型结构为上海寰球金融中心(将于 2007 年建成)结构图，结构体系由巨型柱、巨型斜撑和带状桁架的巨型框架构成，与核心筒、伸臂桁架共同对抗由风、地震荷载引起的倾覆弯矩。

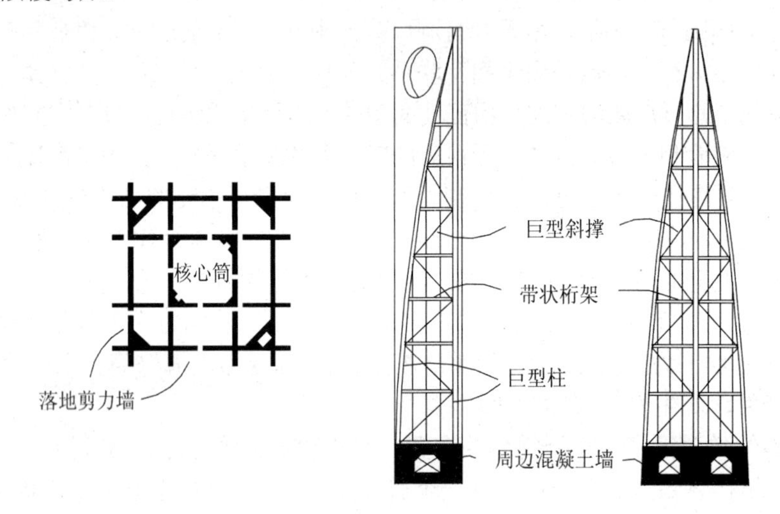

图 2.8　巨型结构

2.3　高层建筑结构布置原则

由于地震作用的随机性、复杂性和不确定性，以及结构内力分析方面的理想化，将结构的空间作用简化为平面结构，动力作用简化为等效静力分析，非弹性性质简化为弹性性质，而且未能充分考虑材料时效、阻尼变化等各种因素，使结构分析存在着非确定性。要使结构抗震设计更好地符合客观实际，必须着眼于建筑总体抗震能力的概念设计。概念设计涉及的范围很广，要考虑的方面很多。具体地说，要正确认识地震作用的复杂性、间接性、随机性和耦联性，尽量创造减少地震动的客观条件，避免地面变形的直接危害和减少地震能量输入。在结构总体布置上：首先在房屋体形、结构体系、刚度和强度分布、构件延性等主要方面创造结构整体的良好抗震条件，从根本上消除建筑中的抗震薄弱环节。然后，再辅以必要的计算、内力调整和构造措施。因此，国内外工程界常将概念设计作为设计的主导，认为它比数值计算更显重要。在抗震规范中所涉及到的若干基本概念如下。

(1) 预防为主、全面规划。

(2) 选择抗震有利场地，避开抗震不利地段。

(3) 规则建筑。

(4) 多道抗震防线。

(5) 防止薄弱层塑性变形集中。

(6) 强度、刚度和变形能力的统一。
(7) 确保结构的整体性。
(8) 非结构构件的抗震措施。

2.3.1　最大适用高度

《高层建筑混凝土结构技术规程》(JGJ 3—2002)(以下简称高规)划分了 A 级高度的高层建筑和 B 级高度的高层建筑。A 级高度的高层建筑是指常规的、一般的建筑。B 级高度的高层建筑是指较高的，因而设计有更严格要求的建筑。高规没有采用定义不清晰的“超高层建筑”一词。

(1) A 级高度钢筋混凝土高层建筑指符合表 2-1 高度限值的建筑，也是目前数量最多，应用最广泛的建筑。当框架-剪力墙、剪力墙及筒体结构超出表 2-1 的高度时，列入 B 级高度高层建筑。B 级高度高层建筑的最大适用高度不宜超过表 2-2 的规定，并应遵守高规规定的更严格的计算和构造措施，同时需经过专家的审查复核。

表 2-1　A 级高度钢筋混凝土高层建筑的最大适用高度(m)

结构体系		非抗震设计	抗震设防烈度			
			6 度	7 度	8 度	9 度
框架		70	60	55	45	25
框架-剪力墙		140	130	120	100	50
剪力墙	全部落地剪力墙	150	140	120	100	60
	部分框支剪力墙	130	120	100	80	不应采用
筒体	框架－核心筒	160	150	130	100	70
	筒中筒	200	180	150	120	80
板柱-剪力墙		70	40	35	30	不应采用

表 2-2　B 级高度钢筋混凝土高层建筑的最大适用高度(m)

结构体系		非抗震设计	抗震设防烈度		
			6 度	7 度	8 度
框架-剪力墙		170	160	140	120
剪力墙	全部落地剪力墙	180	170	150	130
	部分框支剪力墙	150	140	120	100
筒体	框架－核心筒	220	210	180	140
	筒中筒	300	280	230	170

注：① 房屋高度指室外地面至主要屋面高度，不包括局部突出屋面的电梯机房、水箱、构架等高度。
② 部分框支剪力墙结构指地面以上有部分框支剪力墙的剪力墙结构。
③ 平面和竖向均不规则的建筑或位于Ⅳ类场地的建筑，表中数值应适当降低。
④ 甲类建筑，6、7 度时宜按本地区设防烈度提高一度后符合本表的要求，8 度时应专门研究。
⑤ 当房屋高度超过表中数值时，结构设计应有可靠数据，并采取有效措施。

对于房屋高度超过 A 级高度高层建筑最大适用高度的框架结构、板柱-剪力墙结构以及 9 度抗震设计的各类结构，因研究成果和工程经验不足，在 B 级高度高层建筑中未予列入。

(2) 具有较多短肢剪力墙的剪力墙结构的抗震性能有待进一步研究和工程实践检验，高规第 7.1.2 条规定其最大适用高度比剪力墙结构适当降低，7 度时不应大于 100m、8 度时不应大于 60m；B 级高度高层建筑及 9 度时的 A 级高度高层建筑不应采用这类结构。

(3) 高度超出表 2-2 的特殊工程，应通过专门的审查、论证，补充多方面的计算分析，必要时进行相应的结构试验研究，采取专门的加强构造措施，才能予以实施。

(4) 框架-核心筒结构中，除周边框架外，内部带有部分仅承受竖向荷载的板柱结构时，不属于本条所说的板柱-剪力墙结构。

(5) 在高规最大适用高度表中，框架-剪力墙结构的高度均低于框架核心筒结构的高度。其主要原因是，高规中规定的框架-核心筒结构的核心筒相对于框架-剪力墙结构的剪力墙较强，核心筒成为主要抗侧力构件。

2.3.2 高宽比限值

高层建筑的高宽比，是对结构刚度、整体稳定、承载能力和经济合理性的宏观控制。A 级高度高层建筑的高宽比限值(表 2-3)。从目前大多数常规 A 级高度高层建筑来看，这一限值是各方面都可以接受的，也是比较经济合理的。

表 2-3　A 级高度钢筋混凝土高层建筑结构适用的最大高宽比

结构体系	非抗震设计	抗震设防烈度		
		6 度、7 度	8 度	9 度
框架、板柱－剪力墙	5	4	3	2
框架－剪力墙	5	5	4	3
剪力墙	6	6	5	4
筒中筒、框架－核心筒	6	6	5	4

高规增加了对于 B 级高度高层建筑高宽比的规定(表 2-4)。鉴于高规对 B 级高度高层建筑规定了更严格的计算分析和构造措施要求。考虑到实际情况，B 级高度高层建筑的高宽比略大于 A 级高度高层建筑，目前国内超限高层建筑中，高宽比超过这一限制的是极个别的，例如上海金茂大厦(88 层，420m)为 7.6，深圳地王大厦(81 层，320m)为 8.8。

表 2-4　B 级高度钢筋混凝土高层建筑结构适用的最大高宽比

非抗震设计	抗震设防烈度	
	6 度、7 度	8 度
8	7	6

在复杂体型的高层建筑中，如何计算高宽比是比较难以确定的问题。一般场合中，可按所考虑方向的最小投影宽度计算高宽比，但对突出建筑物平面很小的局部结构(如楼梯

间、电梯间等)，一般不应包含在计算高度内。对于不宜采用最小投影宽度计算高宽比的情况，应由设计人员根据实际情况确定合理的计算方法，对带有裙房的高层建筑，当裙房的面积和刚度相对于其上部塔楼的面积和刚度较大时，计算高宽比的房屋高度和宽度可按裙房以上部分考虑。

2.3.3 结构的抗震等级

抗震设计的钢筋混凝土高层建筑结构，根据设防烈度、结构类型、房屋高度区分为不同的抗震等级，采用相应的计算和构造措施。抗震等级的高低，体现了对结构抗震性能要求的严格程度。抗震等级是根据国内外高层建筑震害情况、有关科研成果、工程设计经验而划分的。特殊要求时则提升至特一级，其计算和构造措施比一级更严格。

在结构受力性质与变形方面，框架-核心筒结构与框架-剪力墙结构基本上是一致的，尽管框架-核心筒结构由于剪力墙组成筒体而大大提高了抗侧力能力，但周边稀柱框架较弱，设计上的处理与框架-剪力墙结构仍是基本相同的。对其抗震等级的要求不应降低，个别情况要求更严。框架-剪力墙结构中，由于剪力墙部分刚度远大于框架部分的刚度，因此对框架部分的抗震能力要求可以比纯框架结构适当降低。当剪力墙部分的刚度相对较少时，则框架部分的设计仍应按普通框架考虑，不应降低要求。

基于上述考虑，A 级高度的高层建筑结构，应按表 2-5 确定其抗震等级。甲类建筑 9 度设防时，应采取比 9 度设防更有效的措施；乙类建筑 9 度设防时，抗震等级提升至特一级。B 级高度的高度建筑，其抗震等级有更严格的要求，应按表 2-6 采用。

表 2-5　A 级高度的高层建筑结构抗震等级

<table>
<tr><th colspan="2" rowspan="2">结构类型</th><th colspan="7">烈　度</th></tr>
<tr><th colspan="2">6 度</th><th colspan="2">7 度</th><th colspan="2">8 度</th><th>9 度</th></tr>
<tr><td rowspan="2">框架</td><td>高度</td><td>≤30</td><td>>30</td><td>≤30</td><td>>30</td><td>≤30</td><td>>30</td><td>≤25</td></tr>
<tr><td>框架</td><td>四</td><td>三</td><td>三</td><td>二</td><td>二</td><td>一</td><td>一</td></tr>
<tr><td rowspan="3">框架—剪力墙</td><td>高度</td><td>≤60</td><td>>60</td><td>≤60</td><td>>60</td><td>≤60</td><td>>60</td><td>≤50</td></tr>
<tr><td>框架</td><td>四</td><td>三</td><td>三</td><td>二</td><td>二</td><td>一</td><td>一</td></tr>
<tr><td>剪力墙</td><td colspan="2">三</td><td colspan="2">二</td><td>一</td><td>一</td><td>一</td></tr>
<tr><td rowspan="2">剪力墙</td><td>高度</td><td>≤80</td><td>>80</td><td>≤80</td><td>>80</td><td>≤80</td><td>>80</td><td>≤60</td></tr>
<tr><td>剪力墙</td><td>四</td><td>三</td><td>三</td><td>二</td><td>二</td><td>一</td><td>一</td></tr>
<tr><td rowspan="3">框支剪力墙</td><td>非底部加强部位剪力墙</td><td>四</td><td>三</td><td>三</td><td>二</td><td>二</td><td rowspan="3">/</td><td rowspan="3">不应采用</td></tr>
<tr><td>底部加强部位剪力墙</td><td>三</td><td>二</td><td colspan="2">二</td><td>一</td></tr>
<tr><td>框支框架</td><td colspan="2">二</td><td>二</td><td>一</td><td>一</td></tr>
</table>

续表

结构类型			烈度			
			6 度	7 度	8 度	9 度
筒体	框架—核心筒	框架	三	二	一	一
		核心筒	二	二	一	一
	筒中筒	内筒	三	二	一	一
		外筒				
板柱-剪力墙	板柱的柱		三	二	一	不应采用
	剪力墙		二	二	二	

注：① 接近或等于高度分界时，应结合房屋不规则程度及场地、地基条件适当确定抗震等级。

② 底部带转换层的筒体结构，其框支框架的抗震等级应按表中框支剪力墙结构的规定采用。

③ 板柱-剪力墙结构中框架的抗震等级应与表中“板柱的柱”相同。

表 2-6　B 级高度的高层建筑结构抗震等级

结构类型		烈　度		
		6 度	7 度	8 度
框架-剪力墙	框架	二	一	一
	剪力墙	二	一	特一
剪力墙	剪力墙	二	一	一
框支剪力墙	非底部加强部位剪力墙	二	一	一
	底部加强部位剪力墙	一	一	特一
	框支框架	一	特一	特一
框架-核心筒	框架	二	一	一
	筒体	二	一	特一
筒中筒	外筒	二	一	特一
	内筒	二	一	特一

注：底部带转换层的筒体结构，其框支框架和底部加强部位筒体的抗震等级应按表中框支剪力墙结构的规定采用。

各抗震设防类别的高层建筑结构，其抗震措施应符合下列要求。

(1) 甲类、乙类建筑：当本地区的抗震设防烈度为 6～8 度时，应符合本地区抗震设防烈度提高一度的要求；当本地区的设防烈度为 9 度时，应符合比 9 度抗震设防更高的要求。

当建筑场地为Ⅰ类时，应允许仍按本地区抗震设防烈度的要求采取抗震构造措施。

(2) 丙类建筑：应符合本地区抗震设防烈度的要求。当建筑场地为Ⅰ类时，除 6 度外，应允许按本地区抗震设防烈度降低一度的要求采取抗震构造措施。

(3) 建筑场地为Ⅲ、Ⅳ类时，对设计基本地震加速度为 0.15g 和 0.30g 的地区，宜分别按抗震设防烈度 8 度和 9 度时各类建筑的要求采取抗震构造措施。

(4) 当地下室顶层作为上部结构的嵌固端时，地下一层的抗震等级应按上部结构采用，地下一层以下结构的抗震等级可根据具体情况采用三级或四级，地下室柱截面每侧的纵向钢筋面积除应符合计算要求外，不应少于地上一层对应柱每侧纵向钢筋面积的 1.1 倍；地下室中超出上部主楼范围且无上部结构的部分，其抗震等级可根据具体情况采用三级或四级。9 度抗震设计时，地下室结构的抗震等级不应低于二级。

(5) 与主楼连为整体的裙楼的抗震等级不应低于主楼的抗震等级，主楼结构在裙房顶部上、下各一层应适当加强抗震构造措施。

2.3.4　结构的平面布置

高层建筑按外形的不同可以分为板式和塔式两大类：塔式建筑其平面长宽比 L/B 较小，是高层建筑的主要外形。如圆形、方形、正多边形、L/B 不大的长边形以及 Y 形、井字形等，塔式建筑比较容易实现结构在两个平面方向的动力特性相近；另一类是实际应用相对较少的板式高层建筑，其平面 L/B 相对较大，为了避免短边方向结构的抗侧刚度较小的问题，相应的抗侧力结构单元布置较多，有时也结合建筑平面将其做成折线或曲线形。高层结构平面布置应考虑下列问题。

(1) 高层建筑的开间、进深尺寸及构件类型规格应尽量少，以利于建筑工业化。

(2) 尽量采用风压较小的形状，并注意邻近高层房屋对该房屋风压分布的影响，如表面有竖向线条的高层房屋可增加 5%风压，群体高层可增加高达 50%的风压。

(3) 有抗震设防要求的高层结构，平面布置应力求简单、规整、均匀、对称，长宽比不大并尽量减小偏心扭转的影响。大量宏观震害表明，布置不对称、刚度不均匀的结构会产生难以计算和处理的地震力(如应力集中、扭曲等)，引起严重后果。在抗震结构中，结构体型、布置、构造措施的好坏有时比计算精确与否更能直接影响结构的安全。建筑物平面尺寸过长，如板式建筑，在短边方向不仅侧向变形加大，而且会产生两端不同步的地震运动。较长的楼板在平面内既有扭转又有挠曲，与理论计算结果误差较大，因此平面长度 L 不应过大，突出部分也尽量小以接近塔式结构(对抗震有利的平面形式)。结构的承载力、刚度及质量分布均匀、对称，质量中心与刚度中心尽可能重合，并尽量增大结构的抗扭刚度。结构具有良好的整体性是高层建筑结构平面布置的关键。

(4) 结构单元两端和拐角处受力复杂且为温度效应敏感处，设置的楼、电梯间会削弱其刚度，故应尽量避免在端部与拐角处设置楼、电梯间，如必须设置应采用加强措施。

2.3.5　结构的竖向布置

高层结构竖向除应满足高宽比限值外，还要考虑下面几个问题。

(1) 有抗震设防要求的建筑物，结构竖向布置要做到刚度均匀而连续，避免刚度突变和薄弱层造成震害。构件截面要自下而上逐渐减小，当某层刚度小于上层时，应不小于上层刚度的 70%和其上相邻连续 3 层平均刚度的 80%。结构竖向体型应力求规则、均匀，避免有过大的外挑和内收，避免出现承载力沿高度分布不均匀的结构。满足以上要求的建筑结构可按竖向规则结构进行抗震分析。

(2) 高层建筑宜设地下室，有一定埋深的地下室，可以保证上部结构的整体稳定，可以充分利用地下室空间，同时地基承载力还能得到补偿。

2.3.6　不规则结构

工程抗震经验表明：建筑结构体型的不规则性不利于结构抗震，甚至将遭受严重破坏或倒塌。因此，设计的建筑结构体型宜力求规则和对称。建筑结构体型的不规则性可分为两类，一是建筑结构平面的不规则，另一是建筑结构竖向剖面和立面的不规则，后一种不规则性的危害性更大。

1. 建筑结构平面的不规则

平面不规则结构的不规则类型分为扭转不规则、凸凹不规则、楼板局部不连续 3 种。其相应规定详见表 2-7。

表 2-7　平面不规则的类型

不规则类型	定　义
扭转不规则	楼层的最大弹性水平位移(或层间位移)，大于该楼层两端弹性水平位移(或层间位移)平均值的 1.2 倍
凸凹不规则	结构平面凹进的一侧尺寸，大于相应投影方向总尺寸的 30%
楼板局部不连续	楼板的尺寸和平面刚度急剧变化，例如，有效楼板宽度小于该层楼板典型宽度的 50%，或开洞面积大于该层楼面面积的 30%，或较大的楼层错层

建筑平面的长宽比不宜过大，一般宜小于 6，以避免因两端相距太远，振动不同步，产生扭转等复杂的振动而使结构受到损害。为了保证楼板平面内刚度较大，使楼板平面内不产生大的振动变形，建筑平面的突出部分长度 l 应尽可能小。平面凹进时，应保证楼板宽度 B 足够大。Z 形平面则应保证重叠部分 l' 足够长。另外，由于在凹角附近，楼板容易产生应力集中，要加强楼板的配筋。平面各部分尺寸(如图 2.9 所示)宜满足表 2-8 的要求。

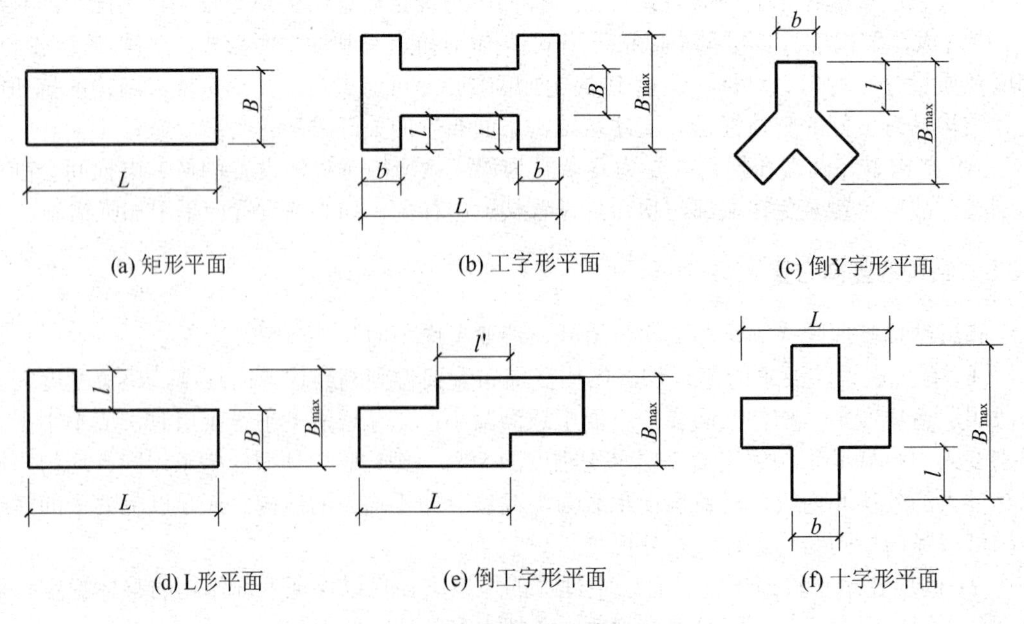

图 2.9　结构平面布置

在设计中，L/B 的数值 6、7 度设防时最好不超过 4；8、9 度设防时最好不超过 3。l/b 的数值最好不超过 1.0。当平面突出部分长度 l/b≤1 且 l/B_{max}≤0.3、质量和刚度分布比较均匀对称时，可以按规则结构进行抗震设计。详见表 2-8。

表 2-8　平面尺寸 L、l、l' 的限值

设防烈度	L/B	L/B_{max}	l/b	l'/B_{max}
6、7 度	≤6.0	≤0.35	≤2.0	≥1
8、9 度	≤5.0	≤0.30	≤1.50	≥1

在规则平面中，如果结构平面刚度不对称，仍然会产生扭转。所以，在布置抗侧力结构时，应使结构均匀分布，令荷载作用线通过结构刚度中心，以减少扭转的影响。尤其是布置刚度较大的楼电梯间时，更要注意保证其结构对称性。但有时从建筑功能考虑，在平面拐角部位和端部布置楼电梯间，则应采用剪力墙筒体等加强措施。

框架-筒体结构和筒中筒结构更应选取双向对称的规则平面，如矩形、正方形、正多边形、圆形，当采用矩形平面时，L/B 不宜大于 1.5，不应大于 2。如果采用了复杂的平面而不能满足表 2-7 的要求，则应进行更细致的抗震验算，并采取加强措施。

2. 建筑结构竖向不规则

建筑结构竖向不规则结构的不规则类型分为侧向刚度不规则、竖向抗侧力构件不连续以及楼层承载力突变 3 种类型。相应的定义详见表 2-9。

抗震设防的建筑结构竖向布置应使体型规则、均匀，避免有较大的外挑和内收，结构的承载力和刚度宜自下而上逐渐地减小。高层建筑结构的高宽比 H/B 不宜过大，如图 2.10 所示，宜控制在 5～6 以下，一般应满足表 2-3 或表 2-4 的要求，高宽比大于 5 的高层建筑应进行整体稳定验算和倾覆验算。

表 2-9　竖向不规则的类型

不规则类型	定　义
侧向刚度不规则	该层的侧向刚度小于相邻上一层的 70%，或小于其上相邻 3 个楼层侧向刚度平均值的 80%；除顶层外，局部收进的水平向尺寸大于相邻下一层的 25%
竖向抗侧力构件不连续	竖向抗侧力构件(柱、抗震墙、抗震支撑)的内力由水平转换构件(梁、桁架等)向下传递
楼层承载力突变	抗侧力结构的层间受剪承载力小于相邻上一楼层的 80%

计算时往往沿竖向分段改变构件截面尺寸和混凝土强度等级，这种改变使结构刚度自下而上递减。从施工角度来看，分段改变不宜太多，但从结构受力角度来看，分段改变却宜多而均匀。在实际工程设计中，一般沿竖向变化不超过 4 段。每次改变，梁、柱尺寸减少 100～150mm，墙厚减少 50mm，混凝土强度降低一个等级，而且一般尺寸改变与强度改变要错开楼层布置、避免楼层刚度产生较大突变。沿竖向出现刚度突变还有下述两个原因。

(1) 结构的竖向体型突变。

由于竖向体型突变而使刚度变化，一般有下面几种情况：① 建筑顶部内收形成塔楼。顶部小塔楼因鞭梢效应而放大地震作用，塔楼的质量和刚度越小则地震作用放大越明显。

在可能的情况下，宜采用台阶形逐级内收的立面；② 楼层外挑内收。结构刚度和质量变化大，在地震作用下易形成较薄弱环节。为此，高规规定，抗震设计时，当结构上部楼层收进部分到室外地面的高度 H_1 与房屋高度之比大于 0.2 时，上部楼层收进后的水平尺寸 B_1 不宜小于下部楼层水平尺寸 B 的 0.75 倍，如图 2.10 所示。

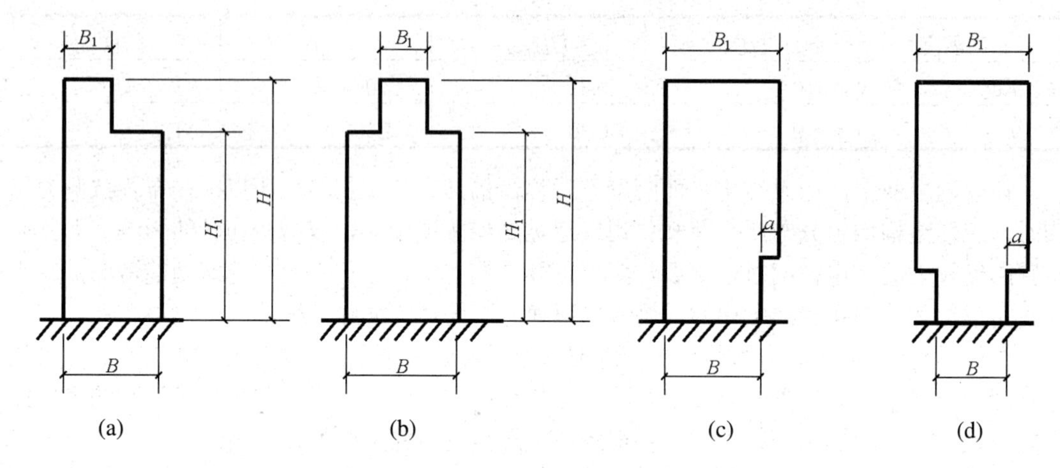

图 2.10　结构竖向收进和外挑示意图

(2) 结构体系的变化。

抗侧力结构布置改变在下列情况下发生。

① 剪力墙结构或框筒结构的底部大空间需要，底层或底部若干层剪力墙不落地，可能产生刚度突变。这时应尽量增加其他落地剪力墙、柱或筒体的截面尺寸，并适当提高相应楼层混凝土等级，尽量使刚度的变化减少。

② 中部楼层部分剪力墙中断。如果建筑功能要求必须取消中间楼层的部分墙体，则取消的墙不宜多于 1/3，不得超过半数，其余墙体应加强配筋。

③ 顶层设置空旷的大空间，取消部分剪力墙或内柱。由于顶层刚度削弱，高振型影响会使地震力加大。顶层取消的剪力墙也不宜多于 1/3，不得超过半数。框架取消内柱后，全部剪力应由外柱箍筋承受，顶层柱子应全长加密配箍。

④ 抗侧力结构构件截面尺寸改变(减小)较多，改变集中在某一楼层，并且混凝土强度改变也集中于该楼层，此时也容易形成抗侧力刚度沿竖向突变。

2.3.7　变形缝

变形缝包括沉降缝、伸缩缝和防震缝。在高层建筑中，为防止结构因温度变化和混凝土收缩而产生裂缝，常隔一定距离用温度-收缩缝分开；在塔楼和裙房之间，由于沉降不同，往往设沉降缝分开；建筑物各部分层数、质量、刚度差异过大，或有错层时，也可用防震缝分开。温度-收缩缝、沉降缝和防震缝将高层建筑划分为若干个结构独立的部分，成为独立的结构单元。

高层建筑设置“三缝”，可以解决产生过大变形和内力的问题，但又产生许多新的问题。例如：由于缝两侧均需布置剪力墙或框架而使结构复杂或建筑使用不便；“三缝”使建筑立面处理困难；地下部分容易渗漏，防水困难等。更为突出的是：地震时缝两侧结构进入弹塑性状态，位移急剧增大而发生相互碰撞，会产生严重的震害。1976 年我国的唐山地震中，京津唐地区设缝的高层建筑(缝宽为 50～150mm)，除北京饭店东楼(18 层框架-剪力墙结构，缝宽 600mm)外，许多房屋结构都发生程度不等的碰撞。轻者外装修、女儿墙、檐口损坏，重者主体结构破坏。1985 年墨西哥城地震中，由于碰撞而使顶部楼层破坏的震害相当多。所以，近 10 年的高层建筑结构设计和施工经验总结表明：高层建筑应当调整平面尺寸和结构布置，采取构造措施和施工措施，能不设缝就不设缝，能少设缝就少设缝；如果没有采取措施或必须设缝时，则必须保证有必要的缝宽以防止震害。

1. 伸缩缝

温度-收缩缝也称为伸缩缝。高层建筑结构不仅平面尺度大，而且竖向的高度也很大，温度变化和混凝土收缩不仅会产生水平方向的变形和内力，而且也会产生竖向的变形和内力。但是，高层钢筋混凝土结构一般不计算由于温度收缩产生的内力。因为一方面高层建筑的温度场分布和收缩参数等都很难准确决定；另一方面混凝土又不是弹性材料，它既有塑性变形，还有徐变和应力松弛，实际的内力要远小于按弹性结构得出的计算值。广州白云宾馆(33 层，高 112m，长 70m)的温度应力计算表明，温度-收缩应力计算值过大，难以作为设计的依据。曾经计算过温度-收缩应力的其他建筑也遇到类似的情况。因此，钢筋混凝土高层建筑结构的温度-收缩问题，一般由构造措施来解决。

当屋面无隔热或保温措施时，或位于气候干燥地区、夏季炎热且暴雨频繁地区的结构，可适当减少伸缩缝的距离；当混凝土的收缩较大或室内结构因施工而外露时间较长时，伸缩缝的距离也应减小，相反，当有充分依据，采取有效措施时，伸缩缝间距可以放宽。

目前已建成的许多高层建筑结构，由于采取了充分有效的措施，并进行合理的施工，伸缩缝的间距已超出了规定的数值。例如 1973 年施工的广州白云宾馆长度已达 70m。目前最大的间距已超过 100m 的有：如北京昆仑饭店(30 层剪力墙结构)长度达 114m；北京京伦饭店(12 层剪力墙结构)达 138m。

在较长的区段上不设温度-收缩缝要采取以下的构造措施和施工措施。

(1) 在温度影响较大的部位提高配筋率。这些部位是：顶层、底层、山墙、内纵墙端开间。对于剪力墙结构，这些部位的最小构造配筋率为 0.25%，实际工程一般都在 0.3%以上。

(2) 直接受阳光照射的屋面应加厚屋面隔热保温层，或设置架空通风双层屋面，避免屋面结构温度变化过于激烈。

(3) 顶层可以局部改变为刚度较小的形式(如剪力墙结构顶层局部改为框架-剪力墙结构)，或顶层分为长度较小的几段。

(4) 施工中留后浇带。一般每 40m 左右设一道，后浇带宽 700～1000mm，混凝土后浇，钢筋搭接长度 35*d*(*d* 为钢筋直径)(图 2.11)。留出后浇带后，施工过程中混凝土可以自由收缩，从而大大减少了收缩应力。混凝土的抗拉强度有较多部分用来抵抗温度应力，提高结构抵抗温度变化的能力。

后浇带采用浇筑水泥的混凝土灌筑，必要时和完混凝土时在水泥中掺微量铝粉使其有一定的膨胀性，防止新老混凝土之间出现裂缝，一般也可采用强度等级提高一级的混凝土灌筑。后浇带混凝土可在主体混凝土施工后 60 天浇筑，后浇混凝土施工时的温度尽量与主体混凝土施工时的温度相近。

后浇带应通过建筑物的整个横截面，分开全部墙、梁和楼板，使得两边都可以自由收缩。后浇带可以选择对结构受力影响较小的部位曲折通过。不要在一个平面内，以免全部钢筋都在同一平面内搭接。一般情况下，后浇带可设在框架梁和楼板的 1/3 跨处，设在剪力墙洞口上方连梁的跨中或内外墙连接处，如图 2.12 所示。由于后浇带混凝土后浇，钢筋搭接，其两侧结构长期处于悬臂状态，所以模板的支柱在本跨不能全部拆除。当框架主梁跨度较大时，梁的钢筋可以直通而不切断，以免搭接长度过长而产生施工困难，也防止悬臂状态下产生不利的内力和变形。

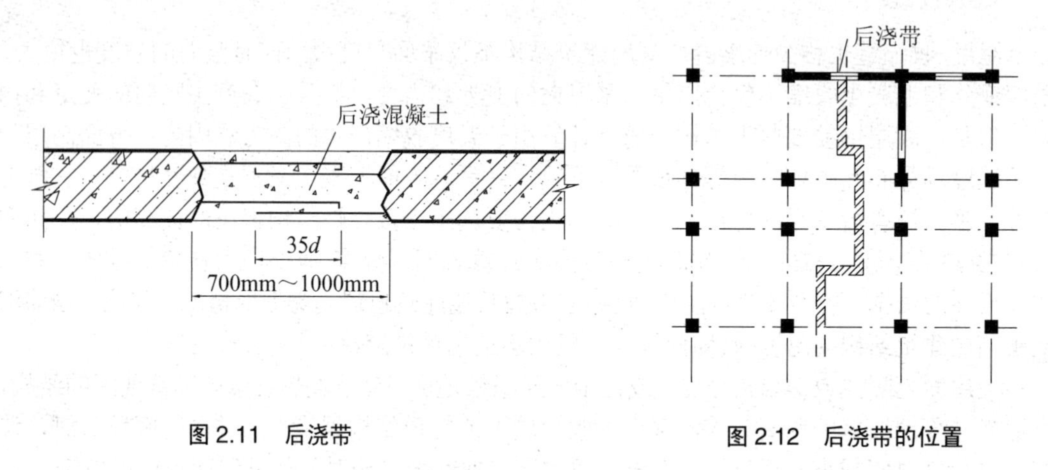

图 2.11　后浇带　　图 2.12　后浇带的位置

2. 沉降缝

当同一建筑物中的各部分由于基础沉降不同而产生显著沉降差，有可能产生结构难以承受的内力和变形时，可采用沉降缝将两部分分开。沉降缝不仅应贯通上部结构，而且应贯通基础本身。通常，沉降缝用来划分同一高层建筑中层数相差很多、荷载相差很大的各部分，最典型的是用来分开主楼和裙房。

是否设缝，应根据具体条件综合考虑。设沉降缝后，由于上部结构须在缝的两侧均设独立的抗侧力结构，形成双梁、双柱和双墙，建筑、结构问题较多，地下室渗漏不容易解决。通常，建筑物各部分沉降差大体上有 3 种方法来处理。

(1) “放”——设沉降缝，让各部分自由沉降，互不影响，避免出现由于不均匀沉降时产生的内力。

(2) “抗”——采用端承桩或利用刚度较大的其他基础。前者由坚硬的基岩或砂卵石层来承受，尽可能避免显著的沉降差；后者则用基础本身的刚度来抵抗沉降差。

(3) “调”——在设计与施工中采取措施，调整各部分沉降，减少其差异，降低由沉降差产生的内力。

采用“放”的方法，似乎比较省事，而实际上如前所述，结构、建筑、设备、施工各方面困难不少。有抗震要求时，缝宽还要考虑防震缝的宽度要求。用设刚度很大的基础来抵抗沉降差而不设缝的做法，虽然在一些情况下能“抗”住，但基础材料用量多，不经济。采用无沉降的端承桩只能在有坚硬基岩的条件下实施，而且桩基造价较高。

目前许多工程采用介乎两者之间的办法，调整各部分沉降差，在施工过程中留后浇段作为临时沉降缝，等到沉降基本稳定后再连为整体，不设永久性沉降缝。采用这种“调”的办法，使得在一定条件下，高层建筑主楼与裙房之间可以不设沉降缝，从而解决了设计、施工和使用上的一系列问题。由于高层建筑的主楼和裙房的层数相差很远，在具有下列条件之一时才可以不留永久沉降缝。

(1) 采用端承桩，桩支承在基岩上。

(2) 地基条件较好，沉降差小。

(3) 有较多的沉降观测资料，沉降计算比较可靠。

在后两种情况下，可按“调”的办法采取如下措施。

(1) 调压力差。主楼部分荷载大，采用整体的箱形基础或筏形基础，降低土压力，并加大埋深，减少附加压力；低层部分采用较浅的交叉梁基础等，增加土压力，使高低层沉降接近。

(2) 调时间差。先施工主楼，主楼工期长，沉降大，待主楼基本建成，沉降基本稳定，再施工裙房，使后期沉降基本相近。

在上述几种情况下，都要在主楼与裙房之间预留后浇带，钢筋连通，混凝土后浇，待两部分沉降稳定后再连为整体。目前，广州、深圳等地多采用基岩端承桩，主楼、裙房间不设缝；北京的高层建筑则一般采用施工时留后浇带的做法。

3. 防震缝

抗震设计的高层建筑在下列情况下宜设防震缝。

(1) 平面长度和外伸长度尺寸超出了规程限值而又没有采取加强措施时。

(2) 各部分结构刚度相差很远，采取不同材料和不同结构体系时。

(3) 各部分质量相差很大时。

(4) 各部分有较大错层时。

此外，各结构单元之间设置伸缩缝和沉降缝时，其缝宽应满足防震缝宽度的要求。

防震缝应在地面以上沿全高设置，当不作为沉降缝时，基础可以不设防震缝。但在防震缝处基础应加强连接构造，高低层之间不要采用主楼框架柱设牛腿，低层屋面或楼面梁搁在牛腿上的做法，也不要用牛腿托梁的办法设防震缝，因为地震时各单元之间，尤其是高低层之间的振动情况是不相同的，连接处容易被压碎、拉断，唐山地震中，天津友谊宾馆主楼(9 层框架)和裙房(单层餐厅)之间的牛腿支承处压碎、拉断，发生严重破坏。

因此，高层建筑各部分之间凡是设缝的，就要分得彻底；凡是不设缝的，就要连接牢固。绝不要将各部分之间设计的似分不分，似连不连，“藕断丝连”，否则连接处在地震中很容易被破坏。

4. 《高层建筑混凝土结构技术规范》(JGJ 3—2002)中对伸缩缝、沉降缝和防震缝的有关规定

钢筋混凝土伸缩缝的最大间距宜符合表 2-10 的规定。如有下列情况，表 2-10 中的伸缩缝最大间距宜适当缩小。

表 2-10 钢筋混凝土伸缩缝最大间距(m)

结构类型		室内或土中	露　天
框架结构	装配式	75	50
	现浇式	55	35
剪力墙结构	装配式	65	40
	现浇式	45	30
挡土墙、地下室墙壁等类结构	装配式	40	30
	现浇式	30	20

注：① 装配整体式结构房屋的伸缩缝间距宜按表中现浇式的数值取用。

② 框架-剪力墙结构或框架-核心筒结构房屋的伸缩缝间距可根据结构的具体布置情况取表中框架结构与剪力墙结构之间的数值。

③ 当屋面无保温或隔热措施时，框架结构、剪力墙结构的伸缩缝间距宜按表中露天栏的数值取用。

④ 现浇挑檐、雨罩等外露结构的伸缩缝间距不宜大于 12m。

(1) 位于气候干燥地区、夏季炎热且暴雨频繁地区的结构或经常处于高温作用下的结构。

(2) 采用滑模类施工工艺的剪力墙结构。

(3) 材料收缩较大、室内结构因施工外露时间较长等。

对下列情况，如有充分依据和可靠措施，表 2-10 中的伸缩缝最大间距可适当增大。

(1) 土浇筑采用后浇带分段施工。

(2) 采用专门的预加应力措施。

(3) 采取能减小混凝土温度变化或收缩的措施。

当增大伸缩缝间距时，尚应考虑温度变化和混凝土收缩对结构的影响。

防震缝最小宽度应符合下列要求。

(1) 框架结构房屋，高度不超过 15m 的部分，缝宽可取 70mm；超过 15m 的部分，6 度、7 度、8 度和 9 度相应每增加高度 5m、4m、3m 和 2m，缝宽宜加宽 20mm。

(2) 框架-剪力墙结构房屋可按第一项规定数值的 70%采用，剪力墙结构房屋可按第一项规定数值的 50%采用，但二者均不应小于 70mm。

防震缝两侧结构体系不同时，防震缝宽度应按不利的结构类型确定。防震缝两侧的房屋高度不同时，防震缝宽度应按较低的房屋高度确定。当相邻结构的基础存在较大沉降差时，宜增大防震缝的宽度。防震缝宜沿房屋全高设置。地下室、基础可不设防震缝，但在与上部防震缝对应处应加强构造和连接。结构单元之间或主楼与裙房之间如无可靠措施，不应采用牛腿托梁的做法设置防震缝。

抗震设计时伸缩缝、沉降缝的宽度均应符合防震缝最小宽度的要求。

2.3.8 高层建筑基础

高层建筑上部结构荷载很大，因而基础埋置较深，面积较大，材料用量多，施工周期长。基础的经济技术指标对高层建筑的造价影响较大。例如箱基的造价在某些情况下可达总造价的 1/3。因此，选择合理的高层建筑基础形式，并正确地进行基础和地基的设计和施工是非常重要的。

1. 高层建筑基础设计中应注意的主要因素

高层建筑的基础和地基设计，应考虑下列要求。

(1) 基底压力不能超过地基承载力或桩承载力，不产生过大变形，更不能产生塑性流动。

(2) 基础的总沉降量、沉降差异和倾斜应在许可范围内。高层建筑结构是整体空间结构，刚度较大，差异沉降产生的影响更为显著，因此应更加注意主楼和裙房的基础和地基设计。计算地基变形时，传至基础底的荷载应按长期效应组合，不应计入风荷载和地震作用。

(3) 基础底板、侧墙和沉降缝的构造，都应满足地下室的防水要求。

(4) 当基础埋深较大且地基软弱，但施工场地开阔时，要采用大开挖。但要采用护坡施工，应综合利用各种护坡措施，并且采用逆向或半逆向施工方法。

(5) 如邻近建筑正在进行基础施工，必须采取有效措施防止对相邻房屋的影响，防止施工中因土体扰动使已建房屋下沉、倾斜和裂缝。

(6) 基础选型和设计应考虑综合效果，不仅要考虑基础本身的用料和造价，而且要考虑使用功能及施工条件等因素。

2. 高层建筑基础的埋深

高层建筑基础必须有足够的埋置深度，主要考虑如下因素。

(1) 基础的埋置深度必须满足地基变形和稳定性要求，以保证高层建筑在风力和地震作用下的稳定性，减少建筑的整体倾斜，防止倾覆和滑移。有足够的埋深，可以利用土的侧限形成嵌固条件，保证高层建筑的稳定。

(2) 增加埋深，可以提高地基的承载力，减少基础沉降。其原因首先是埋深增加，挖去的土体越多，地基的附加压力减小；其次，埋深加大，地基承载力的深度修正也加大，承载力也越高；第三，由于外墙土体的摩擦力，限制了基础在水平力作用下的摆动，使基础底面土反力分布趋于平缓。

(3) 高层建筑宜设置地下室，设置多层地下室有利于建筑物抗震。地震实践证明，有地下室的建筑地震反应可降低 20%～30%。当基础落在岩石上时，可不设地下室，但应采用地锚等措施。

基础的埋深一般指从室外地面到基础底面的高度，但如果地下室周围无可靠侧限时，应从具有侧限的地面算起。采用天然地基时，高层建筑基础的埋置深度可不小于建筑高度的 1/15；采用桩基时可不小于建筑高度的 1/18。桩基的埋深指室外地面至承台底面的高度。桩长不计在埋置深度内。抗震设防烈度为 6 度或非抗震设计的建筑，基础埋置深度可适当减小。

3. 高层建筑基础的选型

高层建筑基础的选型应根据上部结构情况、工程地质情况、施工条件等因素综合考虑确定。以基础本身刚度为出发点，从小到大可供选择的基础有：条形基础、交叉梁式基础、片筏基础、箱形基础等，工程中还常常选择桩基础和岩石锚杆基础，独立基础在高层建筑中除岩石地基外很少采用。

高层建筑基础的选型，主要考虑如下因素。

(1) 上部结构的层数、高度、荷载和结构类型。主楼部分层数多，荷载大，往往采用整体式基础，甚至还要打桩；裙房部分有时可采用交叉梁式基础。

(2) 地基土质条件。地基土均匀、承载力高、沉降量小时，可采用刚度较小的基础，放在天然地基上；反之，则要采用刚性整体式基础，有时还要做桩基础。

(3) 抗震设计要求，水平力作用的大小。抗震设计时，对基础的整体性、埋深、稳定性及地基液化等，都有更高的要求。

(4) 施工条件和场地环境。施工技术水平和施工设备往往制约了基础形式的选择，地下水位对基础选型也有影响。

一般说来，设计中应优先采用有利于高层建筑整体稳定、刚度较大，能抵抗差异沉降、底面积较大，有利于分散土压力的整体基础，如箱形基础和筏形基础；上部荷载不大，地基条件较好的房屋也可以选择交叉梁式基础；只有当上部荷载较小，地基条件好(如基础直接支承在微风化或未风化岩层上)的 6～9 层房屋可采用条形基础(多在裙房中采用)，但必须加设拉梁。

当地下室可以设置较多的钢筋凝泥土墙体，形成刚度较大的箱体时，按箱基设计较为有利；当地下室作为停车场、商店使用而必须有大空间导致无法设置足够墙体时，则只考虑基础底板的作用，按筏形基础设计即可。

2.4 本章小结

本章主要介绍了高层建筑结构常用的承重单体与抗侧力结构单元，以及由这些承重单体与抗侧力结构单元按一定的规律组成的空间结构体系。(这些体系主要包括框架结构、剪力墙结构、框架-剪力墙结构、框架-支撑结构、各类筒体结构以及巨型结构)，并分别介绍了各类常用建筑结构体系的特点以及适用范围。叙述中结合国家现行有关规范与规程，对高层建筑结构的布置原则进行了重点介绍，包括抗震概念设计的思想和主要内容、各类结构的最大适用高度与高宽比限值要求、结构的抗震等级的确定、结构的平面布置与沿高度的竖向布置原则与要求、不规则结构的类型与确定方法等。本章还对高层建筑的变形缝的种类、设置原则以及高层建筑基础设计的内容进行了简要介绍。

2.5 思考题

1. 高层建筑混凝土结构有哪几种主要体系？请对每种体系列举 1～2 个实例。你还知道国内外高层建筑结构所采用的其他体系吗？

2. 试述各种结构体系的优缺点，受力和变形特点，适用层数和应用范围。

3. 在抗震结构中为什么要求平面布置简单、规则、对称，竖向布置刚度均匀？怎样布置可以使平面内刚度均匀，减小水平荷载引起的扭转？沿竖向布置可能出现哪些刚度不均匀的情况？以底层大空间剪力墙结构的布置为例，说明如何避免竖向刚度不均匀？

4. 防震缝、伸缩缝和沉降缝在什么情况下设置？各种缝的特点和要求是什么？在高层建筑结构中，特别是抗震结构中，怎么处理好这 3 种缝？

5. 框架-剪力墙结构与框架-筒体结构有何异同？哪一种体系更适合于建造较高的建筑？为什么？

6. 框架-筒体结构与框筒结构有何区别？

7. 高层建筑的基础都有哪些形式？在选择基础形式及埋置深度时，高层建筑与多、低层建筑有什么不同？

第 3 章　高层建筑结构荷载及其效应组合

教学提示：本章简要介绍了高层建筑竖向荷载的确定方法，重点介绍了高层建筑风荷载的计算和水平地震作用与竖向地震作用的计算方法，同时对水平荷载作用方向和荷载效应组合方法进行了介绍。

教学要求：熟练掌握风荷载的计算方法，以及用反应谱方法计算等效地震作用的方法掌握荷载效应组合各种工况的区别及其应用。

与所有结构一样，高层建筑结构必须能抵抗各种外部作用，满足使用要求，并具有足够的安全度。这些外部作用包括：建筑物自重及使用荷载、风荷载、地震作用以及其他如温度变化、地基不均匀沉降等。其中，前面两项为竖向荷载；风荷载为水平荷载；地震作用则包括水平作用和竖向作用。

3.1　水平荷载作用下结构简化计算原则

高层建筑结构是一个复杂的空间体系，作用在它上面的荷载很复杂。在设计计算时要作一些简化假定，以简化计算。

3.1.1　荷载作用方向

风荷载和地震作用方向都是随机的，在一般情况下进行结构计算时，假设水平荷载分别作用在结构的两个主轴方向。在矩形平面中，对正交的两个主轴 x、y 方向分别进行内力分析如图 3.1(a)及 3.1(b)所示。其他形状平面可根据几何形状和尺寸确定主轴方向。有斜交抗侧力构件的结构，当相交角度 α 大于 15° 时，应分别计算各抗侧力构件方向的水平地震作用，如图 3.1(c)所示。

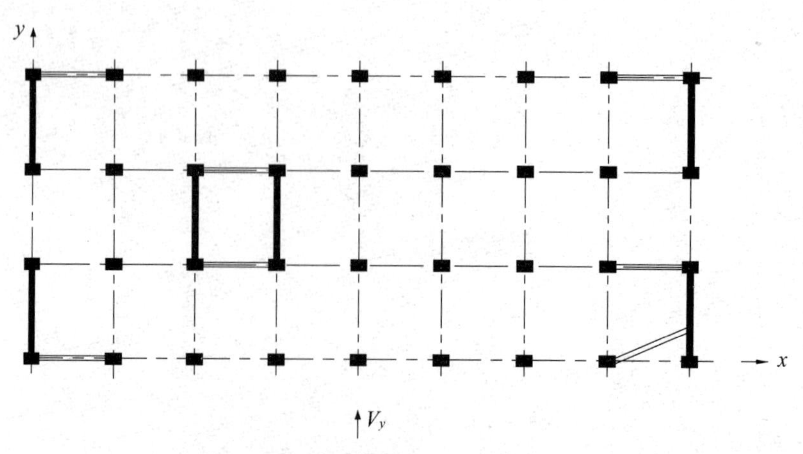

图 3.1(a)　水平荷载沿 y 方向作用

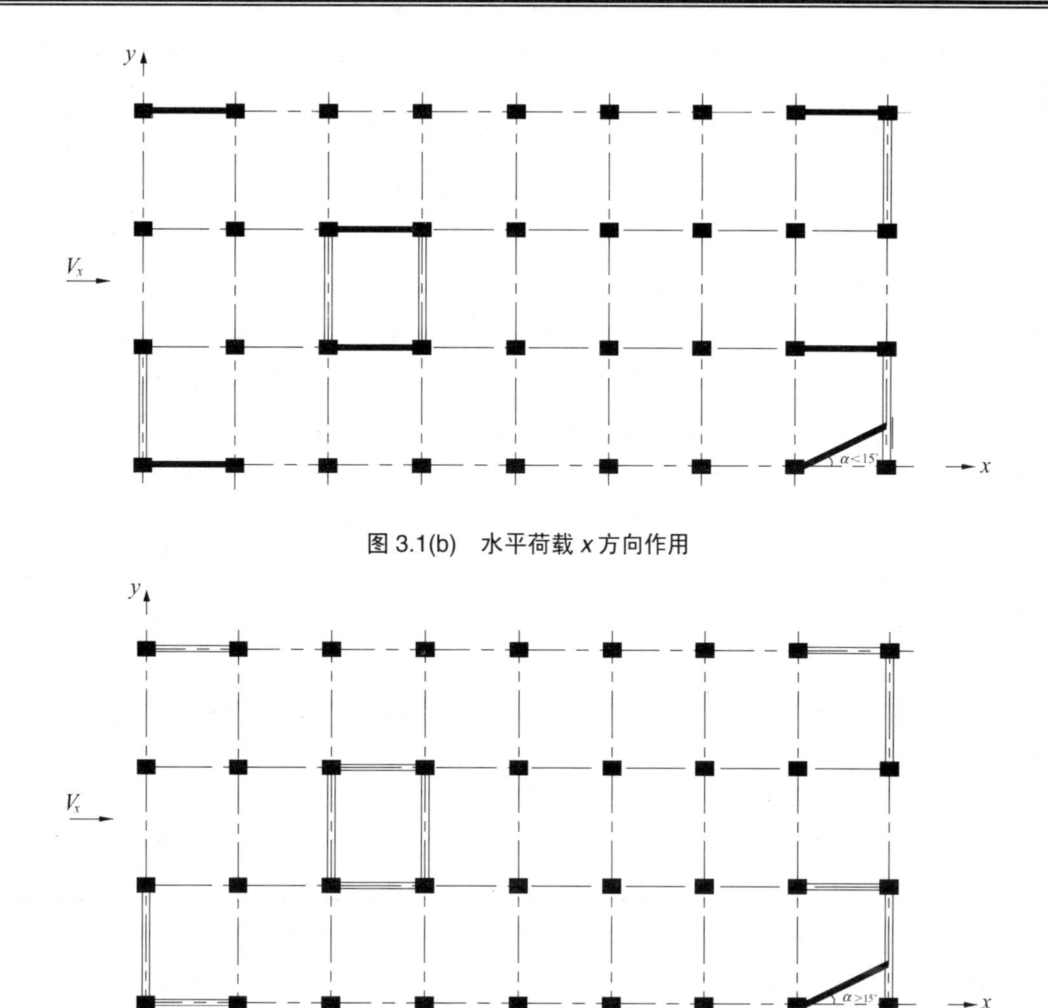

图 3.1(b)　水平荷载 *x* 方向作用

图 3.1(c)　水平荷载沿斜方向作用

3.1.2　平面化假定

荷载作用下的房屋结构都是空间受力体系，对框架结构、剪力墙结构及框架-剪力墙结构进行计算时，可以把空间结构简化为平面结构，并作以下两个假定。

(1) 每榀框架或剪力墙可以抵抗自身平面内的侧力，平面外刚度很小，可忽略不计。即不考虑框架(剪力墙)参与抵抗平面外的水平作用，当作只抵抗自身平面内水平作用的平面结构。

(2) 楼盖结构在自身平面内刚度无限大，平面外刚度很小，可忽略不计。

根据假定(1)，可分别考虑纵向平面结构和横向平面结构的受力情况，即在横向水平分力的作用下，只考虑横向框架(横向剪力墙)而忽略纵向框架(纵向剪力墙)的作用，而在纵向水平力作用下，只考虑纵向框架(纵向剪力墙)而忽略横向框架(横向剪力墙)的作用。这样可使计算大为简化。

根据假定(2)，楼盖只作刚体运动，楼盖自身不产生任何变形，因此可使结构计算中的位移未知量大大减少。

3.2 竖向荷载

竖向荷载包括恒载、楼面及屋面活荷载、雪荷载。恒载由构件及装修材料的尺寸和材料重量计算得出，材料自重可查《建筑结构荷载规范》(GB 50009—2001)(以下简称《荷载规范》)。楼面上的活荷载可按《荷载规范》采用，常用民用建筑楼面均布活荷载见表 3-1。

表 3-1 民用建筑楼面均布活荷载

项次	类别	标准值(kN/m²)	准永久值系数 ψ_q	组合值系数 ψ_c
1	住宅、宿舍旅馆、办公楼、医院病房、幼儿园	2.0	0.4	0.7
2	教室、阅览室、会议室、医院门诊	2.0	0.5	0.7
3	餐厅、食堂、一般档案室	2.5	0.5	0.7
4	公共洗衣房	3.0	0.5	0.7
5	商店、展览厅	3.5	0.5	0.7
6	健身房、演出舞台(舞厅)	4.0	0.5、(0.3)	0.7
7	书库、档案库、储藏室	5.0	0.8	0.9
8	通风机房、电梯机房	7.0	0.8	0.9

注：屋顶花园活荷载标准值可取 3.0 kN/m²，不包括花圃土石等材料自重。

现阶段国内高层建筑多为钢筋混凝土结构，构件截面尺寸较大，自重大，设计时往往先估算地基承载力以及基础和结构底部剪力，初步确定结构构件尺寸。根据大量工程设计经验，钢筋混凝土高层建筑结构竖向荷载，对于框架结构和框架-剪力墙结构大约为 12～14kN/m²，剪力墙和筒中筒结构约为 14～16kN/m²。

《荷载规范》规定：设计楼面梁、柱及基础时，考虑到活荷载各层同时满布的可能性极少，因此需要考虑活荷载的折减。而钢筋混凝土高层建筑的恒荷载较大，占竖向荷载的 85%以上，活荷载相对较小，占竖向荷载的 10%～15%。

大量的高层住宅、旅馆、办公楼的楼面活荷载较小，在 2.0kN/m² 左右。考虑到活荷载的不利布置对结构内力计算结果的影响很小，为节省计算工作量，设计时可不考虑活荷载的不利布置，按满布活载计算内力。当活荷载较大时，例如图书馆书库等，仍应考虑活荷载的不利布置。

3.3 风荷载

空气流动形成的风遇到建筑物时，会使建筑物表面产生压力或吸力，这种作用称为建筑物所受到的风荷载。风的作用是不规则的，风压随风速、风向的变化而不断改变。实际上，风荷载是随时间波动的动力荷载，但设计时一般把它视为静荷载。长周期的风压使建筑物产生侧移，短周期的脉动风压使建筑物在平均侧移附近摇摆，风振动作用如图 3.2 所示。对于高度较大且较柔的高层建筑，要考虑动力效应，适当加大风荷载数值。确定高层建筑风荷载，大多数情况(高度 300m 以下)可按照《荷载规范》规定的方法，少数建筑(高度大、对风荷载敏感或有特殊情况)还要通过风洞试验确定风荷载，以补充规范的不足。

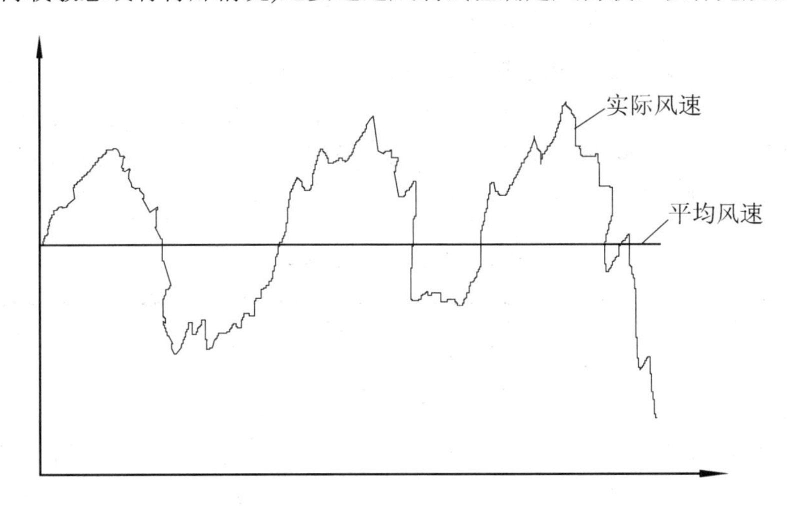

图 3.2　风振动作用

风载的大小主要和近地风的性质、风速、风向有关；和该建筑物所在地的地貌及周围环境有关；同时和建筑物本身的高度、体型以及表面状况有关。

3.3.1　风荷载标准值

《荷载规范》规定垂直于建筑物表面上的风荷载标准值 w_k，应按下述公式计算。

$$w_k = \beta_z \mu_s \mu_z w_0 \tag{3-1}$$

式中：w_0——基本风压(kN/m^2)；

β_z——高度 z 处的风振系数；

μ_s——风荷载体型系数；

μ_z——风压高度变化系数。

1. 基本风压值 w_0

我国《荷载规范》给出的基本风压值 w_0，是用各地区空旷地面上离地 10m 高、统计 50 年(或 100 年)重现期的 10 分钟平均最大风速 v_0(m/s)计算得到的。《荷载规范》取 $\overline{w}_0 = v_0^2/1600$ (kN/m^2)。对于一般高层建筑取重现期为 50 年的风压值计算风荷载；对于特别重要或有特殊要求的高层建筑，取重现期为 100 年的风压值计算风荷载；进行舒适度计算时，取重现期为 10 年的风压值计算。

2. 风压高度变化系数 μ_z

风速大小与高度有关，由地面沿高度按指数函数曲线逐渐增大。上层风速受地面影响小，风速较稳定。风速与地貌及环境也有关，不同的地面粗糙度使风速沿高度增大的梯度不同。一般来说，地面越粗糙，风的阻力越大，风速越小。《荷载规范》(GB 50009—2001)将地面粗糙度分为A、B、C、D 4类。

A类指近海海面、海岛、海岸、湖岸及沙漠地区。

B类指田野、乡村、丛林、丘陵以及房屋比较稀疏的乡镇和城市郊区。

C类指有密集建筑群的城市市区。

D类指有密集建筑群且房屋较高的城市市区。

《荷载规范》给出了各类地区风压沿高度变化系数，见表3-2。位于山峰和山坡地的高层建筑，其风压高度系数还要进行修正，可查阅《荷载规范》。建在山上或河岸附近的建筑物，其离地高度应从山脚下或水面算起。

表3-2　风压高度变化系数 μ_z

离地面或海平面高度 (m)	地面粗糙度类别			
	A	B	C	D
5	1.17	1.00	0.74	0.62
10	1.38	1.00	0.74	0.62
15	1.52	1.14	0.74	0.62
20	1.63	1.25	0.84	0.62
30	1.80	1.42	1.00	0.62
40	1.92	1.56	1.13	0.73
50	2.03	1.67	1.25	0.84
60	2.12	1.77	1.35	0.93
70	2.20	1.86	1.45	1.02
80	2.27	1.95	1.54	1.11
90	2.34	2.02	1.62	1.19
100	2.40	2.09	1.70	1.27
150	2.64	2.38	2.03	1.61
200	2.83	2.61	2.30	1.92
250	2.99	2.80	2.54	2.19
300	3.12	2.97	2.75	2.45
350	3.12	3.12	2.94	2.68
400	3.12	3.12	3.12	2.91
≥450	3.12	3.12	3.12	3.12

3. 风载体型系数 μ_s

当风流经建筑物时，对建筑物不同的部位会产生不同的效果，迎风面为压力，侧风面及背风面为吸力。空气流动还会产生涡流，对建筑物局部会产生较大的压力或吸力。因此，风对建筑物表面的作用力并不等于基本风压值，风的作用力随建筑物的体型、尺度、表面位置、表面状况而改变。风作用力大小和方向可以通过实测或风洞试验得到，如图 3.3 所示是一个矩形建筑物风压分布的实测结果，图中的风压分布系数是指表面风压值与基本风压的比值，正值是压力，负值是吸力。如图 3.3(a)所示是房屋平面风压分布系数，表明当空气流经房屋时，在迎风面产生压力，在背风面产生吸力，在侧风面也产生吸力，而且各面风作用力并不均匀。如图 3.1(b)、图 3.1(c)所示分别是房屋迎风面和背风面表面风压分布系数，表明沿房屋每个立面的风压值也并不均匀。但在设计时，采用各个表面风作用力的平均值，该平均值与基本风压的比值称为风载体型系数。值得注意的是，由风载体型系数计算的每个表面的风荷载都垂直于该表面。

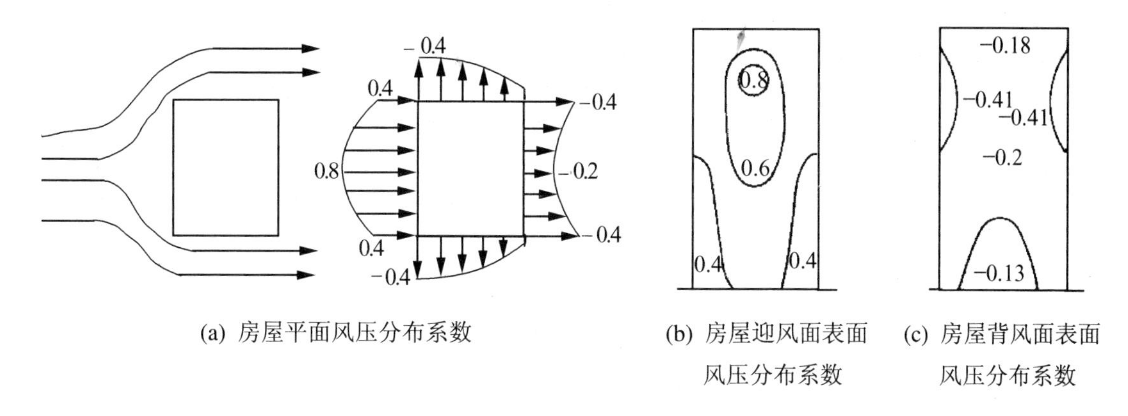

(a) 房屋平面风压分布系数　　(b) 房屋迎风面表面风压分布系数　　(c) 房屋背风面表面风压分布系数

图 3.3　风压分布

见表 3-3，为一般高层建筑常用的各种平面形状、各个表面的风载体型系数，《高层建筑混凝土结构技术规程》附录 A 还给出了其他各种情况的风载体型系数，需要时可以查用。

表 3-3　高层建筑体型系数

序　号	名　称	体型及体型系数
1	正多边形平面	+0.8, –0.7, –0.5, –0.7; 0, –0.5, +0.8, –0.5, 0, –0.5; –0.7, +0.4, –0.5, +0.8, –0.5, +0.4, –0.5, –0.7
2	Y 形平面	–0.7, –0.5, +1.0, –0.5, –0.5, –0.7; 40°, +0.7, –0.75, +0.9, –0.55, –0.5, –0.5
3	L 形平面	–0.6, +0.8, –0.5, +0.8, –0.6; 45°, +0.3, +0.9, –0.6, +0.5, –0.6
4	∏ 形平面	–0.7, +0.8, +0.9, –0.5, +0.8, –0.7

续表

序　号	名　称	体型及体型系数
5	十字形平面	−0.6　+0.6　−0.5　+0.8　−0.8　+0.6　−0.5　−0.6
6	六边形平面	−0.45　−0.5　+0.8　−0.5　−0.45　−0.5

根据国内外风洞试验和有关规定，对高层建筑群体，须考虑风载体型系数的增大系数，即高层建筑群体之间相互干扰，会使风压分布增大，称为群楼效应，当两楼之间的净距 $L<2B$ 时，即会发生群楼效应。风压值由风洞试验测定，可增至 1.7～2.25 倍。

4. 风振系数 β_z

风作用是不规则的。通常把风作用的平均值看成稳定风压，即平均风压，实际风压在平均风压附近上下波动。平均风压使建筑物产生一定的侧移，而波动风压使建筑物在该侧移附近左右或前后摇摆。如果周围高层建筑物密集，还会产生涡流现象。

这种波动风压会在建筑物上产生一定的动力效应。通过实测及功率谱分析可以发现，风载波动是周期性的，基本周期往往很长，它与一般建筑物的自振周期相比，相差较大。例如，一般多层钢筋混凝土结构的自振周期大约为 0.4～1s，因而风对一般多层建筑造成的动力效应不大。但是，风载波动中的短周期成分对于高度较大或刚度较小的高层建筑可能产生一些不可忽视的动力效应，在设计中采用风振系数 β_z 来考虑这种动力效应。确定风振系数时要考虑结构的动力特性及房屋周围的环境，设计时用它加大风荷载，仍然按照静力作用计算风载效应。这是一种近似方法，把动力问题化为静力计算，可以大大简化设计工作。但是如果建筑物的高度很高(例如超过 200m)，特别是对较柔的结构，最好进行风洞试验，用通过实测得到的风对建筑物的作用作为设计依据较为安全可靠。

对高度大于 30m，且高宽比大于 1.5 的房屋结构均需考虑脉动风产生的风振影响，对扭转影响可以忽略的高层建筑可乘以大于 1 的风振系数。《荷载规范》中规定风振系数 β_z 的计算公式如下。

$$\beta_z = 1 + \frac{\varphi_z \xi \nu}{\mu_z} \tag{3-2}$$

式中：φ_z——基本振型 z 高度处振型系数，对外形刚度和质量沿高度按连续规律变化的悬臂型高耸结构及沿高度比较均匀的高层建筑，可近似用 z/H 代替；

ξ——脉动增大系数，按表 3-4 取用，其中 w_0 为基本风压值，T_1 为结构第一振型自振周期；

ν——脉动影响系数，按表 3-5 取用；

μ_z——风压高度变化系数，见表 3-2。

表 3-4　脉动增大系数 ξ(B 类粗糙度地区)

$w_0T_1^2$ (kN·s²/m²)	0.01	0.02	0.04	0.06	0.08	0.10	0.20	0.40	0.60
钢结构	1.47	1.57	1.69	1.77	1.83	1.88	2.04	2.24	2.36
有填充墙的房屋钢结构	1.26	1.32	1.39	1.44	1.47	1.50	1.61	1.73	1.81
混凝土及砌体结构	1.11	1.14	1.17	1.19	1.21	1.23	1.28	1.34	1.38
$w_0T_1^2$ (kN·s²/m²)	0.80	1.00	2.00	4.00	6.00	8.00	10.00	20.00	30.00
钢结构	2.46	2.53	2.80	3.09	3.28	3.42	3.54	3.91	4.14
有填充墙的房屋钢结构	1.88	1.93	2.10	2.30	2.43	2.52	2.60	2.85	3.01
混凝土及砌体结构	1.42	1.44	1.54	1.65	1.72	1.77	1.82	1.96	2.06

注：A、C、D 类粗糙度地区按当地的基本分压分别乘以 1.38、0.62、0.32 后代入。

表 3-5　脉动影响系数 v

H/B	粗糙度类别	房屋总高度 H(m)							
		≤30	50	100	150	200	250	300	350
≤0.5	A	0.44	0.42	0.33	0.27	0.24	0.21	0.19	0.17
	B	0.42	0.41	0.33	0.28	0.25	0.22	0.20	0.18
	C	0.40	0.40	0.34	0.29	0.27	0.23	0.22	0.20
	D	0.36	0.37	0.34	0.30	0.27	0.25	0.24	0.22
1.0	A	0.48	0.47	0.41	0.35	0.31	0.27	0.26	0.24
	B	0.46	0.46	0.42	0.36	0.32	0.29	0.27	0.26
	C	0.43	0.44	0.42	0.37	0.34	0.31	0.29	0.28
	D	0.39	0.42	0.42	0.38	0.36	0.33	0.32	0.31
2.0	A	0.50	0.51	0.46	0.42	0.38	0.35	0.33	0.31
	B	0.48	0.50	0.47	0.42	0.40	0.36	0.35	0.33
	C	0.45	0.49	0.48	0.44	0.42	0.38	0.38	0.36
	D	0.41	0.46	0.48	0.46	0.46	0.44	0.42	0.39
3.0	A	0.53	0.51	0.49	0.42	0.41	0.38	0.38	0.36
	B	0.51	0.50	0.49	0.46	0.43	0.40	0.40	0.38
	C	0.48	0.49	0.49	0.48	0.46	0.43	0.43	0.41
	D	0.43	0.46	0.49	0.49	0.48	0.47	0.46	0.45

续表

H/B	粗糙度类别	房屋总高度 H(m)							
		≤30	50	100	150	200	250	300	350
5.0	A	0.52	0.53	0.51	0.49	0.46	0.44	0.42	0.39
	B	0.51	0.53	0.52	0.50	0.48	0.45	0.44	0.42
	C	0.47	0.50	0.52	0.52	0.50	0.48	0.47	0.45
	D	0.43	0.48	0.52	0.53	0.53	0.52	0.51	0.50
8.0	A	0.53	0.54	0.53	0.51	0.48	0.46	0.43	0.42
	B	0.51	0.53	0.54	0.52	0.50	0.49	0.46	0.44
	C	0.48	0.51	0.54	0.53	0.52	0.52	0.50	0.48
	D	0.43	0.48	0.54	0.53	0.55	0.55	0.54	0.53

3.3.2　总风荷载与局部风荷载

1. 总风荷载

设计时，应使用总风荷载计算风荷载作用下结构的内力及位移。总风荷载为建筑物各个表面承受风力的合力，是沿建筑物高度变化的线荷载。通常，按 x、y 两个互相垂直的方向分别计算总风荷载。按下式计算的总风荷载标准值是 z 高度处的线荷载(kN/m)。

$$W_{\rm z}=\beta_{\rm z}\mu_{\rm z}w_0(\mu_{\rm s1}B_1\cos\alpha_1+\mu_{\rm s2}B_2\cos\alpha_2+\cdots+\mu_{{\rm s}n}B_n\cos\alpha_n \tag{3-3}$$

式中：n——建筑物外围表面积数(每一个平面作为一个表面积)

B_1、B_2，…，B_n——分别为 n 个表面的宽度；

$\mu_{\rm s1}$、$\mu_{\rm s2}$，…，$\mu_{{\rm s}n}$——分别为 n 个表面的平均风载体型系数，可查表 3-5；

α_1、α_2，…，α_n——分别为 n 个表面法线与风作用方向的夹角。

当建筑物某个表面与风力作用方向垂直时，$\alpha_i=0°$，这个表面的风压全部计入总风荷载；当某个表面与风力作用方向平行时，$\alpha_i=90°$，这个表面的风压不计入总风荷载；其他与风作用方向成某一夹角的表面，都应计入该表面上压力在风作用方向的分力。要注意每个表面体型系数的正负号，即注意每个表面承受的是风压力还是风吸力，以便在求合力时作矢量相加。

各表面风荷载的合力作用点，即为总体风荷载的作用点。设计时，将沿高度分布的总体风荷载的线荷载换算成集中作用在各楼层位置的集中荷载，再计算结构的内力及位移。

2. 局部风载

由于风压分布不均匀，在某些风压较大的部位，有时需要验算表面围护构件及玻璃等的强度或构件连接强度。在计算建筑突出部位如阳台、挑檐、雨篷、遮阳板等构件的内力时，要考虑由风产生的向上漂浮力。这些计算称为局部风荷载计算。

局部风荷载用于计算结构局部构件、围护构件以及围护构件与主体的连接，如水平悬挑构件、幕墙构件及其连接件等，其单位面积上的风荷载标准值的计算公式仍用式(3-1)，但采用局部风荷载体型系数。对于檐口、雨篷、遮阳板、阳台等突出构件的上浮力，取 $\mu_{\rm s}\geqslant-2.0$。设计建筑幕墙时，风荷载应按国家现行幕墙设计标准的规定采用。

对封闭式建筑物，内表面也会有压力或吸力，分别按外表面风压的正、负情况取−0.2 或+0.2。

【例 3.1】　某 10 层现浇框架-剪力墙结构办公楼，其平面及剖面如图 3.4 所示。当地基本风压为 0.7kN/m^2，地面粗糙度为 A 类，求在图示风向作用下，建筑物各楼层的风力标准值。

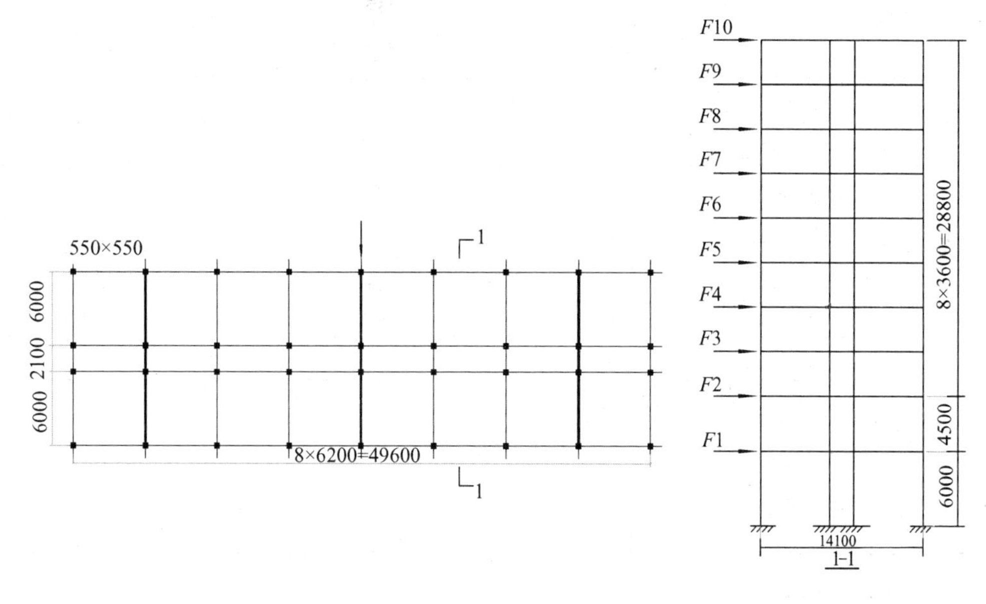

图 3.4　例 3.1 图

解　$T_1=0.06N=0.06\times10=0.6(s)$

$w_0=0.70kN/m^2$

$w_0T_1^2=1.38\times0.70\times0.6^2=0.348$，由表 3-4 得 $\xi=1.324$

$B=14.65$，$H/B=39.3/14.65=2.683$

A 类地面，$v=0.500$

根据地面粗糙度 A 类和离地高度 H_i 查表 3-2 可得相应的 μ_z 值

各楼层位置处的风振系数计算结果见表 3-6。

表 3-6　各楼层风振系数计算结果

楼　层	楼面距地高度 H_i(m)	φ_z	ξ	v	μ_z	β_z
1	6.0	0.153	1.324	0.500	1.21	1.076
2	10.5	0.267	1.324	0.456	1.39	1.116
3	14.1	0.359	1.324	0.456	1.51	1.144
4	17.7	0.450	1.324	0.456	1.61	1.169
5	21.3	0.542	1.324	0.456	1.65	1.198
6	24.9	0.634	1.324	0.456	1.70	1.225
7	28.5	0.725	1.324	0.456	1.77	1.247
8	32.1	0.817	1.324	0.456	1.82	1.271
9	35.7	0.908	1.324	0.456	1.87	1.293
10	39.3	1.0	1.324	0.456	1.91	1.316

风荷载体型系数 μ_s=0.8+0.5=1.3

各楼层风力 $F_i=A_i\beta_{zi}\mu_s\mu_{zi}w_0$，计算结果见表 3-7。

表 3-7 各楼层风力计算结果

楼层	受风面积(m²)	β_z	μ_s	μ_z	w_0(kN/m²)	F_i
1	5.25×50.15=263.29	1.076	1.300	1.21	0.70	327.30
2	4.05×50.15=203.10	1.116	1.364	1.39	0.70	300.82
3	3.6×50.15=180.54	1.144	1.364	1.51	0.70	297.78
4	3.6×50.15=180.54	1.169	1.364	1.61	0.70	324.43
5	3.6×50.15=180.54	1.198	1.364	1.65	0.70	340.74
6	3.6×50.15=180.54	1.225	1.364	1.70	0.70	358.98
7	3.6×50.15=180.54	1.247	1.364	1.77	0.70	380.47
8	3.6×50.15=180.54	1.271	1.364	1.82	0.70	398.75
9	3.6×50.15=180.54	1.293	1.364	1.87	0.70	416.80
10	1.8×50.15=90.27	1.316	1.364	1.91	0.70	216.64

3.3.3 风洞试验简介

风是紊乱的随机现象，风对建筑物的作用十分复杂，规范中关于风荷载值的确定适用于大多数体型较规则、高度不太大的单幢高层建筑。对体型复杂的高柔建筑物的风作用，目前还没有有效的预测、计算方法，而风洞试验是一种测量在大气边界层(风速变化的高度范围)内风对建筑物作用大小的有效手段。摩天大楼可能造成很强的地面风，对行人和商店有很大影响，当附近还有别的高层建筑时，群楼效应对建筑物和建筑物之间的通道也会造成危害，这些都可以通过风洞试验得到对设计有用的数据。

风洞试验的费用较高，但多数情况会得到更安全而经济的设计，在国外应用较为普遍，我国应用还不十分普遍，面对高层建筑高度逐渐增大的情况，需要更加重视风洞试验。随着我国经济实力和技术水平的提高，国内已有一些可以对建筑物模型进行风洞试验的设备，今后国内风洞试验会逐步增加。

我国现行《高层建筑混凝土结构技术规程》(JGJ 3—2002)规定：有下列情况之一的建筑物，应按风洞试验确定风荷载。

(1) 高度大于 200m。

(2) 高度大于 150m，且平面形状不规则、立面形状复杂，或有立面开洞，或为连体建筑等情况。

(3) 规范或规程中没有给出风载体型系数的建筑物。

(4) 周围地形和环境复杂，邻近有高层建筑时，宜考虑互相干扰的群体效应，一般可将单个建筑物的体型系数乘以相互干扰增大系数，缺乏该系数时宜通过风洞试验得出。

此外，风作用会引起建筑物摇晃，设计时要确保它的摇摆运动不会引起用户的不舒适感。随着高层建筑的高度加大，设计将会更加重视舒适度问题，目前国内在这方面的研究还很少。加拿大的达文波特(Davenport)首先提出舒适度与房屋顶层加速度关系，现在有一些计算建筑物顶层加速度的经验公式，但是常常还需要通过实测确定，这也是风洞试验的一个目的。建筑物的风洞试验要求在风洞中实现大气边界层内风的平均风剖面、紊流和自然流动，即能模拟风速随高度的变化。大气紊流纵向分量与建筑物长度尺寸应具有相同的相似常数。模型风洞试验的相似性分析是以动力学相似性为基础的，包括时间、长度、速度、质量和力的缩尺等。例如，风压的相似比就是通过风压分布系数来反映的。其具体表达式为：原型表面风压/原型来流风速＝模型表面风压/模型来流风速。

一般说来，风洞尺寸达到宽为 2～4m、高为 2～3m、长为 5～30m 时可满足要求。风洞试验必须有专门的风洞设备，模型制作也有特殊要求，量测设备和仪器也是专门的，因此高层建筑需要做风洞试验时，都委托风工程专家和专门的试验人员进行。

风洞试验采用的模型通常有 3 类：刚性压力模型、气动弹性模型、刚性高频力平衡模型。

第 1 类模型最常用，建筑模型的比例大约取 1∶300～1∶500，一般采用有机玻璃材料，建筑模型本身、周围建筑物模型、以及地形都应与实物几何形状相似。与风流动有明显关系的特征如建筑外形、突出部分都应在模型中得到正确模拟。模型上布置大量直径为 1.5mm 的侧压孔，有时多达 500～700 个，在孔内安装压力传感器，试验时可量测各部分表面上的局部压力或吸力，传感器输出电信号，通过采集数据仪器自动扫描记录并转换为数字信号，由计算机处理数据，从而得到结构的平均压力和波动压力的量测值。风洞试验一次需持续 60s 左右，相应实际时间为 1h。

这种模型是目前在风洞试验中应用最多的模型，主要是量测建筑物表面的风压力(吸力)，以确定建筑物的风荷载，用于结构设计和维护构件设计。

第 2 类模型则可更精确地考虑结构的柔度和自振频率、阻尼的影响，因此不仅要求模拟几何尺寸，还要求模拟建筑物的惯性矩、刚度和阻尼特性。对于高宽比大于 5 的、需要考虑舒适度的高柔建筑采用这种模型更为合适。但这类模型的设计和制作比较复杂，风洞试验时间也长，有时采用第 3 类风洞试验模型代替。

第 3 类风洞试验模型是将一个轻质材料的模型固定在高频反应的力平衡系统上，也可得到风产生的动力效应，但是它需要有能模拟结构刚度的基座杆及高频力平衡系统。

3.4　地 震 作 用

3.4.1　地震作用的特点

地震波传播产生地面运动，通过基础影响上部结构，上部结构产生的振动称为结构的地震反应，包括加速度、速度和位移反应。由于地震作用是间接施加在结构上的，不应称为地震荷载。

地震波可以分解为 6 个振动分量：两个水平分量，一个竖向分量和 3 个转动分量。对建筑结构造成破坏的分量主要是水平振动和扭转振动。扭转振动对房屋的破坏性很大，但目前尚无法准确计算，主要采用概念设计方法加大结构的抵抗能力，以减小破坏程度。地面竖向振动只在震中附近的高烈度区影响房屋结构，因此，大多数结构的设计计算主要考虑水平地震作用。8 度、9 度抗震设计时，高层建筑中的大跨度和长悬臂结构应考虑竖向地震作用，9 度抗震设计时应计算竖向地震作用。

地震作用和地面运动特性有关。地面运动的特性可以用3个特征量来描述：强度(由振动幅值大小表示)、频谱和持续时间。强烈地震的加速度或速度幅值一般很大，但如果地震时间很短，对建筑物的破坏性可能不大；而有时地面运动的加速度或速度幅值并不太大，而地震波的卓越周期(频谱分析中能量占主导地位的频率成分)与结构物基本周期接近，或者振动时间很长，都可能对建筑物造成严重影响。因此，强度、频谱与持续时间被称为地震动3要素。

地面运动的特性除了与震源所在位置、深度、地震发生原因、传播距离等因素有关外，还与地震传播经过的区域和建筑物所在区域的场地土性质有密切关系。观测表明，不同性质的土层对地震波包含的各种频率成分的吸收和过滤效果不同。地震波在传播过程中，振幅逐渐衰减，在土层中高频成分易被吸收，低频成分振动传播得更远。因此，在震中附近或在岩石等坚硬土壤中，地震波中短周期成分丰富。在距震中较远的地方，或当冲积土层厚、土壤又较软时，短周期成分被吸收而导致以长周期成分为主，这对高层建筑十分不利。此外，当深层地震波传到地面时，土层又会将振动放大，土层性质不同，放大作用也不同，软土的放大作用较大。

建筑本身的动力特性对建筑物是否被破坏和破坏程度也有很大影响。建筑物动力特性是指建筑物的自振周期、振型与阻尼，它们与建筑物的质量和结构的刚度有关。质量大、刚度大、周期短的建筑物在地震作用下的惯性力较大；刚度小、周期长的建筑物位移较大，但惯性力较小。特别是当地震波的卓越周期与建筑物自振周期相近时，会引起类共振，导致结构的地震反应加剧。

3.4.2 抗震设防准则及基本方法

地震作用与风荷载的性质不同，结构设计的要求和方法也不同。风力作用时间较长，有时达数小时，发生的机会也多，一般要求风载作用下结构处于弹性阶段，不允许出现大变形，装修材料和结构均不允许出现裂缝，人不应有不舒适感等。而地震发生的机会小，作用持续时间短，一般为几秒到几十秒，但地震作用强烈。如果要求结构在所有地震作用下均处于弹性阶段，势必造成结构材料使用过多，不经济。因此，抗震设计有专门的方法和要求。

1. 抗震设防的3水准目标

我国的房屋建筑采用3水准抗震设防目标，即“小震不坏，中震可修，大震不倒”。在小震作用下，房屋应该不需修理仍可继续使用；在中震作用下，允许结构局部进入屈服阶段，经过一般修理仍可继续使用；在大震作用下，构件可能严重屈服，结构破坏，但房屋不应倒塌、不应出现危及生命财产的严重破坏。也就是说，抗震设计要同时达到多层次要求。小、中、大震是指概率统计意义上的地震烈度大小。

小震指该地区50年内超越概率约为63%的地震烈度，即众值烈度，又称多遇地震；中震指该地区50年内超越概率约为10%的地震烈度，又称为基本烈度或设防烈度；大震指该地区50年内超越概率约为2%～3%的地震烈度，又称为罕遇地震。

各个地区和城市的设防烈度是由国家规定的。某地区的设防烈度，是指基本烈度，也就是指中震。小震烈度大约比基本烈度低1.55度，大震烈度大约比基本烈度高1度。

抗震设防目标和要求，是根据一个国家的经济力量、科学技术水平、建筑材料和设计、施工现状等综合制订的，并会随着经济和科学水平的发展而改变。

2. 抗震设计的两阶段方法

为了实现 3 水准抗震设防目标，抗震设计采取两阶段方法。

第一阶段为结构设计阶段。在初步设计及技术设计时，就要按有利于抗震的做法去确定结构方案和结构布置，然后进行抗震计算及抗震构造设计。在此阶段，用相应于该地区设防烈度的小震作用计算结构的弹性位移和构件内力，并进行结构变形验算，用极限状态方法进行截面承载力验算，按延性和耗能要求进行截面配筋及构造设计，采取相应的抗震构造措施。虽然只用小震进行计算，但是结构的方案、布置、构件设计及配筋构造都是以 3 水准设防为目标，也就是说，经过第一阶段设计，结构应该实现小震不坏，中震可修，大震不倒的目标。

第二阶段为验算阶段。一些重要的或特殊的结构，经过第一阶段设计后，要求用与该地区设防烈度相应的大震作用进行弹塑性变形验算，以检验是否达到了大震不倒的目标。大震作用下，结构必定已经进入弹塑性状态，因此要考虑构件的弹塑性性能。如果大震作用下的层间变形超过允许值(倒塌变形限值)，则应修改结构设计，直到层间变形满足要求为止。如果存在薄弱层，可能造成严重破坏，则应视其部位及可能出现的后果进行处理，采取相应改进措施。

3. 抗震设防范围

我国现行的《建筑抗震设计规范》(GB 50011—2001)(以下简称《抗震规范》)规定，在基本烈度为 6 度及 6 度以上地区内的建筑结构，应当抗震设防。现行《抗震规范》适用于设防烈度为 6～9 度地区的建筑抗震设计。10 度地区建筑的抗震设计，按专门规定执行。我国设防烈度为 6 度和 6 度以上的地区约占全国总面积的 60%。

某地区、某城市的建筑抗震设防烈度是国家地震局(1990)颁发的《中国地震烈度区划图》上规定的基本烈度，也可采用抗震设防区划提供的地震动参数进行设计，《抗震规范》规定的抗震设防烈度和基本地震加速度值的对应关系见表 3-8。

表 3-8　抗震设防烈度和基本地震加速度值的对应关系

抗震设防烈度	6	7	8	9
基本地震加速度值	0.05g	0.10(0.15)g	0.20(0.30)g	0.40g

注：g 为重力加速度。

我国《抗震规范》又按建筑物使用功能的重要性分为甲、乙、丙、丁 4 个抗震设防类别。甲类建筑是重大建筑工程和地震时可能发生严重次生灾害的建筑，按高于本地区设防烈度进行设计；乙类和丙类建筑均按本地区设防烈度进行设计，6 度设防的 Ⅰ～Ⅲ类场地上的多层和高度不大的高层建筑可不进行地震作用的计算，只需满足相关抗震措施要求。

3.4.3　抗震计算理论

计算地震作用的方法可分为静力法、反应谱方法(拟静力法)和时程分析法(直接动力法)3 大类。我国《抗震规范》要求在设计阶段按照反应谱方法计算地震作用，少数情况需要采用时程分析法进行补充计算。规范要求进行第二阶段验算的建筑也是少数，第二阶段验算采用弹塑性静力分析或弹塑性时程分析方法。

1. 反应谱理论

反应谱理论是采用反应谱确定地震作用的理论。20 世纪 40 年代开始，世界上结构抗震理论开始进入反应谱理论阶段，是抗震理论的一大飞跃，到 20 世纪 50 年代末已基本取代了静力理论。

反应谱是通过单自由度弹性体系的地震反应计算得到的谱曲线。如图 3.5 所示的单自由度弹性体系在地面加速度运动作用下，质点的运动方程如下。

$$m\ddot{x}+c\dot{x}+kx=-m\ddot{x}_0 \tag{3-4}$$

式中：m，c，k ——分别为质点的质量、阻尼常数和刚度系数；

x，$\dot{x}$，$\ddot{x}$——分别为质点的位移、速度和加速度反应，是时间 t 的函数。

$\ddot{x}_0$——地面运动加速度，是时间 t 的函数。

运动方程可通过杜哈默积分或通过数值计算求解，计算结果是随时间变化的质点加速度、速度、位移反应。

S_a 与地震作用和结构刚度有关，若将结构刚度用结构周期 T(或频率 f)表示，用某一次地震记录对具有不同的结构周期 T 的结构进行计算，可求出不同的 S_a 值，将最大值 S_{a1}、S_{a2}、S_{a3}、…，在 S_a-T 坐标图上相连，作出一条 S_a-T 关系曲线，称为该次地震的加速度反应谱。如果结构的阻尼比 ξ 不同，得到的地震加速度反应谱也不同，阻尼比增大，谱值降低。

场地、震级和震中距都会影响地震波的性质，从而影响反应谱曲线形状，因此反应谱的形状也可反映场地土的性质，如图 3.6 所示是根据在不同性质土壤的场地上记录的地震波作出的地震反应谱。硬土中反应谱的峰值对应的周期较短，即硬土的卓越周期短，峰值对应周期可近似代表场地的卓越周期，卓越周期是指地震功率谱中能量占主要部分的周期；软土的反应谱峰值对应的周期较长，即软土的卓越周期长，且曲线的平台(较大反应值范围)较硬土大，说明长周期结构在软土地基上的地震作用更大。

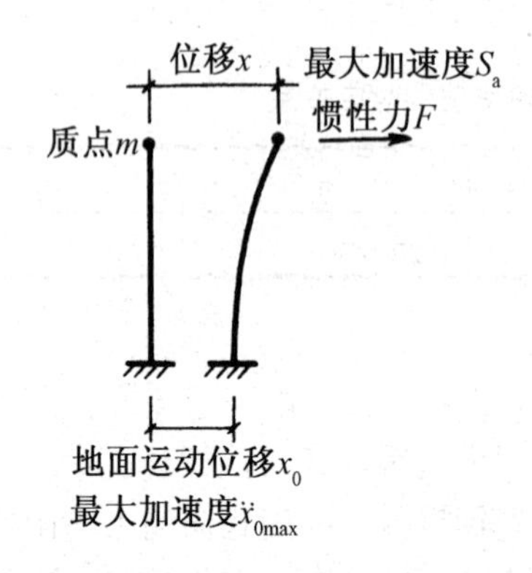

图 3.5 单自由度弹性体系地震反应

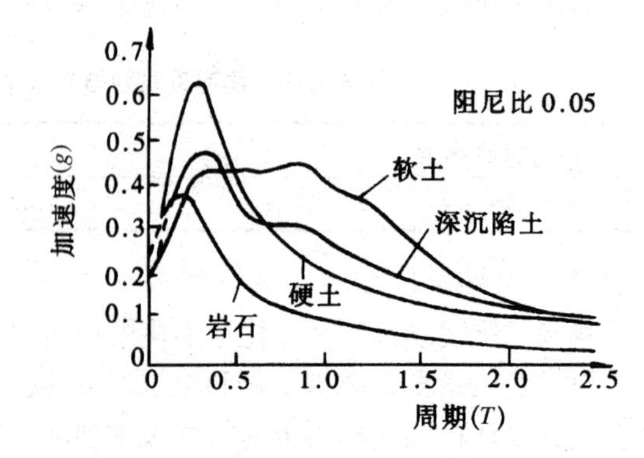

图 3.6 不同性质土壤的地震反应谱

目前我国抗震设计都采用加速度反应谱计算地震作用。取加速度反应绝对最大值计算惯性力作为等效地震荷载，即

$$F=mS_a \tag{3-5a}$$

将公式的右边改写成

$$F = mS_{\mathrm{a}} = \frac{\ddot{x}_{0,\max}}{g}\frac{S_{\mathrm{a}}}{\ddot{x}_{0,\max}}mg = k\beta G = \alpha G \tag{3-5b}$$

式中：α——地震影响系数，$\alpha = k\beta$；

G——质点的重量，$G=mg$；

g——重力加速度；

k——地震系数，$k=\ddot{x}_{0,\max}/g$；即地面运动最大加速度与 g 的比值。

β 是动力系数，$\beta = S_{\mathrm{a}} / \ddot{x}_{0,\max}$，即结构最大加速度反应相对于地面最大加速度的放大系数。β 与 $\ddot{x}_{0,\max}$、结构周期 T 及阻尼比 ξ 有关，$\beta - T$ 曲线，称为 β 谱。通过计算发现，不同地震波得到的 $\beta_{\max}$ 值相差并不太多，平均值在 2.25 左右。因此可以从不同地震波求出的 $\beta - T$ 曲线取具有代表性的平均曲线作为设计依据，称为标准 β 谱曲线。我国设计采用 α 曲线，即 $k\beta$ 曲线，它可以同时表达地面运动的强烈程度。由于同一烈度的 k 值为常数，α 谱曲线的形状与 β 谱曲线形状是相同的，α 曲线又称为地震影响系数曲线。下面将详细介绍。

2. 直接动力理论(时程分析法)

时程分析法是一种动力计算方法，用地震波(加速度时程 $\ddot{x}_0(t)$)作为地面运动输入，直接计算并输出结构随时间而变化的地震反应。它既考虑了地震动的振幅、频率和持续时间 3 要素，又考虑了结构的动力特性。计算结果可以得到结构地震反应的全过程，包括每一时刻的内力、位移、屈服位置、塑性变形等，也可以得到反应的最大值，是一种先进的直接动力计算方法。

输入地震波可选用实际地震记录或人工地震波，计算的结构模型可以是弹性结构，也可以是弹塑性结构。通常，在多遇地震作用下，结构处于弹性状态，可采用弹性时程分析，弹性结构的刚度是常数，得到弹性地震反应；在罕遇地震作用下，结构进入弹塑性状态，必须采用弹塑性时程分析。弹塑性结构的刚度随时间而变化，因此计算时必须给出构件的力—变形的非线性关系，即恢复力模型。恢复力模型是在大量试验研究基础上归纳出来，并可用于计算的曲线模型。

时程分析法比反应谱方法前进了一大步，但由于种种原因，还不能在工程设计中普遍采用。《抗震规范》规定特别重要或特殊的建筑才采用时程分析法作补充计算。

3.4.4　设计反应谱

1. 反应谱曲线

我国制定《抗震规范》规定的反应谱时，收集了国内外不同场地上 255 条 7 度以上(包括少部分 6 度强)的地震加速度记录，计算得到了不同场地的 β 谱曲线，经过处理得到标准的 β 谱曲线，计入 k 值后形成 α 谱曲线，即规范给出的地震影响系数曲线，如图 3.8 所示。由图可见，确定结构地震作用大小的地震影响系数 α 值分为 4 个线段，其直接变量为结构自振周期 T，由结构周期 T 确定 α 值，然后按公式(3-5b)计算地震作用。

(1) T 小于 0.1s 的线段在设计时不用。

(2) $0.1<T<T_{\mathrm{g}}$ 时，$\alpha = \eta_2 \alpha_{\max}$，为平台段。$\alpha_{\max}$ 只与设防烈度有关，表 3-9 给出了设防烈度 6、7、8、9 度对应的多遇地震和罕遇地震的 $\alpha_{\max}$ 值。η_2 是与阻尼比有关的系数。

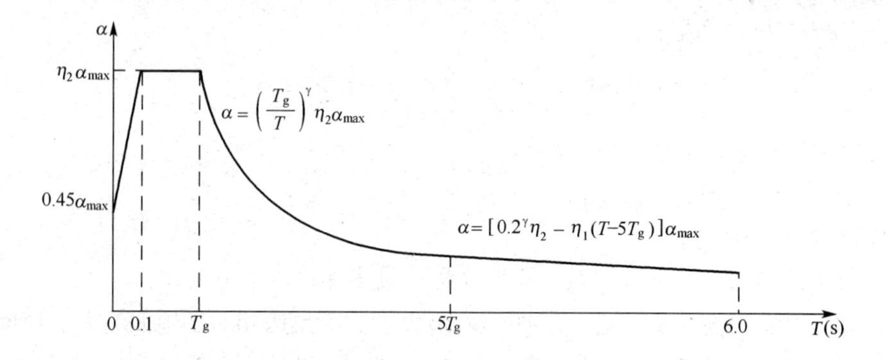

图 3.7　地震影响系数曲线

表 3-9　设防烈度对应的多遇地震和罕遇地震的 α_{max} 值

地　　震	设防烈度			
	6	7	8	9
多遇地震	0.04	0.08(0.12)	0.16(0.24)	0.32
罕遇地震	—	0.50(0.72)	0.90(1.20)	1.40

(3) $T>T_g$ 后，α 进入下降段，$5T_g$ 以前为曲线下降。

(4) $T>5T_g$ 以后按直线下降直至 6.0s。

在图 3.7 上分别给出曲线下降段和直线下降段的表达式，公式中各系数与阻尼比 ξ 有关：γ 称为下降段的衰减指数，

$$\gamma=0.9+\frac{0.05-\xi}{0.5+5\xi} \tag{3-6}$$

η_1 称为直线下降段的下降斜率调整系数，小于 0 时取 0，

$$\eta_1=0.02+\frac{0.05-\xi}{8} \tag{3-7}$$

η_2 称为阻尼调整系数，

$$\eta_2=1+\frac{0.05-\xi}{0.06+1.7\xi} \tag{3-8}$$

阻尼比 ξ 取定后，代入公式中计算系数，然后计算结构周期 T 对应的 α 值。一般钢筋混凝土结构取 $\xi=0.05$，钢结构取 $\xi=0.02$。在最常用的阻尼比 $\xi=0.05$ 时，衰减指数 $\gamma=0.9$，直线下降段斜率调整系数 $\eta_1=0.02$，阻尼调整系数 $\eta_2=1.0$。

2. 特征周期 T_g 与场地土、场地

影响 α 值大小的因素除自振周期和阻尼比外，还有场地特征周期 T_g。地震影响曲线上由最大值开始下降的周期称为场地特征周期 T_g，T_g 愈大，曲线平台段愈长，长周期结构的地震作用将加大。场地特征周期 T_g 与场地和场地土的性质有关，也与设计地震分组有关，见表 3-10。

我国将场地土划分为坚硬、中硬、中软和软弱 4 类。分别为Ⅰ、Ⅱ、Ⅲ、Ⅳ4 类，场地类别综合考虑了场地土的性质，场地土是指场地范围内的地基土。

表 3-10　场地特征周期 T_g(s)

设计地震分组	场地类别			
	Ⅰ	Ⅱ	Ⅲ	Ⅳ
第一组	0.25	0.35	0.45	0.65
第二组	0.30	0.40	0.55	0.75
第三组	0.35	0.45	0.65	0.90

要综合考虑场地土的性质和覆盖层的厚度才能确定场地类别。对于高层建筑，要由岩土工程勘察得到场地土的剪切波速 v_s 和覆盖层厚度，确定类别的具体方法参考表 3-11。场地土愈软，软土覆盖层厚度愈大，场地类别就愈高，特征周期 T_g 越大，对长周期结构越不利。

表 3-11　建筑场地覆盖层厚度(m)

等效剪切波速(m/s)	场地类别			
	Ⅰ	Ⅱ	Ⅲ	Ⅳ
$v_{se}>500$	0			
$500\geqslant v_{se}>250$	<5	≥5		
$250\geqslant v_{se}>140$	<3	3～50	>50	
$v_{se}\leqslant 140$	<3	3～15	>15～80	>80

设计地震分组反映了震中距的影响。在《抗震规范》附录 A 中给出了我国主要城镇的抗震设防烈度、设计基本地震加速度和设计地震分组。调查表明，在相同烈度下，震中距离远近不同和震级大小不同的地震产生的震害是不同的。例如，同样是 7 度，如果距离震中较近，则地面运动的频率成分中短周期成分多，场地卓越周期短，对刚性结构造成的震害大，长周期的结构反应较小；如果距离震中远，短周期振动衰减比较多，场地卓越周期比较长，则高柔的结构受地震的影响大。《抗震规范》用设计地震分组粗略地反映这一宏观现象。分在第三组的城镇，由于特征周期 T_g 较大，长周期结构的地震作用会较大。

3.4.5　水平地震作用计算

我国《抗震规范》规定，设防烈度为 6 度及以上的建筑物必须进行抗震设计。而对于 7、8、9 度以及 6 度设防的Ⅳ类场地上的较高建筑应计算地震作用。

计算时要通过加速度反应谱将地震惯性力处理成等效水平地震荷载，按 x、y 两个方向分别计算地震作用。具体计算方法又分为反应谱底部剪力法和反应谱振型分解法两种方法。在少数情况下需采用弹性时程分析方法作补充计算。

1. 反应谱底部剪力法

反应谱底部剪力法只考虑结构的基本振型，适用于高度不超过 40m，以剪切变形为主且质量和刚度沿高度分布比较均匀的结构。用底部剪力法计算地震作用时，将多自由度体系等效为单自由度体系，只考虑结构基本自振周期，计算总水平地震力，然后再按一定规律分配到各个楼层。

结构底部总剪力标准值为。

$$F_{Ek} = \alpha_1 G_{eq} \tag{3-9}$$

式中：α_1——相应于结构基本周期 T_1 的地震影响系数值，由设计反应谱公式计算得出；

G_{eq}——结构等效总重力荷载，$G_{eq}=0.85G_E$；

G_E——结构总重力荷载代表值，为各层重力荷载代表值之和。重力荷载代表值是指100%的恒荷载、50%～80%的楼面活荷载和50%的雪荷载之和。

等效地震荷载分布形式如图3.8所示，i 楼层处的水平地震力 F_i 按式(3-10)计算。

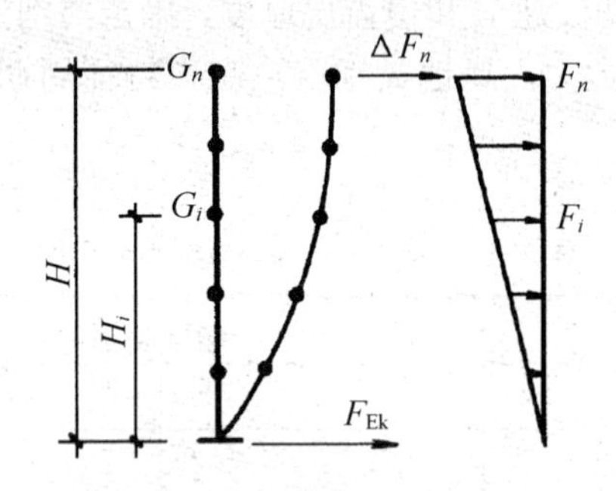

图 3.8　水平地震作用沿高度分布

$$F_i = \frac{G_i H_i}{\sum_{j=1}^{n} G_j H_j} F_{Ek}(1-\delta_n) \tag{3-10}$$

式中：δ_n——顶部附加地震作用系数。

为了考虑高振型对水平地震力沿高度分布的影响，在顶部附加一集中水平力。顶部附加水平力如下。

$$\Delta F_n = \delta_n F_{Ek} \tag{3-11}$$

基本周期 $T_1 \leqslant 1.4T_g$ 时，高振型影响小，不考虑顶部附加水平力，$\delta_n = 0$；基本周期 $T_1 > 1.4T_g$ 时，δ_n 与 T_g 有关，见表3-12。

表 3-12　顶部附加地震作用系数 δ_n

T_g(s)	$T_1 > 1.4T_g$
≤0.35	$0.08T_1+0.07$
0.35～0.55	$0.08T_1+0.01$
>0.55	$0.08T_1-0.02$

2. 振型分解反应谱法

较高的结构，除基本振型的影响外，高振型的影响比较大，因此一般高层建筑都要用振型分解反应谱法考虑多个振型的组合。一般可将质量集中在楼层位置，n 个楼层为 n 个质点，有 n 个振型。在组合前要分别计算每个振型的水平地震作用及其效应(弯矩、轴力、剪力、位移等)，然后进行内力与位移的振型组合。

(1) 结构计算模型分为平面结构及空间结构，平面结构振型分解反应谱法如下。

按平面结构计算时，x、y 两个水平方向分别计算，一个水平方向每个楼层有一个平移自由度，n 个楼层有 n 个自由度、n 个频率和 n 个振型。平面结构的振型如图 3.9 所示。

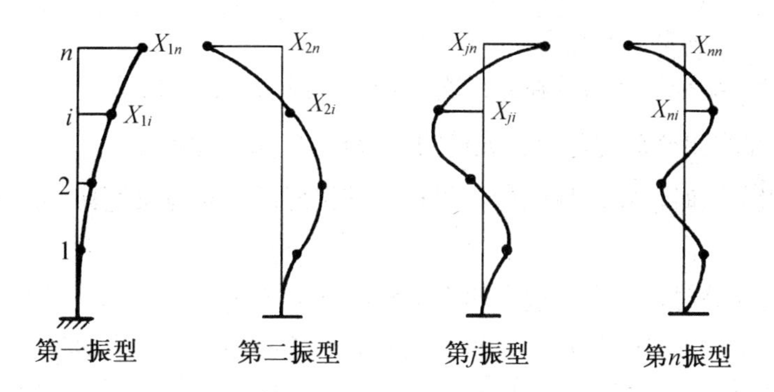

图 3.9　平面结构的振型图

平面结构第 j 振型，i 质点的等效水平地震力 F_{ji} 如下。

$$F_{ji}=\alpha_j\gamma_j x_{ji}G_i \tag{3-12}$$

式中：α_j——相应于 j 振型自振周期 T_j 的地震影响系数；

x_{ji}——第 j 振型 i 质点的振幅系数；

G_i——第 j 层(j 质点)重力荷载代表值，与底部剪力法中 G_E 计算相同；

γ_j——j 振型的振型参与系数。

$$\gamma_j=\frac{\sum_{i=1}^{n}x_{ji}G_i}{\sum_{i=1}^{n}x_{ji}{}^2G_i} \tag{3-13}$$

每个振型的等效地震力与图 3.9 给出的振幅方向相同，每个振型都可由等效地震力计算得到结构的位移和各构件的弯矩、剪力和轴力。因为采用了反应谱，由各振型的地震影响系数 α_j 得到的等效地震力是振动过程中的最大值，其产生的内力和位移也是最大值。实际上各振型的内力和位移达到最大值的时间一般并不相同，因此，不能简单地将各振型的内力和位移直接相加，而是通过概率统计将各个振型的内力和位移组合起来，这就是振型组合。因为总是前几个振型起主要作用，在工程设计时，只需要用有限个振型计算内力和位移。如果有限个振型参与的等效重量(或质量)达到总重量(或总质量)的 90%，就已经足够精确了。

对于规则的、假定为平面结构的建筑，一般取前 3 个振型进行组合；但如果建筑较高或较柔，基本自振周期大于 1.5s，或房屋高宽比大于 5，或结构沿竖向刚度很不均匀时，振型数应适当增加，一般要取 5～6 个振型。若要求精确，可检验有效参与重量是否达到 90%。具体内容参见相关参考书。

对于平面结构，根据随机振动理论，地震作用下的内力和位移由各振型的内力和位移平方求和以后再开方的方法(Square Root of Sum of Square，简称 SRSS 方法)组合得到。

$$S_{EK}=\sqrt{\sum_{j=1}^{m}S_j^2} \tag{3-14}$$

式中：m——参与组合的振型数；

S_j——由 j 振型等效地震荷载求得的弯矩、或剪力、或轴力、或位移；

S_{EK}——振型组合后的弯矩、或剪力、或轴力、或位移。

采用振型组合法时，突出屋面的小塔楼按其楼层质点参与振型计算，鞭梢效应可在高振型中体现。

按空间结构计算时，每个楼层有两个平移、一个转动，即 x、y、θ 共 3 个自由度，n 个楼层有 $3n$ 个自由度、$3n$ 个频率和 $3n$ 个振型，每个振型中各质点振幅有 3 个分量，当其两个分量不为零时，振型耦联。采用空间结构计算模型时，x、y 两个水平方向地震仍然分别独立作用，但由于结构具有空间振型，如果振型耦联，每个方向地震作用会同时得到 x、y 方向作用及扭转效应。振型参与系数应考虑各空间振型，对于空间结构，还要考虑空间各振型的相互影响，采用完全二次方程法(简称 CQC 法)计算。可参考有关参考书。SRSS 方法是 CQC 方法的特例，只适用于平面结构。

(2) 水平地震层剪力最小值法。

《抗震规范》还规定，无论用哪种反应谱方法计算等效地震力，结构任一楼层的水平地震剪力 $V_{EK,i}$(i 层剪力标准值)应满足下式要求。

$$V_{Ek,i}>\lambda\sum_{j=i}^{n}G_j \tag{3-15}$$

式中：G_j——第 j 层重力荷载代表值；

λ——剪力系数，不应小于表 3-13 规定的楼层最小地震剪力系数，对竖向不规则结构的薄弱层，应乘以 1.15 的增大系数。

表 3-13　楼层最小地震剪力系数

类　别	7 度	8 度	9 度
扭转效应明显或基本周期小于 3.5s 的结构	0.016(0.024)	0.032(0.048)	0.064
基本周期大于 5s 的结构	0.012(0.018)	0.024(0.032)	0.040

注 ① 基本周期介于 3.5s 和 5s 之间的结构，可取插入值。

② 括号内数值分别用于设计基本加速度为 0.15g 和 0.30g 的地区。

3. 时程分析法

现行规范规定，下述情况下的房屋结构宜采用弹性时程分析法作多遇地震作用下的补充计算，例如刚度与质量沿竖向分布特别不均匀的高层建筑；7 度和 8 度 I、II 类场地；高度超过 100m，以及 8 度 III、IV 类场地、高度超过 80m 和 9 度高度超过 60m 的房屋建筑。

弹性时程分析的计算并不困难，在各种商用计算程序中都可以实现，困难在于选用合适的地面运动，这是因为地震是随机的，很难预估结构未来可能遭受到什么样的地面运动。因此，一般要选数条地震波进行多次计算。规范要求应选用不少于二组实际强震记录和一组人工模拟的地震加速度时程曲线(符合建筑场地类别和设计地震分组特点，它们的反应谱应与设计采用的反应谱在统计意义上相符)，并采用小震的地震波峰值加速度，时程人析所用多遇地震峰值加速度见表 3-14。

表 3-14　时程分析所用多遇地震峰值加速度(cm/s^2)

设防烈度	6 度	7 度	8 度	9 度
多遇地震	18	35(55)	70(110)	140

注：括号内数值分别用于设计基本地震加速度为 0.15g 和 0.30g 的地区。

【例 3.2】 某工程为 8 层框架结构，梁柱现浇、楼板预制，设防烈度为 7 度，II 类场地土，地震分组为第二组，尺寸如图 3.10 所示。现已计算出结构自振周期 T_1=0.58s；集中在屋盖和楼盖的恒载为顶层 5400kN，2～7 层 5000kN，底层 6000kN；活载为顶层 600kN，1～7 层 1000kN，按底部剪力法计算各楼层地震作用标准值与剪力。

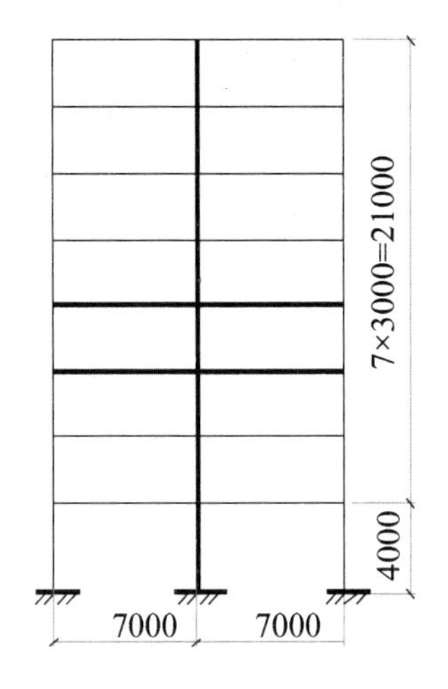

图 3.10　例 3.2 图

解

① 楼层重力荷载标准值。

顶层：G_8=5400+0×600=5400kN

2～7 层：$G_{2\sim7}$=5000+50%×1000=5500kN

1 层：G_1=6000+50%×1000=6500kN

总重力荷载代表值：$G=\sum G_i$ =5400+5500×6+6500=44900kN

② 总地震作用标准值。

根据地震分组和场地类别查表 3-10 得到：T_g=0.4s；由 7 度设防查表 3-9 得：α_{max}=0.08；钢筋混凝土结构的阻尼比 ξ=0.05，则衰减指数 γ=0.9，$T_g<T_1$=0.58s<$5T_g$。

$$\alpha_1=\left(\frac{T_g}{T_1}\right)^{\gamma}\alpha_{max}=\left(\frac{0.4}{0.58}\right)^{0.9}\times0.08=0.0573$$

结构等效总重力荷载代表值为：$G_{eq}=0.85G_E$=0.85×44900=38165 kN

总地震作用标准值为：$F_{Ek}=\alpha_1 G_{eq}$=0.0573×38165=2186.85 kN

③ 各楼层地震作用标准值。

由于 T_1=0.58s>$1.4T_g$=1.4×0.4=0.56，应考虑顶部附加水平地震作用，查表 3-12 得：δ_n = $0.08T_1$+0.01=0.08×0.58+0.01=0.0564

$$\Delta F_n=\delta_n F_{Ek}=0.0564\times2186.85=123.34\text{kN}$$

计算结果如表 3-15 和图 3.11 所示。

表 3-15　各层水平地震作用计算结果

层	H_i(m)	G_i(kN)	$G_i H_i$	$\sum G_i H_i$	F_i(kN)	V_i(kN)
8	25	5400	135000	639500	435.61	558.95
7	22	5500	121000	639500	390.44	949.39
6	19	5500	104500	639500	337.20	1286.59
5	16	5500	88000	639500	283.95	1570.54
4	13	5500	71500	639500	230.71	1801.25
3	10	5500	55000	639500	177.47	1978.72
2	7	5500	38500	639500	124.23	2102.95
1	4	6500	26000	639500	83.90	2186.85

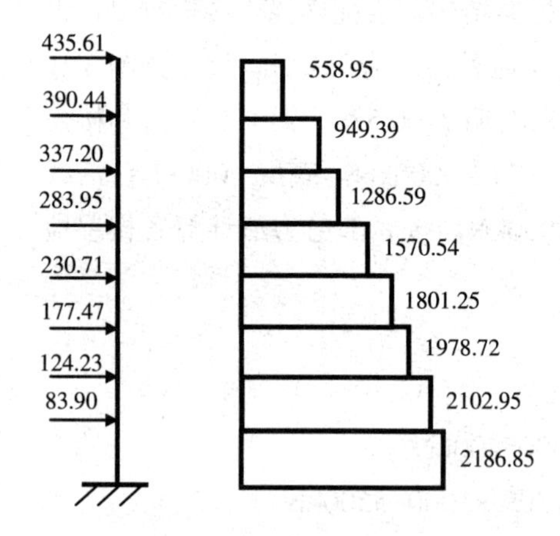

图 3.11　各楼层地震作用标准值及地震剪力

【例 3.3】 如图 3.12 所示的 3 层钢筋混凝土框架结构，各部分尺寸如图 3.12(a)所示。各楼层重力荷载代表值为 G_1=1200kN，G_2=1000kN，G_3=650kN(如图 3.12(b)所示)，场地土 II 类，设防烈度 8 度，地震分组在第二组。现算得前 3 个振型的自振周期为 T_1=0.68s，T_2=0.24s，T_3=0.16s，振型分别如图 3.3(c)～3.3(e)所示。试用振型分解反应谱法求该框架结构的层间地震剪力标准值。

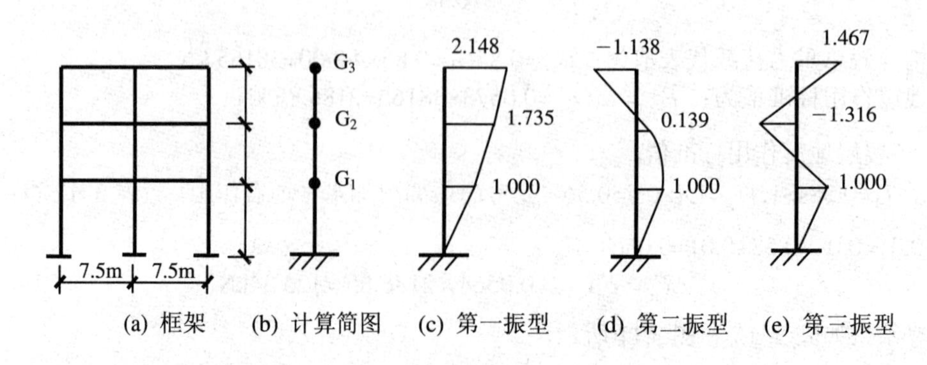

图 3.12

解

① 计算各质点的水平地震作用。

各振型的地震影响系数：

根据场地类型、设防烈度、地震分组，查表得 T_g=0.40s，α_{max}=0.16；

钢筋混凝土结构的阻尼比 ξ=0.05，则衰减指数 γ=0.9，$T_g<T_1=0.68s<5T_g$；

根据各振型的自振周期 T_1、T_2、T_3，可以得到 3 种振型下的地震影响系数

$$\alpha_1=\left(\frac{T_g}{T_1}\right)^{\gamma}_{max}=\left(\frac{0.4}{0.68}\right)^{0.9}\times 0.16=0.10$$

$$\alpha_2=\alpha_3=\alpha_{max}=0.16$$

各振型参与系数：

$$\gamma_1=\frac{\sum_{i=1}^{n}X_{ji}G_i}{\sum_{i=1}^{n}X_{ji}^2G_i}=\frac{1.000\times 1200+1.735\times 1000+2.148\times 650}{1.000^2\times 1200+1.735^2\times 1000+2.148^2\times 650}=0.601$$

同理可得 γ_2=0.291，γ_3=0.193。

各质点的水平地震作用 F_{ji}，按公式 $F_{ji}=\alpha_j\gamma_j x_{ji}G_i$ 计算得

$F_{11}=\alpha_1\gamma_1x_{11}G_1$=0.10×0.601×1.000×1200=72.12kN

$F_{12}=\alpha_1\gamma_1x_{12}G_2$=0.10×0.601×1.735×1200=104.27kN

$F_{13}=\alpha_1\gamma_1x_{13}G_3$=0.10×0.601×2.148×650=83.91kN

$F_{21}=\alpha_2\gamma_2x_{21}G_1$=0.16×0.291×1.000×1200=55.87kN

$F_{22}=\alpha_2\gamma_2x_{22}G_2$=0.16×0.291×0.139×1000=6.47kN

$F_{23}=\alpha_2\gamma_2x_{23}G_3$=0.16×0.291×(−1.138)×650=−34.44kN

$F_{31}=\alpha_3\gamma_3x_{31}G_1$=0.16×0.193×1.000×1200=37.06kN

$F_{32}=\alpha_3\gamma_3x_{32}G_2$=0.16×0.193×(−1.316)×1000=−40.64kN

$F_{33}=\alpha_3\gamma_3x_{33}G_3$=0.16×0.193×1.467×650= 29.45 kN

② 计算地震剪力。

相应于前 3 个振型的剪力分布图如图 3.13(a)、(b)、(c)所示。

楼层地震剪力按公式 $S_{EK}=\sqrt{\sum_{j=1}^{m}S_j^2}$ 计算

顶层：$S_3=\sqrt{\sum_{j=1}^{3}S_j^2}=\sqrt{83.91^2+(-34.44)^2+29.45^2}=95.36\,\text{kN}$

第二层：$S_3=\sqrt{\sum_{j=1}^{3}S_j^2}=\sqrt{209.04+(-27.97)^2+(-11.19)^2}=190.58\,\text{kN}$

第一层：$S_3=\sqrt{\sum_{j=1}^{3}S_j^2}=\sqrt{281.16+27.90^2+25.87^2}=263.07\,\text{kN}$

根据计算结果，绘制楼层剪力图，如图 3.13(d)所示。

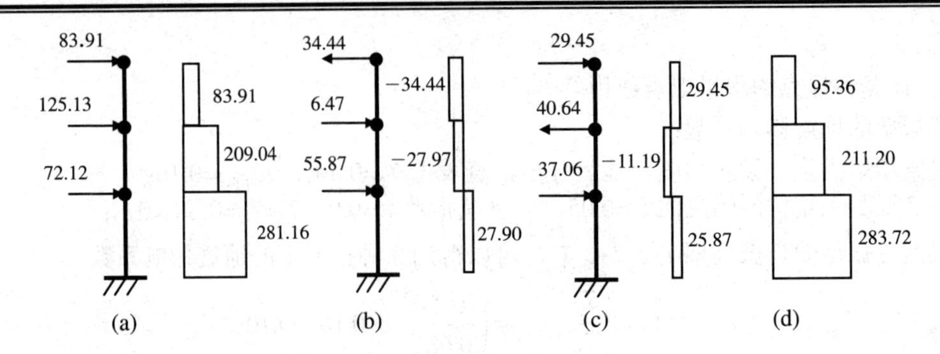

图 3.13　例 3.3 计算结果

3.4.6　结构自振周期计算

结构自振周期的计算方法可分为理论计算、半理论半经验公式和经验公式 3 大类。

1. 理论计算及其修正系数

理论方法即采用刚度法或柔度法，用求解特征方程的方法得到结构的基本周期、振型振幅分布和其他各阶高振型周期、振型振幅分布，也被称为结构动力性能计算。在采用振型分解反应谱法计算地震作用时，必须采用理论计算方法，一般都通过程序计算。理论方法适用于各类结构。

n 个自由度体系，有 n 个频率，直接计算结果是圆频率 ω，单位是圆弧度/秒，各阶频率的排列次序为 $\omega_1 < \omega_2 < \omega_3$；…；通过换算可得工程频率 $f=\omega/2\pi$，单位为赫兹(Hz，：即 1/s)，在设计反应谱上常用的是周期 T，$T=1/f=2\pi/\omega$，$T_1>T_2>T_3$，…。实际上，工程设计中只需要前面若干个周期及振型。

理论方法得到的周期比结构的实际周期长，原因是计算中没有考虑填充墙等非结构构件对刚度的增大作用，实际结构的质量分布、材料性能、施工质量等也不像计算模型那么理想。若直接用理论周期值计算地震作用，则地震作用可能偏小，因此必须对周期值(包括高振型周期值)作修正。修正(缩短)系数 α_0 为：框架为 0.6～0.7，框架—剪力墙为 0.7～0.8(非承重填充墙较少时，为 0.8～0.9)，剪力墙结构取 1.0。

2. 半理论半经验公式

半理论半经验公式是从理论公式加以简化而来，并应用了一些经验系数。所得公式计算方便、快捷，但只能得到基本自振周期，也不能给出振型，通常只在采用底部剪力法时应用。常用的顶点位移法和能量法如下。

(1) 顶点位移法。

这种方法适用于质量、刚度沿高度分布比较均匀的框架、剪力墙和框架。剪力墙结构。按等截面悬臂梁作理论计算，简化后得到计算基本周期的公式。

$$T_1 = 1.7\alpha_0\sqrt{\Delta_T} \tag{3-16}$$

式中：Δ_T ——结构顶点假想位移，即把各楼层重量 G_i 作为 i 层楼面的假想水平荷载，视结构为弹性，计算得到的顶点侧移，其单位必须为“m”；

α_0 ——结构基本周期修正系数，与理论计算方法的取值相同。

(2) 能量法。

以剪切变形为主的框架结构，可以用能量法(也称瑞雷法)计算基本周期。

$$T_1 = 2\pi\alpha_0\sqrt{\frac{\sum_{i=1}^{N} G_i\Delta_i^2}{g\sum_{i=1}^{N} G_i\Delta_i}} \tag{3-17}$$

式中：G_i——i 层重力荷载；

Δ_i——假想侧移，是把各层 G_i 作为相应 i 层楼面的假想水平荷载，用弹性方法计算得到的结构 i 层楼面的侧移，假想侧移可以用反弯点法或 D 值法计算；

N——楼层数；

α_0——基本周期修正系数，取值同理论方法。

3. 经验公式

通过对一定数量的、同一类型的已建成结构进行动力特性实测，可以回归得到结构自振周期的经验公式。这种方法也有局限性和误差，一方面，一个经验公式只适用于某类特定结构；对于结构变化，经验公式就不适用；另一方面，实测时，结构的变形很小，实测的结构周期短，它不能反应地震作用下结构的实际变形和周期，因此在应用经验公式中都将实测周期的统计回归值乘以 1.1～1.5 的加长系数。

经验公式表达简单，使用方便，但比较粗糙，而且也只有基本周期。因此常常用于初步设计，可以很容易地估算出底部地震剪力；经验公式也可以用于对理论计算值的判断与评价，若理论值与经验公式结果相差太多，有可能是计算错误，也有可能是所设计的结构不合理，结构太柔或太刚。

钢筋混凝土剪力墙结构，高度为 25～50m、剪力墙间距为 6m 左右。

$$\left.\begin{aligned} T_{1横} &= 0.06N \\ T_{1纵} &= 0.05N \end{aligned}\right\} \tag{3-18}$$

钢筋混凝土框架-剪力墙结构。

$$T_1=(0.06\sim0.09)N \tag{3-19}$$

钢筋混凝土框架结构。

$$T_1=(0.08\sim0.1)N \tag{3-20}$$

钢结构。

$$T_1=0.1N \tag{3-21}$$

式中：N——建筑物层数。

框架-剪力墙结构要根据剪力墙的多少确定系数；框架结构要根据填充墙的材料和多少确定系数。

3.4.7 竖向地震作用计算

在设防烈度为 8、9 度的大跨度梁及悬臂结构中，应考虑竖向地震作用，它会加大梁内弯矩及剪力；设防烈度为 9 度的高层建筑，应考虑竖向地震作用，竖向地震作用引起竖向轴力。竖向地震作用可以用下述方法计算。

结构总竖向地震作用标准值 $F_{\text{Evk}}=\alpha_{\text{v,max}}G_{\text{eq}}$ (3-22)

第 i 层竖向地震作用

$$F_{\text{v}i}=\frac{G_iH_i}{\sum_{j=1}^{n}G_jH_j}F_{E\text{vk}} \tag{3-23}$$

第 i 层竖向总轴力 $N_{\text{v}i}=\sum_{j=\text{i}}^{n}F_{\text{v}j}$ (3-24)

式中：$\alpha_{\text{v, max}}$——竖向地震影响系数，取水平地震影响系数(多遇地震)的 0.65 倍；

G_{eq}——结构等效总重力荷载，取 $G_{\text{eq}}=0.75G_{\text{E}}$，$G_{\text{E}}$ 为结构总重力荷载代表值。

求得第 i 层竖向总轴力后，按各墙、柱所承受的重力荷载代表值大小，将 $N_{\text{v}i}$ 分配到各墙、柱上。竖向地震引起的轴力可能为拉力，也可能为压力，组合时按不利值取用。

3.5 荷载效应组合

与一般结构相同，设计高层建筑结构时，要分别计算各种荷载作用下的内力和位移，然后从不同工况的荷载组合中找到最不利内力及位移，进行结构设计。

应当保证在荷载作用下结构有足够的承载力及刚度，以保证结构的安全和正常使用。结构抗风及抗震对承载力及位移有不同的要求，较高的抗风结构还要考虑舒适度要求，抗震结构还要满足延性要求等。

3.5.1 承载力验算

高层建筑结构设计应保证结构在可能同时出现的各种外荷载作用下，各个构件及其连接均有足够的承载力，即保证结构安全。我国《建筑结构设计统一标准》规定构件按极限状态设计，承载力极限状态要求采用由荷载效应组合得到的构件最不利内力进行构件截面承载力验算。结构构件承载力验算的一般表达式如下。

无地震作用组合时， $\gamma_0S\leqslant R$ (3-25)

有地震作用组合时，

$$S_E\leqslant R_E/\gamma_{RE} \tag{3-26}$$

式中：γ_0——结构重要性系数，按《建筑结构荷载规范》采用；

R——无地震作用组合时结构抗力，即构件承载力设计值，如抗弯承载力、抗剪承载力等；

R_E——考虑地震作用组合时结构抗力；

γ_{RE}——承载力抗震调整系数；

S——在不考虑地震作用时，由荷载效应组合得到的构件内力设计值；

S_E——考虑地震作用时，由荷载效应组合得到的构件内力设计值。各种荷载效应组合的内容及要求详见后述。

地震作用对结构是随机反复作用，由试验可知，在反复荷载作用下承载力会降低，抗震时受剪承载力就小于无地震时受剪承载力。但是考虑到地震是一种偶然作用，作用时间短，材料性能也与在静力作用下不同，因此可靠度可略微降低。我国《抗震规范》又采用了对构件的抗震承载能力调整的方法，将承载力又略微提高。式(3-26)中系数 γ_{RE} 就是承载力抗震调整系数，规范给出的承载力抗震调整系数见表 3-16，都小于 1.0，也就是说，该系数可提高承载力，是一种安全度的调整。受弯构件延性和耗能能力好，承载力可调整得多一些，γ_{RE} 值较小；而钢筋混凝土构件受剪和偏拉时延性差，γ_{RE} 较高，为 0.85；钢结构连接可靠度要求高，γ_{RE} 值也高。

表 3-16　构件承载力抗震调整系数

材　　料	结构构件	γ_{RE}
钢筋混凝土	梁	0.75
	轴压比小于 0.15 的柱	0.75
	轴压比不小于 0.15 的柱	0.80
	剪力墙	0.85
	各类受剪、偏拉构件	0.85
钢	梁、柱	0.75
	支撑	0.80
	梁节点、螺栓	0.85
	连接焊缝	0.90

3.5.2　侧移变形验算

结构的刚度要求用限制侧向变形的形式表达，我国现行规范主要限制层间位移。

$$(\Delta u/h)_{max} \leqslant [\Delta u/h] \tag{3-27}$$

1. 使用阶段层间位移限制

在正常使用状态下，限制侧向变形的主要原因有：防止主体结构开裂、损坏；防止填充墙及装修开裂、损坏；避免过大侧移造成使用者的不舒适感；避免过大侧移造成的附加内力(P—Δ 效应)。正常使用状态(风荷载和小震作用)下 $\Delta u/h$ 的限值按表 3-17 选用。

表 3-17　正常使用情况下的 $\Delta u/h$ 的限制值

材　　料	结构高度	结构类型	限　制　值
钢筋混凝土结构	不大于 150m	框架	1/550
		框架-剪力墙、框筒	1/800
		剪力墙、筒中筒	1/1000
		框支层	1/1000
	不小于 250m	各种类型	1/500
钢结构		各种类型	1/250

注：高度在 150～250m 之间的钢筋混凝土高层建筑，限制值按表 3-17 中的两类限制值插入计算。

2. 罕遇地震作用下层间位移限制

在罕遇地震作用下，高层建筑结构不能倒塌，这就要求建筑物有足够的刚度，使弹塑性变形在限定的范围内，罕遇地震作用下的弹塑性层间位移限值按表 3-18 选用。对下列高层建筑结构应进行罕遇地震作用下薄弱层的弹塑性变形验算。

(1) 7～9 度设防楼层屈服强度系数 ξ_y 小于 0.5 的钢筋混凝土框架结构。

(2) 高度大于 150m 的钢结构。

(3) 甲类建筑和乙类建筑中的钢筋混凝土结构和钢结构。

(4) 采用隔震和消能减震设计的结构。

表 3-18　罕遇地震作用下的弹塑性层间位移限值

材　　料	结构类型	限　制　值
钢筋混凝土结构	框架	1/50
	框架-剪力墙、框筒	1/100
	剪力墙、筒中筒	1/120
	框支层	1/120
钢结构	各种类型	1/70

在罕遇地震作用下，大多数结构已进入弹塑性状态，变形加大，结构层间弹塑性位移的限制是为了防止结构倒塌或严重破坏，结构顶点位移不必限制。

罕遇地震作用仍按反应谱方法，用底部剪力法或振型分解反应谱法求出楼层层剪力 V_i，再根据构件实际配筋和材料强度标准值计算出楼层受剪承载力 V_y，将 V_y/V_i 定义为楼层屈服强度系数 ξ_y，具体说明见《抗震规范》。

3.5.3　荷载效应组合

结构设计时，要考虑可能发生的各种荷载的最大值以及它们同时作用在结构上产生的综合效应，荷载效应是指结构在某种荷载作用下结构的内力，即弯矩、剪力、轴力及结构位移。各种荷载性质不同，发生的概率和对结构的作用也不同，荷载规范规定了必须采用荷载效应组合的方法，一般先将各种不同荷载分别作用在结构上，逐一计算每种荷载下结构的内力和位移，然后用分项系数和组合系数加以组合。

1. 无地震作用时的效应组合

$$S=\gamma_G S_{Gk}+\gamma_{Q1}\psi_{Q1}S_{Q1k}+\psi_W\gamma_W S_{Wk} \tag{3-28}$$

式中：S——荷载效应组合的设计值；

S_{Gk}，S_{Q1k}，S_{Wk}——分别为恒荷载、活荷载和风荷载标准值计算的荷载效应；

γ_G、γ_{Q1}、γ_W——分别为恒荷载、活荷载和风荷载效应分项系数；

ψ_{Q1}、ψ_W——分别为活荷载和风荷载的组合系数。

(1) 规范对应考虑的各种工况的分项系数和组合系数作如下规定。

组合系数 ψ_{Q1} 要考虑两种情况。

① 可变荷载控制的组合，取 $\psi_{Q1}=1.0$。

② 永久荷载控制的组合，取 $\psi_{Q1}=0.7$。

风荷载取 $\gamma_W=1.4$。其组合系数为：高层建筑取 $\psi_W=1.0$，多层建筑取 $\psi_W=0.6$。

位移计算时，为正常使用状态，各分项系数均取 1.0。

(2) 根据式(3-28) 表示的组合一般规律，高层建筑的无地震作用组合工况有两种。

① 永久荷载效应起控制作用：

1.35×恒载效应+1.4×0.7×活载效应

② 可变荷载效应起控制作用：

当风荷载作为主要可变荷载，楼面活荷载作为次要可变荷载时，

1.2×恒载效应+1.4×0.7 活载效应+1.4×1.0×风载效应

当楼面活荷载作为主要可变荷载，风荷载作为次要可变荷载时：1.2×恒载效应+1.4×1.0×活载效应+1.4×0.6×风载效应

2. 有地震作用时的效应组合

一般表达式如下。

$$S_E=\gamma_G S_{GE}+\gamma_{Eh}S_{Ehk}+\gamma_{Ev}S_{\mathrm{Evk}}+\psi_W\gamma_W S_{\mathrm{Wk}} \tag{3-29}$$

式中：S_E——有地震作用荷载效应组合的设计值

S_{GE}，S_{Ehk}，S_{Evk}，S_{Wk}——分别为重力荷载代表值、水平地震作用标准值和竖向地震作用标准值、风荷载标准值的荷载效应；

γ_G，γ_{Eh}，γ_{Ev}，ψ_W——分别为上述各种荷载作用的分项系数；

ψ_W——风荷载的组合系数，与地震作用组合时取 0.2。

根据式(3-29)的一般表达式，对于高层建筑，有地震作用组合的基本工况如下。

(1) 对于所有高层建筑：1.2×重力荷载效应+1.3×水平地震作用效应。

(2) 对于 60m 以上高层建筑增加此项：

1.2×重力荷载效应+1.3×水平地震作用效应+1.4×0.2×风荷载效应。

(3) 9 度设防高层建筑增加：

1.2×重力荷载效应+1.3×水平地震作用效应+0.5×竖向地震作用效应。

(4) 9 度设防高层建筑增加：1.2×重力荷载效应+1.3×竖向地震作用效应。

(5) 9 度设防且为 60m 以上高层建筑增加：

1.2×重力荷载效应+1.3×水平地震作用效应+1.3×竖向地震作用效应+1.4×0.2×风荷载效应。

综上所述，荷载分项系数及荷载效应组合系数见表 3-19。

表 3-19　荷载分项系数及荷载效应组合系数

类　型	编号	组合情况	竖向荷载(重力荷载)		水平地震作用 γ_{Eh}	竖向地震作用 γ_{EV}	风　荷　载		说　明
			γ_G	γ_Q			γ_W	ψ_W	
无地震作用	1	恒载+活载	1.2	1.4	0	0	0	0	永久荷载控制的组合，取 $\gamma_G=1.35$，对结构有利时，取 $\gamma_G=1.0$
	2	恒载+活载+风载	1.2	1.4	0	0	1.4	1.0	

续表

类　型	编号	组合情况	竖向荷载(重力荷载)		水平地震作用	竖向地震作用	风　荷　载		说　明
			γ_G	γ_Q	γ_{Eh}	γ_{EV}	γ_W	ψ_W	
有地震作用	3	重力荷载效应+水平地震作用效应	1.2		1.3	0	0	0	
	4	重力荷载+水平地震作用+风载	1.2		1.3	0	1.4	0.2	60m 以上高层建筑考虑
	5	重力荷载+水平地震作用+竖向地震作用	1.2		1.3	0.5	0	0	9 度设防时考虑，8、9 度时长悬臂及大跨度构建考虑
	6	重力荷载+水平地震作用+竖向地震作用+风载	1.2		1.3	0.5	1.4	0.2	60m 以上高层建筑 9 度设防时考虑

注：楼面活荷载一般情况下取 γ_{Q1}=1.4，活荷载标准值≥4kN/m^2 时取 1.3。

3.5.4　抗震措施

结构在进行了多遇地震(小震)作用下的承载力及弹性变形验算，以及罕遇地震作用下弹塑性变形验算后，还要根据设防烈度采取相应的抗震措施。

在设防烈度(中震)下，允许结构的某些部位进入屈服状态，形成塑性铰，结构进入弹塑性阶段，通过结构塑性变形来耗散地震能量，而保持结构的承载力，确保结构不破坏，这种性能称为延性，即塑性变形能力的大小。延性愈好抗震能力愈强。设计延性结构考虑的因素如下。

(1) 要选择延性材料。钢结构延性很好，钢筋混凝土结构经过合理设计，也可以有较好延性。

(2) 从方案、布置、计算到构件设计、构造措施等每个步骤进行结构概念设计。

(3) 设计延性构件。

(4) 对钢筋混凝土结构采取抗震措施及划分抗震等级。我国抗震规范采用了对钢筋混凝土结构区分抗震等级的办法以从宏观上区别对结构的不同延性要求。

决定结构的抗震等级主要考虑的因素有：设防烈度；建筑物的结构类型；建筑物的高度；该结构在整个结构中的重要性。抗震等级划分为特一级、一级、二级、三级、四级，特一级要求最高，延性要求最好，按顺序要求降低。一般情况下，抗震设防烈度高，建筑物高度高，场地土较差，抗震等级也相应提高。同时对于比较重要的建筑，抗震措施等级的设防烈度要相应提高。钢筋混凝土高层建筑结构的抗震设计应根据设防烈度、结构类型和房屋高度采用结构抗震等级，并应符合相应的计算和构造措施要求。在决定结构抗震等级时，应按表3-20 的规定选用在决定抗震等级时所考虑的设防烈度。钢筋混凝土高层建筑结构的抗震等级应按表 2-5 和表 2-6 采用。

表 3-20 确定抗震等级时的对应烈度

建筑类别		丙类				乙类			
设防烈度		6	7	8	9	6	7	8	9
场地类别	Ⅰ类	6	6	7	8	6	7	8	9
	Ⅱ～Ⅳ类	6	7	8	9	7	8	9	9^+

注：9^+表示按 9 度设防时抗震措施可适当提高；甲类建筑应采用特殊抗震措施。

表 3-21 A 级高度高层建筑结构的抗震等级

结构类型			烈度						
			6 度		7 度		8 度		9 度
框架	高度(m)		≤30	>30	≤30	>30	≤30	>30	≤25
	框架		四	三	三	二	二	一	一
框架-剪力墙	高度(m)		≤60	>60	≤60	>60	≤60	>60	≤50
	框架		四	三	三	二	二	一	一
	剪力墙		三		二		一		
剪力墙	高度(m)		≤80	>80	≤80	>80	≤80	>80	≤60
	剪力墙		四	三	三	二	二	一	一
框支剪力墙	非底部加强部位剪力墙		四	三	三	二	二	/	不应采用
	底部加强部位剪力墙		三	二	二		一		
	框支框架		二		二	一	一		
筒体	框筒	框架	三		二		一		一
		核心筒	二		二		一		一
	筒中筒	内筒	三		二		一		一
		外筒							
板柱-剪力墙	板柱的柱		三		二		一		不应采用
	剪力墙		二		二		二		

表 3-22 B 级高度高层建筑结构的抗震等级

结构类型		烈度		
		6 度	7 度	8 度
框架-剪力墙	框架	二	一	一
	剪力墙	二	一	特一
剪力墙	剪力墙	二	一	一
剪力墙	非底部加强部位剪力墙	二	一	一
	底部加强部位剪力墙	一	一	特一
	框支框架	一	特一	特一
框架-核心筒	框架	二	一	一
	核心筒	二	一	特一
筒中筒	内筒	二	一	特一
	外筒	二	一	特一

3.6 本章小结

本章主要介绍高层建筑荷载的计算方法及荷载效应组合，其中水平荷载的计算是主要内容，包括风荷载和水平地震作用。二者既有相似的地方，又各具特点，地震作用与风荷载的性质不同，结构设计的要求和方法也不同。风力作用时间较长，发生的机会也多，一般要求风载作用下结构处于弹性阶段，不允许出现大变形，人不应有不舒适感等。地震发生的机会小，作用持续时间短，但地震作用强烈，造成的危害大，允许结构处于弹塑性阶段。具体内容如下。

1. 风对建筑物的作用特点

风荷载与高层建筑的外形有关，圆形和多边形对抗风有利。风荷载在建筑物表面的分布很不均匀。风荷载的大小与结构自振特性有关，也与结构高度有关。风荷载受建筑物周围环境影响较大，位于高层建筑群中的高层建筑有时会出现涡流等更不利的影响，使风压增大，应加大安全度。复杂高柔的建筑宜按风洞试验确定风荷载。

风荷载具有静力和动力双重性质。风荷载作用持续时间较长，达几十分钟至几小时，与地震作用相比风力大小估计较可靠，故抗风设计具有较高的可靠性。

2. 地震作用的内容要点

地震作用和地面运动特性建筑本身的动力特性有关。

我国的房屋建筑采用 3 水准抗震设防目标，即“小震不坏，中震可修，大震不倒”。

为了实现 3 水准抗震设防目标，抗震设计采取二阶段方法。第一阶段为结构设计阶段。在初步设计及技术设计时，要按有利于抗震的做法去确定结构方案和结构布置，然后进行抗震计算及抗震构造设计。经过第一阶段设计，结构应该实现小震不坏，中震可修，大震不倒的目标。第二阶段为验算阶段。一些重要的或特殊的结构，经过第一阶段设计后，要求用与该地区设防烈度相应的大震作用进行弹塑性变形验算，以检验是否达到了大震不倒的目标。

计算地震作用的方法有静力法(现已不用)、反应谱方法(拟静力法)和时程分析法(直接动力法)3 大类。我国《抗震规范》要求在设计阶段按照反应谱方法计算地震作用，少数情况才需要采用时程分析法进行补充计算。

确定结构地震作用大小的地震影响系数α值是关键指标，影响α值大小的因素除结构自振周期T和阻尼比外，还有场地特征周期T_g。场地特征周期T_g与场地和场地土的性质有关，也与设计地震分组有关，现行规范将我国城镇地震分组分为 3 组。

我国《抗震规范》规定，设防烈度为 6 度以上的建筑物必须进行抗震设计。而对于 7、8、9 度以及 6 度设防的Ⅳ类场地上的较高建筑应计算地震作用。水平地震作用具体计算方法又分为反应谱底部剪力法和反应谱振型分解法两种方法。在少数情况下需采用弹性时程分析方法作补充计算。

设防烈度为 9 度的高层建筑，以及设防烈度为 8、9 度的大跨度梁及悬臂结构需考虑竖向地震作用，竖向地震作用引起竖向轴力。

结构在进行了多遇地震(小震)作用下的承载力及变形验算后，还要根据设防烈度采取相应的抗震措施。

3. 荷载效应组合

与一般结构相同，设计高层建筑结构时，分别计算各种荷载作用下的内力和位移，然后从不同工况的荷载组合中找到最不利内力及位移，进行结构设计。设计时应注意，有无地震作用，组合的项目、分项系数、组合值系数都不尽相同。

在荷载作用下结构应有足够的承载力及刚度，以保证结构的安全和正常使用。结构抗风及抗震对承载力及位移有不同的要求，较高的抗风结构还要考虑舒适度要求，抗震结构还要满足延性要求等。

3.7 思 考 题

1. 把空间结构简化为平面结构的基本假定是什么？

2. 计算总风荷载和局部风荷载的目的是什么？二者计算有何异同？

3. 对图 3.14 所示结构的风荷载进行分析。在图中所示的风作用下，各建筑立面的风是吸力还是压力？结构的总风荷载是哪个方向？如果要计算与其成 90º 方向的总风荷载，其大小与前者相同吗？为什么？

4. 计算一个框架-剪力墙结构的总风荷载。结构平面即图 3.14 所示的平面，16 层，层高 3m，总高度为 48m。由现行荷载规范上找出你所在地区的基本风压值，按 50 年重现期计算。求出总风荷载合力作用线及其沿高度的分布。

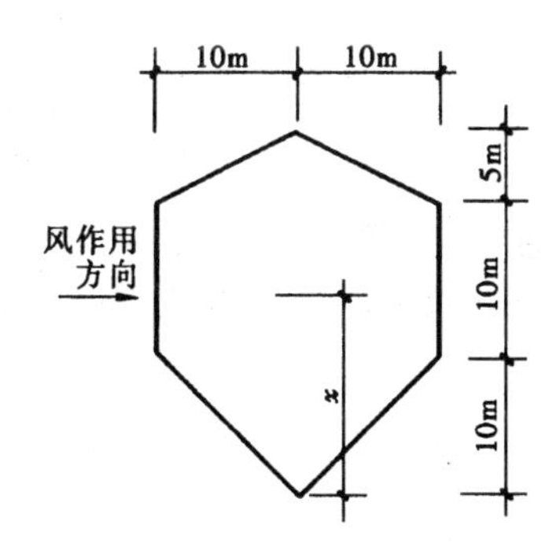

图 3.14 题 3、题 4 图

5. 地震地面运动特性用哪几个特征量来描述？结构破坏与地面运动特性有什么关系？

6. 什么叫场地特征周期？

7. 地震作用与风荷载各有什么特点？

8. 什么是小震、中震和大震？其概率含义是什么？与设防烈度是什么关系？抗震设计目标要求结构在小震、中震和大震作用下处于什么状态？怎样实现？

9. 什么是抗震设计的二阶段方法？为什么要采用二阶段设计方法？抗震设计中除了抗震计算外，还有哪些内容？

10. 设计反应谱是通过什么样的结构计算模型得到的？阻尼比对反应谱有什么影响？钢筋混凝土结构及钢结构的阻尼比分别为多少？

11. 什么是特征周期分组？对设计反应谱有什么影响？

12. 地震作用大小与场地有什么关系？请分析影响因素及其影响原因。如果两幢相同建筑，基本自振周期是 3s，建造地点都是属于第一组，分别建在Ⅰ类场地和Ⅳ类场地上，它们地震作用相差多少？如果它们的建筑地点分别为第一组和第三组，都是建在Ⅳ类场地上，地震作用又相差多少？

13. 计算水平地震作用有哪些方法？适用于什么样的建筑结构？

14. 计算地震作用时，重力荷载怎样计算？各可变荷载的组合值系数为多少？

15. 用底部剪力法计算水平地震作用及其效应的方法和步骤如何？为什么在顶部有附加水平地震作用？

16. n个自由度的结构有多少个频率和振型？如何换算频率和周期？计算结构的频率和振型有哪些方法？为什么计算和实测的周期都要进行修正？如何修正？

17. 试述振型分解反应谱法计算水平地震作用及效应的步骤。为什么不能直接将各振型的效应相加?

18. 平面结构和空间结构一般各取多少个振型进行组合？振型参与系数与振型参与等效重量(或质量)公式有何区别？

19. 承载力验算和水平位移限制为什么是不同的极限状态？这两种验算在荷载效应组合时有什么不同?

20. 为什么抗震结构要具有延性？

21. 为什么抗震设计要区分抗震等级？抗震等级与延性要求是什么关系？抗震等级的影响因素有哪些?

22. 什么是荷载效应组合？效应指什么？

23. 内力组合和位移组合的项目以及分项系数、组合系数有什么异同？为什么？

24. 荷载组合要考虑哪些工况？有地震作用组合与无地震作用组合的区别是什么？抗震设计的结构为什么也要进行无地震作用组合？试分析一幢 30 层、99m 高、位于 7 度抗震设防区的结构需做哪几种组合？若该建筑位于 9 度抗震设防区，情况又如何？注意组合项和分项系数的变化。

第 4 章　高层建筑结构的近似计算方法

教学提示：本章主要介绍了框架结构、剪力墙结构，框架－剪力墙结构在水平和竖向荷载作用下的近似计算方法，重点介绍了框架在竖向荷载作用下的内力计算方法(分层法)与水平荷载作用下的内力计算方法(D 值法)以及框架的变形及稳定验算，剪力墙结构中介绍了剪力墙的分类界限及其受力特点，重点介绍了(小开口)整体墙，联肢墙在水平荷载作用下的内力与侧移计算方法。框－剪结构中重点介绍了框架与剪力墙的协同工作计算方法。

教学要求：掌握框架结构在水平和竖向荷载作用下的内力计算方法，掌握剪力墙结构结构近似计算方法，熟悉框架－剪力墙结构近似计算方法。

4.1　框架结构的近似计算方法

4.1.1　竖向荷载下的内力计算方法

1. 分层法

(1) 基本假定。

① 忽略框架的侧移。

② 作用在框架梁上的竖向荷载，仅使该层框架梁及跟该层梁直接连接的柱产生内力，其它层框架梁和柱的内力忽略不计。

(2) 计算简图。

按图 4.1 所示方法进行，先将图 4.1(a)所示的框架按如图 4.1(b)所示进行分层计算，再将分层计算结果还原至原结构中。

(3) 注意事项。

① 除底层外，各层柱的线刚度应乘以 0.9，且其传递系数由 1/2 改为 1/3，如图 4.2 所示。其他杆的线刚度和传递系数不变。

② 梁的弯矩为最终弯矩，柱的弯矩为与之相连两层计算弯矩的叠加。

若节点弯矩不平衡，可将不平衡弯矩再分配一次，重新分配的弯矩不再考虑传递。

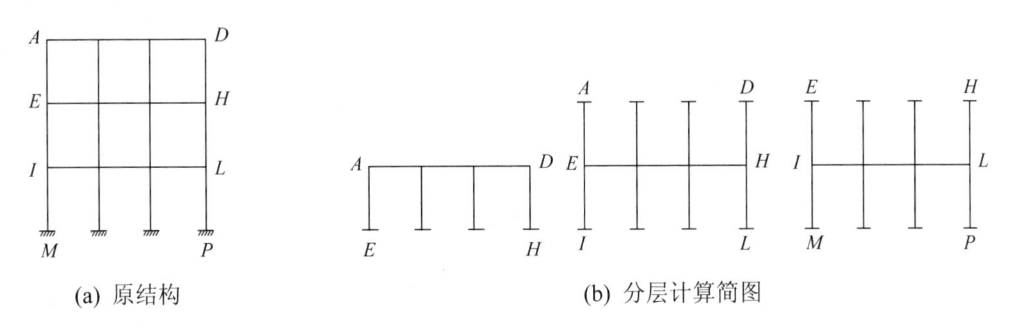

(a) 原结构　　(b) 分层计算简图

图 4.1　分层法计算简图

(a) 线刚度修正　　(b) 传递系数取值

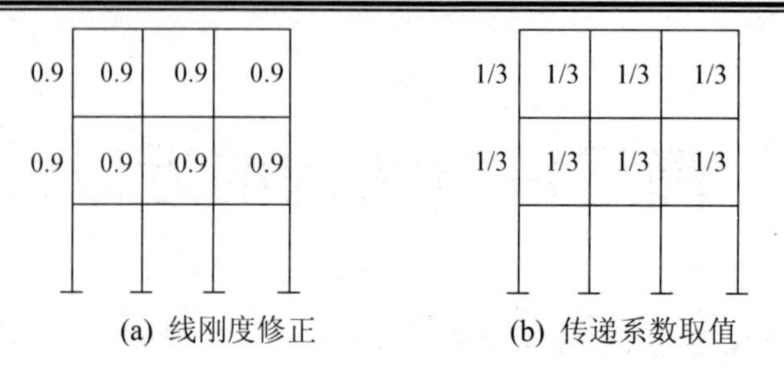

图 4.2　二层以上柱的线刚度修正及传递系数取值

③ 可调幅。支座弯矩调幅系数如下。

现浇框架　　0.8～0.9。

装配式框架　　0.7～0.8。

支座调幅后，跨中弯矩应作相应调整，调幅后框架梁在满足静力平衡条件的同时，还应满足式(4-1)的要求。

$$M_{中} \geqslant \frac{1}{16}(g+q)l^2 \tag{4-1}$$

式中，g、q 分别为均布恒荷载、活荷载设计值，l 为计算跨度。

框架在竖向荷载作用下的内力调幅完成后，再与风荷载及地震作用效应组合。

④ 当楼面活荷载大于 4kN/m^2 时，需考虑活荷载的最不利布置。

2. 迭代法

(1) 单根杆件的角变位移方程式如下。单跨固支梁变形情况如图 4.3 所示。

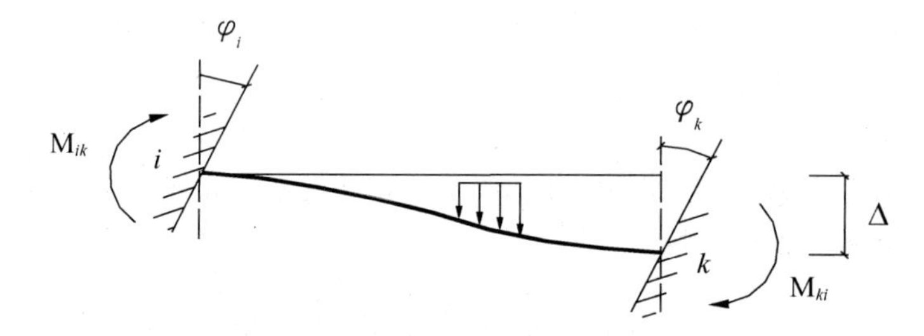

图 4.3　单跨固支梁变形情况

$$M_{ik} = \overline{M}_{ik} + 2M'_{ik} + M'_{ki} + M''_{ik} \tag{4-2}$$

式中：M_{ik} ——等截面直杆 ik 的 i 端最终杆端弯矩；

$\overline{M}_{ik}$ ——由于荷载引起的 i 端固端弯矩；

M'_{ik} ——近端角变弯矩，$M'_{ik} = 2k_{ik}\varphi_i$；

M'_{ki} ——远端角变弯矩，$M'_{ki} = 2k_{ki}\varphi_k$；

M''_{ik} ——ik 杆两端发生相对位移Δ时在 i 端引起的杆端位移。

(2) 框架节点 i 平衡关系如下。如图 4.4 所示。

$$\sum_i M_{ik} = 0 \tag{4-3}$$

令 $$\sum_i \overline{M}_{ik} = \overline{M}_i \tag{4-4}$$

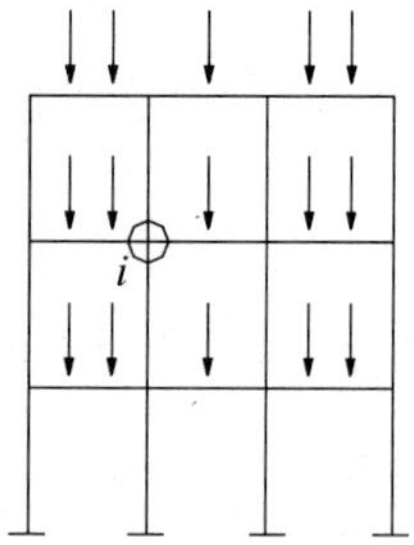

图 4.4　框架结构

由上式可得

$$\overline{M_i}+2\sum_i M'_{ik}+\sum_i M'_{ki}+\sum_i M''_{ik}=0 \tag{4-5}$$

或

$$\sum_i M'_{ik}=-\frac{1}{2}(\overline{M_i}+\sum_i M'_{ki}+\sum_i M''_{ik}) \tag{4-6}$$

将 $\sum_i M'_{ik}$ 按各杆的相对刚度分配给节点 i 的每一杆件，则有

$$M'_{ik}=\mu_{ik}[\overline{M_i}+\sum_i (M'_{ki}+M''_{ik})] \tag{4-7}$$

当不考虑杆端相对位移时，得

$$M'_{ik}=\mu_{ik}(\overline{M_i}+\sum_i M'_{ki}) \tag{4-8}$$

式中：μ_{ik}——分配系数，$\mu_{ik}=-\dfrac{k_{ik}}{2\sum_i k_{ik}}$。

(3) 计算步骤如下。

① 求各杆固端和各节点不平衡弯矩。

② 求节点处每一杆件的分配系数。

③ 按公式迭代。先从不平衡力矩较大节点开始，到前后两轮弯矩相差很小为止。

④ 将固端弯矩、二倍近端角变弯矩以及远端角变弯矩相加，得杆件最终杆端弯矩。

3. 系数法(即 UBC 法)

系数法是美国[Uniform Building Code] (统一建筑规范)中介绍的方法，在国际上被广泛采用。其特点是不需要事先已知梁柱截面尺寸。适用条件如下。

(1) 相邻跨跨长相差不大于短跨跨长的 20%。

(2) 活载与恒载之比不大于 3。

(3) 荷载均匀布置。

(4) 框架梁的截面为矩形。

框架梁内力可按下式进行计算。

$$M=\alpha\omega_{\mathrm{u}}l_n^2 \tag{4-9a}$$

$$V=\beta\omega_{\mathrm{u}}l_n \tag{4-9b}$$

式中：ω_{u}——梁上恒载与活载设计值之和；

l_n——净跨跨长。求支座弯矩时用相邻两跨净跨跨长的平均值；

α，β——分别为弯矩系数和剪力系数，两跨时，α 和 β 系数按图 4.5 所示的系数取值，两跨以上时，α 和 β 系数按如图 4.6 所示的系数取值。

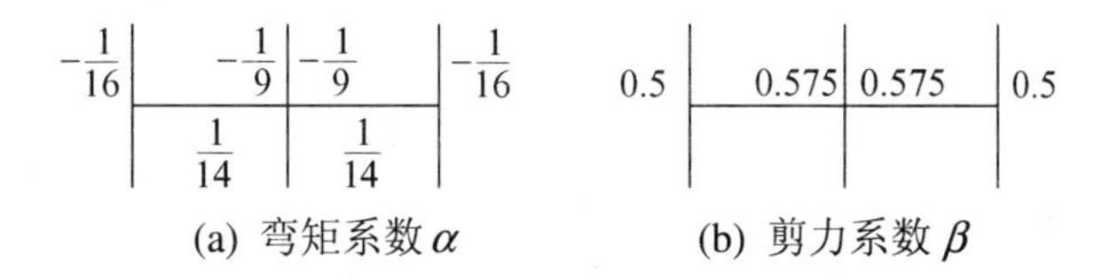

图 4.5　两跨时框架梁的弯矩系数和剪力系数

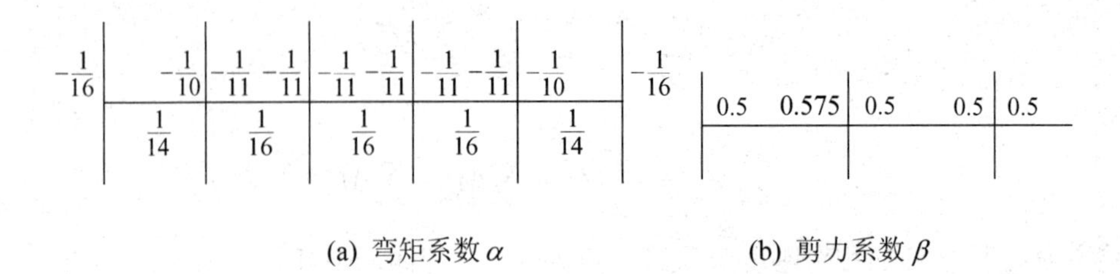

(a) 弯矩系数 α　　(b) 剪力系数 β

图 4.6　两跨以上时框架梁的弯矩系数和剪力系数

框架柱内力计算方法如下。

轴力：楼面单位面积上恒载与活载设计值之和乘以该柱的负荷面积，确定负荷面积时，不考虑板的连续性。

弯矩：将节点处梁端不平衡弯矩按该节点上、下柱的相对线刚度加权平均分配给上、下柱。

当横梁不在立柱形心线上时，要考虑由于梁柱偏心引起的不平衡力矩，并将其平均分配给上、下柱柱端。

4.1.2　水平荷载作用下的内力计算

1. 反弯点法假定:

适用范围：横梁线刚度与柱线刚度之比不小于 3 时，且假定楼板为刚性。

(1) 反弯点位置。

底层柱反弯点距下端为 2/3 层高，其余各层柱的反弯点在柱的中点，如图 4.7 所示。

(2) 反弯点处剪力计算。

反变点处弯矩为零，剪力不为零。自上而下依次沿每层反弯点处取脱离体。顶层脱离体如图 4.8 所示。

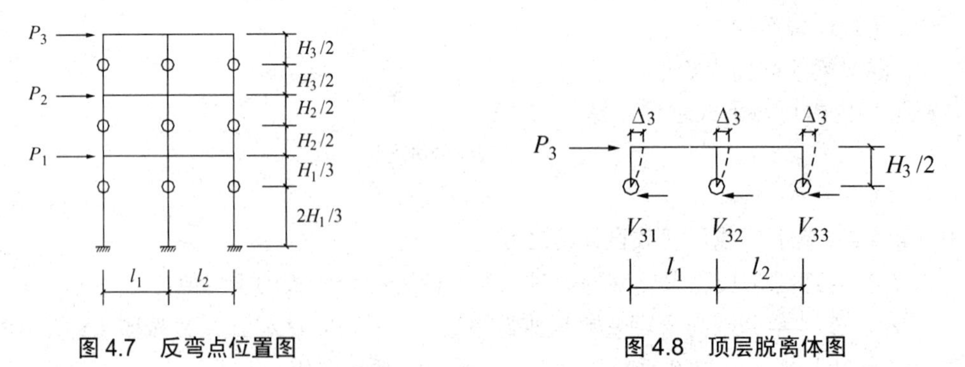

图 4.7　反弯点位置图　　图 4.8　顶层脱离体图

$$V_{31}=D_{31}\Delta_3\text{；}\quad V_{32}=D_{32}\Delta_3\text{；}\quad V_{33}=D_{33}\Delta_3$$

$$\Delta_3=\frac{P_3}{D_{31}+D_{32}+D_{33}}=\frac{P_3}{\sum_{j=1}^{3}D_{3j}} \tag{4-10}$$

式中，P_i 为第 i 层所受水平集中力，V_{3i} 为第三层第 i 根柱所受水平剪力，$D_{3i}=\dfrac{12EI}{H_{3i}^3}$

$$\left.\begin{aligned}V_{31}&=D_{31}\Delta_3=\frac{D_{31}}{\sum_j D_{3j}}P_3\\V_{32}&=D_{32}\Delta_3=\frac{D_{32}}{\sum_j D_{3j}}P_3\\V_{33}&=D_{33}\Delta_3=\frac{D_{33}}{\sum_j D_{3j}}P_3\end{aligned}\right\}\tag{4-11}$$

第二层，底层脱离体如图 4.9、图 4.10 所示，仿照上述方法得

$$\left.\begin{aligned}V_{21}&=\frac{D_{21}}{\sum_j D_{2j}}(P_2+P_3)\\V_{22}&=\frac{D_{22}}{\sum_j D_{2j}}(P_2+P_3)\\V_{23}&=\frac{D_{23}}{\sum_j D_{2j}}(P_2+P_3)\end{aligned}\right\}\tag{4-12}$$

$$\left.\begin{aligned}V_{11}&=\frac{D_{11}}{\sum_j D_{1j}}(P_1+P_2+P_3)\\V_{12}&=\frac{D_{12}}{\sum_j D_{1j}}(P_1+P_2+P_3)\\V_{13}&=\frac{D_{13}}{\sum_j D_{1j}}(P_1+P_2+P_3)\end{aligned}\right\}\tag{4-13}$$

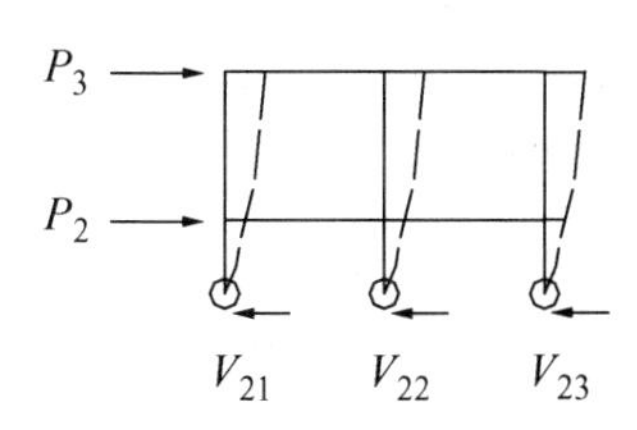

图 4.9　第二层脱离体图

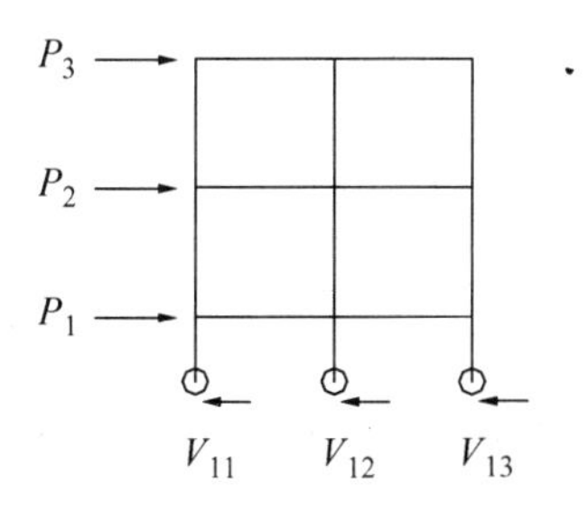

图 4.10　底层脱离体图

因此第 i 层第 j 柱反弯点处剪力 $V_{ij}=\dfrac{D_{ij}}{\sum_{k=1}^{n}D_{ik}}\cdot\sum_{s=i}^{n}P_s$

(3) 各柱弯矩。

柱端弯矩=反弯点处剪力×反弯点至柱端距离。

(4) 梁端弯矩。

边节点和角节点处如图 4.11 所示。$M_b=M_{c1}+M_{c2}$　(4-14)

中间节点如图 4.12 所示。

$$\begin{cases} M_{b1} = \dfrac{i_{b1}}{i_{b1}+i_{b2}}(M_{c1}+M_{c2}) \\ M_{b2} = \dfrac{i_{b2}}{i_{b1}+i_{b2}}(M_{c1}+M_{c2}) \end{cases} \tag{4-15}$$

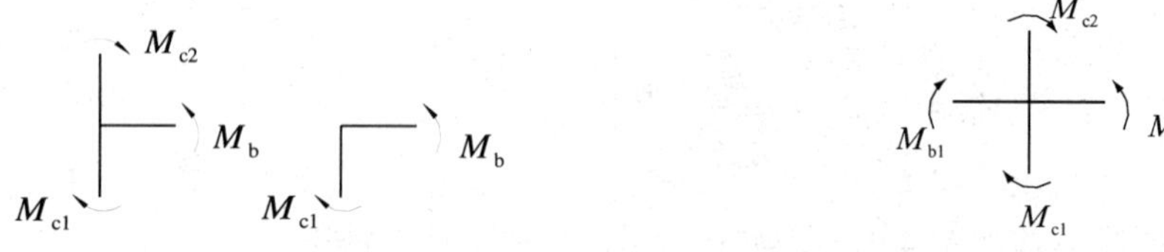

图 4.11　边节点脱离体图　　　　图 4.12　中间节点脱离体图

式中，M_{ci} 表示节点处第 i 根柱端弯矩，M_{bi} 表示节点处第 i 根梁端分配的弯矩，i_{bi} 表示第 i 根梁的线刚度

$$i = EI/l$$

2. *D* 值法

1) 框架柱的抗侧刚度

柱的抗侧刚度取决于柱两端的支承情况及两端被嵌固的程度。

如图 4.13 所示为三种支承情况下的抗侧刚度值。

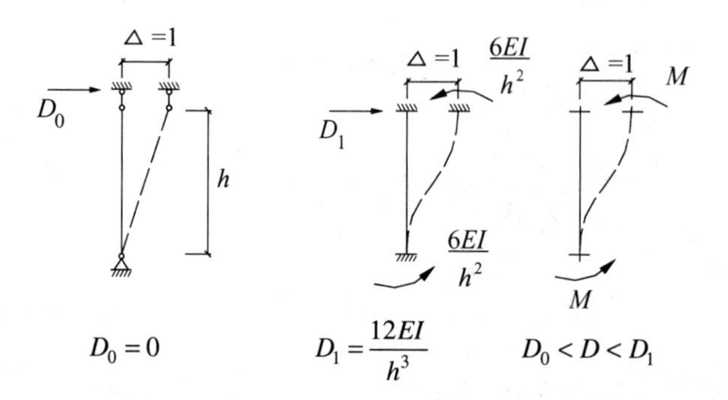

图 4.13　柱在不同支承条件下的抗侧刚度

$$D = \alpha_c D_1 = \alpha_c \frac{12EI}{h^3} \tag{4-16}$$

式中的 α_c 为柱抗侧刚度修正系数，按表 4-1 计算。

对如图 4.14 所示底层柱不等高的情况：

$$\left. \begin{aligned} D' &= \alpha_c' \frac{12EI}{(h')^3} \\ \alpha_c' &= \alpha_c \left(\frac{h}{h'}\right)^2 \end{aligned} \right\} \tag{4-17}$$

对如图 4.15 所示底层为复式框架的情况：

$$D' = \frac{1}{\dfrac{1}{D_1}\left(\dfrac{h_1}{h}\right)^2 + \dfrac{1}{D_2}\left(\dfrac{h_2}{h}\right)^2} \tag{4-18}$$

表 4-1　柱抗侧刚度修正系数 α_c

柱的部位及固定情况	一般层	底层，下端固定	底层，下端铰支
	i_1 i_2 i_c i_3 i_4	i_1 i_2 i_c	i_1 i_2 i_c
$\bar{i}$	$\bar{i}=\dfrac{i_1+i_2+i_3+i_4}{2i_c}$	$\bar{i}=\dfrac{i_1+i_2}{i_c}$	$\bar{i}=\dfrac{i_1+i_2}{i_c}$
α_c	$\alpha_c=\dfrac{\bar{i}}{2+\bar{i}}$	$\alpha_c=\dfrac{0.5+\bar{i}}{2+\bar{i}}$	$\alpha_c=\dfrac{0.5\bar{i}}{1+2\bar{i}}$

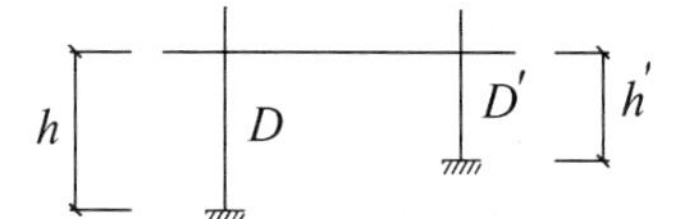

图 4.14　底层柱不等高图

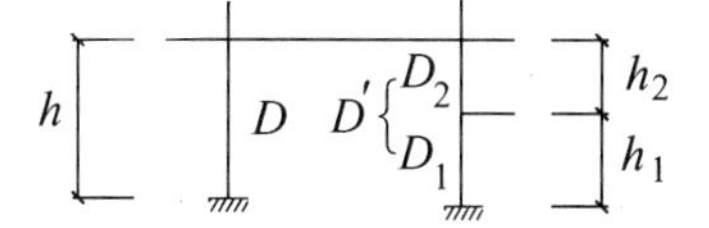

图 4.15　底层为复式框架图

2) 修正的反弯点高度

柱的反弯点高度取决于框架的层数、柱子所在的位置、上下层梁的刚度比值、上下层层高与本层层高的比值以及荷载的作用形式等。

修正的反弯点高度如图 4.16 所示，反弯点高度系数按式(4-19)计算，式中的 y_0、y_1、y_2、y_3 见表 4-2～表 4-4。

$$y=y_0+y_1+y_2+y_3 \tag{4-19}$$

式中，y_0 为标准反弯点高度比，y_1 为上、下梁相对线刚度变化修正系数，y_2、y_3 为上、下层层高变化修正系数。

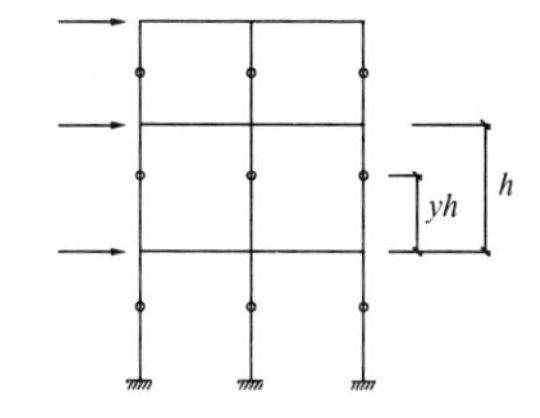

图 4.16　修正的反弯点高度图

3) 框架弯矩图

反弯点位置确定以后，柱剪力、柱弯矩以及梁端弯矩的计算与反弯点法相同。

3. 门架法

1) 基本假定

① 门架法假设梁、柱的反弯点位于它们的中点处，如图 4.17 所示。

② 柱中点处的水平剪力按各柱支承框架梁的长度与框架宽度之比进行分配。

2) 框架弯矩图

顶层各柱剪力计算如图 4.18 所示。

$$\left.\begin{aligned} V_{31}&=\frac{l_1/2}{L}P_3\\ V_{32}&=\frac{l_1/2+l_2/2}{L}P_3\\ V_{33}&=\frac{l_2/2}{L}P_3 \end{aligned}\right\} \tag{4-20}$$

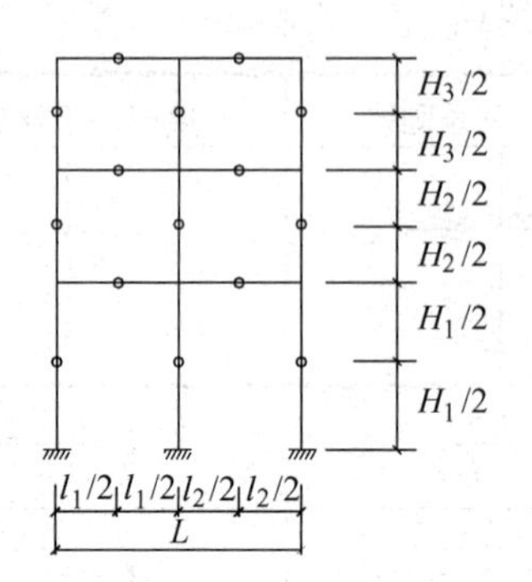

图 4.17　反弯点位置图

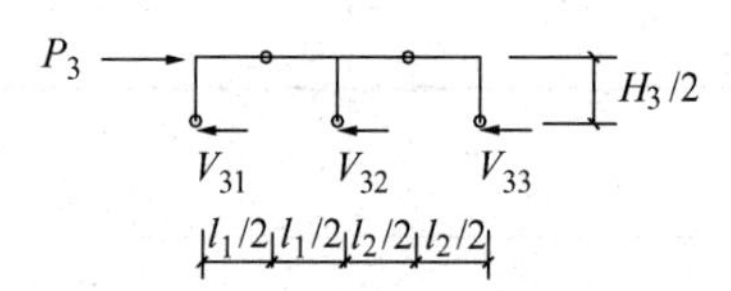

图 4.18　顶层各柱剪力计算

式中，l_i 为第 i 跨计算跨度，

$$L = \sum l_i$$

剪力求得后，依次由左至右取脱离体，由内力平衡条件可以求得杆端弯矩和反弯点处的顶层梁柱弯距如图 4.19 所示。

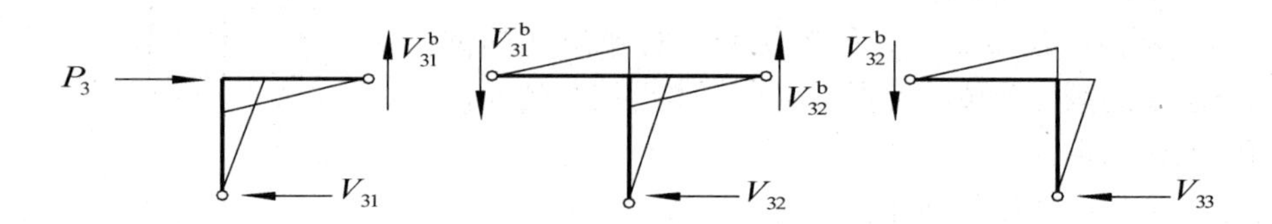

图 4.19　顶层梁柱弯矩图

同理可求出其他杆件内力。

表 4-2　规则框架承受均布水平荷载下各层柱标准反弯点高度比 y_0

n	j \ $\bar{i}$	0.1	0.2	0.3	0.4	0.5	0.6	0.7	0.8	0.9	1.0	2.0	3.0	4.0	5.0
1	1	0.80	0.75	0.70	0.65	0.65	0.60	0.60	0.60	0.60	0.55	0.55	0.55	0.55	0.55
2	2	0.45	0.40	0.35	0.35	0.35	0.35	0.40	0.40	0.40	0.40	0.45	0.45	0.45	0.45
	1	0.95	0.80	0.75	0.70	0.65	0.65	0.65	0.60	0.60	0.60	0.55	0.55	0.55	0.50
3	3	0.15	0.20	0.20	0.25	0.30	0.30	0.30	0.35	0.35	0.35	0.40	0.45	0.45	0.45
	2	0.55	0.50	0.45	0.45	0.45	0.45	0.45	0.45	0.45	0.45	0.45	0.50	0.50	0.50
	1	1.00	0.85	0.80	0.75	0.70	0.70	0.65	0.65	0.65	0.60	0.55	0.55	0.55	0.55
4	4	−0.05	0.05	0.15	0.20	0.25	0.30	0.30	0.35	0.35	0.35	0.40	0.45	0.45	0.45
	3	0.25	0.30	0.30	0.35	0.35	0.40	0.40	0.40	0.40	0.45	0.45	0.50	0.50	0.50
	2	0.65	0.55	0.50	0.50	0.45	0.45	0.45	0.45	0.45	0.45	0.50	0.50	0.50	0.50
	1	1.10	0.90	0.80	0.75	0.70	0.70	0.65	0.65	0.65	0.60	0.55	0.55	0.55	0.55

续表

n	$\bar{i}$ / j	0.1	0.2	0.3	0.4	0.5	0.6	0.7	0.8	0.9	1.0	2.0	3.0	4.0	5.0
5	5	−0.20	0.00	0.15	0.20	0.25	0.30	0.30	0.30	0.35	0.35	0.40	0.45	0.45	0.45
	4	0.10	0.20	0.25	0.30	0.35	0.35	0.40	0.40	0.40	0.40	0.45	0.45	0.50	0.50
	3	0.40	0.40	0.40	0.40	0.40	0.45	0.45	0.45	0.45	0.45	0.50	0.50	0.50	0.50
	2	0.65	0.55	0.50	0.50	0.50	0.50	0.50	0.50	0.50	0.50	0.50	0.50	0.50	0.50
	1	1.20	0.95	0.80	0.75	0.75	0.70	0.70	0.65	0.65	0.65	0.55	0.55	0.55	0.55
6	6	−0.30	0.00	0.10	0.20	0.25	0.25	0.30	0.30	0.35	0.35	0.40	0.45	0.45	0.45
	5	0.00	0.20	0.25	0.30	0.35	0.35	0.40	0.40	0.40	0.40	0.45	0.45	0.50	0.50
	4	0.20	0.30	0.35	0.35	0.40	0.40	0.40	0.45	0.45	0.45	0.45	0.50	0.50	0.50
	3	0.40	0.40	0.40	0.45	0.45	0.45	0.45	0.45	0.45	0.45	0.50	0.50	0.50	0.50
	2	0.70	0.60	0.55	0.50	0.50	0.50	0.50	0.50	0.50	0.50	0.50	0.50	0.50	0.50
	1	1.20	0.95	0.85	0.80	0.75	0.70	0.70	0.65	0.65	0.65	0.55	0.55	0.55	0.55
7	7	−0.35	−0.05	0.10	0.20	0.20	0.25	0.30	0.30	0.35	0.35	0.40	0.45	0.45	0.45
	6	−0.10	0.15	0.25	0.30	0.35	0.35	0.35	0.40	0.40	0.40	0.45	0.45	0.50	0.50
	5	0.10	0.25	0.30	0.35	0.40	0.40	0.40	0.45	0.45	0.45	0.45	0.50	0.50	0.50
	4	0.30	0.35	0.40	0.40	0.40	0.45	0.45	0.45	0.45	0.45	0.50	0.50	0.50	0.50
	3	0.50	0.45	0.45	0.45	0.45	0.45	0.45	0.45	0.45	0.45	0.50	0.50	0.50	0.50
	2	0.75	0.60	0.55	0.50	0.50	0.50	0.50	0.50	0.50	0.50	0.50	0.50	0.50	0.50
	1	1.20	0.95	0.85	0.80	0.75	0.70	0.70	0.65	0.65	0.65	0.55	0.55	0.55	0.55
8	8	−0.35	−0.15	0.10	0.15	0.25	0.25	0.30	0.30	0.35	0.35	0.40	0.45	0.45	0.45
	7	−0.10	0.15	0.25	0.30	0.35	0.35	0.40	0.40	0.40	0.40	0.45	0.50	0.50	0.50
	6	0.05	0.25	0.30	0.35	0.40	0.40	0.40	0.45	0.45	0.45	0.45	0.50	0.50	0.50
	5	0.20	0.30	0.35	0.40	0.40	0.45	0.45	0.45	0.45	0.45	0.50	0.50	0.50	0.50
	4	0.35	0.40	0.40	0.45	0.45	0.45	0.45	0.45	0.45	0.45	0.50	0.50	0.50	0.50
	3	0.50	0.45	0.45	0.45	0.45	0.45	0.45	0.45	0.50	0.50	0.50	0.50	0.50	0.50
	2	0.75	0.60	0.55	0.55	0.50	0.50	0.50	0.50	0.50	0.50	0.50	0.50	0.50	0.50
	1	1.20	1.00	0.85	0.80	0.75	0.70	0.70	0.65	0.65	0.65	0.55	0.55	0.55	0.55
9	9	−0.40	−0.05	0.10	0.20	0.25	0.25	0.30	0.30	0.35	0.35	0.45	0.45	0.45	0.45
	8	−0.15	0.15	0.25	0.30	0.35	0.35	0.35	0.40	0.40	0.40	0.45	0.45	0.50	0.50
	7	0.05	0.25	0.30	0.35	0.40	0.40	0.40	0.45	0.45	0.45	0.45	0.50	0.50	0.50
	6	0.15	0.30	0.35	0.40	0.40	0.45	0.45	0.45	0.45	0.45	0.50	0.50	0.50	0.50
	5	0.25	0.35	0.40	0.40	0.45	0.45	0.45	0.45	0.45	0.45	0.50	0.50	0.50	0.50
	4	0.40	0.40	0.40	0.45	0.45	0.45	0.45	0.45	0.45	0.45	0.50	0.50	0.50	0.50
	3	0.55	0.45	0.45	0.45	0.45	0.45	0.45	0.45	0.50	0.50	0.50	0.50	0.50	0.50
	2	0.80	0.65	0.55	0.55	0.50	0.50	0.50	0.50	0.50	0.50	0.50	0.50	0.50	0.50
	1	1.20	1.00	0.85	0.80	0.75	0.70	0.70	0.65	0.65	0.65	0.55	0.55	0.55	0.55

续表

n	$\bar{i}$ / j	0.1	0.2	0.3	0.4	0.5	0.6	0.7	0.8	0.9	1.0	2.0	3.0	4.0	5.0
10	10	−0.40	−0.05	0.10	0.20	0.25	0.30	0.30	0.30	0.35	0.35	0.40	0.45	0.45	0.45
	9	−0.15	0.15	0.25	0.30	0.35	0.35	0.40	0.40	0.40	0.40	0.45	0.45	0.50	0.50
	8	0.00	0.25	0.30	0.35	0.40	0.40	0.40	0.45	0.45	0.45	0.45	0.50	0.50	0.50
	7	0.10	0.30	0.35	0.40	0.40	0.45	0.45	0.45	0.45	0.45	0.50	0.50	0.50	0.50
	6	0.20	0.35	0.40	0.40	0.45	0.45	0.45	0.45	0.45	0.45	0.50	0.50	0.50	0.50
	5	0.30	0.40	0.40	0.45	0.45	0.45	0.45	0.45	0.45	0.50	0.50	0.50	0.50	0.50
	4	0.40	0.40	0.45	0.45	0.45	0.45	0.45	0.45	0.45	0.50	0.50	0.50	0.50	0.50
	3	0.55	0.50	0.45	0.45	0.45	0.50	0.50	0.50	0.50	0.50	0.50	0.50	0.50	0.50
	2	0.80	0.65	0.55	0.55	0.55	0.50	0.50	0.50	0.50	0.50	0.50	0.50	0.50	0.50
	1	1.30	1.00	0.85	0.80	0.75	0.70	0.70	0.65	0.65	0.65	0.60	0.55	0.55	0.55
11	11	−0.40	0.05	0.10	0.20	0.25	0.30	0.30	0.30	0.35	0.35	0.40	0.45	0.45	0.45
	10	−0.15	0.15	0.25	0.30	0.35	0.35	0.40	0.40	0.40	0.40	0.45	0.45	0.50	0.50
	9	0.00	0.25	0.30	0.35	0.40	0.40	0.40	0.45	0.45	0.45	0.45	0.50	0.50	0.50
	8	0.10	0.30	0.35	0.40	0.40	0.45	0.45	0.45	0.45	0.45	0.50	0.50	0.50	0.50
	7	0.20	0.35	0.40	0.45	0.45	0.45	0.45	0.45	0.45	0.45	0.50	0.50	0.50	0.50
	6	0.25	0.35	0.40	0.45	0.45	0.45	0.45	0.45	0.45	0.45	0.50	0.50	0.50	0.50
	5	0.35	0.40	0.40	0.45	0.45	0.45	0.45	0.45	0.45	0.50	0.50	0.50	0.50	0.50
	4	0.40	0.45	0.45	0.45	0.45	0.45	0.45	0.50	0.50	0.50	0.50	0.50	0.50	0.50
	3	0.55	0.50	0.50	0.50	0.50	0.50	0.50	0.50	0.50	0.50	0.50	0.50	0.50	0.50
	2	0.80	0.65	0.60	0.55	0.55	0.50	0.50	0.50	0.50	0.50	0.50	0.50	0.50	0.50
	1	1.30	1.00	0.85	0.80	0.75	0.70	0.70	0.65	0.65	0.65	0.60	0.55	0.55	0.55
12以上	自上1	−0.40	−0.05	0.10	0.20	0.25	0.30	0.30	0.30	0.35	0.35	0.40	0.45	0.45	0.45
	2	−0.15	0.15	0.25	0.30	0.35	0.35	0.40	0.40	0.40	0.40	0.45	0.45	0.50	0.50
	3	0.00	0.25	0.30	0.35	0.40	0.40	0.40	0.45	0.45	0.45	0.50	0.50	0.50	0.50
	4	0.10	0.30	0.35	0.40	0.40	0.45	0.45	0.45	0.45	0.45	0.50	0.50	0.50	0.50
	5	0.20	0.35	0.40	0.40	0.45	0.45	0.45	0.45	0.45	0.45	0.50	0.50	0.50	0.50
	6	0.25	0.35	0.40	0.45	0.45	0.45	0.45	0.45	0.45	0.45	0.50	0.50	0.50	0.50
	7	0.30	0.40	0.40	0.45	0.45	0.45	0.45	0.45	0.50	0.50	0.50	0.50	0.50	0.50
	8	0.35	0.40	0.45	0.45	0.45	0.45	0.45	0.50	0.50	0.50	0.50	0.50	0.50	0.50
	中间	0.40	0.40	0.45	0.45	0.45	0.45	0.50	0.50	0.50	0.50	0.50	0.50	0.50	0.50
	4	0.45	0.45	0.45	0.45	0.50	0.50	0.50	0.50	0.50	0.50	0.50	0.50	0.50	0.50
	3	0.60	0.50	0.50	0.50	0.50	0.50	0.50	0.50	0.50	0.50	0.50	0.50	0.50	0.50
	2	0.80	0.65	0.60	0.55	0.55	0.50	0.50	0.50	0.50	0.50	0.50	0.50	0.50	0.50
	自下1	1.30	1.00	0.85	0.80	0.75	0.70	0.70	0.65	0.65	0.65	0.55	0.55	0.55	0.55

表 4-3 规则框架承受倒三角形分布水平荷载下各层柱标准反弯点高度比 y_0

n	j \ $\bar{i}$	0.1	0.2	0.3	0.4	0.5	0.6	0.7	0.8	0.9	1.0	2.0	3.0	4.0	5.0
1	1	0.80	0.75	0.70	0.65	0.65	0.60	0.60	0.60	0.60	0.55	0.55	0.55	0.55	0.55
2	2	0.50	0.45	0.40	0.40	0.40	0.40	0.40	0.40	0.40	0.45	0.45	0.45	0.45	0.50
	1	1.00	0.85	0.75	0.70	0.70	0.65	0.65	0.65	0.60	0.60	0.55	0.55	0.55	0.55
3	3	0.25	0.25	0.25	0.30	0.30	0.35	0.35	0.35	0.40	0.40	0.45	0.45	0.45	0.45
	2	0.60	0.50	0.50	0.50	0.50	0.45	0.45	0.45	0.45	0.45	0.50	0.50	0.50	0.50
	1	1.15	0.90	0.80	0.75	0.75	0.70	0.70	0.65	0.65	0.65	0.60	0.55	0.55	0.55
4	4	0.10	0.15	0.20	0.25	0.30	0.30	0.35	0.35	0.35	0.40	0.45	0.45	0.45	0.45
	3	0.35	0.35	0.35	0.40	0.40	0.40	0.40	0.45	0.45	0.45	0.45	0.50	0.50	0.50
	2	0.70	0.60	0.55	0.50	0.50	0.50	0.50	0.50	0.50	0.50	0.50	0.50	0.50	0.50
	1	1.20	0.95	0.85	0.80	0.75	0.70	0.70	0.70	0.65	0.65	0.55	0.55	0.55	0.55
5	5	−0.05	0.10	0.20	0.25	0.30	0.30	0.35	0.35	0.35	0.35	0.40	0.45	0.45	0.45
	4	0.20	0.25	0.35	0.35	0.40	0.40	0.40	0.40	0.40	0.40	0.45	0.50	0.50	0.50
	3	0.45	0.40	0.45	0.45	0.45	0.45	0.45	0.45	0.45	0.45	0.50	0.50	0.50	0.50
	2	0.75	0.60	0.55	0.55	0.50	0.50	0.50	0.50	0.50	0.50	0.50	0.50	0.50	0.50
	1	1.30	1.00	0.85	0.80	0.75	0.70	0.70	0.65	0.65	0.65	0.65	0.55	0.55	0.55
6	6	−0.15	0.05	0.15	0.20	0.25	0.30	0.30	0.35	0.35	0.35	0.40	0.45	0.45	0.45
	5	0.10	0.25	0.30	0.35	0.35	0.40	0.40	0.40	0.45	0.45	0.45	0.50	0.50	0.50
	4	0.30	0.35	0.40	0.40	0.45	0.45	0.45	0.45	0.45	0.45	0.50	0.50	0.50	0.50
	3	0.50	0.45	0.45	0.45	0.45	0.45	0.45	0.45	0.45	0.50	0.50	0.50	0.50	0.50
	2	0.80	0.65	0.55	0.55	0.55	0.55	0.50	0.50	0.50	0.50	0.50	0.50	0.50	0.50
	1	1.30	1.00	0.85	0.80	0.75	0.70	0.70	0.65	0.65	0.65	0.60	0.55	0.55	0.55
7	7	−0.20	0.05	0.15	0.20	0.25	0.30	0.30	0.35	0.35	0.35	0.45	0.45	0.45	0.45
	6	0.05	0.20	0.30	0.35	0.35	0.40	0.40	0.40	0.40	0.45	0.45	0.50	0.50	0.50
	5	0.20	0.30	0.35	0.40	0.40	0.45	0.45	0.45	0.45	0.45	0.50	0.50	0.50	0.50
	4	0.35	0.40	0.40	0.45	0.45	0.45	0.45	0.45	0.45	0.45	0.50	0.50	0.50	0.50
	3	0.55	0.50	0.50	0.50	0.50	0.50	0.50	0.50	0.50	0.50	0.50	0.50	0.50	0.50
	2	0.80	0.65	0.60	0.55	0.55	0.55	0.50	0.50	0.50	0.50	0.50	0.50	0.50	0.50
	1	1.30	1.00	0.90	0.80	0.75	0.70	0.70	0.70	0.65	0.65	0.60	0.55	0.55	0.55
8	8	−0.20	0.05	0.15	0.20	0.25	0.30	0.30	0.35	0.35	0.35	0.45	0.45	0.45	0.45
	7	0.00	0.20	0.30	0.35	0.35	0.40	0.40	0.40	0.40	0.45	0.45	0.50	0.50	0.50
	6	0.15	0.30	0.35	0.40	0.40	0.45	0.45	0.45	0.45	0.45	0.50	0.50	0.50	0.50
	5	0.30	0.45	0.40	0.45	0.45	0.45	0.45	0.45	0.45	0.45	0.50	0.50	0.50	0.50
	4	0.40	0.45	0.45	0.45	0.45	0.45	0.45	0.50	0.50	0.50	0.50	0.50	0.50	0.50
	3	0.60	0.50	0.50	0.50	0.50	0.50	0.50	0.50	0.50	0.50	0.50	0.50	0.50	0.50
	2	0.85	0.65	0.60	0.55	0.55	0.55	0.50	0.50	0.50	0.50	0.50	0.50	0.50	0.50
	1	1.30	1.00	0.90	0.80	0.75	0.70	0.70	0.70	0.65	0.65	0.60	0.55	0.55	0.55
9	9	−0.25	0.00	0.15	0.20	0.25	0.30	0.30	0.35	0.35	0.40	0.45	0.45	0.45	0.45
	8	0.00	0.20	0.30	0.35	0.35	0.40	0.40	0.40	0.40	0.45	0.45	0.50	0.50	0.50
	7	0.15	0.30	0.35	0.40	0.40	0.45	0.45	0.45	0.45	0.45	0.50	0.50	0.50	0.50
	6	0.25	0.35	0.40	0.40	0.45	0.45	0.45	0.45	0.45	0.50	0.50	0.50	0.50	0.50
	5	0.35	0.40	0.45	0.45	0.45	0.45	0.45	0.45	0.50	0.50	0.50	0.50	0.50	0.50
	4	0.45	0.45	0.45	0.45	0.45	0.50	0.50	0.50	0.50	0.50	0.50	0.50	0.50	0.50
	3	0.60	0.50	0.50	0.50	0.50	0.50	0.50	0.50	0.50	0.50	0.50	0.50	0.50	0.50
	2	0.85	0.65	0.60	0.55	0.55	0.55	0.55	0.50	0.50	0.50	0.50	0.50	0.50	0.50
	1	1.35	1.00	0.90	0.80	0.75	0.75	0.70	0.70	0.65	0.65	0.60	0.55	0.55	0.55

续表

n	$\bar{i}$ / j	0.1	0.2	0.3	0.4	0.5	0.6	0.7	0.8	0.9	1.0	2.0	3.0	4.0	5.0
	10	−0.25	0.00	0.15	0.20	0.25	0.30	0.30	0.35	0.35	0.40	0.45	0.45	0.45	0.45
	9	−0.05	0.20	0.30	0.35	0.35	0.40	0.40	0.40	0.40	0.45	0.45	0.50	0.50	0.50
	8	0.10	0.30	0.35	0.40	0.40	0.40	0.45	0.45	0.45	0.45	0.50	0.50	0.50	0.50
	7	0.20	0.35	0.40	0.40	0.45	0.45	0.45	0.45	0.45	0.50	0.50	0.50	0.50	0.50
10	6	0.30	0.40	0.40	0.45	0.45	0.45	0.45	0.45	0.45	0.50	0.50	0.50	0.50	0.50
	5	0.40	0.45	0.45	0.45	0.45	0.45	0.45	0.50	0.50	0.50	0.50	0.50	0.50	0.50
	4	0.50	0.45	0.45	0.45	0.50	0.50	0.50	0.50	0.50	0.50	0.50	0.50	0.50	0.50
	3	0.60	0.55	0.50	0.50	0.50	0.50	0.50	0.50	0.50	0.50	0.50	0.50	0.50	0.50
	2	0.85	0.65	0.60	0.55	0.55	0.55	0.55	0.50	0.50	0.50	0.50	0.50	0.50	0.50
	1	1.35	1.00	0.90	0.80	0.75	0.75	0.70	0.70	0.65	0.65	0.60	0.55	0.55	0.55
	11	−0.25	0.00	0.15	0.20	0.25	0.30	0.30	0.30	0.35	0.35	0.45	0.45	0.45	0.45
	10	−0.05	0.20	0.25	0.30	0.35	0.40	0.40	0.40	0.40	0.45	0.45	0.50	0.50	0.50
	9	0.10	0.30	0.35	0.40	0.40	0.40	0.45	0.45	0.45	0.45	0.50	0.50	0.50	0.50
	8	0.20	0.35	0.40	0.40	0.45	0.45	0.45	0.45	0.45	0.45	0.50	0.50	0.50	0.50
	7	0.25	0.40	0.40	0.45	0.45	0.45	0.45	0.45	0.45	0.50	0.50	0.50	0.50	0.50
11	6	0.35	0.40	0.45	0.45	0.45	0.45	0.45	0.50	0.50	0.50	0.50	0.50	0.50	0.50
	5	0.40	0.45	0.45	0.45	0.45	0.50	0.50	0.50	0.50	0.50	0.50	0.50	0.50	0.50
	4	0.50	0.50	0.50	0.50	0.50	0.50	0.50	0.50	0.50	0.50	0.50	0.50	0.50	0.50
	3	0.65	0.55	0.50	0.50	0.50	0.50	0.50	0.50	0.50	0.50	0.50	0.50	0.50	0.50
	2	0.85	0.65	0.60	0.55	0.55	0.55	0.55	0.50	0.50	0.50	0.50	0.50	0.50	0.50
	1	1.35	1.05	0.90	0.80	0.75	0.75	0.70	0.70	0.65	0.65	0.60	0.55	0.55	0.55
	自上 1	−0.30	0.00	0.15	0.20	0.25	0.30	0.30	0.30	0.35	0.35	0.40	0.45	0.45	0.45
	2	−0.10	0.20	0.25	0.30	0.35	0.40	0.40	0.40	0.40	0.40	0.45	0.45	0.45	0.50
	3	0.05	0.25	0.35	0.40	0.40	0.40	0.45	0.45	0.45	0.45	0.45	0.50	0.50	0.50
12	4	0.15	0.30	0.40	0.40	0.45	0.45	0.45	0.45	0.45	0.45	0.45	0.50	0.50	0.50
	5	0.25	0.35	0.50	0.45	0.45	0.45	0.45	0.45	0.45	0.45	0.50	0.50	0.50	0.50
	6	0.30	0.40	0.50	0.45	0.45	0.45	0.45	0.50	0.50	0.50	0.50	0.50	0.50	0.50
以	7	0.35	0.40	0.55	0.45	0.45	0.45	0.50	0.50	0.50	0.50	0.50	0.50	0.50	0.50
	8	0.35	0.45	0.55	0.45	0.50	0.50	0.50	0.50	0.50	0.50	0.50	0.50	0.50	0.50
	中间	0.45	0.45	0.55	0.45	0.50	0.50	0.50	0.50	0.50	0.50	0.50	0.50	0.50	0.50
上	4	0.55	0.50	0.50	0.50	0.50	0.50	0.50	0.50	0.50	0.50	0.50	0.50	0.50	0.50
	3	0.65	0.55	0.50	0.50	0.50	0.50	0.50	0.50	0.50	0.50	0.50	0.50	0.50	0.50
	2	0.70	0.70	0.60	0.55	0.55	0.55	0.55	0.50	0.50	0.50	0.50	0.50	0.50	0.50
	自下 1	1.35	1.05	0.90	0.80	0.75	0.70	0.70	0.70	0.65	0.65	0.60	0.55	0.55	0.55

表 4-4　上下梁相对线刚度变化修正系数 y_1

α_1 \ $\bar{i}$	0.1	0.2	0.3	0.4	0.5	0.6	0.7	0.8	0.9	1.0	2.0	3.0	4.0	5.0
0.4	0.55	0.40	0.30	0.25	0.20	0.20	0.20	0.15	0.15	0.15	0.05	0.05	0.05	0.05
0.5	0.45	0.30	0.20	0.20	0.15	0.15	0.15	0.10	0.10	0.10	0.05	0.05	0.05	0.05
0.6	0.30	0.20	0.15	0.15	0.10	0.10	0.10	0.10	0.05	0.05	0.05	0.05	0.00	0.00
0.7	0.20	0.15	0.10	0.10	0.10	0.10	0.05	0.05	0.05	0.05	0.05	0.00	0.00	0.00
0.8	0.15	0.10	0.05	0.05	0.05	0.05	0.05	0.05	0.05	0.00	0.00	0.00	0.00	0.00
0.9	0.05	0.05	0.05	0.05	0.00	0.00	0.00	0.00	0.00	0.00	0.00	0.00	0.00	0.00

注：当 $i_1+i_2<i_3+i_4$ 时，令 $\alpha_1=(i_1+i_2)/(i_3+i_4)$；当 $i_3+i_4<i_1+i_2$ 时，令 $\alpha_1=(i_3+i_4)/(i_1+i_2)$；对于底层柱不考虑 α_1 值，所以不作此项修正。

表 4-5　上下层层高变化修正系数 y_2 和 y_3

α_2	α_3 \ $\bar{i}$	0.1	0.2	0.3	0.4	0.5	0.6	0.7	0.8	0.9	1.0	2.0	3.0	4.0	5.0
2.0		0.25	0.15	0.15	0.10	0.10	0.10	0.10	0.10	0.05	0.05	0.05	0.05	0.0	0.0
1.8		0.20	0.15	0.10	0.10	0.10	0.05	0.05	0.05	0.05	0.05	0.05	0.0	0.0	0.0
1.6	0.4	0.15	0.10	0.10	0.05	0.05	0.05	0.05	0.05	0.05	0.05	0.0	0.0	0.0	0.0
1.4	0.6	0.10	0.05	0.05	0.05	0.05	0.05	0.05	0.05	0.05	0.0	0.0	0.0	0.0	0.0
1.2	0.8	0.05	0.05	0.05	0.0	0.0	0.0	0.0	0.0	0.0	0.0	0.0	0.0	0.0	0.0
1.0	1.0	0.0	0.0	0.0	0.0	0.0	0.0	0.0	0.0	0.0	0.0	0.0	0.0	0.0	0.0
0.8	1.2	−0.05	−0.05	−0.05	0.0	0.0	0.0	0.0	0.0	0.0	0.0	0.0	0.0	0.0	0.0
0.6	1.4	−0.10	−0.05	−0.05	−0.05	−0.05	−0.05	−0.05	−0.05	−0.05	0.0	0.0	0.0	0.0	0.0
0.4	1.6	−0.15	−0.10	−0.10	−0.05	−0.05	−0.05	−0.05	−0.05	−0.05	−0.05	0.0	0.0	0.0	0.0
	1.8	−0.20	−0.15	−0.10	−0.10	−0.10	−0.05	−0.05	−0.05	−0.05	−0.05	−0.05	0.0	0.0	0.0
	2.0	−0.25	−0.15	−0.15	−0.10	−0.10	-0.10	−0.10	−0.10	−0.05	−0.05	−0.05	−0.05	0.0	0.0

注：$\alpha_2=h_{上}/h$，y_2 按 α_2 查表求得，上层较高时为正值。但对于最上层，不考虑 y_2 修正值。$\alpha_3=h_{下}/h$，y_3 按 α_3 查表求得，对于最下层，不考虑 y_3 修正值。

4.1.3　变形及稳定验算

1. 弹性变形

层间位移

$$\Delta u_j=\frac{V_{pj}}{\sum D_{ij}} \tag{4-21}$$

顶点位移

$$u=\sum_{j=1}^{n}\Delta u_j \tag{4-22}$$

式中：V_{pj}——第 j 层的总剪力；

$\sum D_{ij}$——第 j 层所有柱的抗侧刚度之和。

验算公式

$$\frac{\Delta u_j}{H_j} \leqslant \left[\frac{\Delta u_j}{H_j}\right] \tag{4-23}$$

式中，H_j 为第 j 层层高。

2. 罕遇地震下薄弱层(部位)弹塑性变形验算

$$\Delta u_{\mathrm{p}} \leqslant \frac{1}{50} H_i \tag{4-24}$$

$$\Delta u_{\mathrm{p}} = \eta_{\mathrm{p}} \Delta u_{\mathrm{e}} \tag{4-25}$$

式中：Δu_{p}——层间弹塑性位移；

Δu_{e}——罕遇地震作用下按弹性分析的层间位移；

η_{p}——弹塑性位移增大系数，计算方法见《建筑抗震设计规范》第 5.5.4 条。

3. 整体稳定性验算

$$D_i \geqslant 10 \sum_{j=i}^{n} G_j / h_i \quad (i = 1, 2, \cdots, n) \tag{4-26}$$

式中：G_j——第 j 层的重力荷载，h_i 为第 i 层层高。

4.2 剪力墙结构的近似计算方法

4.2.1 剪力墙的分类、受力特点及分类界限

1. 剪力墙的分类及受力特点

(1) 按墙肢截面长度与宽度之比分类，墙截面如图 4.20 所示。

h/b<5：柱(一般宜不大于 4)。

h/b=5～8：短肢剪力墙。

h/b>8：普通剪力墙。

常见异形柱截面形式（柱宽即围墙厚）如图 4.21 所示。

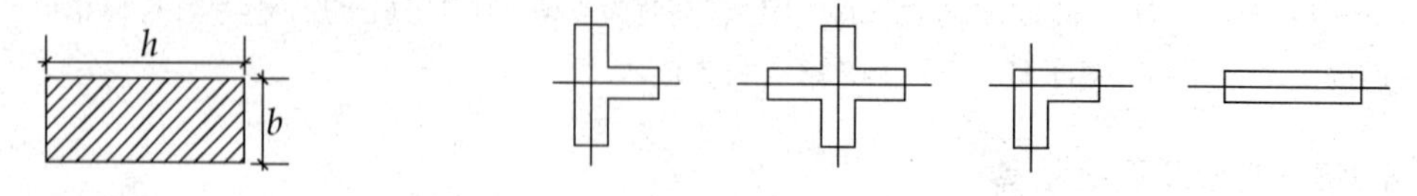

图 4.20　墙截面　　　　图 4.21　常见异形柱截面形式

(2) 按墙面开洞情况分类。

① 整截面剪力墙。

不开洞或开洞面积不大于 15%的墙(如图 4.22 所示)，且孔洞间净距及孔洞至墙边净距大于孔洞长边尺寸时可以忽略洞口的影响。此类墙为整截面剪力墙(整体墙)。

受力特点：如同一个整体的悬臂墙。在墙肢的整个高度上，弯矩图既不突变，也无反弯点，变形以弯曲型为主。

② 整体小开口剪力墙。

整体小开口剪力墙的开洞面积大于 15%但仍较小，或孔洞间净距、孔洞至墙边净距不大于孔洞长边尺寸的墙为整体小开口剪力墙，这时孔洞对墙的受力变形有一定影响(如图 4.23 所示)。

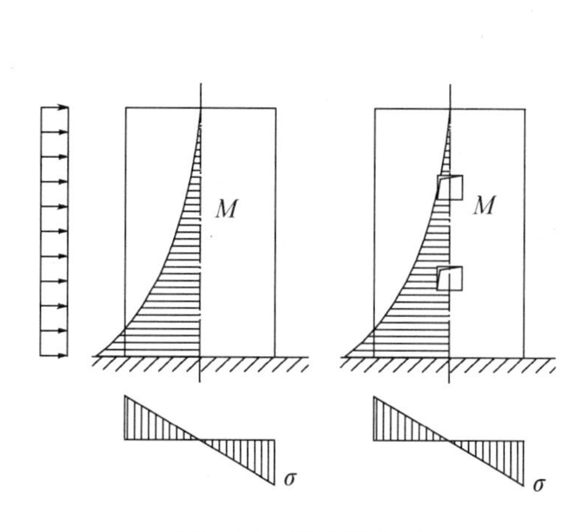

图 4.22　整体剪力墙

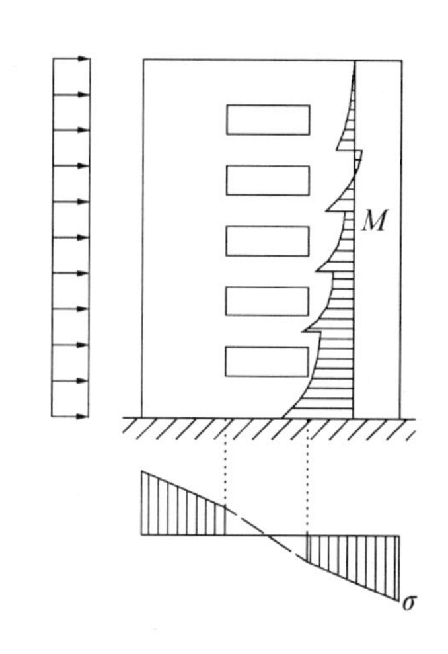

图 4.23　整体小开口剪力墙

受力特点：弯矩图在连系梁处发生突变，但在整个墙肢高度上没有或仅仅在个别楼层中才出现反弯点。整个剪力墙的变形仍以弯曲型为主。

③ 双肢及多肢剪力墙（又称联肢墙）。

开洞较大、洞口成列布置的墙为双肢或多肢剪力墙。如图 4.24 所示。

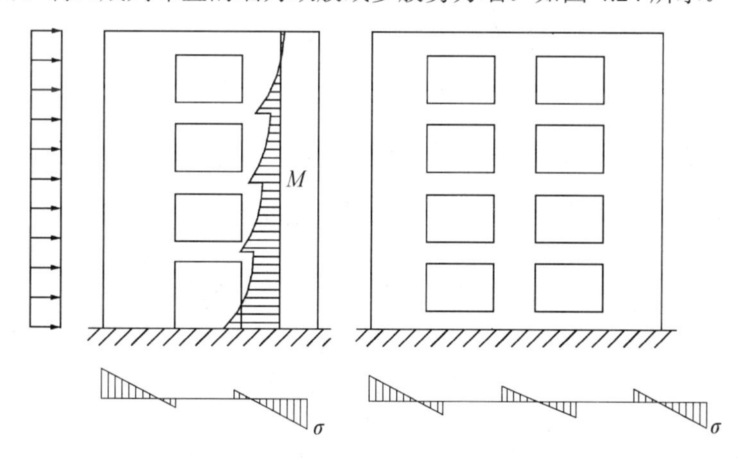

图 4.24　双肢及多肢剪力墙

受力特点：与整体小开口墙相似。

④ 壁式框架。

洞口尺寸大、连梁线刚度大于或接近墙肢线刚度的墙为壁式框架如图 4.25 所示。

受力特点：柱的弯矩图在楼层处有突变，而且在大多数楼层中都出现反弯点。整个剪力墙的变形以剪切型为主，与框架的受力相似。

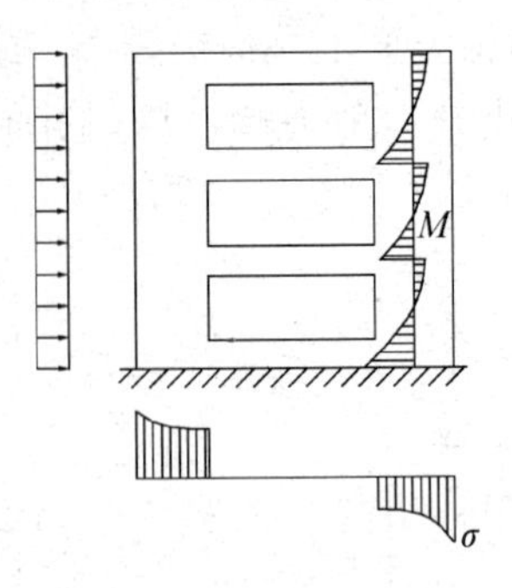

图 4.25 壁式框架

2. 整体小开口墙、联肢墙、壁式框架的分类界限

该界限根据整体性系数 α (也称连梁与墙肢刚度比，表示连梁与墙肢的刚度相对大小的一个系数)、墙肢惯性矩的比值 I_n/I 以及楼层层数确定。

1) 整体性系数 α

双肢墙(采用符号如图 4.26 所示)

$$\alpha = H\sqrt{\frac{12I_b a^2}{Th(I_1+I_2)l_0^3}} \tag{4-27}$$

多肢墙

$$\alpha = H\sqrt{\frac{12}{Th\sum_{j=1}^{m+1}I_j}\sum_{j=1}^{m}\frac{I_{bj}a_j^2}{l_{bj}^3}} \tag{4-28}$$

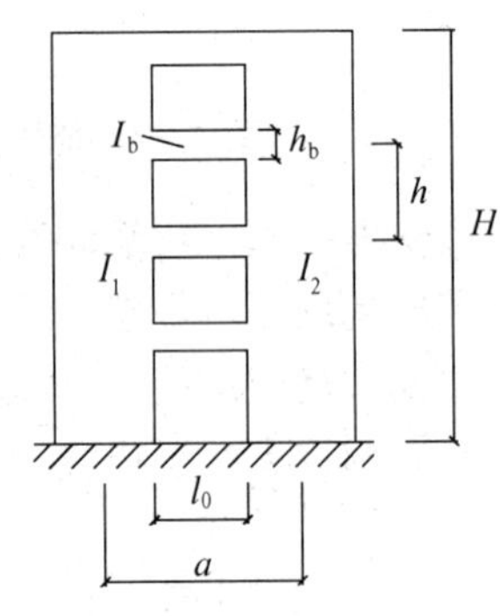

图 4.26 双肢墙计算简图

式中：T ——考虑墙肢轴向变形的影响系数，$T=\sum_{i=1}^{m+1}A_i y_i^2/I$，3～4 肢可近似取 0.8；5～7 肢可近似取 0.85；8 肢以上可近似取 0.9；

I ——剪力墙对组合截面形心的惯性矩，$I=\sum_{j=1}^{m+1}I_j+\sum_{j=1}^{m}A_j y_j^2$；

I_n ——扣除墙肢惯性矩后剪力墙的惯性矩，$I_n = I-\sum_{j=1}^{m+1}I_j$；

I_{bj} ——第 j 列连梁的折算惯性矩，$I_{bj}=\dfrac{I_{bj0}}{1+\dfrac{30\mu I_{bj0}}{A_{bj}l_{bj}^2}}$；

I_1、I_2 ——墙肢 1、2 的截面惯性矩；

m ——洞口列数；

h ——层高；

H ——剪力墙总高度；

a_j ——第 j 列洞口两侧墙肢轴线距离；

l_{bj} ——第 j 列连梁计算跨度，取为洞口宽度加梁高的一半；

I_j ——第 j 墙肢的截面惯性矩；

I_{bj0} ——第 j 连梁截面惯性矩(刚度不折减)；

y_j——第 j 墙肢自身截面形心与组合截面形心之间的距离；

μ——截面形状系数，矩形截面时 $\mu=1.2$；I 形截面取 μ 等于墙全截面面积除以腹板毛截面面积；T 形截面按表 4-6 取值；

A_{bj}——第 j 列连梁的截面面积；

ς——系数，由 α 及层数按表 4-7 取用。

表 4-6　T 形截面剪力不均匀系数 μ

h_w/t \ b_f/t	2	4	6	8	10	12
2	1.383	1.496	1.521	1.511	1.483	1.445
4	1.441	1.876	2.287	2.682	3.061	3.424
6	1.362	1.097	2.033	2.367	2.698	3.026
8	1.313	1.572	1.838	2.106	2.374	2.641
10	1.283	1.489	1.707	1.927	2.148	2.370
12	1.264	1.432	1.614	1.800	1.988	2.178
15	1.245	1.374	1.519	1.669	1.820	1.973
20	1.228	1.317	1.422	1.534	1.648	1.763
30	1.214	1.264	1.328	1.399	1.473	1.549
40	1.208	1.240	1.284	1.334	1.387	1.442

表 4-7　系数 ς 的数值

α \ 层数 n	8	10	12	16	20	≥30
10	0.886	0.948	0.975	1.000	1.000	1.000
12	0.886	0.924	0.950	0.994	1.000	1.000
14	0.853	0.908	0.934	0.978	1.000	1.000
16	0.844	0.896	0.923	0.964	0.988	1.000
18	0.836	0.888	0.914	0.952	0.978	1.000
20	0.831	0.880	0.906	0.945	0.970	1.000
22	0.827	0.875	0.901	0.940	0.965	1.000
24	0.824	0.871	0.897	0.936	0.960	0.989
26	0.822	0.867	0.894	0.932	0.955	0.986
28	0.820	0.864	0.890	0.929	0.952	0.982
≥30	0.818	0.861	0.887	0.926	0.950	0.979

2) 分类界限

① 当 $\alpha \geqslant 10$ 且 $\frac{I_n}{I} \leqslant \varsigma$ 时，按整体小开口墙计算。

② 当 $\alpha \geqslant 10$ 但 $\frac{I_n}{I} > \varsigma$ 时，按壁式框架计算。

③ 当 $1<\alpha<10$ 时，按联肢墙计算。

④ 当 $\alpha\leqslant1$ 时，认为连梁约束作用很小，按独立墙肢计算。

4.2.2 剪力墙有效翼缘宽度 b_f

(1) 计算剪力墙的内力与位移时，可以考虑纵、横墙的共同作用。如图 4.27 所示，有效翼缘的宽度按表 4-8 采用，取最小值。

表 4-8 剪力墙有效翼缘宽度 b_f

考虑方式	截面形式	
	T 形或 I 形	L 形或[形
按剪力墙间距	$b+\frac{S_{01}}{2}+\frac{S_{02}}{2}$	$b+\frac{S_{02}}{2}$
按翼缘厚度	$b+12h_f$	$b+6h_f$
按总高度	$\frac{H}{10}$	$\frac{H}{20}$
按门窗洞口	b_{01}	b_{02}

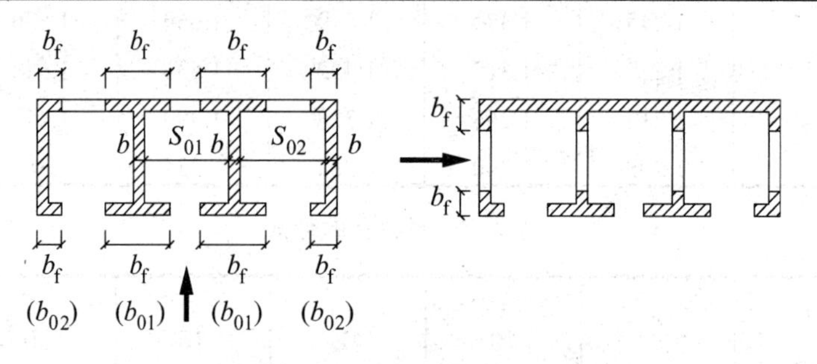

图 4.27 剪力墙的有效翼缘宽度

(2) 在双十字形和井字形平面的建筑中，如图 4.28 所示，核心墙各墙段轴线错开距离 a 不大于实体连接墙厚度的 8 倍，并且不大于 2.5m 时，整体墙可以作为整体平面剪力墙考虑，计算所得的内力应乘以增大系数 1.2，等效刚度应乘以折减系数 0.8。

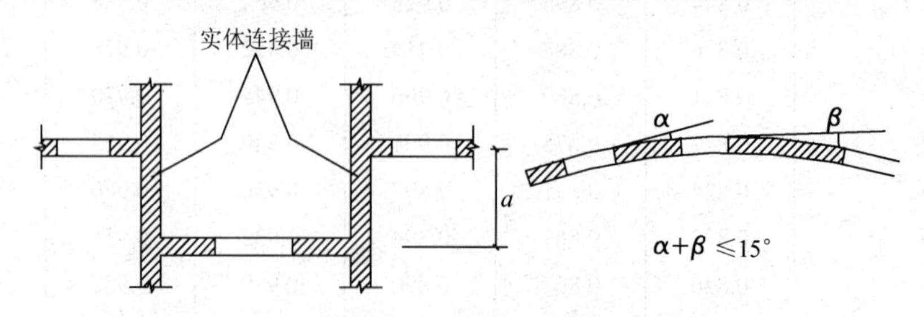

图 4.28 井字墙和折线形墙

(3) 当折线形剪力墙(如图 4.28 所示)的各墙段总转角不大于 15° 时，可按平面剪力墙考虑。

4.2.3 剪力墙结构在竖向荷载作用下的内力计算方法

竖向荷载通过楼板传递到墙上，可以认为竖向荷载在墙内两个方向均匀分布；竖向荷载通过楼面梁传递到墙上，梁端剪力作用于墙身，在梁底截面为集中荷载（应验算墙体局部抗压），在梁底截面以下可按 45 度均匀扩散至墙身，对下层墙身的作用可按均布荷载考虑。在竖向荷载作用下，一片剪力墙所承受的竖向荷载应为该剪力墙平面计算单元范围内的荷载及剪力墙自重，根据楼(屋盖)结构布置及平面尺寸的不同，剪力墙上的荷载可能为均布荷载、梯形分布荷载、三角形分布荷载或集中荷载。

1. 整截面墙

整截面墙计算截面的轴力为该截面以上全部竖向荷载之和。

2. 整体小开口墙

每层传给各墙肢的竖向荷载分配按如图 4.29 所示范围计算，j 墙肢的轴力为该墙肢计算截面以上全部荷载之和。

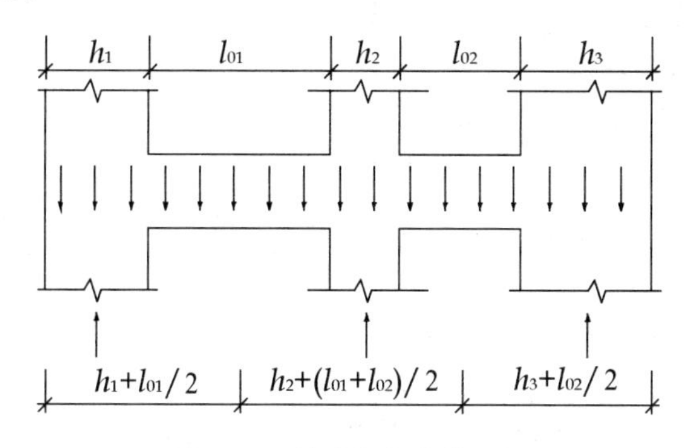

图 4.29　墙肢竖向荷载分配

3. 联肢墙

(1) 无偏心荷载时联肢墙内力计算。

墙肢轴力计算方法与整体小开口墙相同，但应计算竖向荷载在连系梁中产生的弯矩和剪力，可近似按两端固定梁计算连系梁的弯矩和剪力。

(2) 偏心竖向荷载作用下双肢墙内力计算符号如图 4.30 所示。

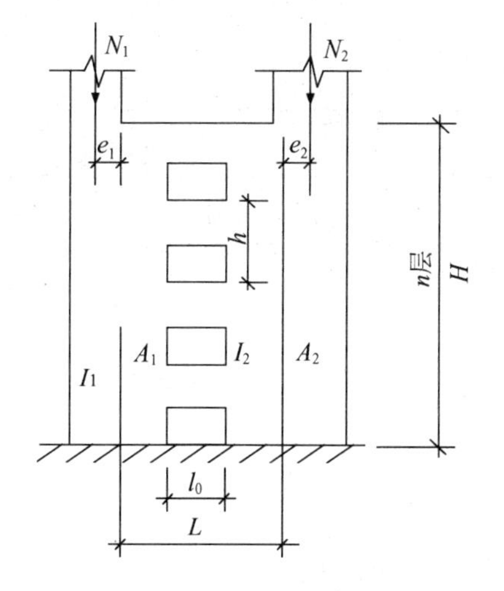

图 4.30　偏心竖向荷载下的双肢墙计算简图

① 墙肢内力。

$$M_j = \frac{IH}{(I_1 + I_2)h}[(1-\xi)(p_1e_1 + p_2e_2 - k_0S\eta_1)] \qquad (j=1,2) \tag{4-29}$$

$$N_j = \frac{H}{h}\left[-p_j(1-\xi) \pm k_0\eta_1\right] \tag{4-30}$$

$$k_0 = \frac{S}{I}\left[p_2\left(-e_2 + \frac{I_1 + I_2}{aA_2}\right) - p_1\left(e_1 + \frac{I_1 + I_2}{aA_1}\right)\right] \tag{4-31}$$

式中：M_j，N_j——分别为第 j 肢墙的弯矩和轴力；

I——双肢墙的组合截面惯性矩；

p_1，p_2——分别为在墙肢 1、墙肢 2 上每层作用的平均竖向荷载，$p_1 = N_1/n$、$p_2 = N_2/n$；

e_1，e_2——分别为 p_1、p_2 的偏心矩；

A_1，A_2——双肢墙两墙肢的截面面积；

a——两墙肢轴线距离；

H——双肢墙高度；

h——双肢墙层高；

S——双肢墙对组合截面形心的面积矩，$S = \dfrac{aA_1A_2}{A_1 + A_2}$；

η_1——偏心竖向荷载作用下的 η_1 值由图 4.31 查得。

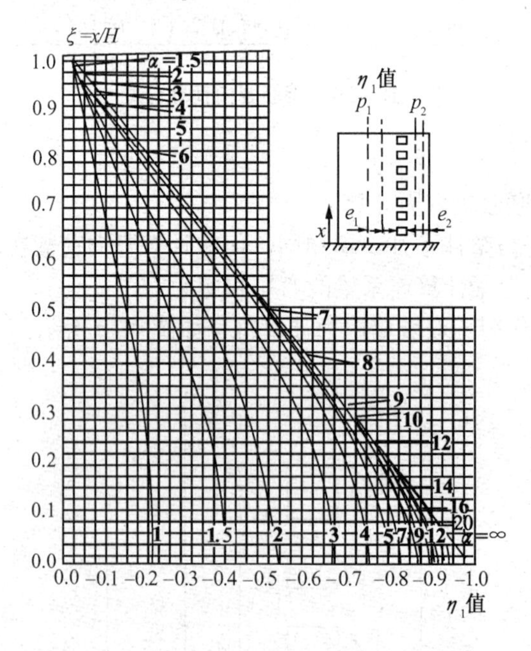

图 4.31　偏心竖向荷载作用下的 η_1 值

② 连梁内力。

$$V_b = k_0\eta_2 \tag{4-32}$$

$$M_b = V_0\frac{l_0}{2} = k_0\eta_2\frac{l_0}{2} \tag{4-33}$$

式中：V_b，M_b——分别为连梁的弯矩和剪力；

η_2——偏心竖向荷载作用下的 η_2 由图 4.32 查得。

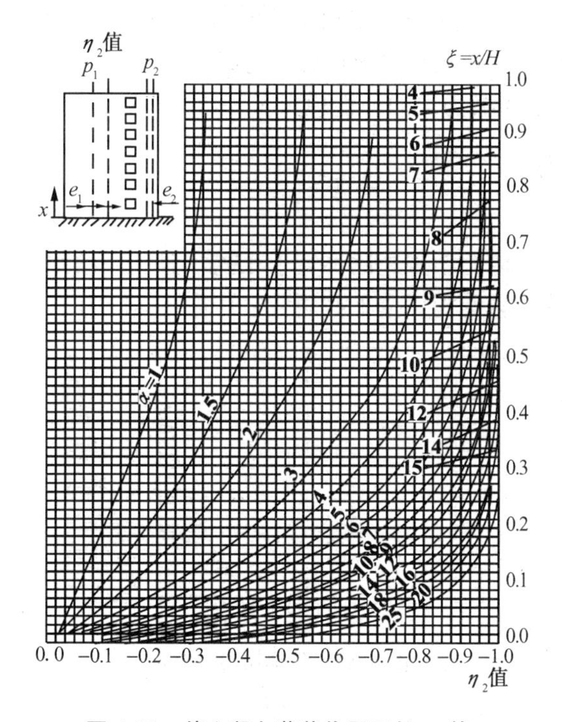

图 4.32　偏心竖向荷载作用下的 η_2 值

4. 竖向偏心荷载作用下多肢墙内力计算

端部墙肢可与相邻墙肢近似按双肢墙计算，中部墙肢可分别与相邻左右墙肢按双肢墙计算，近似取两次计算结果的平均值。

5. 壁式框架

壁式框架在竖向荷载作用下，壁梁和壁柱的内力计算与框架在竖向荷载作用下的内力计算方法相同，可采用力矩分配法或分层法，但应根据杆件刚域长度确定刚域长度系数，并进而对梁、柱杆件的线刚度及柱的抗侧刚度进行修正。

4.2.4　剪力墙结构在水平荷载作用下的内力与位移计算方法

可按纵、横两个方向墙体分别按平面结构进行计算。

总水平荷载可以按各片剪力墙的等效刚度分配，然后进行单片剪力墙的计算。

$$(q_{\max})_i = \frac{(E_c I_{eq})_i}{\sum_{j=1}^{m+1}(E_c I_{eqj})} q_{\max} \tag{4-34}$$

$$F_i = \frac{(E_c I_{eq})_i}{\sum_{j=1}^{m+1}(E_c I_{eqj})} F \tag{4-35}$$

式中：$q_{\max}$——剪力墙承受倒三角形荷载时顶点的荷载；

F——剪力墙的顶点集中荷载；

$(q_{\max})_i$——第 i 片剪力墙分配到的倒三角形荷载顶点的荷载；

F_i——第 i 片剪力墙分配到的顶点集中荷载；

E_c、I_{eqj}——分别为剪力墙的弹性模量及等效惯性矩。

1. 整体墙的内力与位移计算

(1) 应力计算。

当剪力墙孔洞面积与墙面面积之比不大于 15%，且孔洞净距及孔洞至墙边距离大于孔洞长边时，可作为整截面悬臂构件按平截面假定计算截面应力分布，如图 4.33 所示。

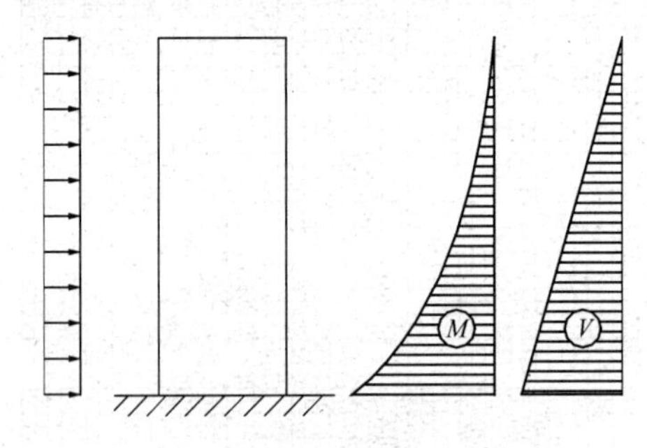

图 4.33　整体墙内力分布

$$\sigma = \frac{My}{I} \tag{4-36}$$

$$\tau = \frac{VS}{Ib} \tag{4-37}$$

式中：σ，τ，M 和 V——截面的正应力、剪应力、弯矩及剪力；

I，S，b 和 y——截面惯性矩、静面矩、截面宽度及截面重心到所求正应力点的距离。

(2) 顶点位移。

要考虑洞口对截面面积及刚度的削弱影响，如图 4.34 所示。

① 小洞口整体墙的折算截面面积如下。

$$A_{\text{q}} = (1 - 1.25\sqrt{\frac{A_{\text{OP}}}{A_0}})A \tag{4-38}$$

式中：A——墙截面毛面积；

A_{OP}——墙立面洞口面积；

A_0——墙立面总面积。

② 等效惯性矩 I_{q}。

等效惯性矩取有洞口截面与无洞口截面的惯性矩按高度的加权平均值。

$$I_{\text{q}} = \frac{\sum I_i h_i}{\sum h_i} \tag{4-39}$$

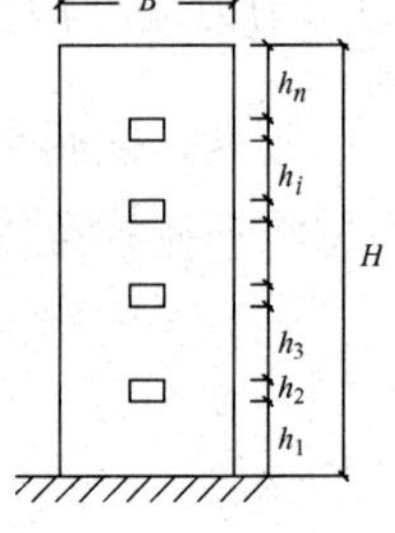

图 4.34　有洞口剪力墙

③ 顶点位移。

$$\Delta=\begin{cases}\dfrac{11}{60}\dfrac{V_0H^3}{E_cI_q}\left(1+\dfrac{3.64\mu E_cI_q}{H^2GA_q}\right) & \text{(倒三角形分布荷载)} \quad (4\text{-}40)\\ \dfrac{1}{8}\dfrac{V_0H^3}{E_cI_q}\left(1+\dfrac{4\mu E_cI_q}{H^2GA_q}\right) & \text{(均布荷载)} \quad (4\text{-}41)\\ \dfrac{1}{3}\dfrac{V_0H^3}{E_cI_q}\left(1+\dfrac{3\mu E_cI_q}{H^2GA_q}\right) & \text{(顶部集中荷载)} \quad (4\text{-}42)\end{cases}$$

式中：V_0——底部截面剪力；

G——混凝土的剪切模量，取 $G=0.4E_c$。

为了计算上的方便，引入等效刚度 E_cI_{eq} 的概念，它把剪切变形与弯曲变形综合成弯曲变形的形式，将上式写成

$$\Delta=\begin{cases}\dfrac{11}{60}\dfrac{V_0H^3}{E_cI_{eq}} & \text{(倒三角形分布荷载)} \quad (4\text{-}43)\\ \dfrac{1}{8}\dfrac{V_0H^3}{E_cI_{eq}} & \text{(均布荷载)} \quad (4\text{-}44)\\ \dfrac{1}{3}\dfrac{V_0H^3}{E_cI_{eq}} & \text{(顶部集中荷载)} \quad (4\text{-}45)\end{cases}$$

3 种荷载下 E_cI_{eq} 分别为

$$E_cI_{eq}=\begin{cases}\dfrac{E_cI_q}{1+\dfrac{3.64\mu E_cI_q}{H^2GA_q}} & \text{(倒三角形分布荷载)} \quad (4\text{-}46)\\ \dfrac{E_cI_q}{1+\dfrac{4\mu E_cI_q}{H^2GA_q}} & \text{(均布荷载)} \quad (4\text{-}47)\\ \dfrac{E_cI_q}{1+\dfrac{3\mu E_cI_q}{H^2GA_q}} & \text{(顶部集中荷载)} \quad (4\text{-}48)\end{cases}$$

为简化计算起见，可将 3 种荷载下的 E_cI_{eq} 统一取为

$$E_cI_{eq}=\frac{E_cI_q}{1+\dfrac{9\mu I_q}{A_qH^2}} \quad (4\text{-}49)$$

2. 小开口墙的内力与位移计算

(1) 内力计算。

整体小开口墙墙肢截面的正应力可以看作是由两部分弯曲应力组成，其中一部分是作为整体悬臂墙作用产生的正应力，另一部分是作为独立悬臂墙作用产生的正应力。

整体小开口墙的内力可按下式计算。

局部弯矩不超过整体弯矩的 15%，如图 4.35 所示。

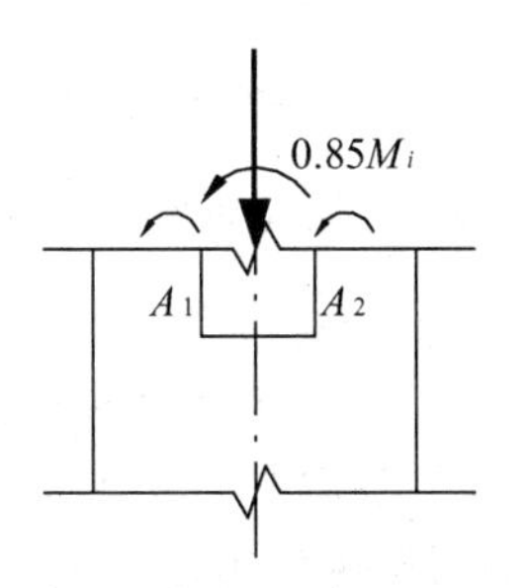

图 4.35　小开口墙的受力情况

墙肢弯矩　$M_j = 0.85M_i \dfrac{I_j}{I} + 0.15M_i \dfrac{I_j}{\sum I_j}$　(4-50)

墙肢轴力　$N_j = 0.85M_i \dfrac{A_j y_j}{I}$　(4-51)

墙肢剪力　$V_j = \dfrac{V_i}{2}\left(\dfrac{A_j}{\sum A_j} + \dfrac{I_j}{\sum I_j}\right)$　(4-52)

式中：M_i，V_i——第 i 层总弯矩和总剪力；

I_j，A_j——第 j 墙肢的截面惯性矩和截面面积；

y_j——第 j 墙肢截面形心至组合截面形心的距离；

I——组合截面惯性矩。

连梁的剪力可由上、下墙肢的轴力差计算。

剪力墙多数墙肢基本均匀，又符合整体小开口墙的条件，当有个别细小墙肢时，仍可按整体小开口墙计算内力，但小墙肢端部宜按下式计算，附加局部弯曲的影响如下式。

$$M_j = M_{j0} + \Delta M_j \tag{4-53}$$

$$\Delta M_j = V_j \frac{h_0}{2} \tag{4-54}$$

式中：M_{j0}——按整体小开口墙计算的墙肢弯矩；

ΔM_j——由于小墙肢局部弯曲增加的弯矩；

V_j——第 j 墙肢剪力；

h_0——洞口高度。

(2) 顶点位移。

考虑到开孔后刚度的削弱，应将计算结果乘以 1.20。因此整体小开口墙的顶点位移可按下式计算。

$$\Delta = \begin{cases} 1.2\times\dfrac{qH^4}{8EI}\left(1+\dfrac{4\mu EI}{GAH^2}\right) & \text{(均布荷载)} \quad (4\text{-}55) \\ 1.2\times\dfrac{11q_{\max}H^4}{60EI}\left(1+\dfrac{3.64\mu EI}{GAH^2}\right) & \text{(倒三角形分布荷载)} \quad (4\text{-}56) \\ 1.2\times\dfrac{PH^4}{3EI}\left(1+\dfrac{3\mu EI}{GAH^2}\right) & \text{(顶部集中荷载)} \quad (4\text{-}57) \end{cases}$$

式中：A——截面总面积，$A=\sum_{j=1}^{m} A_j$；

I——剪力墙对组合截面形心的惯性矩，计算方法同式(4-27)。

3. 联肢墙的内力与位移计算

(1) 基本假设。

① 忽略连梁的轴向变形，即同一高度上各墙肢的水平位移相等。

② 各墙肢的变形曲线相似，即各墙肢在同一高度上，截面的转角和曲率相等。因此连梁的两端转角相等。连梁的反弯点在跨中，连梁的作用可以用沿高度均匀分布的连续弹性薄片代替(连梁连续化假定)，如图 4.36 所示。

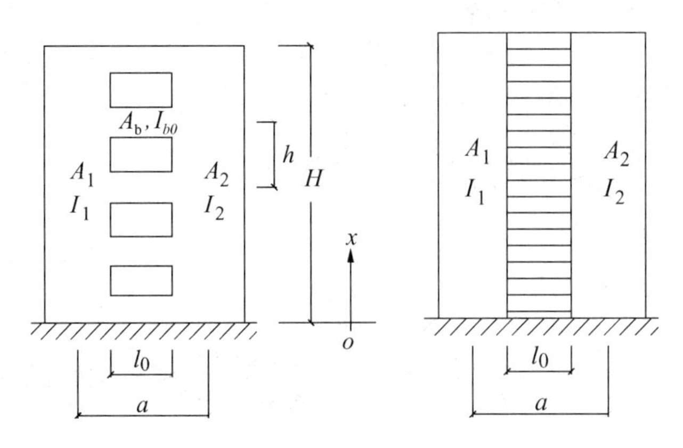

图 4.36　双肢墙及连梁连续化示意图

③ 各墙肢截面，各连梁截面及层高等几何参数沿高度不变。

④ 连梁和墙肢应考虑弯曲和剪切变形；墙肢还应考虑轴向变形的影响。

(2) 内力分析方法。

以等肢双肢剪力墙为例，如图 4.37 所示。将连续化后的连系梁沿中线切开，由于跨中为反弯点，故切开后截面上只有剪力集度 $\tau(x)$ 及轴力集度 $\sigma(x)$ 。沿连梁切口处未知力 $\tau(x)$ 方向上各因素将使其产生相对位移，但总的相对位移为零。连梁轴力不引起连梁竖向相对位移，不改变整体截面的总弯矩。墙肢剪切变形不引起连梁竖向相对位移。墙肢弯曲变形、墙肢轴向变形以及连梁弯曲变形和剪切变形引起连梁中点切口处竖向相对位移，如图 4.38 所示。

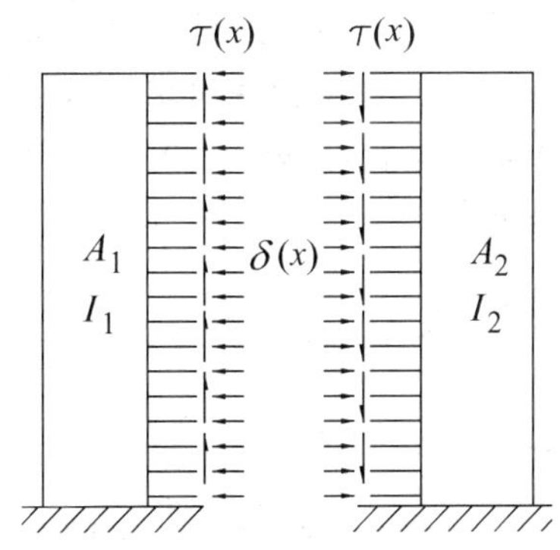

图 4.37　双肢墙的基本体系

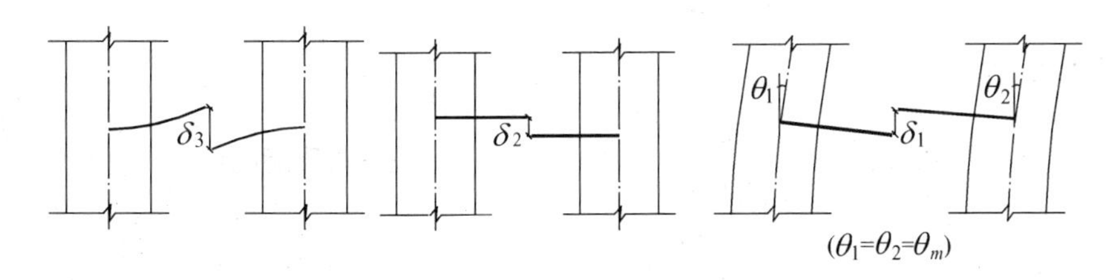

图 4.38　连梁中点的相对位移

由于连梁中点处总的相对位移为零，则有：

$$\delta_1+\delta_2+\delta_3=0 \tag{4-58}$$

将各种变形产生的δ代入上式，经整理可得

$$\tau''(x)-\frac{12I_b}{hl^3}\left[\frac{a^2}{(I_1+I_2)}+\frac{A_1+A_2}{A_1A_2}\right]\tau(x)$$

$$=\begin{cases}\dfrac{12}{(I_1+I_2)}\cdot\dfrac{I_ba}{hl^3}(\dfrac{x}{H}-1)V_0 & \text{(均布荷载)} \quad (4\text{-}59)\\[2ex] \dfrac{12}{(I_1+I_2)}\cdot\dfrac{I_ba}{hl^3}(\dfrac{x}{H}-1)V_0-\dfrac{24\mu EI_bl_0V_0}{G(A_1+A_2)H^2hl^3} & \text{(倒三角形荷载)} \quad (4\text{-}60)\\[2ex] -\dfrac{12}{(I_1+I_2)}\cdot\dfrac{I_ba}{hl^3}V_0 & \text{(顶部集中荷载)} \quad (4\text{-}61)\end{cases}$$

式中：V_0——基底总剪力；

I_b——计及剪切变形影响后的连梁折算惯性矩；

$$I_b=\frac{I_{b0}}{1+\dfrac{12\mu EI_{b0}}{GA_bl^2}}\approx\frac{I_{b0}}{1+\dfrac{30\mu I_{b0}}{A_bl^2}}$$

l——连梁的计算跨度，$l=l_0+\dfrac{h_b}{2}$；

μ——截面上剪力分布的不均匀系数，对矩形截面，$\mu=1.2$。

解微分方程，可以求得$\tau(x)$，$\tau(x)$求得后可求得双肢墙的内力。

连梁对墙肢的约束弯矩为$m(x)=\tau(x)\cdot a$ (4-62)

j层连梁的剪力为$V_{bj}=\tau_j(x)\cdot h$ (4-63)

j层连梁的端弯矩为$M_{bj}=V_{bj}\cdot\dfrac{l_0}{2}$ (4-64)

j层墙肢的轴力为$N_{ij}=\sum\limits_{k=j}^{n}V_{bk}\quad(i=1,\ 2)$ (4-65)

j层墙肢的弯矩为

$$\begin{cases}M_1=\dfrac{I_1}{I_1+I_2}M_j\ ,\quad M_2=\dfrac{I_1}{I_1+I_2}M_j\\[2ex] M_j=M_{pj}-\sum\limits_{k=j}^{n}m_k(x)\end{cases} \tag{4-66}$$

(3) 顶点位移。

$$\Delta=\begin{cases}\dfrac{11}{60}\cdot\dfrac{V_0H^3}{E_cI_{eq}} & \text{(倒三角形荷载)} \quad (4\text{-}67)\\[2ex] \dfrac{1}{8}\cdot\dfrac{V_0H^3}{E_cI_{eq}} & \text{(均布荷载)} \quad (4\text{-}68)\\[2ex] \dfrac{1}{3}\cdot\dfrac{V_0H^3}{E_cI_{eq}} & \text{(顶部集中力)} \quad (4\text{-}69)\end{cases}$$

式中的 $E_{\mathrm{c}}I_{\mathrm{eq}}$ 为双肢墙的等效刚度，3 种荷载下分别按式(4-70)～式(4-72)计算，式中 T 同式(4-28)。

$$E_{\mathrm{c}}I_{\mathrm{eq}}=\begin{cases}\dfrac{E_{\mathrm{c}}\sum I_i}{1+3.64\gamma^2-T+\psi_\alpha T} & (4\text{-}70)\\[2ex] \dfrac{E_{\mathrm{c}}\sum I_{\mathrm{i}}}{1+4\gamma^2-T+\psi_\alpha T} & (4\text{-}71)\\[2ex] \dfrac{E_{\mathrm{c}}\sum I_i}{1+3\gamma^2-T+\psi_\alpha T} & (4\text{-}72)\end{cases}$$

$$\psi_\alpha=\begin{cases}\dfrac{60}{11}\dfrac{1}{\alpha^2}\left(\dfrac{2}{3}+\dfrac{2\mathrm{sh}\,\alpha}{\alpha^3\mathrm{ch}\,\alpha}-\dfrac{2}{\alpha^2\mathrm{ch}\,\alpha}-\dfrac{\mathrm{sh}\,\alpha}{\alpha\mathrm{ch}\,\alpha}\right) & (4\text{-}73)\\[2ex] \dfrac{8}{\alpha^2}\left(\dfrac{1}{2}+\dfrac{1}{\alpha^2}-\dfrac{2}{\alpha^2\mathrm{ch}\,\alpha}-\dfrac{\mathrm{sh}\,\alpha}{\alpha\mathrm{ch}\,\alpha}\right) & (4\text{-}74)\\[2ex] \dfrac{3}{\alpha^2}\left(1-\dfrac{\mathrm{sh}\,\alpha}{\alpha\mathrm{ch}\,\alpha}\right) & (4\text{-}75)\end{cases}$$

$$\gamma^2=\frac{E\sum I_i}{H^2G\sum A_i/\mu_i} \tag{4-76}$$

(4) 双肢墙内力及变形特点如图 4.39 所示。

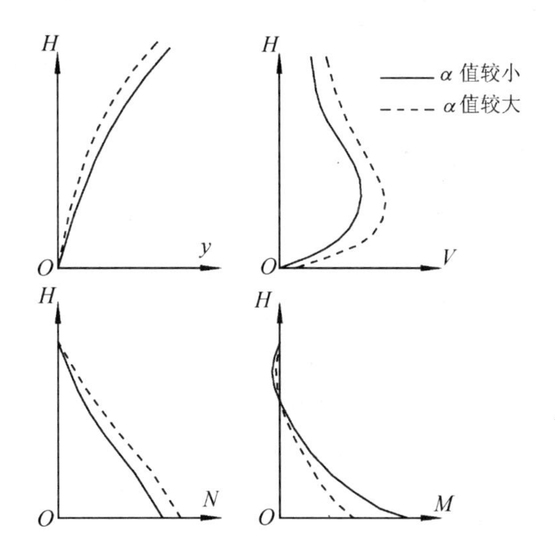

图 4.39　双肢墙变形与内力沿高度变化图

① 侧移曲线呈弯曲型。

② 连梁的最大剪力不在底层，随着连梁与墙的刚度比 α 的增大，连梁的剪力加大，剪力最大的梁在高度上的位置下移。

③ 墙肢轴力等于该截面以上所有连梁剪力之和，当连梁与墙的刚度比 α 增大时，连梁剪力加大，墙肢轴力也加大。

④ 连梁与墙的刚度比 α 增大时，墙肢弯矩则减小。

⑤ 双肢墙截面应力，根据图 4.40(c)图 4.40(d)中整体弯曲应力和局部弯曲应力的相对大小不同，双肢墙截面应力分布(b)将会相应改变，如图 4.40(b)所示。

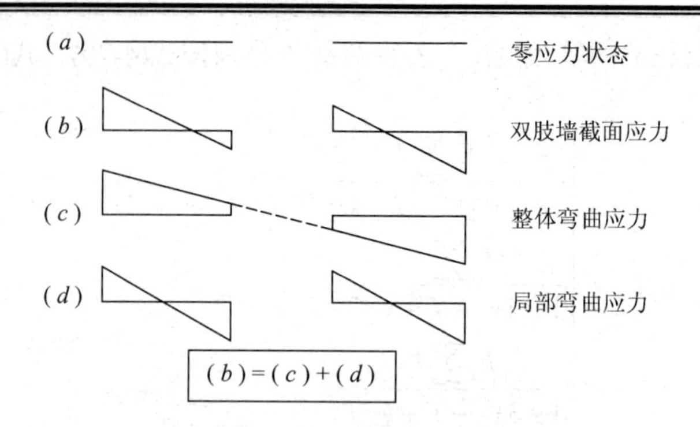

图 4.40　双肢墙截面应力图

4. 壁式框架在水平荷载作用下的近似计算

(1) 计算简图。

壁式框架的轴线取壁梁和壁柱的形心线，如图 4.41 所示。梁和柱刚域的长度可按式(4-77)分别计算，当计算的刚域长度小于零时，可不考虑刚域的影响。

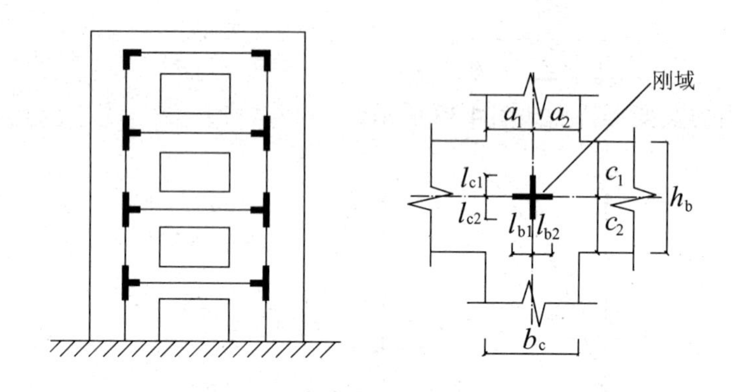

图 4.41　壁式框架

$$\begin{cases} l_{b1} = a_1 - 0.25h_b \\ l_{b2} = a_2 - 0.25h_b \\ l_{c1} = c_1 - 0.25b_c \\ l_{c2} = c_2 - 0.25b_c \end{cases} \tag{4-77}$$

壁式框架与普通框架的差别如下。

① 壁式框架带刚域。

② 壁式框架杆件截面较宽，剪切变形的影响不宜忽略。

因此，当对带刚域的杆件考虑对剪切变形后的 D 值进行修正和对反弯点高度比 y 值进行修正后，便可以用 D 值法计算壁式框架在水平荷载作用下的内力与变形。

带刚域杆件的等效刚度可按下式计算，如图 4.42 所示。

$$EI = EI_0\eta_v\left(\frac{l}{l_0}\right)^3 \tag{4-78}$$

式中：EI_0——杆件中段截面刚度；

η_v——考虑剪切变形的刚度折减系数，按表 4-9 取用；

l_0——杆件中段长度；

h_b——杆件中段截面高度。

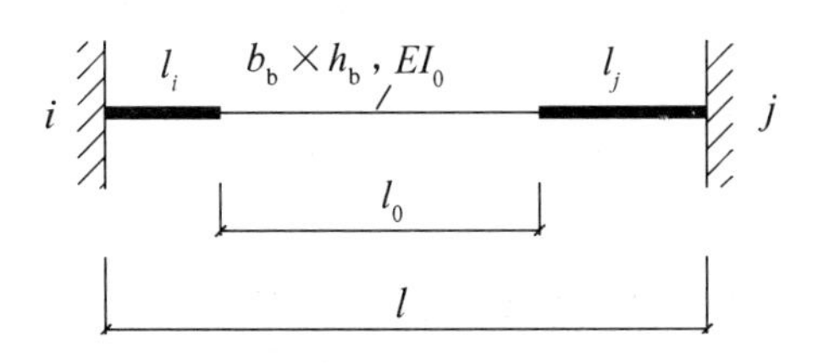

图 4.42　带刚域杆件

表 4-9　考虑剪切变形的刚度折减系数 η_v

h_b/l_0	0.0	0.1	0.2	0.3	0.4	0.5	0.6	0.7	0.8	0.9	1.0
η_v	1.00	0.97	0.89	0.79	0.68	0.57	0.48	0.41	0.34	0.29	0.25

壁式框架带刚域杆件变为等效等截面杆件后，可采用 D 值法进行简化计算。

(2) 带刚域杆件考虑剪切变形后的刚度系数和 D 值的修正。

当 1、2 两端各有一个单位转角时，如图 4.43 所示。1′、2′两点除有单位转角外，还有线位移 al 和 bl，即还有转角

$$\varphi = \frac{al+bl}{l'} = \frac{a+b}{1-a-b} \tag{4-79}$$

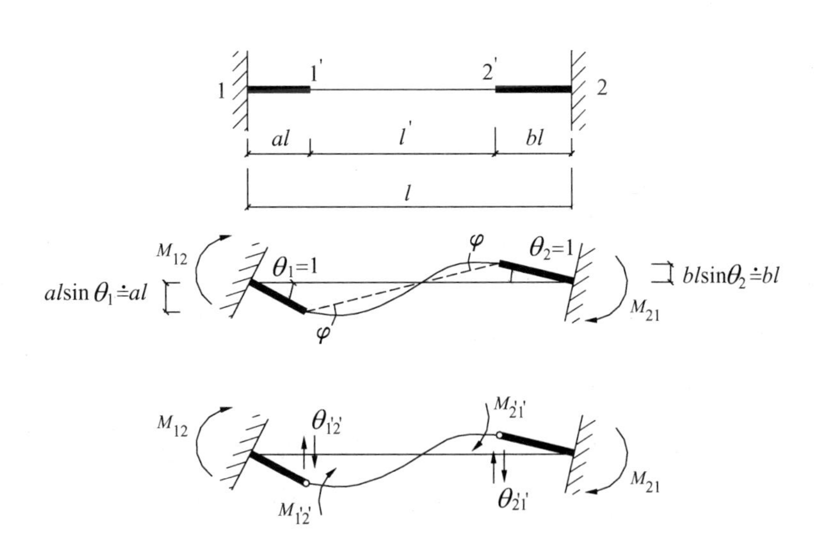

图 4.43　带刚域杆件的变形

为了便于求出 m_{12} 和 m_{21}，可先假定1′和2′为铰接，使刚域各产生一个单位转角。这时，在梁内并不产生内力。然后在1′、2′点处加上弯矩 $m_{1'2'}$ 与 $m_{2'1'}$，使1′～2′段从斜线位置变到所要求的变形位置。这时1′～2′段两端都转了一个角度。

$$1+\varphi=\frac{1}{1-a-b} \tag{4-80}$$

$$\therefore\ m_{1'2'}=m_{2'1'}=\frac{6EI}{(1+\beta_i)l'}\left(\frac{1}{1-a-b}\right)$$

$$=\frac{6EI}{(1+\beta_i)(1-a-b)^2 l} \tag{4-81}$$

式中：β_i——考虑剪切变形影响的附加系数，$\beta_i=\dfrac{12EI\mu}{GAl'^2}$

$$V_{1'2'}=V_{2'1'}=\frac{m_{1'2'}+m_{2'1'}}{l'}$$

$$=\frac{6EI}{(1-a-b)^3 l^2(1+\beta_i)} \tag{4-82}$$

$$m_{12}=m_{1'2'}+V_{1'2'}\cdot al=\frac{6EI(1+a-b)}{(1+\beta_i)(1-a-b)^3 l}=6ci \tag{4-83}$$

$$m_{21}=m_{2'1'}+V_{2'1'}\cdot bl=\frac{6EI(1-a+b)}{(1+\beta_i)(1-a-b)^3 l}=6c'i \tag{4-84}$$

式中

$$c=\frac{1+a-b}{(1+\beta_i)(1-a-b)^3} \tag{4-85}$$

$$c'=\frac{1-a+b}{(1+\beta_i)(1-a-b)^3} \tag{4-86}$$

$$i=\frac{EI}{l} \tag{4-87}$$

令

$$K_{12}'=ci \qquad K_{21}'=c'i \tag{4-88}$$

则

$$m_{12}=6K_{12}' \qquad m_{21}=6K_{21}' \tag{4-89}$$

若为等截面杆，$m=12i$，故 $K'=\dfrac{c+c'}{2}i$，因此可按等截面杆计算柱的 D 值，但取

$$K_c=\frac{c+c'}{2}i_c \tag{4-90}$$

在带刚域的框架中用杆件修正刚度 K 代替普通框架中的 i，梁取为 $K=ci$ 或 $c'i$，柱取为 $K_c=\dfrac{c+c'}{2}i_c$，就可以按普通框架设计中给出的方法，计算柱的 D 值。

$$D=\frac{\alpha\cdot 12K_c}{h^2} \tag{4-91}$$

α 值的计算见表 4-10。

表 4-10　壁式框架 D 值计算

楼层	梁、柱修正刚度值	梁柱刚度比 K	α_c
一般层	① $k_2=ci_2$　　$k_1=c'i_1$ ② $k_2=ci_2$ h　$k_c=\frac{c+c'}{2}i_c$　　$k_c=\frac{c+c'}{2}i_c$ $k_4=ci_4$　　$k_3=c'i_3$　$k_4=ci_4$	①情况 $K=\frac{(k_2+k_4)}{2k_c}$ ②情况 $K=\frac{k_1+k_2+k_3+k_4}{2k_c}$	$\alpha_c=\frac{K}{2+K}$
底层	① $k_2=ci_2$　　$k_1=c'i_1$ ② $k_2=ci_2$ h　$k_c=\frac{c+c'}{2}i_c$　　$k_c=\frac{c+c'}{2}i_c$	①情况 $K=\frac{k_2}{2k_c}$ ②情况 $K=\frac{k_1+k_2}{2k_c}$	$\alpha_c=\frac{0.5+K}{2+K}$

(3) 反弯点高度比的修正(如图 4.44 所示)。

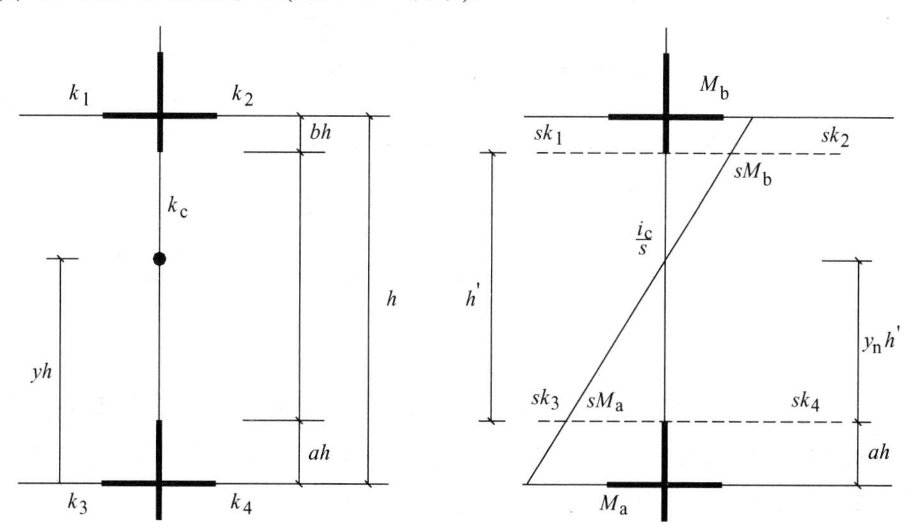

图 4.44　带刚域柱的反弯点高度

$$y=a+sy_n+y_1+y_2+y_3 \tag{4-92}$$

$$s=h'/h=1-a-b \tag{4-93}$$

式中：y_n——标准点弯点高度比，由框架结构设计中的有关表查得，但梁柱刚度比 K 要用 K' 代替。

$$K'=\frac{sK_1+sK_2+sK_3+sK_4}{2i_c/s}=s^2\frac{K_1+K_2+K_3+K_4}{2i_c} \tag{4-94}$$

$$i_c=\frac{EI}{h}$$

y_1——上下梁刚度变化时的修正值，由 K' 及 α_1 查表，

$$\alpha_1 = (K_1 + K_2)/(K_3 + K_4) \text{ 或 } (K_3 + K_4)/(K_1 + K_2)；$$

y_2——上层层高变化时的修正值，由 K' 及 α_2 查表，

$$\alpha_2 = h_{上}/h；$$

y_3——下层层高变化时的修正值，由 K' 及 α_3 查表。

$$\alpha_3 = h_{下}/h。$$

4.3　框架-剪力墙结构的近似计算方法

框架-剪力墙结构，简称框-剪结构，其抗震等级可按框架、剪力墙分别确定。结构的最大适用高度、高宽比限值，抗震等级等详见第 2 章。

框架-剪力墙结构中设置了电梯井、楼梯井或其他剪力墙等抗侧力结构后，应按框架-剪力墙结构计算，如图 4.45 所示。

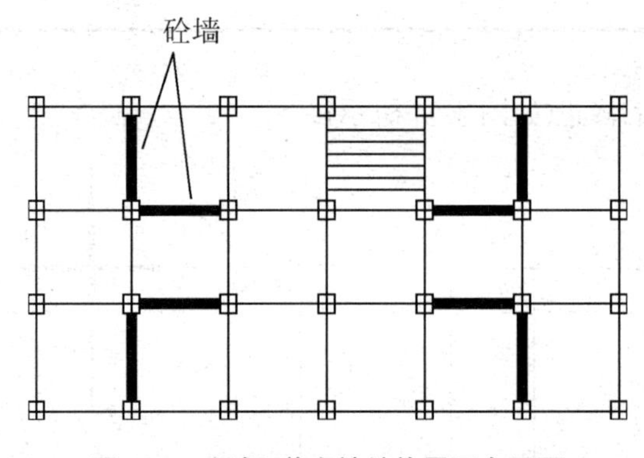

图 4.45　框架-剪力墙结构平面布置图

4.3.1　框-剪结构在竖向荷载作用下的内力计算方法

框-剪结构在竖向荷载作用下，可假定各竖向承重结构之间为简支联系，将竖向荷载(竖向总荷载可按 $12\text{kN/m}^2 \sim 14\text{kN/m}^2$ 估算)按简支梁板简单地分配给框架和墙，再将各框架和各剪力墙按平面结构进行内力计算。

框架部分—按 4.1.1 节的方法计算；

剪力墙部分—按 4.2.3 节的方法计算。

4.3.2　框-剪结构在水平荷载作用下的内力计算方法

1. 基本假定与方法

应按协同工作条件进行内力、位移分析，不宜将楼层剪力简单地按某一比例在框架与剪力墙之间分配。

基本假定如下。

(1) 将结构单元内所有框架合并为总框架，所有连梁合并为总连梁，所有剪力墙合并

为总剪力墙。总框架、总连梁和总剪力墙的刚度分别为各单个结构构件刚度之和。

(2) 风荷载及水平地震作用由总框架(包括连梁)和总剪力墙共同分担。由空间协同工作分析，可求出总剪力墙和总框架(包括连梁)上的水平荷载及水平地震作用的大小。计算时假定楼盖在自身平面内刚度无限大。

(3) 按刚度比将总剪力墙上的风荷载和地震作用分配给每一片剪力墙，将总框架上的风荷载和地震作用分配给每一榀框架。

(4) 将每片剪力墙和每榀框架在垂直荷载和风荷载及地震作用下产生的内力进行组合，并设计截面(60m 以下的高层建筑风载不与地震作用一起参与重力荷载组合)。

2. 计算简图

根据连梁的相对刚度大小即连梁对剪力墙的约束作用大小的不同，框—剪结构内力计算时可分可铰接体系和刚接体系两种，如图 4.46 所示。连梁的刚度可以折减，但折减系数不小于 0.55 (计算自振周期时不折减)。如果连系梁截面尺寸小、刚度小，对墙和框架的约束作用都很弱，可以按铰接体系计算。

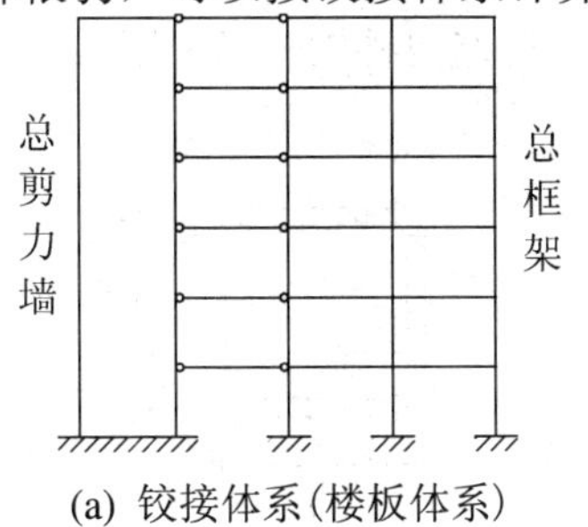

(a) 铰接体系(楼板体系)

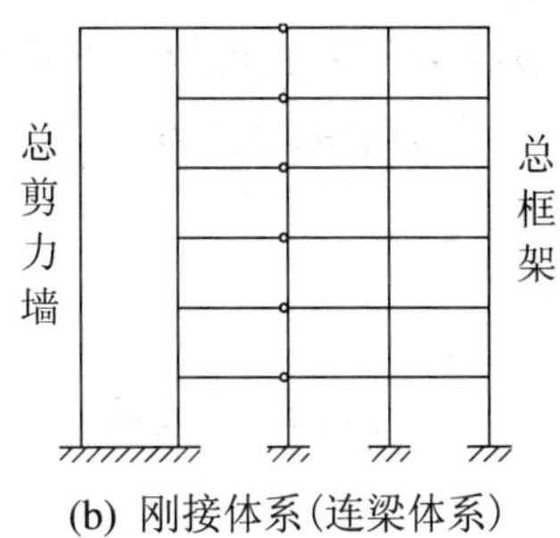

(b) 刚接体系(连梁体系)

图 4.46 框架-剪力墙结构计算简图

3. 框-剪结构铰接体系在水平荷载作用下的协同工作分析

1) 框架-剪力墙的刚度

(1) 框架的剪切刚度。

框架剪切刚度的定义是使框架产生单位剪切变形(不是柱两端产生单位相对位移)所需要的剪力，即使框架产生单位层间转角所需要的剪力 C_{f}(C_{f} 也称框架的抗推刚度)。

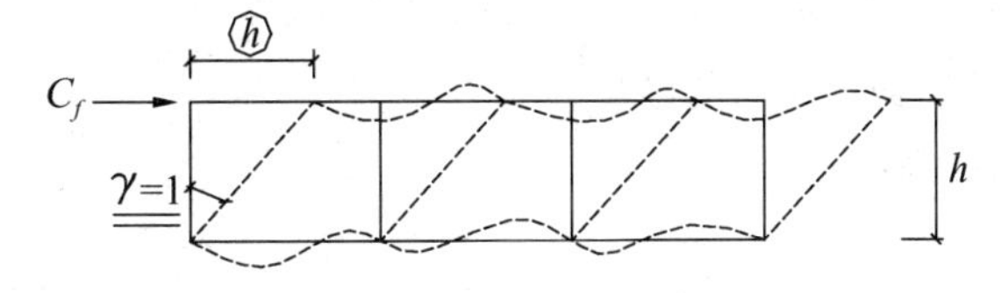

图 4.47 框架抗推刚度

如图 4.47 所示，由 D 值法可知框架第 i 层剪切刚度：

$$C_{\mathrm{f}i} = D_i h_i \tag{4-95}$$

式中：D_i——某一层柱的总抗侧刚度，$D_i = 12E_{\mathrm{c}}\sum_j \alpha_{\mathrm{c}j}\dfrac{I_j}{h^3}$；

h——层高；

α_{cj} ——与梁柱线刚度比有关的系数，按框架的 D 值法计算。

当各层层高及刚度相等时，$C_f = C_{fi}$；当框架各层的层高以及各层柱抗侧刚度不等时，可取其平均值计算，即

$$C_f = \overline{D}\,\overline{h} \tag{4-96}$$

式中，$\overline{D} = \dfrac{D_1 + D_2 + \cdots + D_n}{n}$；$\overline{h} = \dfrac{h_1 + h_2 + \cdots + h_n}{n}$

(2) 剪力墙的刚度。

按材料力学方法计算。有效翼缘的宽度取以下 3 者中较小值。如图 4.48 所示。

$$\left.\begin{aligned} x &\leqslant \frac{a}{2} \\ x &\leqslant \frac{H}{10} \\ x &\leqslant \frac{b}{3} \end{aligned}\right\} \tag{4-97}$$

式中：a，b——计算方向的柱中-中距离及与计算方向垂直方向柱中-中距离；

H——剪力墙的总高度。

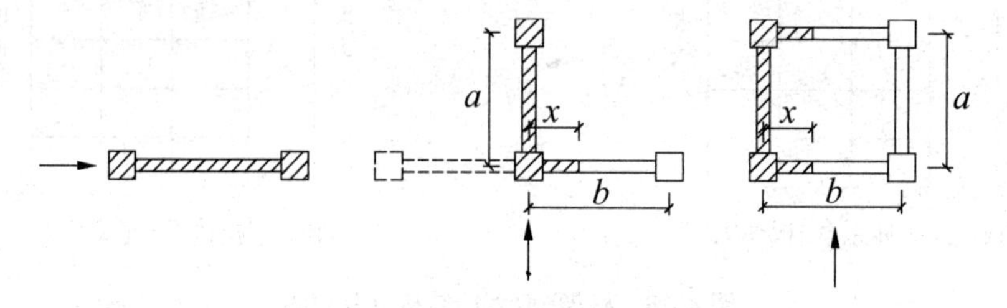

图 4.48　剪力墙的翼缘有效宽度

总剪力墙的刚度为各片剪力墙刚度的总和(各剪力墙刚度沿高度相等时，m 为 j 层剪力墙数量)。

$$EI = (EI)_1 + (EI)_2 + \cdots + (EI)_m \tag{4-98}$$

当剪力墙的刚度沿房屋的高度不等时，可取加权平均刚度计算，即

$$\overline{EI} = \frac{(EI)_1 h_1 + (EI)_2 h_2 + \cdots + (EI)_n h_n}{H} \tag{4-99}$$

式中：$(EI)_i$ ——剪力墙在第 i 层的刚度值；

h_i——第 i 层的层高；

H ——房屋总高。

单肢墙

$$EI_w = \frac{EI_{eq}}{1 + \dfrac{9\mu I_q}{A_q H^2}} \tag{4-100}$$

整体小开口墙

$$EI_{\mathrm{w}} = \frac{0.8EI_{\mathrm{eq}}}{1+\dfrac{9\mu I_{\mathrm{q}}}{H^2\sum A_{qi}}} \tag{4-101}$$

因此，可将总剪力墙和总框架简化为沿高度方向刚度均匀的框架。

2) 水平均布荷载下的协同工作分析

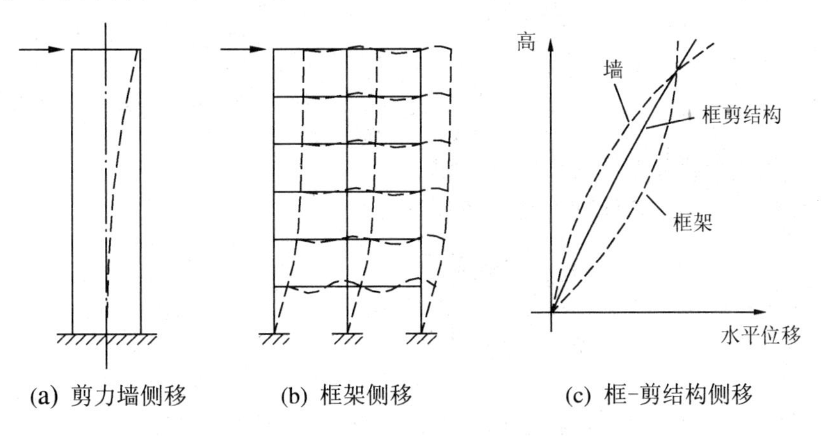

图 4.49　框架、剪力墙和框架-剪力墙结构的侧移曲线

框-剪结构协同工作计算，也采用连续化方法，如图 4.50 所示。沿着连杆切开后剪力墙和框架上作用的水平力分别为 p_{w} 和 p_{f}，如图 4.51 所示。

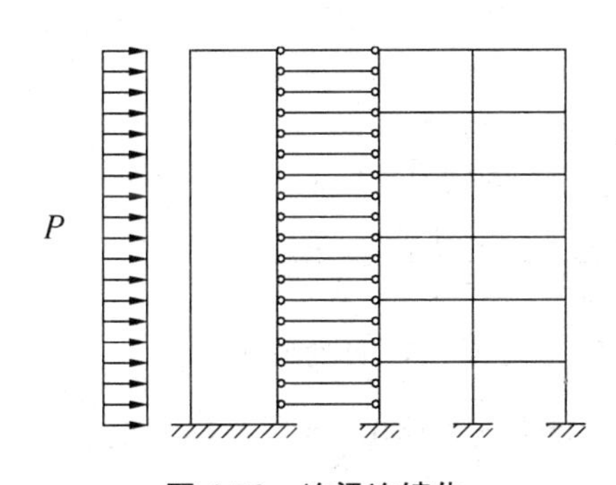

图 4.50　连梁连续化

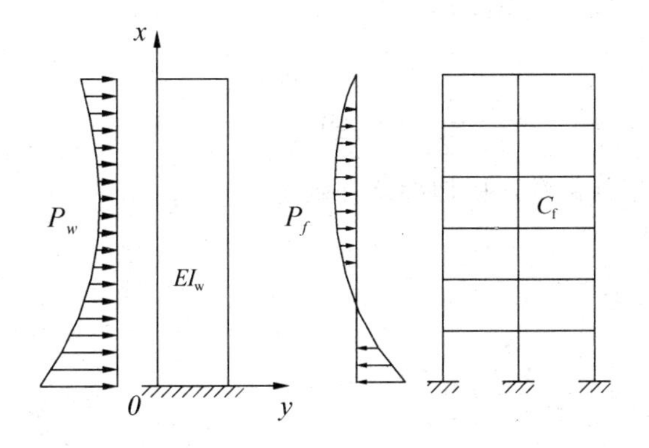

图 4.51　外荷载在框架与剪力墙间的分配

(1) 基本方程及其解。

静力平衡条件 $p = p_{\mathrm{w}} + p_{\mathrm{f}}$ (4-102)

变形协调条件 $y_{\mathrm{f}} = y_{\mathrm{w}} = y$ (4-103)

此外，对于框架而言有：

$$\frac{\mathrm{d}y}{\mathrm{d}x} = \frac{V_{\mathrm{f}}}{C_{\mathrm{f}}} \quad 或 \quad V_{\mathrm{f}} = C_{\mathrm{f}} \frac{\mathrm{d}y}{\mathrm{d}x} \tag{4-104}$$

故

$$-p_{\mathrm{f}} = \frac{\mathrm{d}V_{\mathrm{f}}}{\mathrm{d}x} = C_{\mathrm{f}} \frac{\mathrm{d}^2 y}{\mathrm{d}x^2} \tag{4-105}$$

框架上作用的荷载分布曲线朝 y 方向凹。

对剪力墙而言，当不考虑剪切变形影响时有

$$M_{\mathrm{w}} = EI_{w} \frac{\mathrm{d}^2 y}{\mathrm{d}x^2} \tag{4-106}$$

$$V_{\mathrm{w}} = -EI_{w} \frac{\mathrm{d}^3 y}{\mathrm{d}x^3} \tag{4-107}$$

$$p_{\mathrm{w}} = EI_{w} \frac{\mathrm{d}^4 y}{\mathrm{d}x^4} \tag{4-108}$$

把 p_{f} 和 p_{w} 代入静力平衡条件中得

$$EI_{w} \frac{\mathrm{d}^4 y}{\mathrm{d}x^4} - C_{\mathrm{f}} \frac{\mathrm{d}^2 y}{\mathrm{d}x^2} = p \tag{4-109}$$

令　$S = \sqrt{\dfrac{EI_{w}}{C_{\mathrm{f}}}}$

则上述微分方程可写为

$$\frac{\mathrm{d}^4 y}{\mathrm{d}x^4} - \frac{1}{S^2} \frac{\mathrm{d}^2 y}{\mathrm{d}x^2} = \frac{p}{S^2 C_{\mathrm{f}}} \tag{4-110}$$

这是一个非齐次四阶常微分方程，它的全解为

$$y = A\mathrm{sh}\,\frac{x}{S} + B\mathrm{ch}\,\frac{x}{S} + C_1 + C_2 x - \frac{p}{2C_{\mathrm{f}}} x^2 \tag{4-111}$$

式中：$\mathrm{sh}\,\dfrac{x}{S}$ 和 $\mathrm{ch}\,\dfrac{x}{S}$ 为双曲线函数，即

$$\mathrm{sh}\,\frac{x}{S} = \frac{\mathrm{e}^{\frac{x}{S}} - \mathrm{e}^{-\frac{x}{S}}}{2}；\quad \mathrm{ch}\,\frac{x}{S} = \frac{\mathrm{e}^{\frac{x}{S}} + \mathrm{e}^{-\frac{x}{S}}}{2} \tag{4-112}$$

A、B、C_1 及 C_2 为积分常数，由边界条件确定。

① 当 $x=0$ 时，$y=0$。

② 当 $x=0$ 时，$\dfrac{\mathrm{d}y}{\mathrm{d}x} = 0$。

③ 当 $x=H$ 时，$M_{\mathrm{w}} = EI_{w} \dfrac{\mathrm{d}^2 y}{\mathrm{d}x^2} = 0$。

④ 当 $x=H$ 时，$V_{\mathrm{f}} + V_{\mathrm{w}} = -EI_{w} \dfrac{\mathrm{d}^3 y}{\mathrm{d}x^3} + C_{\mathrm{f}} \dfrac{\mathrm{d}y}{\mathrm{d}x} = 0$。

把 y、$\frac{dy}{dx}$、$\frac{d^2y}{dx^2}$、$\frac{d^3y}{dx^3}$ 代入，求得这 4 个积分常数为

$$A=-\frac{pHS}{C_f}$$

$$B=\frac{pS^2}{C_f}\alpha \quad \left(\alpha=\frac{1+\lambda \text{sh}\,\lambda}{\text{ch}\,\lambda},\ \lambda=\frac{H}{S}\right)$$

$$C_1=-B=-\frac{pS^2}{C_f}\alpha$$

$$C_2=-\frac{A}{S}=\frac{pH}{C_f}$$

因此，微分方程式的全解可具体写为

$$y=-\frac{SpH}{C_f}\text{sh}\,\frac{x}{S}+\frac{S^2p}{C_f}\alpha\text{ch}\,\frac{x}{S}-\frac{S^2p}{C_f}\alpha+\frac{pH}{C_f}x-\frac{p}{2C_f}x^2 \tag{4-113}$$

设 $\xi=\frac{x}{H}$ 和 $\lambda=\frac{H}{S}=H\sqrt{\frac{C_f}{EI_w}}$

式中：C_f——总框架的抗侧刚度；

EI_w——总剪力墙的抗弯刚度。

λ 称为房屋刚度特征值，则位移方程可写为

$$U_x=\frac{1}{\lambda^4}\left[\left(\frac{\lambda \text{sh}\,\lambda+1}{\text{ch}\,\lambda}\right)(\text{ch}\,\lambda\xi-1)-\lambda\text{sh}\,\lambda\xi+\lambda^2\left(\xi-\frac{1}{2}\xi^2\right)\right]\frac{pH^4}{EI_w} \tag{4-114}$$

(2) 总剪力墙和总框架内力计算。

① 总剪力墙的弯矩与剪力。

$$M_w=-EI_w\frac{d^2y}{dx^2}=\frac{pH^2}{\lambda^2}\left[\frac{\lambda \text{sh}\,\lambda+1}{\text{ch}\,\lambda}\text{ch}\,\lambda\xi-\lambda\text{sh}\,\lambda\xi-1\right] \tag{4-115}$$

$$V_w=-EI_w\frac{d^3y}{dx^3}=\frac{pH}{\lambda}\left[-\lambda\text{ch}\,\lambda\xi-\frac{\lambda \text{sh}\,\lambda+1}{\text{ch}\,\lambda}\text{sh}\,\lambda\xi\right] \tag{4-116}$$

② 总框架的剪力。

$$V_f=(1-\xi)pH-V_w \tag{4-117}$$

(3) 框架-剪力墙结构的受力与位移特征。

① 侧向位移特征如图 4.52 所示。

$\lambda\leqslant1$ 时(剪力墙强)，以弯曲变形为主。

$\lambda\geqslant6$ 时(剪力墙弱)，以剪切变形为主。

$\lambda=1\sim6$ 时，介于弯曲与剪切变形之间。

② 荷载与剪力分布特征。

- λ 很小(剪力墙强)时，剪力墙几乎承担了全部剪力。
- λ 很大(剪力墙弱)时，框架几乎承担了全部剪力。
- 框架的剪力最大值在结构的中部($\xi=\frac{x}{H}=0.6\sim0.3$ 处)，且最大值位置随结构刚度特征 λ 的增大而下移。

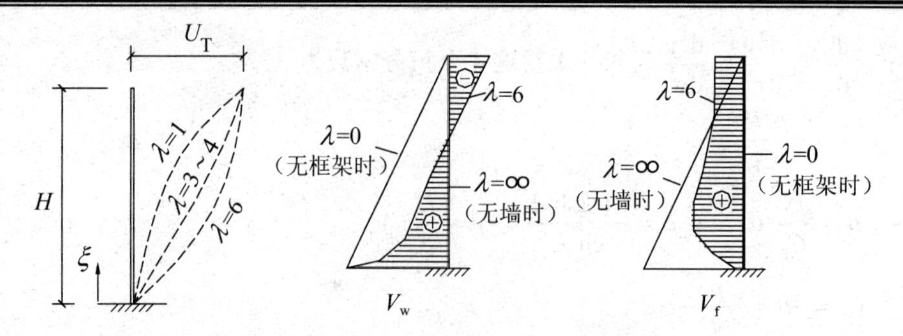

图 4.52　框架-剪力墙结构变形曲线及剪力分配

- 由于没有考虑剪力墙的剪切变形影响，因此求得框架基底处全部剪力为零，即底部剪力全由剪力墙承受。这一结论与实际受力情况不相符。为了弥补这一不足，现行规范规定各层总框架的总剪力V_f不小于20%的基底总剪力。
- 上部剪力墙出现负剪力，而框架却担负了较大的正剪力。在顶部，框架和剪力墙的剪力都不为0。

(4) 3种典型水平荷载位移和内力的计算公式可归纳如下。

① 倒三角形分布荷载下：

$$y=\frac{qH^2}{C_f}\left[\left(1+\frac{\lambda\text{sh}\,\lambda}{2}-\frac{\text{sh}\,\lambda}{\lambda}\right)\frac{\text{ch}\,\lambda\xi-1}{\lambda^2\text{ch}\,\lambda}+\left(\frac{1}{2}-\frac{1}{\lambda^2}\right)\left(\xi-\frac{\text{sh}\,\lambda\xi}{\lambda}-\frac{\xi^3}{6}\right)\right] \tag{4-118}$$

$$M_w=\frac{qH^2}{\lambda^2}\left[\left(1+\frac{\lambda\text{sh}\,\lambda}{2}-\frac{\text{sh}\,\lambda}{\lambda}\right)\frac{\text{ch}\,\lambda\xi}{\text{ch}\,\lambda}+\left(\frac{\lambda}{2}-\frac{1}{\lambda}\right)\text{sh}\,\lambda\xi-\xi\right] \tag{4-119}$$

$$V_w=\frac{qH}{\lambda^2}\left[\left(1+\frac{\lambda\text{sh}\,\lambda}{2}-\frac{\text{sh}\,\lambda}{\lambda}\right)\frac{\lambda\text{sh}\,\lambda\xi}{\text{ch}\,\lambda}+\left(\frac{\lambda}{2}-\frac{1}{\lambda}\right)\lambda\text{ch}\,\lambda\xi-1\right] \tag{4-120}$$

② 均布荷载作用下：

$$y=\frac{qH^2}{C_f\lambda^2}\left[\left(\frac{1+\lambda\text{sh}\,\lambda}{\text{ch}\,\lambda}\right)(\text{ch}\,\lambda\xi-1)-\lambda\text{sh}\,\lambda\xi+\lambda^2\xi\left(1-\frac{\xi}{2}\right)\right] \tag{4-121}$$

$$M_w=\frac{qH^2}{\lambda^2}\left[\left(\frac{1+\lambda\text{sh}\,\lambda}{\text{ch}\,\lambda}\right)\text{ch}\,\lambda\xi-\lambda\text{sh}\,\lambda\xi-1\right] \tag{4-122}$$

$$V_w=\frac{qH}{\lambda}\left[\lambda\text{ch}\,\lambda\xi-\left(\frac{1+\lambda\text{sh}\,\lambda}{\text{ch}\,\lambda}\right)\text{sh}\,\lambda\xi\right] \tag{4-123}$$

③ 顶点集中荷载作用下：

$$y=\frac{PH^3}{EI_w}\left[\frac{\text{sh}\,\lambda}{\lambda^3\text{ch}\,\lambda}(\text{ch}\,\lambda\xi-1)-\frac{1}{\lambda^3}\text{sh}\,\lambda\xi+\frac{1}{\lambda^2}\xi\right] \tag{4-124}$$

$$M_w=PH\left[\frac{\text{sh}\,\lambda}{\lambda\text{ch}\,\lambda}\text{ch}\,\lambda\xi-\frac{1}{\lambda}\text{sh}\,\lambda\xi\right] \tag{4-125}$$

$$V_w=P\left[\text{ch}\,\lambda\xi-\frac{\text{sh}\,\lambda}{\text{ch}\,\lambda}\text{sh}\,\lambda\xi\right] \tag{4-126}$$

y、M_w和V_w都是λ和ξ的函数。3种水平荷载下的位移、弯矩及剪力可画成曲线。

(5) 抗震设计时，框架-剪力墙结构对应于地震作用标准值的各层总剪力应符合下列规定。

$$V_f \geqslant 0.2V_0 \tag{4-127}$$

式中：V_0——对框架柱数量从下至上基本不变的规则建筑，应取对应于地震作用标准值的结构底部总剪力；对于框架柱数量从下至上分段有规律变化的结构，应取每段最下一层结构对应于地震作用标准值的总剪力；

V_f——对应于地震作用标准值且未经调整的各层(或某一段内各层)框架承担的地震总剪力；

$V_{f,max}$——对框架柱数量从上至下基本不变的规则建筑，应取对应于地震作用标准值且未经调整的各层框架承担的地震总剪力中的最大值；对框架柱数量从上至下分段有规律变化的结构，应取每段中对应于地震作用标准值且未经调整的各层框架承担地震总剪力中的最大值。

① 满足式(4-127)要求的楼层，其框架总剪力不必调整；不满足式(4-127)要求的楼层，其框架总剪力应按 $0.2V_0$ 和 $1.5V_{f,max}$ 二者的较小值采用。

② 各层框架所承担的地震总剪力按上述(a)项要求调整后，应按调整前、后总剪力的比值调整每根框架柱和与之相连框架梁的剪力及端部弯矩标准值，框架柱的轴力标准值可不予调整。

③ 按振型分解反应谱法计算地震作用时，上述(a)条款所规定的调整可在振型组合之后进行。

3) 总框架与总剪力墙上地震作用及风荷载的再分配方法

(1) 总框架上的地震作用及风荷载再分配。

按柱的抗侧刚度分配。当框架仅在顶点一集中荷载时，对于框架梁、柱各层刚度均相等的情况，柱的反弯点高度比可按下式计算。

$$y_i = 0.5 - C_1 r^{i-1} - C_2 r^{n-i} \tag{4-128}$$

式中：$r = (1+3\bar{k}) - \sqrt{(1+3\bar{k})^2 - 1}$；

$C_1 = \dfrac{1}{1+6\bar{k}-r}$；

$C_2 = 0.5r$；

n——建筑物的总层数；

i——所计算的楼层层次；

$\bar{k} = \dfrac{\sum k_b}{\sum k_c}$——梁柱平均相对刚度。

(2) 总剪力墙上地震作用的再分配。

当剪力墙均无洞口时，可按墙的抗弯刚度分配。

当剪力墙有洞口时，可按折算抗弯刚度分配。考虑剪切变形的影响时，可将墙体各层的抗弯刚度乘以刚度降低系数 ξ_i 按下式计算。

$$\xi_i = \frac{1}{1 + \dfrac{2.3hc(\alpha + a)N}{H^2 r\beta(m_1 + m_2 a)}} \tag{4-129}$$

式中：$\alpha = \dfrac{V_{顶}}{V'_{底}}$；$a = \dfrac{V_i}{V'_{底}}$ (如图 4.53 所示)；$c = \dfrac{EI'}{E_i A_{wi}}$；

EI'——底层至计算层(i 层)的平均刚度，当墙上有小洞时，应按扣除洞口的惯性矩计算。当洞口开口系数

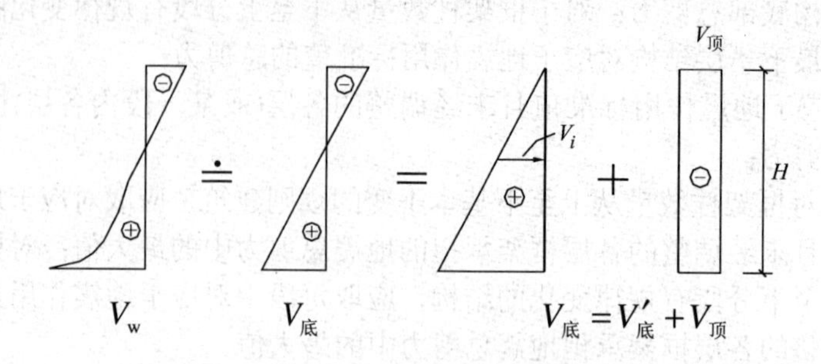

图 4.53　剪力墙剪力分布参数

$p=\sqrt{\dfrac{开口面积}{墙面积}}>0.4$ 时，应按洞口两侧墙的惯性矩的和取值；

A_{wi}——i 层剪力墙的全截面面积(m^2)；

E_i——i 层墙的砼弹性模量(t/m^2)；

N——总层数；

H——总高度(m)；

r——洞口折减系数，$r=1-1.25p$；

k——截面形状影响系数，对于矩形截面，k=1.2；对于 I 形截面，$k=\dfrac{全面积}{腹板面积}$；

β——剪力墙受地震作用时由于塑性变形引起的刚度折减系数。对整浇墙，$\beta=0.8$；对装配整体式墙，$\beta=0.5\sim0.7$。

m_1、m_2、α 有表可查。

因此，i 层墙的折算刚度为 $\overline{EI}_i=EI'_i\cdot\xi_i$　　(4-130)

i 层分配系数为 $D_i=\dfrac{\overline{EI}_i}{\sum\overline{EI}}$　　(4-131)

一般剪切变形只须考虑建筑物的下部三分之一的高度。因此，求 ξ_i 值时由下往上，当 ξ_i 值接近 1 时就无需再折减。

4.3.3　框-剪结构中剪力墙的合理数量

框-剪结构中剪力墙配得太少，对抵抗风荷载及地震作用的帮助很小，但是配得太多，增加了材料用量，增加了结构自重，增大了地震作用效应，也是没有必要的。

1. 日本经验

(1) 壁率长度表示法(如图 4.54 所示)。

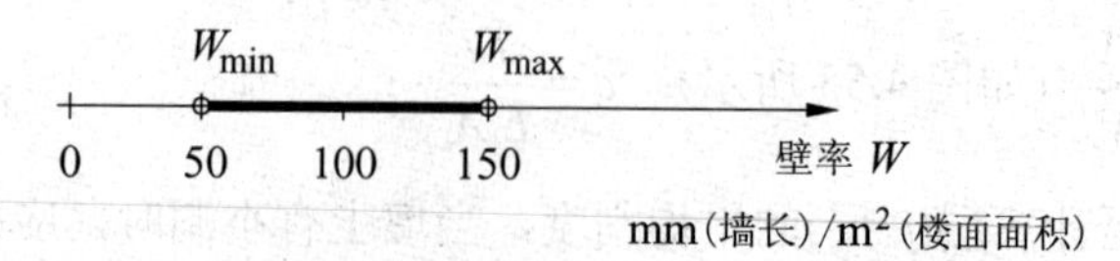

图 4.54　日本早年要求的框剪结构壁率长度

(2) 平均压应力-墙面积表示法。

墙长度表示法不能反映墙厚、层数、重量等因素的影响，因此，日本后来改用平均压应力-墙面积再分析(如图 4.55 所示)，平均压应力 $\sigma = \dfrac{G}{A_c + A_w}$，$G$ 为楼层以上重量。

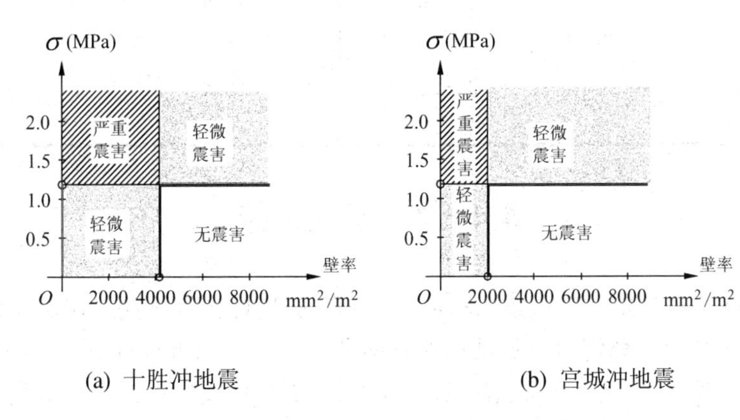

图 4.55　日本十胜冲和宫城冲地震震害情况

2. 我国经验

根据国内已建的大量框-剪结构建筑，它们的底层结构截面面积 $A_w + A_c$ 与楼面面积 A_f 之比，以及 A_w/A_f 之比大约在表 4-11 的范围内可供设计参考。

表 4-11　国内已建框剪结构房屋墙、柱面积与楼面面积百分比

设计条件		$\dfrac{A_w + A_c}{A_f}$	$\dfrac{A_w}{A_f}$
7°	Ⅱ类土	3%～5%	1.5%～2.5%
8°	Ⅱ类土	4%～6%	2.5%～3%

3. 按层间位移等方法求剪力墙的合理数量

结构刚度特征值 λ 的选取方法。

(1) 抗震规范要求，剪力墙承受的底部地震弯矩不应小于底部地震总弯矩的 50%，小于 50%时框架抗震等级应按纯框架结构划分。因此，$\lambda \leqslant 2.4$。

(2) 为使框架最大楼层剪力 $V_{f,max} \geqslant 0.2F_{EK}$，剪力墙数量不宜过多，因此，$\lambda \geqslant 1.15$。一般框架最大楼层剪力：$\dfrac{V_{f,max}}{V_0} = 0.2 \sim 0.4$ 之间较为合理。

(3) $1.15 \leqslant \lambda \leqslant 2.4$，一般情况下，宜取 $\lambda = 1.5 \sim 2.0$。

应注意，满足位移限值是一个必要条件，但不是一个充分条件。综合反映结构刚度特征的参数是结构自振周期，宜使框-剪结构的第一振型自振周期 $T_1 \approx (0.06 \sim 0.08)n$ (s)，其中 n 为层数。并且宜使底部总剪力 $F_{EK} = \alpha G$ 保持在表 4-12 的范围内。

表 4-12　框剪结构比较适宜的 α 值(%)

场　地	烈　度		
	7 度	8 度	9 度
I	1.5～3	3～5	7～9
II	2～3	4～6	9～12
III	3～5	5～8	11～16
IV	4～7	9～12	16～22

4.4　本章小结

本章主要介绍了常用高层建筑结构内力与侧移的近似计算方法。在对计算内容与计算基本假定进行介绍后，分别对框架结构在竖向荷载作用下的近似计算方法(分层法)、水平荷载作用下的近似计算方法(反弯点法、D 值法与门架法)以及框架在水平荷载作用下的侧移包括剪切型与弯曲型变形的近似计算方法作了详细的介绍；在剪力墙结构近似计算方法介绍中，主要介绍了剪力墙根据洞口大小及位置的影响而划分的类别及相应的受力特性，重点介绍了整体墙、小开口整体墙、联肢墙、独立墙肢以及壁式框架的近似计算方法，讨论了墙的整体性对墙肢和连梁的内力与变形的影响；在框架-剪力墙结构的近似计算方法的介绍中，分析了框架与剪力墙两种变形特点各异的受力单元协同工作的原理，讨论了根据框架与剪力墙之间连系梁的存在与强弱而确定框-剪结构协同工作计算简图，重点介绍了铰接体系的计算方法并对框架-剪力墙结构的内力与位移分布特点进行了分析与讨论，对框架-剪力墙结构中剪力墙的合理数量的确定方法进行了介绍。

4.5　思考题

1. 试述反弯点法、D 值法和门架法的主要差异。
2. 整体墙、小开口整体墙、联肢墙、带刚域框架和单独墙肢等计算方法的特点及适用条件是什么？
3. 联肢墙的内力分布和侧移变形曲线有何特点？
4. 何为框架-剪力墙结构的平面协同分析方法，如何区分其中的铰接和刚接体系？
5. 连续化方法的基本假定是什么？其适用范围是什么？
6. 什么是刚度特征值 λ？如何计算？它对内力分配和侧移变形有何影响？

第 5 章　扭转近似计算

教学提示：本章主要介绍了高层建筑结构的扭转近似计算方法，包括结构的质量中心(质心)、结构的抗侧移刚度中心(刚心)以及扭转偏心矩的计算方法，重点介绍了由于扭转作用而对抗侧力结构单元进行剪力修正的计算方法，并讨论了扭转作用对结构的影响。

教学要求：了解扭转对结构的影响，掌握质量中心及刚度中心的近似计算方法，能正确应用剪力修正系数。理解结构抗抗扭刚度的概念。

5.1 概　　述

第 4 章介绍了框架结构、剪力墙结构以及框架-剪力墙结构在水平荷载作用下，结构的内力与侧移的计算，这些计算都假定结构在楼面结构平面内刚度无限大(忽略楼面结构在平面的弯曲变形和剪切变形)，并且均假定结构的侧移仅由平动产生。这些计算是在水平荷载合力作用线通过结构抗侧刚度的中心时的计算。当水平荷载合力作用线不通过结构的抗侧刚度中心时，结构在产生平移变形的同时还会产生扭转变形，如图 5.1 所示。结构在水平荷载(这里主要指水平地震作用，风荷载下的结构受扭计算方法与此相同)作用下，楼层水平地震作用产生的层剪力作用点即惯性力的合力作用点，若该点与结构抗侧移刚度中心不一致时，如图 5.2 所示，结构在受剪力作用产生侧移的同时还将因受扭产生转动变形。

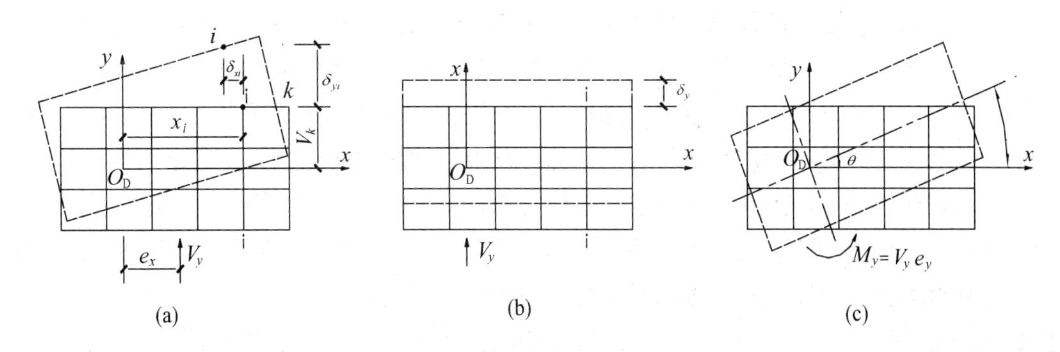

图 5.1　结构平移及扭转变形

建筑结构尤其是高层建筑结构在风荷载与水平地震作用下常常受到扭转作用。扭转会使结构的内力与侧移发生显著变化。这种变化对结构将产生不利影响，严重时会引起结构破坏。地震使结构因扭转作用而更容易发生破坏。严格地说，在结构中扭转现象是无法避免的。即使是在完全对称的结构中，也会产生地震扭转作用。扭转作用也是无法精确计算的。扭转的计算方法大致可以分为两类：一是相对比较精确的空间分析方法，将结构视作空间结构，按 3 个方向的变形协调条件分析内力和位移。另一种方法是简化近似分析，将结构看作若干榀平面结构的组合，考虑空间协调共同工作。这种方法不能得到真正的扭转效应，只作为一种设计补充手段，但这种计算方法概念清楚，计算简便，可以手算。对比较规则的结构可以得到相对较好的效果。对不规则结构而言这种近似计算方法也能在一定程度上估计出扭转效应。

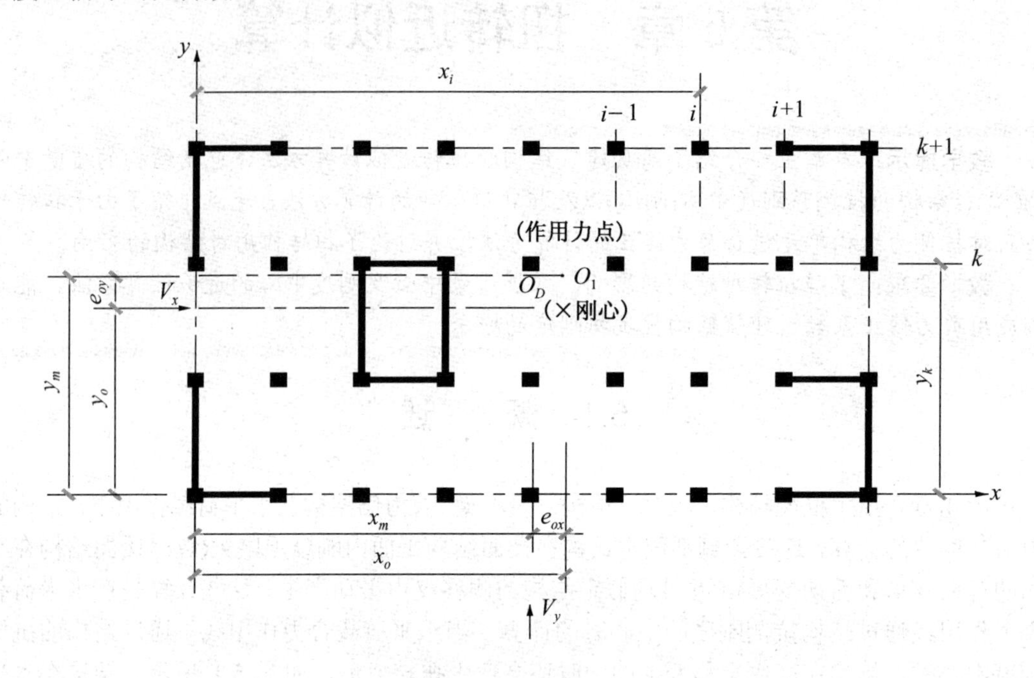

图 5.2　结构受扭

本章所介绍的扭转计算只能作为一种近似计算，这种计算方法建立在荷载作用方向、平面结构及楼板在自身平面内刚度无限大这 3 个基本假定的基础上，而且结构的刚度中心、质量中心及扭转偏心矩的计算值也并非“精确值”。结构的刚度中心，质量中心沿竖向的分布也很难重合于一条竖直线上。这种近似计算是先作平移变形条件下的内力分析，再考虑扭转作用时平移下的内力与位移计算结果进行修正，将修正结果作为考虑扭转作用效应下的内力和位移。对结构进行扭转近似计算，须根据结构的实际情况先确定结构水平荷载作用下的扭转偏心矩，因此应明确水平荷载合力作用点的位置和结构抗侧移刚度的中心。风荷载的合力作用点即为整体风荷载合力作用点，它与结构的体型有关(见第 3 章)。等效地震荷载合力作用点即结构在振动时惯性力的合力作用点，它与结构的质量分布有关。下面分别介绍结构的质量中心，抗侧移刚度中心，扭转偏心矩及考虑扭转作用的剪力修正计算方法。

5.2　质 量 中 心

结构质量中心简称质心，即结构在 x、y 两个方向的等效质量作用点，可用重量代替质量进行计算。如图 5.3 所示，可将建筑平面划分为若干个平面规则且质量分布均匀的“单元”，各单元的质量中心在其几何形心，将各单元质心按式(5-1)计算出坐标系 xOy 中的 x_m，y_m 即为结构的质心坐标。

$$\left.\begin{aligned} x_m &= \sum x_i m_i \Big/ \sum m_i = \sum x_i w_i \Big/ \sum w_i \\ y_m &= \sum y_i m_i \Big/ \sum m_i = \sum y_i w_i \Big/ \sum w_i \end{aligned}\right\} \tag{5-1}$$

式中：m_i，w_i——第 i 个面积单元的质量和重量；

x_i，y_i——第 i 个面积单元的重心坐标。

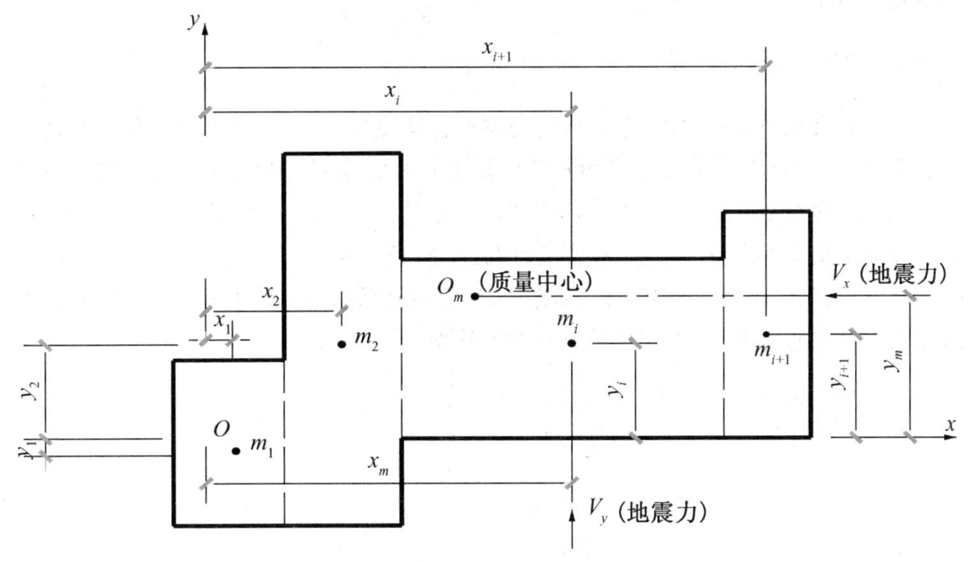

图 5.3　结构的质心

5.2.1　刚心的一般计算方法

抗侧移刚度是指抗侧力结构单元在单位层间位移下的所需要的剪力值，即

$$\left.\begin{aligned} D_{yi} &= V_{yi} / \delta_y \\ D_{xk} &= V_{xk} / \delta_x \end{aligned}\right\} \tag{5-2}$$

式中：V_{yi}——与 y 轴平行的第 i 片结构剪力；

V_{xk}——与 x 轴平行的第 k 片结构剪力；

δ_x，δ_y——该结构在 x 方向和 y 方向的层间位移。

结构抗侧移刚度中心简称刚心，在近似方法计算中是指某一方向(x 或 y 向)各抗侧力结构抗侧移刚度的中心，计算方法与形心计算方法类似。把同一方向抗侧力结构单元的抗侧移刚度作为假想面积，计算假想面积的形心就是结构在该方向的抗侧移刚度中心。

现以如图 5.1 所示的平面为例计算刚度中心。选参考坐标 xOy(为计算方便，可与计算质心的坐标系相同)，若与 y 轴平行的抗侧力单元共有 m 个，从左至右依次以 $1,2,\cdots,i,\cdots,m$ 系列编号，各单元相应的抗侧移刚度为 $D_{y1},D_{y2},\cdots,D_{yi},\cdots,D_{ym}$，同理与 x 轴平行的抗侧力单元从下至上依次以 $1,2,\cdots,k,\cdots,r$ 系列编号，抗侧移刚度为 $D_{x1},D_{x2},\cdots,D_{xk},\cdots$，$D_{xr}$，各抗侧力单元的形心至坐标原点的距离分别为 $y_1,y_2,\cdots,y_k,\cdots,y_r$，则刚度中心在 x,y 两个方向的坐标分别是

$$\left.\begin{aligned} x_0 &= \sum_{i=1}^{m} D_{yi} x_i \Big/ \sum_{i=1}^{m} D_{yi} \\ y_0 &= \sum_{k=1}^{r} D_{xk} y_k \Big/ \sum_{k=1}^{r} D_{xk} \end{aligned}\right\} \tag{5-3}$$

5.2.2　框架结构的刚心计算

我们知道框架柱的 D 值就是其抗侧移刚度，所以分别求出每根柱在 y 方向和 x 方向的 D 值后，直接代入式(5-3)求 x_0 及 y_0，式中求和符号表示对所有柱求和，由式(5-3)所求得的 x_0, y_0 即为框架结构的刚心坐标。

5.2.3　剪力墙结构的刚心计算

剪力墙结构要根据式(5-2)的定义求剪力墙的抗侧刚度，式中 V_{yi} 及 V_{xk} 分别是在剪力墙结构在层剪力 V_y, V_x 作用下平移变形时第 i 片及第 k 片墙分配到的剪力。它们是按各片剪力墙的等效抗弯刚度分配的，即按式(5-4)计算，然后将式(5-2)及式(5-4)代入式(5-3)。通常同一层中各片剪力墙弹性模量相同，故刚心坐标也可由式(5-5)计算。式(5-5)说明，在剪力墙结构中，可以直接由剪力墙的等效抗弯刚度计算刚心位置，计算时注意纵向及横向剪力墙要分别计算，式中求和符号表示对同一方向各片剪力墙求和。

$$\left.\begin{aligned} V_{yi} &= \frac{EJ_{\mathrm{eq}yi}}{\sum_{i=1}^{m} EJ_{\mathrm{eq}yi}} V_y \\ V_{xk} &= \frac{EJ_{\mathrm{dx}k}}{\sum_{k=1}^{r} EJ_{\mathrm{eq}xk}} V_x \end{aligned}\right\} \tag{5-4}$$

$$\left.\begin{aligned} x_0 &= \sum_{i=1}^{m} J_{\mathrm{eq}yi} x_i \Big/ \sum_{i=1}^{m} J_{\mathrm{eq}yi} \\ y_0 &= \sum_{k=1}^{r} J_{\mathrm{eq}xk} y_k \Big/ \sum_{k=1}^{r} J_{\mathrm{eq}xk} \end{aligned}\right\} \tag{5-5}$$

5.2.4　框架-剪力墙结构的刚心计算

在框-剪结构中，框架柱的抗推刚度和剪力墙的等效抗弯刚度都不能直接使用。可以根据抗推刚度的定义，把式(5-2)代入式(5-3)，这时注意把与 y 轴平行的框架与剪力墙按统一顺序排号，与 x 轴平行的框架与剪力墙也按统一顺序排号，则可得

$$\left.\begin{aligned} x_0 &= \frac{\sum_{i=1}^{m}\left[\left(V_{yi}/\delta_y\right)x_i\right]}{\sum_{i=1}^{m}\left(V_{yi}/\delta_y\right)} = \frac{\sum_{i=1}^{m} V_{yi} x_i}{\sum_{i=1}^{m} V_{yi}} \\ y_0 &= \frac{\sum_{k=1}^{r}\left[\left(V_{xk}/\delta_x\right)y_k\right]}{\sum_{k=1}^{r}\left(V_{xk}/\delta_x\right)} = \frac{\sum_{k=1}^{r} V_{xk} y_k}{\sum_{k=1}^{r} V_{xk}} \end{aligned}\right\} \tag{5-6}$$

式(5-6)中的 V_{yi} 及 V_{xk} 是框-剪结构在 y 方向及 x 方向平移变形下进行协同工作计算后，各片抗侧力单元所分配到的剪力。因此，在框-剪结构中，一般先做不考虑扭转时的协同工作计算，然后按式(5-6)近似计算刚心位置。式(5-6)也表明结构的刚度中心是结构在不考虑

扭转情况下各抗侧力单元层剪力的合力中心。因此在其他类型的结构中，当已经知道各抗侧力单元承担的层剪力值后，也可直接由层剪力计算刚心位置。

5.2.5 扭转偏心距

在确定了水平力合力作用线和刚度中心后(如图 5.2 所示)，二者的距离 e_{ox} 和 e_{oy} 就分别是 y 方向作用力(剪力)V_y 和 x 方向作用力(剪力)V_x 的计算偏心距 e_x 和 e_y。

计算单向地震作用时应考虑偶然偏心的影响，每层质心沿垂直于地震作用方向的偏移值可按式(5-7)计算。

$$e_i = \pm 0.05L_i \tag{5-7}$$

因此 V_y 及 V_x 的偏心距可按式(5-8)计算。

$$\left.\begin{aligned} e_x &= e_{ox} \pm 0.05L_x \\ e_y &= e_{oy} \pm 0.05L_y \end{aligned}\right\} \tag{5-8}$$

式中：L_i——第 i 层质心偏移值；

L_x、L_y——与力作用方向相垂直的建筑物总长；

e_{ox}、e_{oy} 分别按下式计算。

$$e_{ox} = x_o - x_m$$
$$e_{oy} = y_o - y_m$$

5.3 考虑扭转作用的剪力修正

5.3.1 抗侧力结构单元侧移组成

图 5.1(a)中的虚线表示结构在偏心的层剪力作用下发生的层间变形情况。层剪力 V_y 距刚心 O_D 为 e_x，因而有扭矩 $M_t=V_ye_x$。在 V_y 及 M_t 共同作用下，既有平移变形，又有扭转变形。把图 5.1(a)中的层间变形分解为平移及移动两个部分，如图 5.1(b)及图 5.1(c)所示。图 5.1(b)中的结构只有相对层间平移 δ_y，而图 5.1(c)中只有相对层间转角 θ，由于假定楼板在自身平面内无限刚性，楼板上任意一点的位移都可由 δ_y 及 θ 描述。可以利用叠加原理得到各片抗侧力单元的侧移及内力。

但是，又因为假设各抗侧力单元仅在自身平面内抵抗外力，计算时只需知道各片抗侧力单元在其自身平面方向的侧移。将坐标原点设在刚心 O_D 处，并设坐标轴的正方向如图 5.1 所示，规定与坐标轴正方向一致的位移为正，θ 角则以反时针旋转为正，则结构在 V_y 的作用下各片抗侧力结构单元的位移可分别按公式(5-9)和(5-10)计算。

与 y 轴平行的第 i 片抗侧力结构单元沿 y 方向层间位移

$$\delta_{yi} = \delta_y + \theta x_i \tag{5-9}$$

与 x 轴平行的第 k 片抗侧力结构单元沿 x 方向层间位移

$$\delta_{xk} = -\theta y_k \tag{5-10}$$

式中：x_i，y_k——x 方向第 i 片及 y 方向第 k 片抗侧力结构单元在 yO_Dx 坐标系中的形心坐标值，为代数值。

5.3.2 抗侧力结构单元的剪力计算

根据抗侧移刚度的定义可知，在 V_y 单独作用下，考虑扭转作用后的 y 方向第 i 片和 x 方向第 k 片抗侧力结构单元的层剪力可由式(5-11)和式(5-12)计算。

$$V_{yi}=D_{yi}\delta_{yi}=D_{yi}\delta_y+D_{yi}\theta x_i \tag{5-11}$$

$$V_{xk}=D_{xk}\delta_{xk}=-D_{xk}\theta y_k \tag{5-12}$$

由力平衡条件 $\sum Y=0$ 及 $\sum M=0$，可得

$$V_y=\sum V_{yi}=\delta_y\sum_{i=1}^{m}D_{yi}+\theta\sum_{i=1}^{m}D_{yi}x_i \tag{5-13}$$

$$V_y e_x=\sum V_{yi}x_i-\sum V_{xk}y_k=\delta_y\sum_{i=1}^{m}D_{yi}x_i+\theta\sum_{i=1}^{m}D_{yi}x^2+\theta\sum_{k=1}^{r}D_{xk}y_k^2 \tag{5-14}$$

式(5-14)中第二项取负号的原因是：按图 5.3 所设的坐标系统，V_{xk} 与 y_k 符号相反，但又假定反时针旋转的力矩为正号，因此第二项必须冠以负号才能得到正力矩。

因为 O_D 是刚度中心，现取为原点，由刚心定义

$$\sum D_{yi}x_i=0 \tag{5-15}$$

代入式(5-13)、(5-14)，移项后得

$$\delta_Y=V_y\Big/\sum D_{yi} \tag{5-16}$$

$$\theta=\frac{V_y e_x}{\sum D_{yi}x_i^2+\sum D_{xk}y_k^2} \tag{5-17}$$

式(5-16)是平移变形时力和位移的关系，$\sum D_{yi}$ 为结构在 y 方向的总抗侧刚度。式(5-17)是扭转时扭矩与转角关系，分母中 $\sum D_{yi}x_i^2+\sum D_{xk}y_k^2$ 称为结构的抗扭刚度。

将 δ_y 和 θ 代入式(5-11)、(5-12)，经整理得

$$V_{yi}=\frac{D_{yi}}{\sum D_{yi}}V_y+\frac{D_{yi}x_i}{\sum D_{yi}x_i^2+\sum D_{xk}y_k^2}V_y e_x \tag{a}$$

$$V_{xk}=-\frac{D_{xk}y_k}{\sum D_{yi}x_i^2+\sum D_{xk}y_k^2}V_y e_x \tag{b}$$

同理，当 x 方向作用有偏心剪力 V_x 时，在 V_x 和扭矩 $V_x e_y$ 作用下也可推得类似的公式

$$V_{xk}=\frac{D_{xk}}{\sum D_{xk}}V_x+\frac{D_{xk}y_k}{\sum D_{yi}x_i^2+\sum D_{xk}y_k^2}V_x e_y \tag{c}$$

$$V_{yi}=-\frac{D_{yi}x_k}{\sum D_{yi}x_i^2+\sum D_{xk}y_k^2}V_x e_y \tag{d}$$

式(a)、(b)和(c)、式(d)分别是在偏心 V_y 和偏心 V_x 单独作用下，即在 V_y 与 $V_y e_x$ 和 V_x 与 $V_x e_y$ 单独作用下 y 方向第 i 片，x 方向第 k 片抗侧力结构单元的层剪力。公式表明，无论在哪个方向水平荷载有偏心而引起结构扭转时，两个方向的抗侧力结构单元都能产生剪力，都能对结构的抗扭作出贡献，但是平移变形时，与力作用方向相垂直的抗侧力单元不起作用。

从抗侧力结构单元中构件设计的角度出发，式(a)计算的 y 方向水平荷载作用下的 V_{yi}，比式(d)计算的 x 方向水平荷载作用下的 V_{yi} 值大，即式(a)中 V_{yi} 值包含了平移及扭转两部分，因此应当用式(a)所得内力值作为考虑扭转作用的剪力值。同理，应当用式(c)求出的 V_{xk}

作为 x 方向抗侧力结构单元考虑扭转作用时的剪力值。式(b)求出的 V_{xk}，和式(c)求出的 V_{yi} 都不是设计构件的控制内力。因此考虑扭转作用后抗侧力结构单元的剪力值应分别按式(5-18)、式(5-19)计算。

$$V_{yi}=\left(1+\frac{e_x x_i\sum D_{yi}}{\sum D_{yi}x_i^2+\sum D_{xk}y_k^2}\right)\frac{D_{yi}}{\sum D_{yi}}V_y \tag{5-18}$$

$$V_{xk}=\left(1+\frac{e_y y_k\sum D_{xk}}{\sum D_{yi}x_i^2+\sum D_{xk}y_k^2}\right)\frac{D_{xk}}{\sum D_{xk}}V_x \tag{5-19}$$

或简写为

$$V_{yi}=\alpha_{yi}\frac{D_{yi}}{\sum D_{yi}}V_y \tag{5-20}$$

$$V_{xk}=\alpha_{xk}\frac{D_{xk}}{\sum D_{xk}}V_x \tag{5-21}$$

上式说明，在考虑扭转以后，某个抗侧力单元的剪力，可以用平移分配到的剪力乘以修正系数得到，修正系数如下。

$$\alpha_{yi}=1+\frac{e_x x_i\sum D_{yi}}{\sum D_{yi}x_i^2+\sum D_{xk}y_k^2} \tag{5-22}$$

$$\alpha_{xk}=1+\frac{e_y y_k\sum D_{xk}}{\sum D_{yi}x_i^2+\sum D_{xk}y_k^2} \tag{5-23}$$

5.4　减小结构扭转效应的方法

严重的扭转作用会导致结构发生破坏，因此在高层建筑结构设计时，应尽量减小结构的扭转效应，有效减小结构扭转效应应从两个大的方面进行，一是重视概念设计，二是进行必要的扭转计算。

5.4.1　关于扭转的概念设计

关于扭转的概念设计应包含减少结构的扭转和增大结构的抗扭能力两点。这两点贯穿结构设计的全过程，从设计方案、抗侧力结构的布置到配筋构造和连接构造的全过程，结构扭转作用的大小与荷载作用线和抗侧移刚度中心密切相关。因此抗侧力结构的平面布置尤为重要。《高层建筑混凝土结构技术规程》规定：在高层建筑的一个独立结构单元内，宜使结构平面形状简单、规则，刚度和承载力分布均匀，不应采用严重不规则的平面布置。平面不仅宜简单、规则，还宜对称，尽量减少结构的偏心距，平面长度不宜过长。在考虑偶然偏心影响的地震作用下，楼层竖向构件的最大水平位移和层间位移与该楼层相应位移的平均值的比值不宜超过 1.2，最大不应超过 1.5(复杂高层为 1.4)，且以结构扭转为主的第一自振周期 Tt 与平动为主的第一自振周期 T_1 的比值不应大于 0.9(A 级高度及复杂高层为 0.85)。

从式(5-18)、式(5-19)的计算中也可看出，结构的扭转刚度 $\sum D_{yi}x_i^2+\sum D_{xk}y_k^2$ 不仅取决于结构中抗侧力结构单元的抗侧移刚度 D_{yi}、D_{xk}，更与各抗侧力结构单元的位置有关。相

同的抗侧力刚度 D_{yi}或D_{xk}，其位置不同，对结构抗扭刚度的贡献就不同，离刚心越远其贡献也越大。因此，抗侧力结构应尽量均匀对称地布置于结构平面，集中布置于结构核心部位时应加强相应的构造措施。扭转破坏的调查表明，受扭侧移较大的抗侧力结构构件的配筋构造和连接构造十分重要，尤其应加强错层部位边、角处的抗侧力构件及其节点的构造措施。

5.4.2　关于扭转的近似计算

本章介绍的受扭近似计算方法，是在结构只发生平移变形(不考虑扭转变形)的基础上计算结构的各抗侧力结构单元的层剪力V_{yi}、V_{xk}后，再对其进行修正，剪力修正根据式(5-22)式和(5-23)的修正系数按式(5-18)和式(5-19)计算。

(1) 在同一个结构中，各片抗侧力单元的扭转修正系数大小不一。式(5-22)、式(5-23)中第二项可为正值或负值，即α可能大于1，也可能小于1。当某片抗侧力结构的α >1 时，表示它的剪力在考虑扭转以后将增大，$\alpha<1$ 时表示考虑扭转后该单元的剪力将减小。此外，一般情况下，离刚心越远的抗侧力结构，剪力修正也越多。

(2) 抗扭刚度由$\sum D_{yi}x_i^2$ 及$\sum D_{xk}y_k^2$之和组成，也就是说结构中由纵向和横向抗侧力单元共同抵抗扭矩。距离刚心越远的抗侧力单元对抗扭刚度贡献越大。因此，如果能把抗侧移刚度较大的剪力墙放在离刚心远一点的地方，则抗扭效果较好。此外，如果能把结构布置成正方形或圆形，能较充分发挥全部抗侧力结构的抗扭效果。

(3) 在框架、剪力墙及框架-剪力墙结构中都可用式(5-22)和式(5-23)计算扭转修正系数，近似计算扭转作用下的剪力。但是，在剪力墙结构或框-剪结构中，必须首先进行水平荷载作用下的平移变形计算，从式(5-2)算得剪力墙结构的抗侧移刚度后，才能计算扭转修正系数。

(4) 在框架-剪力墙结构中，即使上、下层布置都相同，各层刚心也并不一定在同一根竖轴上。因而，实际结构各层刚心水平投影位置有时相差较大。因此各层结构的偏心距和扭矩都会改变，各层结构扭转修正系数也会改变。

【例 5.1】 如图 5.4 所示某一结构的第 j 层平面图。图中除标明各轴线间距离外，还给出了各片结构沿 x 方向和 y 方向的抗侧移刚度 D 值，已知沿 y 向作用总剪力 V_y=1000kN，求考虑扭转作用后，各片结构的剪力。

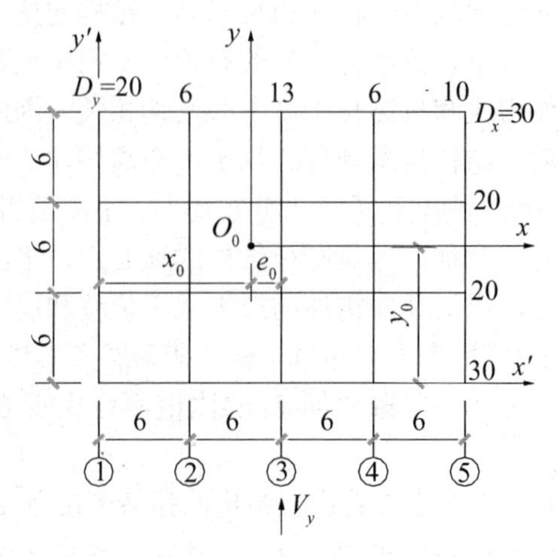

图 5.4　例 5.1 图

解　基本数据列表 5-1 计算如下；选 $x'Oy'$ 为参考坐标，计算刚度中心位置。

表 5-1　基本数据表

序　号	D_{yi}	x'	$D_{yi}x'$	x'^2	$D_{yi}x'^2$	D_{xk}	y'	$D_{xk}y'$	y'^2	$D_{xk}y'^2$
1	20	0	0	0	0	30	0	0	0	0
2	6	6	36	36	216	20	6	120	36	720
3	13	12	156	144	1872	20	12	240	144	2880
4	6	18	108	324	1944	30	18	540	324	9720
5	10	24	240	576	5760	—	—	—	—	—
Σ	55		540		9792	100		900		13320

刚度中心

$$x_0 = \sum D_{yi}x' \Big/ \sum D_{yi} = \frac{540}{55} = 9.82\text{m}$$

$$y_0 = \sum D_{xk}y' \Big/ \sum D_{xk} = \frac{900}{100} = 9.0\text{m}$$

以刚度中心为原点，建立坐标系统 xO_Dy。因为 $y = y' - y_0$， $\sum D_{xk}y' = y_0\sum D_{xk}$，所以

$$\sum D_{xk}y^2 = \sum D_{xk}\left(y' - y_0\right)^2 = \sum D_{xk}y'^2 - 2y_0\sum D_{xk}y' + \sum D_{xk}y_0^2$$

$$= \sum D_{xk}y'^2 - 2y_0^2\sum D_{xk} + y_0^2\sum D_{xk} = \sum D_{xk}y'^2 - y_0^2\sum D_{xk}$$

$$= 13320 - 9^2 \times 100 = 5220$$

类似可得

$$\sum D_{yi}x^2 = \sum D_{yi}x'^2 - x_0^2\sum D_{yi} = 9792 - 9.82^2 \times 55 = 4488$$

由式(5-22)

$$\alpha_{yi} = 1 + \frac{\left(\sum D_{yi}\right)e_x x_i}{\sum D_y x^2 + \sum D_x y^2} = 1 + \frac{55 \times 2.18}{4488 + 5220}x_i = 1 + 0.01235x_i$$

各片结构的 α_y 值为

$x_1 = -9.82$　　$\alpha_{y1} = 1 - 0.01235 \times 9.82 = 0.879$

$x_2 = -3.82$　　$\alpha_{y2} = 1 - 0.01235 \times 3.82 = 0.953$

$x_3 = -2.18$　　$\alpha_{y3} = 1 + 0.01235 \times 2.18 = 1.026$

$x_4 = -8.18$　　$\alpha_{y4} = 1 + 0.01235 \times 8.18 = 1.101$

$x_5 = -14.18$　　$\alpha_{y5} = 1 + 0.01235 \times 14.18 = 1.175$

由式(5-20)计算各片结构承担的剪力为

$$V_{y1} = \alpha_{y1}\frac{D_{y1}}{\sum D_y}V_y = 0.879 \times \frac{20}{55} \times 1000 = 319.6\text{kN}$$

$$V_{y2} = 0.953 \times \frac{6}{55} \times 1000 = 104.0\text{kN}$$

$$V_{y3}=1.026\times\frac{13}{55}\times1000=242.5\text{kN}$$

$$V_{y4}=1.101\times\frac{6}{55}\times1000=120.1\text{kN}$$

$$V_{y5}=1.175\times\frac{10}{55}\times1000=213.6\text{kN}$$

5.5 本章小结

本章主要介绍了高层建筑结构的扭转近似计算方法。在讨论了扭转对结构的影响后，介绍了结构的质量中心(质心)、抗侧移刚度中心(刚心)以及扭转偏心矩的计算方法，重点介绍了扭转作用的计算方法——抗侧力结构(构件)的剪力修正，讨论了结构的抗扭刚度及抗侧力结构单元的平面布置对结构抗扭刚度的影响，进而讨论了对剪力修正系数α_{xk}、α_{yi}的影响，最后对剪力修正的结果进行了必要的讨论和分析。

5.6 思考题

1. 什么是质量中心，风荷载的合力作用点与质心计算有什么不同？

2. 什么是刚心？怎样用近似方法求框架结构、剪力墙结构和框-剪结构的刚心？各层刚心是否在同一位置？什么时候位置会发生变化？

3. 为什么说很难精确计算扭转效应？在设计时应采取些什么措施减小扭转可能产生的不良后果？

4. 扭转修正系数α的物理意义是什么？为什么各片抗侧力结构α值不同？什么情况下α大于1？什么情况下α等于1或小于1？

第 6 章　钢筋混凝土框架结构设计

教学提示：本章主要介绍框架及梁、柱等构件的延性、框架内力调整方法、框架梁的抗弯和抗剪承载力计算与构造要求；框架柱的压弯和受剪承载力计算与构造要求；梁柱节点核芯区的剪力设计值、抗剪计算与构造要求等内容。

教学要求：熟悉延性框架的设计原则，掌握框架梁和框架柱以及框架梁柱节点的设计方法与构造要求。

6.1　延性框架的概念

6.1.1　延性框架的要求

第 3 章中已经提及，在强地震作用下，要求结构处于弹性状态既不现实也没有必要，同时是不经济的。通常的做法是在中等烈度的地震作用下允许结构某些杆件屈服，出现塑性铰，使结构刚度降低，加大其塑性变形的能力。当塑性铰达到一定数量时，结构会出现“屈服”现象，即承受的地震作用力不再增加或增加很少，而结构变形迅速增加。如果结构能维持承载能力而又具有较大的塑性变形能力，这类结构就称为延性结构，它的性能可以用如图 6.1 所示的荷载-位移曲线描述。结构的延性比定义为如下。

$$u = \Delta_u / \Delta_y \tag{6-1}$$

式中：Δ_y——结构“屈服”时的顶点位移；

Δ_u——能维持承载能力的最大顶点位移。

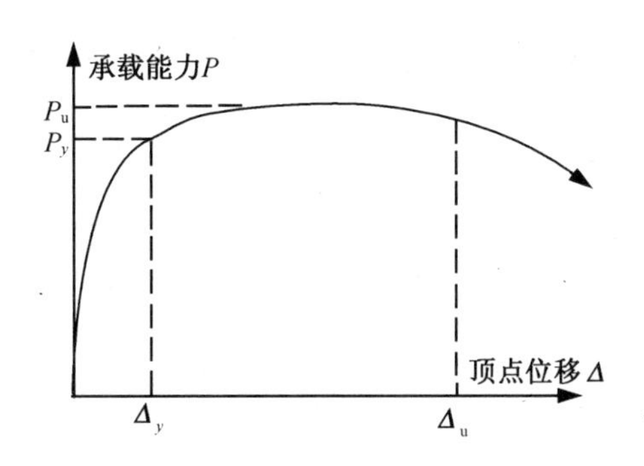

图 6.1　延性结构荷载-位移曲线

在地震区都应当将钢筋混凝土框架结构设计成延性结构，这种结构经过中等烈度的地震作用后，加以修复仍可重新使用，在强地震下也不至于倒塌。大量震害调查和试验证明，经过合理设计，可以使钢筋混凝土框架具有较大的塑性变形能力和良好的延性，该结构称为延性框架结构。

框架顶点水平位移是由结构各个杆件的变形形成的，当各杆件都处于弹性阶段时，结构的变形也是弹性的。当某些杆件“屈服”后，结构就出现塑性变形。在框架中，塑性铰可能出现在梁上，也可能出现在柱上，因此，梁、柱构件都应有良好的延性。构件延性用构件的变形或塑性铰转动能力来衡量，通常用构件的位移延性比或截面曲率延性比来代表构件的延性大小。

构件位移延性比u_{f}与截面曲率延性比u_{φ}可分别表示为式(6-2)及式(6-3)。

$$u_{\mathrm{f}} = f_{\mathrm{u}} / f_{y} \tag{6-2}$$

$$u_{\varphi} = \varphi_{\mathrm{u}} / \varphi_{y} \tag{6-3}$$

通过试验和理论分析，可得到关于结构延性的一些结论。

(1) 要保证框架结构有一定的延性，就必须保证梁、柱等构件具有足够的延性。钢筋混凝土构件的剪切破坏是脆性的，或者延性很小，因此，构件不能过早发生剪切破坏，也就是说弯曲(或压弯)破坏优于剪切破坏。

(2) 在框架结构中，塑性铰出现在梁上较有为利。如图 6.2(a)所示，在梁端出现的塑性铰数量可以较多而结构不致形成机构。每一个塑性铰都能吸收和耗散一部分地震能量，因此，对每一个塑性铰的要求可以相对较低，比较容易实现。此外，梁是受弯构件，而受弯构件都具有较好的延性。当塑性铰集中出现在梁端，而除柱脚外的柱端不出现塑性铰时称为梁铰机制。

(3) 塑性铰出现在柱中，则很容易形成破坏机构，如图 6.2(b)所示。如果在同一层柱的上、下都出现塑性铰时称为柱铰机制，该层结构变形将迅速加大，成为不稳定结构而倒塌，在抗震结构中应绝对避免出现这种被称为软弱层的情况。柱是压弯构件，承受很大的轴力，这种受力状态决定了柱的延性较小；而且作为结构的主要承载部分，柱子破坏将引起严重后果，不易修复甚至引起结构倒塌。因此，柱子中出现较多塑性铰是不利的。梁铰机制优于柱铰机制。

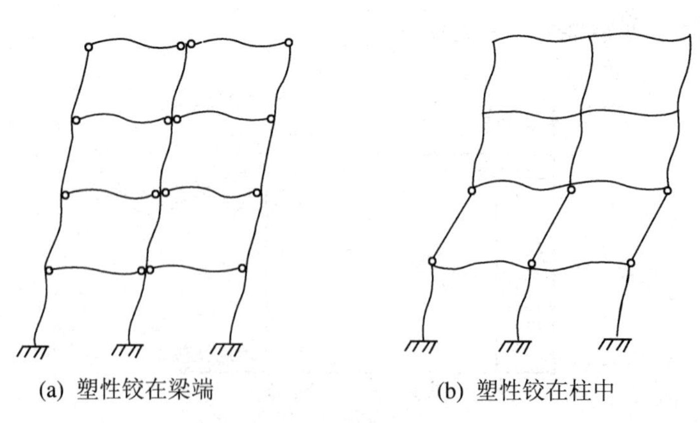

(a) 塑性铰在梁端　　(b) 塑性铰在柱中

图 6.2　框架塑性铰出现状况

(4) 要设计延性框架，除了梁、柱构件必须具有延性外，还必须保证各构件的连接部分，即节点区不出现脆性剪切破坏，同时还要保证支座连接和锚固不发生破坏。

综上所述，要设计延性框架结构，必须合理设计各个构件，控制塑性铰出现部位，防止构件过早剪坏，使构件具有一定延性。同时也要合理设计节点区及各部分的连接和锚固，防止节点连接的脆性破坏。在抗震措施上可归纳为以下几个要点。

一是强柱弱梁。要控制梁、柱的相对强度，使塑性铰首先在梁端出现，尽量避免或减少柱子中的塑性铰。

二是强剪弱弯。对于梁、柱构件，要保证构件出现塑性铰而不过早剪坏，因此，要使构件抗剪承载力大于塑性铰抗弯承载力，为此要提高构件的抗剪承载力。

三是强节点、强锚固。要保证节点核心区和钢筋锚固不过早被破坏，不在梁、柱塑性铰充分发挥作用前被破坏。此外，为了提高柱的延性，应控制柱的轴压比，并加强柱箍筋对混凝土的约束作用。为了提高结构体系的抗震性能，应对结构中的薄弱部位及受力不利部位如柱根部、角柱、框支柱、错层柱等加强抗震措施。

上述这些抗震措施要点，不仅适用于延性框架，也适用于其他钢筋混凝土延性结构。

6.1.2　梁的延性

在强柱弱梁结构中，主要由梁构件的延性来提供框架结构的延性。因此，要求设计具有良好延性的框架梁。影响框架梁延性及其耗能能力的因素很多，主要有以下几个方面。

(1) 纵筋配筋率。

如图 6.3 所示为一组钢筋混凝土单筋矩形截面的 M-ϕ 关系曲线。在配筋率相对较高的情况下，弯矩达到峰值后，M-ϕ (弯矩-曲率)关系曲线很快下降，配筋率越高，下降段越陡，说明截面的延性越差；在配筋率相对较低的情况下，弯矩-曲率关系曲线能保持有相当长的水平段，然后才缓慢地下降，说明截面的延性好。因为截面的曲率与截面的受压区相对高度成比例，因此受弯构件截面的变形能力也可以用截面达到极限状态时受压区的相对高度 $\dfrac{x}{h_0}$ 来表达。由矩形截面受弯极限状态平衡条件可以得到

$$x/h_0=(\rho_s-\rho_s')f_y/\alpha_1 f_c \tag{6-4}$$

式中：ρ_s——受拉钢筋配筋率，受拉钢筋面积为 A_s；

ρ_s'——受压钢筋配筋率，受压钢筋面积为 A_s'；

f_y, f_c——钢筋设计强度及混凝土轴心抗压设计强度。

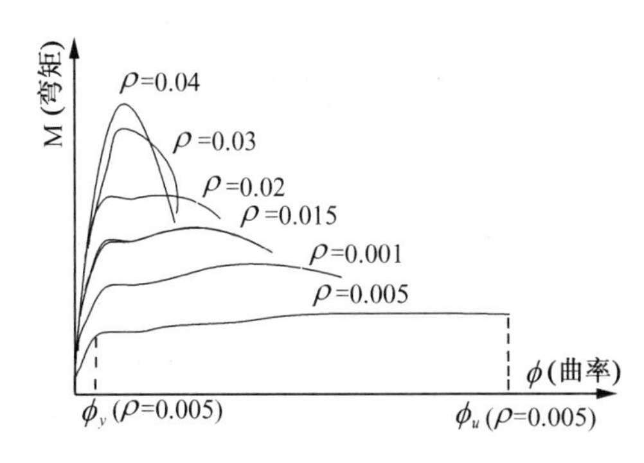

图 6.3　单筋矩形梁的 M-ϕ 的计算曲线

由式(6-4)可见，在适筋梁的范围内受弯构件截面的变形能力，即截面的延性性能随受拉钢筋配筋率的提高而降低，随受压钢筋配筋率的提高而提高，随混凝土强度的提高而提

高，随钢筋屈服强度的提高而降低。试验表明，当$\frac{x}{h_0}$在0.20～0.35时，梁的延性系数可达3～4。试验还表明，如果加大截面受压区宽度(如采用T形截面梁)，也能使梁的延性得到改善。

(2) 剪压比。

剪压比即为梁截面上的“名义剪应力”$\frac{V}{bh_0}$与混凝土轴心抗压强度设计值f_c的比值。试验表明，梁塑性铰区的截面剪压比对梁的延性、耗能能力及保持梁的强度、刚度有明显影响。当剪压比大于0.15时，梁的强度和刚度即有明显退化现象，剪压比越高则退化越快，混凝土破坏越早，这时增加箍筋用量已不能发挥作用。因此，必须要限制截面剪压比，实质上也就是限制截面尺寸不能过小。

(3) 跨高比。

梁的跨高比(即梁净跨与梁截面高度之比)对梁的抗震性能有明显影响。随着跨高比的减小，剪力的影响加大，剪切变形占全部位移的比重亦加大。试验结果表明，当梁的跨高比小于2时，极易发生以斜裂缝为特征的破坏形态。一旦主斜裂缝形成，梁的承载力就急剧下降，从而呈现出极差的延性性能。一般认为，梁净跨不宜小于截面高度的4倍，当梁的跨度较小，而梁的设计剪力较大时，宜首先考虑加大梁的宽度，这样会增加梁的纵筋用量，但对保证梁的延性来说，增加梁宽较增加梁高更为有利。

(4) 塑性铰区的箍筋用量。

在塑性铰区配置足够的封闭式箍筋，对提高塑性铰的转运能力十分有效。配置足够的箍筋，可以防止梁中受压纵筋的过早压曲，提高塑性铰区内混凝土的极限压应变，并可抑制斜裂缝的开展，这些都有利于充分发挥梁塑性铰的变形和耗能能力。工程设计中，在框架梁端塑性铰区范围内，箍筋必须加密。

6.1.3　柱的延性

框架柱的破坏一般发生在柱的上下端。影响框架柱延性的主要因素有剪跨比、轴压比、箍筋配筋率、纵筋配筋率等。

(1) 剪跨比。

剪跨比是反映柱截面承受的弯矩与剪力之比值的一个参数，表示如下。

$$\lambda = \frac{M}{Vh_0} \tag{6-5}$$

式中：h_0——柱截面计算方向的有效高度。

试验表明，当剪跨比$\lambda \geqslant 2$时为长柱，柱的破坏形态为压弯型，只要构造合理一般都能满足柱的斜截面受剪承载力大于其正截面偏心受压承载力的要求，并且有一定的变形能力。当剪跨比$1.5 \leqslant \lambda < 2$时为短柱，柱将产生以剪切为主的破坏，当提高混凝土强度或配有足够的箍筋时，也可能出现具有一定延性的剪压破坏。当剪跨比$\lambda < 1.5$时，为极短柱，柱的破坏形态为脆性的剪切破坏，抗震性能差，一般设计中应当尽量避免。如无法避免，则要采取特殊措施以保证其斜截面承载力。

对于一般的框架结构，柱内弯矩以地震作用产生的弯矩为主，可近似地假定反弯点在柱高的中点，即假定 $M = V\dfrac{H_n}{2}$，则框架柱剪跨比的计算式如下。

$$\lambda = \frac{1}{2}\frac{H_n}{h_0} \tag{6-6}$$

式中：H_n——柱子净高。

$\dfrac{H_n}{h_0}$ 可理解为柱的长细比。按照以上分析，框架柱也可按下列条件分类：当 $\dfrac{H_n}{h_0} \geqslant 4$ 时，为长柱；当 $3 \leqslant \dfrac{H_n}{h_0} < 4$ 时，为短柱；当 $\dfrac{H_n}{h_0} < 3$ 时，为极短柱。

(2) 轴压比。

轴压比 n 是指柱截面考虑地震作用组合的轴向压力设计值 N 与柱的全截面面积 A_c 和混凝土轴心抗压强度设计值 f_c 的乘积比，即柱的名义轴向压应力设计值与 f_c 的比值。

$$n = \frac{N}{A_c f_c} \tag{6-7}$$

如图 6.4 所示为柱位移延性比与轴压比关系的试验结果。由图 6.4 可见，柱的位移延性比随轴压比的增大而急剧下降。构件受压破坏特征与构件轴压比直接相关。轴压比较小时，即柱的轴压力设计值较小，柱截面受压区高度较小，构件将发生受拉钢筋首先屈服的大偏心受压破坏，破坏时构件有较大变形；当轴压比较大时，柱截面受压区高度较大，属小偏心受压破坏，破坏时，受拉钢筋(或压应力较小侧的钢筋)并未屈服，构件变形较小。

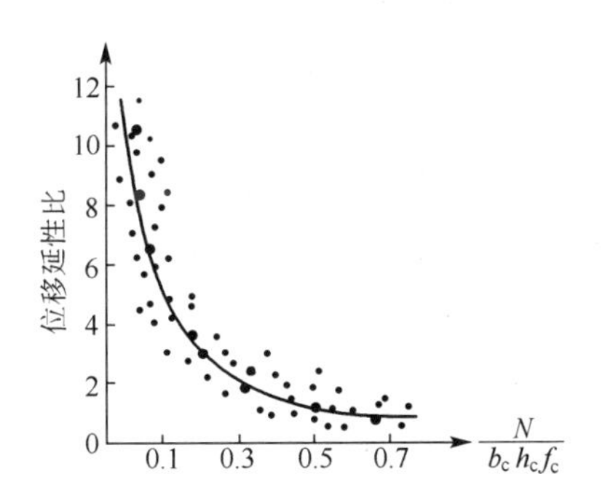

图 6.4　轴压比与延性比的关系

(3) 箍筋配筋率。

框架柱的破坏除因压弯强度不足引起的柱端水平裂缝外，较为常见的震害是由于箍筋配置不足或构造不合理而发生的柱身出现斜裂缝，柱端混凝土被压碎，节点斜裂或纵筋弹出等问题。理论分析和试验均表明，柱中箍筋对核芯混凝土起着有效的约束作用，可显著提高受压混凝土的极限应变能力，抑制柱身斜裂缝的开展，从而大大地提高柱的延性。为此，在柱的各个部位合理地配置箍筋十分必要。例如，在柱端塑性铰区适当地加密箍筋，对提高柱的变形能力十分有利。

但试验结果也表明，加密箍筋对提高柱延性的作用随着轴压比的增大而减小。同时，箍筋形式对柱核心区混凝土的约束作用有明显影响。当配置复式箍筋或螺旋形箍筋时，柱的延性将比配置普通矩形箍筋时有所提高。在箍筋的间距和箍筋的直径相同时，箍筋对核心区混凝土的约束效应还取决于箍筋的无支撑长度，如图 6.5 所示。箍筋的无支承长度越小，箍筋受核芯混凝土的挤压而向外弯曲的程度越小，阻止核芯混凝土横向变形的作用就越强，所以当箍筋的用量相同时，若减小箍筋直径，并增加附加箍筋，从而减小箍筋的无支撑长度，对提高柱的延性更为有利。

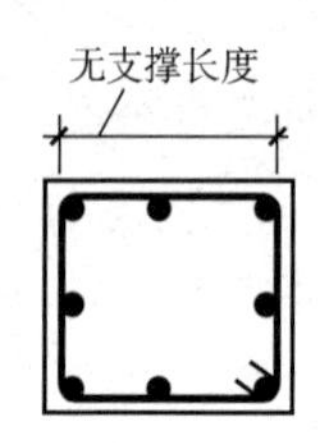

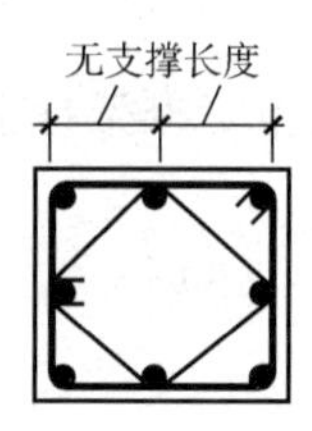

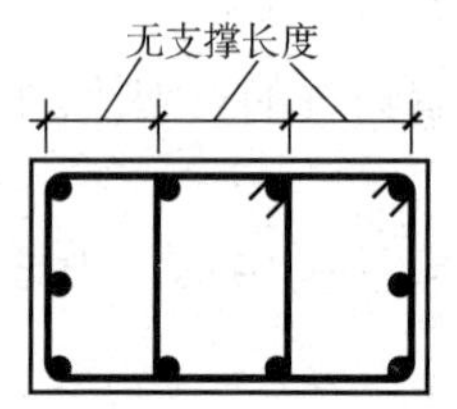

图 6.5　箍筋的无支撑长度

(4) 纵筋配筋率。

试验研究表明，柱截面在纵筋屈服后的转角变形能力主要受纵向受拉钢筋配筋率的影响，且大致随纵筋配筋率的增大而线性增大，为避免地震作用下柱子过早进入屈服阶段，以及增大柱屈服时的变形能力，提高柱的延性和耗能能力，全部纵向钢筋的配筋率不应过小。

6.2　框架内力调整

进行框架结构抗震设计时，允许在梁端出现塑性铰。为了便于浇捣混凝土，也往往希望节点处梁的负钢筋放得少些。对于装配式或装配整体框架，节点并非绝对刚性，梁端实际弯矩将小于其弹性计算值。因此，在进行框架结构设计时，一般均对梁端弯矩进行调幅，即人为地减小梁端负弯矩，减少节点附近梁顶面的配筋量。

设某框架梁 AB 在竖向荷载作用下，计算出梁端的最大负弯矩分别为 M_{AO}、M_{BO}，梁跨中最大正弯矩为 M_{CO}，则调幅后梁端弯矩如下。

$$M_A = \beta M_{AO} \tag{6-8}$$

$$M_B = \beta M_{BO} \tag{6-9}$$

式中：β——弯矩调幅系数。

对于现浇框架，可取 β=0.8～0.9；对于装配整体式框架，由于接头焊接不牢或由于节点区混凝土灌筑不密实等原因，节点容易产生变形而达不到绝对刚性，框架梁端的实际弯矩比弹性计算值要小，因此，弯矩调幅系数允许取得低一些，一般取 β=0.7～0.8。

梁端弯矩调幅后，在相应荷载作用下的跨中弯矩必将增加，这时应校核梁的静力平衡条件，如图 6.6 所示，支座弯矩调幅后梁端弯矩 M_A、M_B 的平均值与跨中调整后的正弯矩 M_C 之和应不小于按简支梁计算的跨中弯矩值 M_O。

$$\frac{|M_A + M_B|}{2} + M_C \geqslant M_O \tag{6-10}$$

必须指出，我国有关规范规定：弯矩调幅只对竖向荷载作用下的内力进行，即水平荷载作用下产生的弯矩不参加调幅，因此，弯矩调幅应在内力组合之前进行。同时还规定，梁截面设计时所采用的跨中正弯矩不应小于按简支梁计算的跨中弯矩的一半。

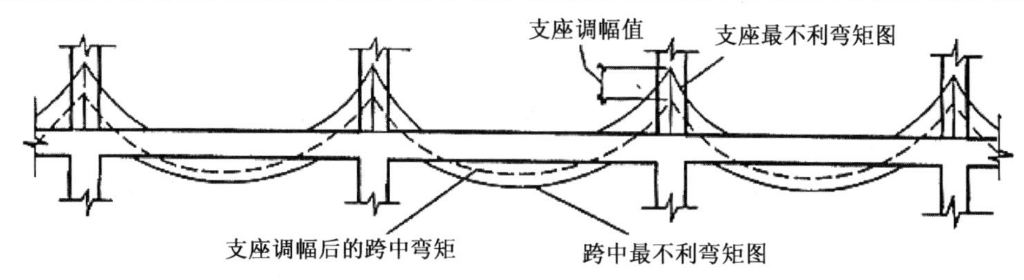

图 6.6　支座弯矩调幅

6.3　框架梁的设计

6.3.1　梁抗弯承载力计算

确定梁控制截面的组合弯矩后，即可按一般钢筋混凝土结构构件的计算方法进行配筋计算。由抗弯承载力确定截面配筋，按下式计算。

无地震作用组合时

$$M_{\mathrm{b,max}} \leqslant (A_{\mathrm{s}} - A_{\mathrm{s}}')f_{\mathrm{y}}(h_{\mathrm{b0}} - 0.5x) + A_{\mathrm{s}}'f_{\mathrm{y}}(h_{\mathrm{b0}} - a') \tag{6-11}$$

有地震作用组合时

$$M_{\mathrm{b,max}} \leqslant \frac{1}{\gamma_{\mathrm{RE}}}\left[(A_{\mathrm{s}} - A_{\mathrm{s}}')f_{\mathrm{y}}(h_{\mathrm{b0}} - 0.5x) + A_{\mathrm{s}}'f_{\mathrm{y}}(h_{\mathrm{b0}} - a')\right] \tag{6-12}$$

式中：$M_{\mathrm{b,max}}$——由内力组合得到；

γ_{RE}——承载力抗震调整系数，取 0.75。

在地震作用下，框架梁的塑性铰出现在端部。为保证塑性铰的延性，应对梁端截面的名义受压区高度加以限制。延性要求越高，限制应越严。而且，端部截面必须配置受压钢筋形成双筋截面。具体要求如下。

$$\left.\begin{array}{ll}\text{一级抗震} & x \leqslant 0.25h_{\mathrm{b0}},\ A_{\mathrm{s}}'/A_{\mathrm{s}} \geqslant 0.5 \\ \text{二、三级抗震} & x \leqslant 0.35h_{\mathrm{b0}},\ A_{\mathrm{s}}'/A_{\mathrm{s}} \geqslant 0.3\end{array}\right\} \tag{6-13}$$

在跨中截面和非抗震设计时，只要求不出现超筋破坏现象，即 $x \leqslant \xi_{\mathrm{b}}h_{\mathrm{b0}}$。同时，框架梁纵向受拉钢筋的配筋率均不应大于 2.5%。

6.3.2　梁的抗剪计算

1. 剪力设计值

四级抗震等级的框架梁和非抗震框架梁可直接取最不利组合的剪力计算值。为了保证在出现塑性铰时梁不被剪坏，即实现强剪弱弯，一级、二级、三级抗震设计时，梁端部塑性铰区的设计剪力要根据梁的抗弯承载能力的大小决定。如图 6.7 所示的受弯梁平衡中，梁端为极限弯矩时，设计剪力应按下式计算。

$$V = \eta_{\mathrm{Vb}}\frac{M_{\mathrm{b}}^{l} + M_{\mathrm{b}}^{r}}{l_n} + V_{\mathrm{Gb}} \tag{6-14}$$

对于 9 度抗震设计的结构和一级抗震的框架结构尚应符合下列条件。

$$V = 1.1\frac{M_{\mathrm{bua}}^{l} + M_{\mathrm{bua}}^{r}}{l_n} + V_{\mathrm{Gb}} \tag{6-15}$$

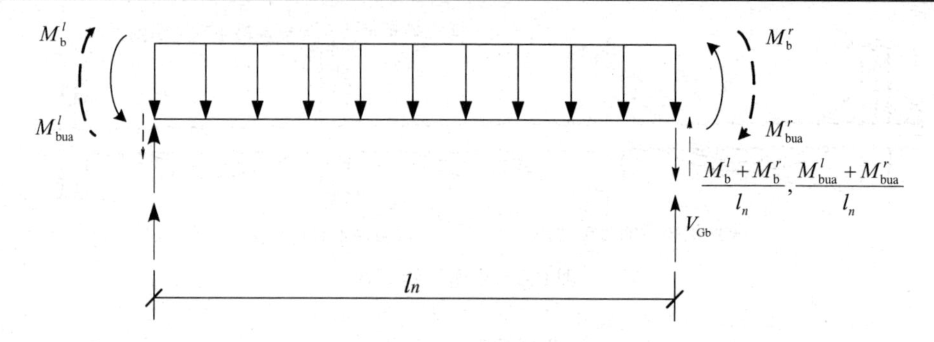

图 6.7　受弯梁平衡

式中：M_b^l，M_b^r——分别为梁左、右端逆时针或顺时针方向截面组合的弯矩设计值，当抗震等级为一级且梁两端弯矩均为负弯矩时，绝对值较小一端的弯矩应取 0；

M_{bua}^l、M_{bua}^r——分别为梁左、右端逆时针或顺时针方向实配的正截面抗震受弯承载力，可根据实配钢筋面积(计入受压钢筋)和材料强度标准值并考虑承载力抗震调整系数计算；

η_{Vb}——梁剪力增大系数，一级、二级、三级分别取 1.3、1.2 和 1.1；

l_n——梁的净跨；

V_{Gb}——考虑地震作用组合的重力荷载代表值(9 度时高层建筑还应包括竖向地震作用标准值)作用下，按简支梁分析的梁端截面剪力设计值。

在塑性铰区范围以外，梁的设计剪力取内力组合得到的计算剪力。上述式(6-14)及式(6-15)是实现强剪弱弯的一种设计手段。

2. 受剪承载力计算

对于矩形、T 形和工字形截面的一般框架梁，无地震作用组合时，梁的受剪承载力计算公式同普通钢筋混凝土梁，即当为均布荷载作用时

$$V_b \leqslant 0.7 f_t b_b h_{b0} + 1.25 f_{yv} \frac{A_{sv}}{s} h_{b0} \tag{6-16}$$

当为集中荷载(包括有多种荷载，且其中集中荷载对支座截面产生的剪力值占总剪力的 75%以上)作用时

$$V_b \leqslant \frac{1.75}{\lambda + 1.0} f_t b_b h_{b0} + f_{yv} \frac{A_{sv}}{s} h_{b0} \tag{6-17}$$

有地震作用组合时，考虑到地震的反复作用将使梁的受剪承载力降低，其中主要是使混凝土剪压区的剪切强度降低，以及使斜裂缝间混凝土咬合力及纵向钢筋销栓力降低。因此，应在斜截面受剪承载力计算公式中将混凝土项取静载作用下受剪承载力的 0.6 倍，而箍筋项则不考虑反复荷载作用的降低。当为均布荷载作用时

$$V_b \leqslant \frac{1}{\gamma_{RE}} (0.42 f_t b h_{b0} + 1.25 f_{yv} \frac{A_{sv}}{s} h_{b0}) \tag{6-18}$$

当为集中荷载(包括有多种荷载，且其中集中荷载对节点边缘产生的剪力值占总剪力的 75%以上的情况)作用时

$$V_b \leqslant \frac{1}{\gamma_{RE}}\left(\frac{1.05}{\lambda+1.0}f_t b_b h_{b0} + f_{yv}\frac{A_{sv}}{s}h_{b0}\right) \tag{6-19}$$

式中：V_b——设计剪力；

b_b，h_{b0}——梁截面宽度与有效高度；

f_t, f_{yv}——混凝土抗拉设计强度与箍筋抗拉设计强度；

s——箍筋间距；

A_{sv}——在同一截面中箍筋的截面面积；

γ_{RE}——承载力抗震调整系数，取 0.85；

λ——剪跨比。

3. 最小截面尺寸

如果梁截面尺寸太小，则截面上剪应力将会很高，此时，仅用增加配箍的方法不能有效地限制斜裂缝过早出现及混凝土碎裂。因此，要校核截面最小尺寸，不满足时可加大尺寸或提高混凝土等级。

框架梁截面形式有矩形、T 形和工字形等，梁受剪计算时一般仅考虑矩形部分，无地震作用组合时，梁的受剪截面限制条件如下。

$$V_b \leqslant 0.25\beta_c f_c b_b h_{b0} \tag{6-20}$$

有地震作用组合时，考虑到地震时为反复作用的不利影响，其受剪截面应符合下列条件。

当梁跨高比大于 2.5 时

$$V_b \leqslant \frac{1}{\gamma_{RE}}(0.2\beta_c f_c b_b h_{b0}) \tag{6-21}$$

当梁跨高比不大于 2.5 时

$$V_b \leqslant \frac{1}{\gamma_{RE}}(0.15\beta_c f_c b_b h_{b0}) \tag{6-22}$$

式中：β_c——混凝土强度影响系数，C50 以下时取 β_c=1.0，C80 时取 0.8，C55～C75 之间时按强度等级线性内插确定。

6.3.3　梁的构造措施

1. 梁的混凝土和钢筋的强度等级

(1) 当框架梁按一级抗震等级设计时，其混凝土强度等级不应低于 C30；当按二至四级抗震等级和非抗震设计时，其混凝土强度等级不应低于 C20，不宜大于 C40。梁的纵向受力钢筋宜选用 HRB400 级、HRB335 级热轧钢筋；箍筋宜选用 HRB335、HRB400 和 HPB235 级热轧钢筋。

(2) 按一级、二级抗震等级设计框架结构时，其纵向受力钢筋采用普通钢筋，其检验所得的强度实测值应符合下列要求：钢筋抗拉强度实测值与屈服强度实测值的比值不应小于 1.25；钢筋屈服强度实测值与钢筋强度标准值的比值不应大于 1.30。

2. 梁的截面尺寸

通常，框架梁的高度取 h=(1/8～1/12)l，且不小于 400mm，也不宜大于梁净跨的 1/4。

其中l为梁的净跨。在设计框架结构时，为了增大结构的横向刚度，一般多采用横向框架承重。所以，横向框架梁的高度要设计得大一些，一般多采用$h \geqslant \frac{1}{10}l$。采用横向框架承重设计方案时，纵向框架虽不直接承受楼板上的重力荷载，但它要承受外纵墙或内纵墙的重量以及纵向地震作用。因此，在高烈度区，纵向框架梁的高度也不宜太小，一般取$h \geqslant \frac{1}{12}l$，且不宜小于500mm，否则配筋太多，甚至有可能发生超筋现象。为了避免在框架节点处纵、横钢筋相互干扰，通常，纵梁底部比横梁底部高出50mm以上。

框架梁的宽度，一般取b=(1/2～1/3)h，且不宜小于200mm，截面高度和截面宽度的比值不宜大于4，以保证梁平面外的稳定性。从采用定型模板考虑，多取b=250mm，当梁的负荷较重或跨度较大时，也常采用$b \geqslant 300$mm。

当梁的截面高度受到限制时，可采用梁宽大于梁高的扁梁，这时梁还应满足刚度和裂缝的有关要求。在计算梁的挠度时，可扣除梁的合理起拱值；对于现浇梁板结构，宜考虑梁受压翼缘的有利影响。扁梁的截面高度可取梁跨度的 1/15～1/18。也可对框架梁施加预应力，此时梁高度可取跨度的1/15～1/20。

采用扁梁时，楼板应现浇，梁中线宜与柱中线重合。当梁宽大于柱宽时，扁梁应双向布置。扁梁的截面尺寸应符合下列要求，并应满足挠度和裂缝宽度的规定。

$$b_b \leqslant 2b_c \tag{6-23}$$

$$b_b \leqslant b_c + h_b \tag{6-24}$$

$$h_b \leqslant 16d \tag{6-25}$$

式中：b_c——柱截面宽度，圆形截面取柱直径的0.8倍；

b_b、h_b——分别为梁截面宽度和高度；

d——柱纵筋直径。

3. 纵向钢筋

框架梁纵向受拉钢筋的配筋率不应小于表6-1所示的数值。抗震设计的梁端纵向受拉钢筋配筋率不应大于2.5%。梁顶面和底面均应有一定的钢筋贯通梁全长，对一级、二级抗震等级，不应少于2Φ14，且不应少于梁端顶面和底面纵向钢筋中较大截面面积的1/4；三级、四级抗震等级和非抗震设计时不应少于 2Φ12。一级、二级抗震等级的框架梁内贯通中柱的每根纵向钢筋的直径要求如下。

表6-1　框架梁纵向受拉钢筋最小配筋百分率(%)

抗震等级	截面位置	
	支座(取较大值)	跨中(取较大值)
一级	0.4和80 f_t/f_y	0.3和65 f_t/f_y
二级	0.3和65 f_t/f_y	0.25和55 f_t/f_y
三、四级	0.25和55 f_t/f_y	0.20和45 f_t/f_y
非抗震设计	0.20和45 f_t/f_y	0.20和45 f_t/f_y

(1) 矩形截面柱，不宜大于柱在该方向截面尺寸的 1/20；

(2) 圆形截面柱，不宜大于纵向钢筋所在位置柱截面弦长的 1/20。

4. 箍筋

抗震设计时，框架梁不宜采用弯起钢筋抗剪。沿梁全长箍筋的配筋率 ρ_{sv}，一级抗震不应小于 $0.30\dfrac{f_t}{f_{yv}}$，二级抗震不应小于 $0.28\dfrac{f_t}{f_{yv}}$，三、四级抗震不应少于 $0.26\dfrac{f_t}{f_{yv}}$。第一个箍筋应设置在距支座边缘 50mm 处。框架梁梁端箍筋应予以加密，加密区的长度、箍筋最大间距和最小直径见表 6-2。当梁端纵向受拉钢筋配筋率大于 2%时，表中箍筋最小直径应增加 2mm。加密区箍筋肢距，一级抗震不宜大于 200mm 和 20 倍箍筋直径的较大值；二、三、四级抗震不宜大于 250mm 和 20 倍箍筋直径的较大值；四级抗震不宜大于 300mm。纵向钢筋每排多于 4 根时，每隔一根宜用箍筋或拉筋固定。

表 6-2　框架梁端箍筋加密区的构造要求

抗震等级	加密区长度(采用较大值)	箍筋最大间距(采用最小值)	箍筋最小直径
一　级	$2h$, 500mm	$h/4$，$6d$，100mm	Φ10
二　级	$1.5h$, 500mm	$h/4$，$8d$，100mm	Φ8
三　级	$1.5h$, 500mm	$h/4$，$8d$，150mm	Φ8
四　级	$1.5h$, 500mm	$h/4$，$8d$，150mm	Φ6

注：d 为纵筋直径，h 为梁高。

框架梁箍筋的布置还应满足《混凝土结构设计规范》中有关梁箍筋布置的构造要求。详见《混凝土结构设计原理》等教材。

6.4　框架柱的设计

6.4.1　柱压弯承载力计算

1. 按“强柱弱梁”原则调整柱端弯矩设计值

为了在遭遇大的地震作用时保证框架结构的稳定性，维持它承受垂直荷载的承载力，在抗震设计中应要求在每个梁柱节点处，框架结构在地震作用下，塑性铰首先在梁中出现，这就必须做到在同一节点处柱的抗弯能力大于相应的梁抗弯能力，以保证在梁端发生破坏前柱端不会发生破坏，即满足“强柱弱梁”的要求。为此，《抗震规范》规定：

一级、二级、三级框架的梁、柱节点处，除顶层和柱轴压比小于 0.15 者外，柱端组合弯矩设计值应符合下列公式要求。

$$\sum M_c = \eta_c \sum M_b \tag{6-26}$$

9 度和一级框架结构应符合

$$\sum M_c = 1.2\sum M_{bua} \tag{6-27}$$

式中：$\sum M_c$——节点上下柱端截面顺时针或反时针方向组合的弯矩设计值之和，上下柱端的弯矩设计值，一般情况可按弹性分析分配；

$\sum M_{b}$ ——节点左右梁端截面反时针或顺时针方向组合的弯矩设计值之和，一级框架节点左右梁端均为负弯矩时，绝对值较小的弯矩应取零；

$\sum M_{bua}$ ——节点左右梁端截面反时针或顺时针方向根据实际配钢筋面积(考虑受压筋)和材料强度标准值计算的抗震受弯极限承载力所对应的弯矩设计值之和；

η_{c}——柱端弯矩增大系数，一级为 1.4，二级为 1.2，三级为 1.1。

顶层柱及轴压比小于 0.15 的柱可直接取最不利内力组合的弯矩计算值作为弯矩设计值。当反弯点不在柱的层高范围时，柱端截面的弯矩设计值可取最不利内力组合的柱端弯矩设计值乘以上述柱端弯矩增大系数。

由于框架底层柱柱底过早出现塑性铰将影响整个框架的变形能力，从而对框架造成不利影响。同时，随着框架梁塑性铰的出现，由于内力塑性重分布，使底层框架柱的反弯点位置具有较大的不确定性。因此，《抗震规范》规定，一级、二级、三级框架固定端底层柱截面组合的弯矩计算值，应分别乘以增大系数 1.5、1.25 和 1.15。

在框架柱的抗震设计中，按照“强柱弱梁”条件，采用上述增大柱端弯矩设计值的规定，实质是为了降低框架柱屈服的可能性，赋予框架柱一个合理的防止过早屈服的能力。

2. 节点上、下端柱截面的内力组合值

根据竖向及水平荷载作用下框架的内力图，可知框架柱的弯矩在柱的两端最大，剪力和轴力在同一层柱内通常无变化或变化很小。因此柱的控制截面为柱上、下端截面。柱属于偏心受力构件，随着截面上所作用的弯矩和轴力的组合不同，构件可能发生不同形态的破坏，故组合的不利内力类型有若干组。按照公式确定柱端弯矩设计值时，对一般框架结构来说，在考虑地震作用组合时可不考虑风荷载组合，经结构的弹性分析，求出重力荷载代表值的效应和水平地震作用标准值的效应，且考虑各自的分项系数即可。此外，同一柱端截面在不同内力组合时可能出现正弯矩或负弯矩，但框架柱一般采用对称配筋，所以只需选择绝对值最大的弯矩即可。综上所述，框架柱控制截面最不利内力组合一般有以下几种。

(1) $|M|_{max}$ 及相应的 N 和 V。

(2) N_{max} 及相应的 M 和 V。

(3) N_{min} 及相应的 M 和 V。

(4) $|V|_{max}$ 及相应的 N。

这 4 种内力组合的前 3 组用来计算柱正截面受压承载力，以确定纵向受力钢筋数量；第四组用以计算斜截面受剪承载力，以确定箍筋数量。

3. 柱正截面承载力计算

试验表明，在低周反复荷载作用下，框架柱的正截面承载力与一次加载的正截面承载力相近。因此规范规定：考虑地震作用组合的框架柱，其正截面抗震承载力应按不考虑地震作用的规定计算，但在承载力计算公式的右边，均应除以相应的正截面承载力抗震调整系数 γ_{RE}。

$$N_c = \frac{1}{\gamma_{RE}} \alpha_1 f_c b_c x \tag{6-28}$$

$$N_c e \leqslant \frac{1}{\gamma_{RE}} \left[\alpha_1 f_c b_c x (h_{c0} - 0.5x) + f_y' A_s' (h_{c0} - a_s') \right] \tag{6-29}$$

$$e = \eta e_i + 0.5 h_c - \alpha_s \leqslant \frac{1}{\gamma_{RE}} (0.02 f_c b_c) \tag{6-30}$$

$$e_i = e_0 + e_a \tag{6-31}$$

$$e_0 = M_c / N_c \tag{6-32}$$

$$\eta = 1 + \frac{1}{1400 e_i / h_{c0}} (h_0 / h_c)^2 \xi_1 \xi_2 \tag{6-33}$$

$$\xi_1 = 0.5 f_c A / N_c \tag{6-34}$$

$$\xi_2 = 1.15 - 0.01 l_0 / h_c \tag{6-35}$$

式中：e——轴向压力作用点至纵向受拉钢筋合力点的距离；

η——偏心受压构件考虑二阶弯矩影响的轴向压力偏心矩增大系数；

x——混凝土受压区高度；

e_i——初始偏心距；

e_0——轴向压力对截面重心的偏心距；

M_c——柱端截面弯矩设计值；

N_c——柱端截面轴力设计值；

e_a——附加偏心距，取 20mm 和偏心方向截面最大尺寸的 1/30 两者中的较大值；

f_c——混凝土轴心抗压强度设计值；

f_y——钢筋抗压强度设计值；

A_s'——受压区纵向钢筋的截面面积；

l_0——构件的计算长度；

b——截面宽度；

h_0、h_{c0}——截面高度、截面有效高度；

ξ_1——偏心受压构件的截面曲率修正系数，对大偏心受压构件，ξ_1 可近似取为 1.0；

ξ_2——构件长细比对截面曲率的影响系数，当 $l_0/h<15$ 时，ξ_2 取为 1.0；

A——构件的截面面积；

γ_{RE}——混凝土偏压柱承载力抗震调整系数。

公式的适用条件如下。

$$x \leqslant \xi_b h_0 \tag{6-36}$$

$$x \geqslant 2a_s' \tag{6-37}$$

相对界限受压区高度系数 ξ_b 可按式(6-38)计算。

$$\xi_b = \frac{\beta_1}{1 + \frac{f_y}{E_s \times \varepsilon_{cu}}} \tag{6-38}$$

6.4.2 柱受剪承载力计算

1. 剪压比的限制

柱内平均剪应力与混凝土轴心抗压强度设计值之比，称为柱的剪压比。与梁一样，为了防止构件截面的剪压比过大，混凝土在箍筋屈服前过早发生剪切破坏，必须限制柱的剪压比，亦即限制柱的截面最小尺寸。《抗震规范》规定，框架柱端截面组合的剪力设计值应符合下列要求。

剪跨比大于 2 的柱

$$V_c \leqslant \frac{1}{\gamma_{RE}}(0.20\beta_c f_c b_c h_{c0}) \tag{6-39}$$

剪跨比不大于 2 的柱及框支柱

$$V_c \leqslant \frac{1}{\gamma_{RE}}(0.15\beta_c f_c b_c h_{c0}) \tag{6-40}$$

式中：V_c——柱端部截面组合的剪力设计值；

f_c——混凝土轴心抗压强度设计值；

b_c——柱截面宽度；

h_{c0}——柱截面有效高度；

β_c——混凝土强度影响系数。

2. 按“强剪弱弯”的原则调整柱的截面剪力

为了防止柱在压弯破坏前发生剪切破坏，应按“强剪弱弯”的原则，即对同一杆件，使其在地震作用组合下，剪力设计值略大于设计弯矩或实际抗弯承载力。可根据以下公式对柱的端部截面组合的剪力设计值加以调整。

一级、二级、三级框架结构

$$V_c = \eta_{vc}\left(\frac{M_c^t}{H_n}+\frac{M_c^b}{H_n}\right) \tag{6-41}$$

9 度，一级框架结构

$$V_c = 1.2\eta_{vc}\left(\frac{M_{cua}^t}{H_n}+\frac{M_{cua}^b}{H_n}\right) \tag{6-42}$$

式中：H_n——柱的净高；

M_c^t、M_c^b——分别为柱上、下端顺时针或反时针方向截面组合的弯矩设计值，其取值应符合要求，同时一级、二级、三级框架结构的底层柱下端截面的弯矩设计值应乘以相应的增大系数；

M_{cua}^t、M_{cua}^b——分别为柱上、下端顺时针或反时针方向实际配筋面积、材料强度标准值和轴向压力等计算的受压承载力所对应的弯矩值；

η_{vc}——柱剪力增大系数，一级为 1.4，二级为 1.2，三级为 1.1。

应当指出：按两个主轴方向分别考虑地震作用时，由于角柱扭转作用明显，因此，《抗震规范》规定，一级、二级、三级框架结构的角柱调整后的弯矩、剪力设计值应乘以不小于 1.10 的增大系数。

3. 斜截面承载力验算

在进行框架结构斜截面抗震承载力验算时，仍采用非地震时承载力的验算公式，但应除以承载力抗震调整系数，同时考虑地震作用对钢筋混凝土框架柱承载力降低的不利影响，即可得出框架柱斜截面抗震调整承载力验算公式。

$$V_c \leqslant \frac{1}{\gamma_{RE}}\left(\frac{1.05}{1+\lambda} f_t b_c h_{c0} + f_{yv}\frac{A_{sv}}{s}h_{c0} + 0.056N\right) \tag{6-43}$$

式中：λ——剪跨比，反弯点位于柱高中部时的框架柱，取 λ=/2；当 λ＜1 时，取 λ=1；当 λ＞3 时，取 λ=3；

f_{yv}——箍筋抗拉强度设计值；

A_{sv}——配置在柱的同一截面内箍筋各肢的全部截面面积；

s——沿柱高方向上箍筋的间距；

N——考虑地震作用组合下框架柱的轴向压力设计值，当 $N>0.3f_cA$ 时，取 $N=0.30f_cA$；

A——柱的横截面面积。

其余符号意义同前面公式。

当框架柱出现拉力时，其斜截面受剪承载力应按下列公式计算。

$$V_c \leqslant \frac{1}{\gamma_{RE}}\left(\frac{1.05}{1+\lambda} f_t b_c h_{c0} + f_{yv}\frac{A_{sv}}{s}h_{c0} - 0.2N\right) \tag{6-44}$$

式中：N——考虑地震作用组合下框架顶层柱的轴向拉力设计值。

当上式中右边括号内的计算值小于 $f_{yv}\frac{A_{sv}}{s}h_{c0}$ 时，取等于 $f_{yv}\frac{A_{sv}}{s}h_{c0}$，且其值不小于 $0.36f_tb_ch_{c0}$。

6.4.3　柱的截面尺寸和材料要求

(1) 柱截面的宽度和高度均不宜小于 300mm；圆柱直径不宜小于 350mm。

(2) 柱截面的高度与宽度比值不宜大于 3。

(3) 柱的剪跨比宜大于 2，否则框架柱成为短柱。短柱易发生剪切破坏，对抗震不利。剪跨比按下式计算。

$$\lambda = \frac{M^c}{V^c h_{c0}} \tag{6-45}$$

式中：λ——剪跨比，取柱上、下端计算结果的较大值；

M^c——柱端截面组合弯矩计算值；

V^c——柱端截面组合剪力计算值；

h_{c0}——截面有效高度。

按上式计算剪跨比 λ 时，应取柱上、下端计算结果的较大值对于反弯点位于柱高中部的框架柱，可按柱净高与 2 倍截面高度之比计算。

规范从抗震性能考虑，给出了框架合理截面尺寸的上述限制条件。为了地震作用能从梁有效地传递到柱，柱的截面最小宽度宜大于梁的截面宽度。

(4) 柱的混凝土强度等级和钢筋强度的等级要与梁相同。

框架梁、柱、节点核芯区的混凝土强度等级不应低于 C30，考虑到高强混凝土的脆性及工艺要求较高，在高烈度地震区，设防烈度为 9 度时，混凝土强度不宜超过 C60；防烈度为 8 度时，混凝土强度等级不宜超过 C70。

对有抗震设防要求的结构构件宜选用强度较高、伸长率较高的热轧钢筋。规范规定考虑地震作用的结构构件中的普通纵向受力钢筋宜选用 HRB400 级、HRB335 级钢筋，箍筋宜选用 HRB335 级、HRB400 级、HPB235 级钢筋。施工中，当必须以强度等级较高的钢筋代替原设计中的纵向受力钢筋时，应按钢筋受拉承载力设计值相等的原则进行代换，但要强调必须满足正常使用极限状态和抗震构造措施要求。

6.4.4　框架柱的配筋构造要求

1. 纵向受力钢筋的配置

柱的纵向钢筋配置，应符合下列要求。

(1) 宜对称配置。

(2) 抗震设计时截面尺寸大于 400mm 的柱，纵向钢筋间距不宜大于 200mm；非抗震设计时，柱纵筋间距不应大于 350mm，柱纵筋净间距不应小于 50mm。

(3) 柱纵向钢筋的最小总配筋率应按表 6-3 采用，同时应满足每一侧配筋率不小于 0.2%，对Ⅳ类场地上较高的高层建筑以及采用的混凝土强度等级高于 C60 时，表中的数值应增加 0.1，采用 HRB400 级热轧钢筋时应允许按表 6-3 所列数值减少 0.1。

表 6-3　柱纵向钢筋的最小总配筋率(%)

类　别	抗震等级				非　抗　震
	一	二	三	四	
框架中柱和角柱	1.0	0.8	0.7	0.6	0.6
框架角柱	1.2	1.0	0.9	0.8	0.6
框支柱	1.2	1.0	—	—	0.8

注：采用 HRB400 级热轧筋时允许减小 0.1，混凝土强度等级高于 C60 时增加 0.1。

(4) 柱总配筋率不应大于 5%。防止纵筋配置过多，使钢筋过于拥挤，而相应的箍筋配置不够会引起纵筋压屈，降低结构延性。

(5) 一级且剪跨比大于 2 的柱，每侧纵向钢筋配筋率不宜大于 1.2%。通过柱净高与截面高度的比值为 3～4 的短柱试验表明，此类框架柱易发生粘结型剪切破坏和对角斜拉型剪切破坏，发生此类剪切破坏与柱中纵向受拉钢筋配筋率过多有关。因此规范规定对一级且剪跨比大于 2 的柱，每侧纵向钢筋配筋率不宜大于 1.2%，并宜沿柱全高配置复合箍筋。

(6) 边柱、角柱在地震组合产生小偏心受拉时，柱内纵筋总截面面积应比计算值增加 25%。

(7) 纵向钢筋的最小锚固长度应按下列公式计算。

一、二级　　$l_{ae}=1.15l_a$。

三级　　$l_{ae}=1.05l_a$。

四级　　$l_{ae}=1.0l_a$。

式中：l_a——为纵向钢筋的基本锚固长度，按《混凝土结构设计规范》确定。

(8) 柱纵向钢筋的绑扎接头应避开柱端的箍筋加密区。一级抗震等级，宜选用机械接头；二级、三级、四级抗震等级，宜选用机械接头，也可采用绑扎搭接或焊接接头。

2. 柱端箍筋的配置

(1) 柱的箍筋加密范围按下列规定采用。

① 柱端，取截面长边尺寸(圆柱直径)、柱净高的 1/6 和 500mm 三者的较大值。

② 底层柱，柱根不小于柱净高的 1/3；当有刚性地面时，除柱端外还应取刚性地面上下各 500mm 。

③ 剪跨比大于 2 的柱和因填充墙等形成的柱净高与截面高度(圆柱直径)之比不大于 4 的柱，取全高。

④ 一级、二级的框架角柱以及需要提高变形能力的柱，取全高。

(2) 柱的箍筋加密区箍筋间距和直径应符合下列要求。

① 一般情况下，箍筋的最大间距和最小直径，应按表 6-4 采用，并应为封闭形式。

表 6-4　柱端箍筋加密区箍筋最大间距和箍筋最小直径

抗震等级	箍筋最大间距(采用较小值)(mm)	箍筋最小直径	抗震等级	箍筋最大间距(采用较小值)(mm)	箍筋最小直径
一	6*d*，100	ϕ10	三	8*d*，150(柱根 100)	ϕ8
二	8*d*，100	ϕ8	四	8*d*，150(柱根 100)	ϕ6(柱根ϕ8)

注：柱根指框架底层柱的嵌固部分，*d* 为纵向钢筋直径(mm)。

② 二级框架柱的箍筋直径不小于ϕ10 且箍筋肢距不大于 200mm 时，除柱根外，最大间距允许采用 150mm；三级框架柱的截面尺寸不大于 400mm 时，箍筋最小直径可采用ϕ6；四级框架柱剪跨比不大于 2 时或柱中全部纵向钢筋的配筋率大于 3%时，箍筋直径不应小于ϕ8。

③ 剪跨比不大于 2 的柱，箍筋间距不应大于 100mm，一级时尚不应大于 6 倍纵向钢筋直径。

(3) 柱的箍筋加密区箍筋肢距。

一级框架柱箍筋肢距不宜大于 200mm；二级、三级框架柱箍筋肢距不宜大于 250mm 和 20 倍箍筋直径的较大值；四级不宜大于 300mm。至少每隔一根纵向钢筋宜在两个方向有箍筋或拉筋约束；采用拉筋复合箍时，拉筋宜紧靠纵向钢筋并钩住箍筋。

(4) 柱的箍筋加密区的体积配筋率 ρ_v 应符合下列要求。

$$\rho_v \geqslant \frac{\lambda_v f_c}{f_{yv}} \tag{6-46}$$

式中：ρ_v——箍筋加密区的体积配筋率，一级、二级、三级、四级分别不应小于 0.8%、0.6%、0.4%和 0.4%。计算复合箍筋的体积配筋率时，应扣除重叠部分的箍筋体积。

f_c——混凝土轴心抗压强度设计值，强度等级低于C35时，应按C35计算。

f_{yv}——箍筋抗拉强度设计值，超过360N/mm^{2}平方时，应取360N/mm^{2}平方计算。

λ_v——最小配箍特征值，按表6-5采用。

表6-5　柱箍筋加密区的箍筋最小配箍特征值

抗震等级	箍筋形式	柱轴压比								
		≤0.30	0.40	0.50	0.60	0.70	0.80	0.90	1.00	1.05
一	普通箍、复合箍	0.10	0.11	0.13	0.15	0.17	0.20	0.23	—	—
	螺旋箍、复合或连续复合螺旋箍	0.08	0.09	0.11	0.13	0.15	0.08	0.21	—	—
二	普通箍、复合箍	0.08	0.09	0.11	0.13	0.15	0.17	0.19	0.22	0.24
	螺旋箍、复合或连续复合螺旋箍	0.06	0.07	0.09	0.11	0.13	0.15	0.17	0.20	0.22
三	普通箍、复合箍	0.06	0.07	0.09	0.11	0.13	0.15	0.17	0.20	0.22
	螺旋箍、复合或连续复合螺旋箍	0.05	0.06	0.07	0.09	0.11	0.13	0.15	0.18	0.20

注：① 普通箍指单个矩形箍和单个圆形箍；螺旋箍筋指单个连续螺旋箍筋；复合箍指由矩形、多边形、圆形箍或拉筋组成的箍筋；复合螺旋箍指由螺旋箍与矩形、多边形、圆形箍或拉筋组成的箍筋；连续复合矩形螺旋箍指全部螺旋箍为同一根钢筋加工而成的箍。

② 剪跨比不大于2的柱宜采用复合螺旋箍或井字复合箍，其体积配箍率不应小于1.2%，9度时不应小于1.5%。

③ 计算复合螺旋箍体积配箍率时，其非螺旋箍的箍筋体积应乘以换算系数0.8。

(5) 柱箍筋非加密区的体积配筋率。

不宜小于加密区的50%；箍筋间距不应大于加密区箍筋间距的2倍，且一级、二级框架二级柱不应大于10倍纵向钢筋直径，三级、四级框架柱不应大于15倍纵向钢筋直径。

(6) 框架节点核芯区箍筋的最大间距和最小直径。

宜按柱箍筋加密区的要求采用。一级、二级、三级框架节点核芯区配箍特征值分别不宜小于0.12、0.10、0.08，且体积配筋率分别不宜小于0.6%、0.5%和0.4%。柱剪跨比不大于2的框架节点核芯区配箍特征值不宜小于核芯区上、下柱端的较大配箍特征值。

6.4.5　轴压比的限制

轴压比是指柱组合的轴压力设计值与柱的全截面面积和混凝土轴心抗压强度设计值的乘积之比，也即是指柱身平均轴向压应力与混凝土轴心抗压强度的比值，用公式表示如下。

$$\lambda = \frac{N}{f_c b_c h_c} \tag{6-47}$$

式中：N——柱组合轴压力设计值；

b_c、h_c——柱的短边、长边；

f_c——混凝土轴心抗压强度设计值。

轴压比是影响钢筋混凝土柱承载力和延性的另一个重要参数。钢筋混凝土框架柱在压弯力的作用下，其变形能力随着轴压比的增加而降低，特别在高轴压比或小剪跨比时呈现脆性破坏，虽然柱的极限抗弯承载力提高，但极限变形能力、耗散地震能量的能力都降低。轴压比对短柱的影响更大，为了确保框架结构在地震力作用时的安全可靠，国家标准设计规范规定中有轴压比限值要求。

《抗震规范》规定，柱轴压比不应超过表 6-6 的规定，但Ⅳ类场地上较高的高层建筑柱轴压比限值应适当减小。

表 6-6　柱轴压比限值

结构类型	抗震等级		
	一	二	三
框架	0.70	0.80	0.90
框架-抗震墙	0.75	0.85	0.95

6.5　梁 柱 节 点

在进行框架结构抗震设计时，除了保证框架梁、柱具有足够的强度和延性外，还必须保证框架节点的强度。框架节点是把梁、柱连接起来形成整体的关键部位，在竖向荷载作用和地震作用下，框架梁柱节点主要承受柱传来的轴向力、弯矩、剪力和梁传来的弯矩、剪力。框架节点破坏的主要形式为主拉应力引起的核芯区剪切破坏和钢筋锚固破坏，这是由于节点的上柱和下柱的地震作用弯矩符号相反，节点左右梁的弯矩也反向，使节点受到水平方向剪力和垂直方向剪力的共同作用，剪力值的大小是相邻梁和柱上剪力的几倍。此外节点左右弯矩反向使通过节点的梁主筋在节点的一侧受压，而在节点的另一侧受拉，梁主筋的这种应力变化梯度需要很高的锚固应力，容易引起节点因粘结锚固不足而破坏，造成梁端截面承载力下降并产生过大的层间侧移。

梁柱节点区是指梁柱连接部位处梁高范围内的柱。以前，整体节点区的设计只限于对钢筋有足够的锚固，而现在越来越多地用大直径的钢筋和使构件截面减小的高强混凝土。对节点区的基本要求是构件端部的各种力必须通过节点区传递到支撑构件上。试验发现，一些常用的节点构造只能提供所须承载力的 30%。根据“强节点弱杆件”的抗震设计概念，框架节点的设计准则如下。

(1) 节点的承载力不应低于其连接构件(梁、柱)的承载力。

(2) 多遇地震时，节点应在弹性范围内工作。

(3) 罕遇地震时，节点承载力的降低不得危及竖向荷载的传递。

(4) 梁柱纵筋在节点区应有可靠的锚固。

(5) 节点的配筋不应使施工过分困难。

6.5.1 节点剪压比的控制

为了使节点核芯区的剪应力不致过高，避免过早地出现斜裂缝，《抗震规范》规定，节点核芯区组合的剪力设计值应符合下列条件。

$$V_j \leqslant \frac{1}{\gamma_{RE}}\left(0.30\beta_c f_c b_j h_j\right) \tag{6-48}$$

式中：V_j——节点核芯区组合的剪力设计值。

γ_{RE}——承载力抗震调整系数，取 0.85。

η_j——正交梁的约束影响系数，楼板现浇，梁柱中线重合，四侧各梁截面宽度不小于该侧柱截面宽度的 1/2，且正交方向梁的高度不小于框架梁高度的 3/4 时，如图 6.8 所示，可采用 1.5；9 度时宜采用 1.25；其他情况时采用 1.0。

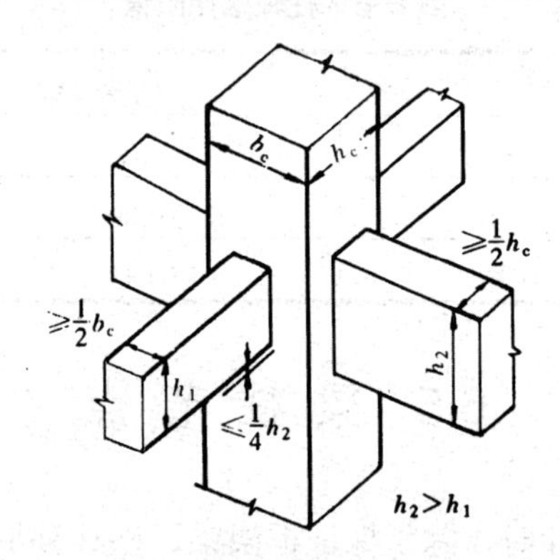

图 6.8 节点核芯区强度验算

h_j——节点核芯区的截面高度，可采用验算方向的柱截面高度。

b_j——节点核芯区有效验算宽度，当验算方向的梁截面宽度不小于该侧柱截面宽度的 1/2 时，可采用该侧柱截面宽度，当小于时可采用下列二者的较小值。

$$\left.\begin{aligned} b_j &= b_b + 0.5h \\ b_j &= b_c \end{aligned}\right\} \tag{6-49}$$

b_b，b_c——分别为验算方向梁的宽度和柱的宽度。

h_c——验算方向的柱截面高度。

当梁、柱中线不重合且偏心距不大于柱宽的 1/4 时，核芯区的截面有效验算宽度应采用式(6-49)和式(6-50)计算结果中的较小值，柱箍筋宜沿柱全高加密。

$$b_j = 0.5(b_b + b_c) + 0.25h - e \tag{6-50}$$

式中：e——梁与柱中心线偏心距。

6.5.2　节点核芯区剪力设计值

如图 6.9 所示为中柱节点受力简图。

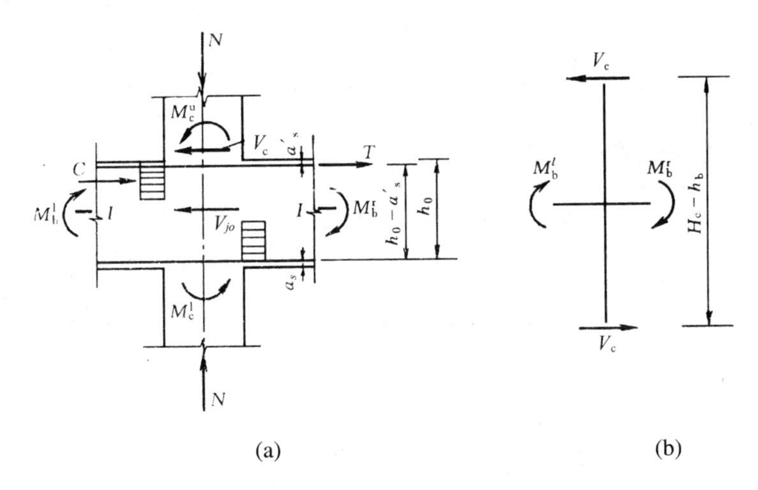

图 6.9　节点核芯区剪力计算

取节点 1-1 截面上半部为隔离体，由 $\sum X=0$，得

$$-V_c-V_j+\frac{\sum M_b}{h_{b0}-a_s'}=0 \tag{6-51}$$

或

$$V_j=\frac{\sum M_b}{h_{b0}-a_s'}-V_c \tag{6-52}$$

式中：V_j——节点核芯区组合的剪力设计值(作用于 1-1 截面)；

$\sum M_b$——梁的左右端顺时针或反时针方向截面组合的弯矩设计值之和，即其取值为：$\sum M_b^l+\sum M_b^r$；

V_c——节点上柱截面组合的剪力设计值，可按下式计算。

$$V_c=\frac{\sum M_c}{H_c-h_b}=\frac{\sum M_b}{H_c-h_b} \tag{6-53}$$

式中：$\sum M_c$——节点上、下柱反时针或顺时针方向截面组合的弯矩设计值之和，

$$\sum M_c=M_c^u+M_c^l=\sum M_b=M_b^l+M_b^r$$

H_c——柱的计算高度，可采用节点上、下反弯点之间的距离；

h_b、h_{b0}——梁的截面高度、有效高度，节点两侧梁截面高度不等时可采用平均值。

将式(6-53)代入式(6-52)，经整理后得

$$V_j=\frac{\sum M_b}{h_{b0}-a_s'}\left(1-\frac{h_{b0}-a_s'}{H_c-h_b}\right) \tag{6-54}$$

考虑到梁端出现塑性铰后，塑性变形较大，钢筋应力常常会超过屈服强度而进入强化阶段。因此，梁端截面组合弯矩应经过调整，式(6-54)可改写为

$$V_j=\frac{\eta_{jb}\sum M_b}{h_{b0}-a'_s}(1-\frac{h_{b0}-a'_s}{H_c-h_b}) \tag{6-55}$$

式中：η_{jb}——节点剪力增大系数，一级为 1.35，二级为 1.2。

9 度和一级框架结构还应符合下式要求。

$$V_j=\frac{1.15\sum M_{bua}}{h_{b0}-a'_s}(1-\frac{h_{b0}-a'_s}{H_c-h_b}) \tag{6-56}$$

6.5.3 节点核芯区受剪承载力验算

《抗震规范》规定：三级、四级框架节点核芯区，可不进行抗震验算，但应符合构造措施的要求；一级、二级框架节点核芯区截面抗震验算，应符合下式要求。

$$V_j \leqslant \frac{1}{\gamma_{RE}}\left(1.1\eta_j f_t b_j h_j + 0.05\eta_j N\frac{b_j}{b_c} + f_{yv}A_{svj} + \frac{h_{b0}-a'_s}{s}\right) \tag{6-57}$$

9 度抗震时还应满足

$$V_j \leqslant \frac{1}{\gamma_{RE}}\left(0.9\eta_j f_t b_j h_j + f_{yv}A_{svj} + \frac{h_{b0}-a'_s}{s}\right) \tag{6-58}$$

式中：f_t——混凝土抗拉强度设计值。

N——对应于组合剪力设计值的上柱组合轴向压力较小值，其取值不应大于柱的截面面积和混凝土轴心抗压强度设计值的乘积的 50%；当 N 为拉力时，取 N=0。

f_{yv}——箍筋抗拉强度设计值。

A_{svj}——核芯区有效验算宽度范围内同一截面验算方向箍筋的总截面面积。

S—— 箍筋间距。

$h_{bo}-a'_s$——梁上部钢筋合力点至下部钢筋合力点的距离。

γ_{RE}——承载力抗震调整系数，可采用 0.85。

6.5.4 节点核芯区构造措施

为了保证纵向钢筋和箍筋可靠工作，框架梁柱纵向钢筋和箍筋在框架节点核芯区应有可靠的锚固与连接，如图 6.10 所示。

1. 框架梁柱纵向钢筋在框架节点核芯区锚固与连接

框架梁在框架中间层中间节点内的上部纵向钢筋应贯穿中间节点，柱纵向钢筋在框架节点核芯区锚固与连接。框架梁柱纵向钢筋在框架节点核芯区锚固与连接。非抗震设计和抗震设计的框架梁柱纵向钢筋在核芯区的锚固要求分别如图 6.11 和图 6.12 所示。

2. 框架节点核芯区箍筋的最大间距和最小直径

宜按柱箍筋加密区的要求采用。一级、二级、三级框架节点核芯区配箍特征值分别不宜小于 0.12、0.10、0.08，且体积配筋率分别不宜小于 0.6%、0.5%和 0.4%。柱剪跨比不大于 2 的框架节点核芯区配箍特征值不宜小于核芯区上、下柱端的较大配箍特征值，见表 6-7。

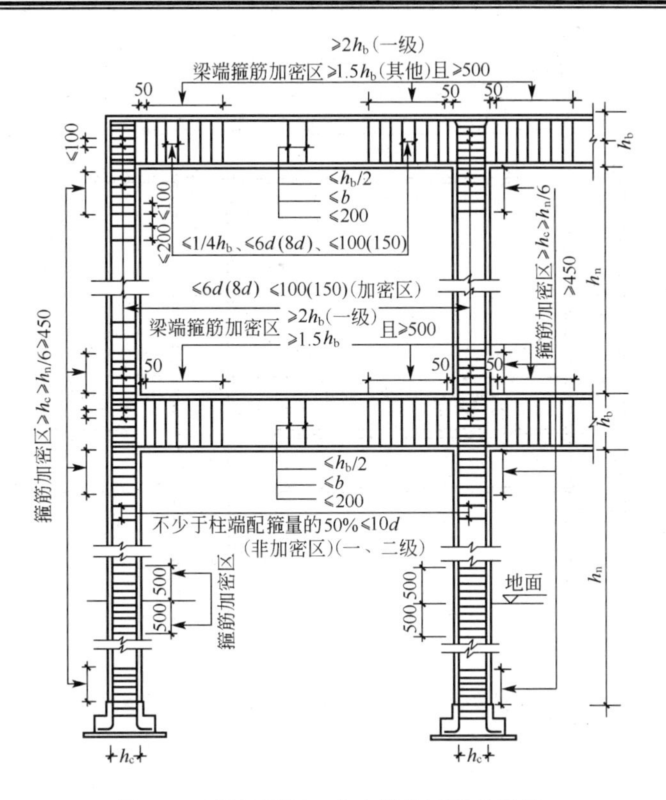

图 6.10　梁柱端部及节点核芯区箍筋配置

表 6-7　柱箍筋加密区的箍筋最小配箍特征值

抗震等级	箍筋形式	柱轴压比								
		≤0.3	0.4	0.5	0.6	0.7	0.8	0.9	1.0	1.05
一	普通箍、复合箍	0.10	0.11	0.13	0.15	0.17	0.20	0.23		
	螺旋箍、复合或连续复合矩形螺旋箍	0.08	0.09	0.11	0.13	0.15	0.08	0.21		
二	普通箍、复合箍	0.08	0.09	0.11	0.13	0.15	0.17	0.19	0.22	0.24
	螺旋箍、复合或连续复合矩形螺旋箍	0.06	0.07	0.09	0.11	0.13	0.15	0.17	0.20	0.22
三	普通箍、复合箍	0.06	0.07	0.09	0.11	0.13	0.15	0.17	0.20	0.22
	螺旋箍、复合或连续复合矩形螺旋箍	0.05	0.06	0.07	0.09	0.11	0.13	0.15	0.18	0.20

注：① 普通箍指单个矩形箍和单个圆形箍；复合箍指由矩形、多边形、圆形箍或拉筋组成的箍筋；复合螺旋箍指由螺旋箍与矩形、多边形、圆形箍或拉筋组成的箍筋；连续复合矩形螺旋箍指全部螺旋箍为同一根钢筋加工而成的箍。

② 剪跨比不大于 2 的柱宜采用复合螺旋箍或井字复合箍，其体积配箍率不应小于 1.2%；9 度时不应小于 1.5%。

③ 计算复合螺旋箍体积配箍率时，其非螺旋箍的箍筋体积应乘以换算系数 0.8。

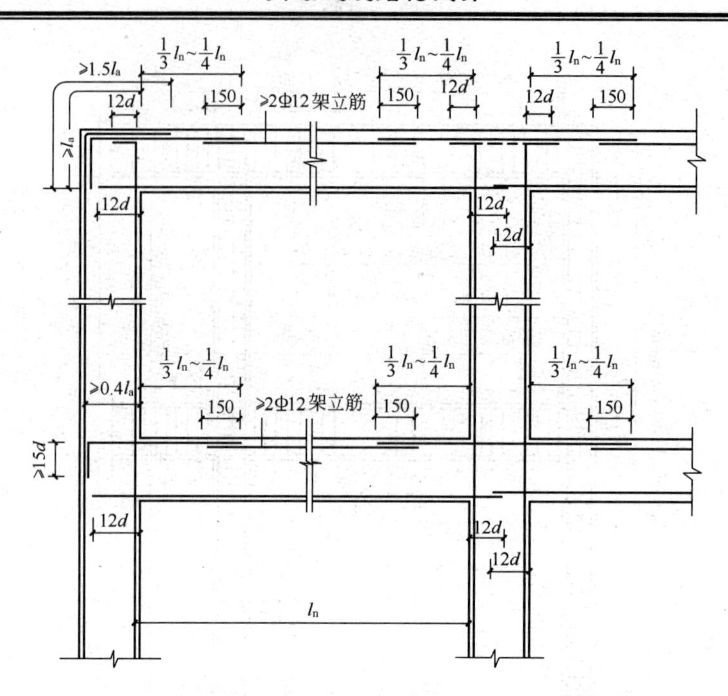

图 6.11　非抗震设计的框架梁、柱纵向钢筋在核芯区的锚固要求

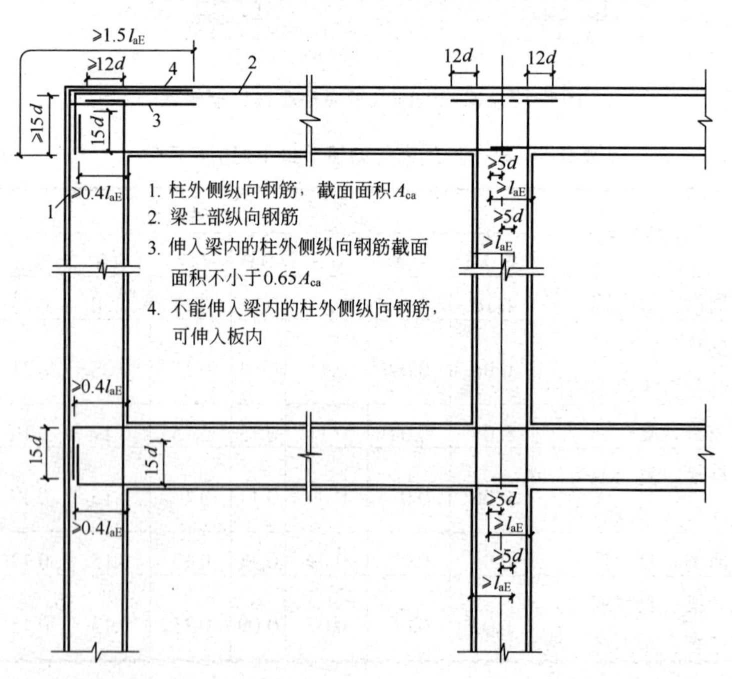

图 6.12　抗震设计的框架梁柱纵向钢筋在核芯区的锚固要求

6.6　本 章 小 结

本章主要在前面第 2、3、4 章已讲的结构布置和拟定梁、柱截面尺寸，确定结构计算简图，进行荷载计算、结构分析、内力组合的基础上，讲述高层钢筋混凝土框架结构梁、

柱、框架节点截面配筋的设计理论与方法和构造设计的方法。本章是全书的重点章节之一。学习本章时，应全面掌握高层钢筋混凝土框架结构梁、柱、节点设计的方法，抗震设计的基本思路与对策及设计方法，通过本章的学习，应达到如下要求。

(1) 掌握和理解延性框架的概念和设计要求。

(2) 掌握高层框架内力调整的方法。

(3) 掌握高层框架梁、柱的设计计算方法、内容及构造措施。

(4) 掌握梁柱节点核芯区验算的方法、内容及构造措施。

6.7 思 考 题

1. 何谓“延性框架”？什么是“强柱弱梁”、“强剪弱弯”原则？在设计中如何体现？

2. 为什么要对框架内力进行调整？怎样调整框架内力？

3. 如何进行高层钢筋混凝土框架梁的梁抗弯承载力计算和抗剪计算？高层钢筋混凝土框架梁的构造措施有哪些？

4. 如何进行高层钢筋混凝土框架柱的压弯承载力计算和受剪承载力计算？高层钢筋混凝土框架柱的构造措施有哪些？

5. 如何保证框架梁柱节点的抗震性能？如何进行节点设计？

第 7 章　钢筋混凝土剪力墙结构设计

教学提示：本章在对延性剪力墙的设计原则进行介绍后，重点介绍了墙肢的设计和连梁的设计。在墙肢设计中介绍了墙肢内力设计值的确定方法、墙肢的正截面承载力和墙肢斜截面受剪承载力的计算方法及墙肢的构造措施；在连梁设计中介绍了连梁内力设计值的确定方法、连梁正截面承载力和斜截面受剪承载力的计算方法及连梁的构造措施。

教学要求：掌握剪力墙内力设计值确定的方法，熟悉延性剪力墙的设计原则，掌握墙肢和连梁的设计方法与构造措施。

7.1　剪力墙结构概念设计

7.1.1　剪力墙结构的受力变形特点

1. 水平荷载作用下的受力变形特点

水平荷载作用下，悬臂剪力墙的控制截面是底层截面，所产生的内力是水平剪力和弯矩。墙肢截面在弯矩作用下产生的层间侧移是下层层间相对侧移较小，上层层间相对侧移较大的“弯曲型变形”，以及在剪力作用下产生的“剪切型变形”，此两种变形的叠加构成平面剪力墙的变形特征。

通常情况下，根据剪力墙高宽比的大小可将剪力墙分为高墙($H/b_w>2$)、中高墙($1\leqslant H/b_w\leqslant 2$)和矮墙($H/b_w<1$)。水平荷载作用下，随着结构高宽比的增大，由弯矩产生的弯曲型变形在整体侧移中占的比例相应增大，故一般高墙在水平荷载作用下的变形曲线表现为“弯曲型变形曲线”，而矮墙在水平荷载作用下的变形曲线表现为“剪切型变形曲线”。

2. 剪力墙的破坏特征

悬臂实体剪力墙可能出现如图 7.1 所示的几种破坏情况。在实际工程中，为了改善平面剪力墙的受力变形特征，结合建筑设计使用功能要求，在剪力墙上开设洞口而以连梁相连，以使单肢剪力墙的高宽比显著提高，从而使剪力墙墙肢发生延性的弯曲破坏。若墙肢高宽比较小，一旦墙肢发生破坏，肯定是无较大变形的脆性剪切破坏，设计时应尽可能增大墙肢高宽比以避免脆性的剪切破坏。

7.1.2　剪力墙的结构布置

1. 高宽比限制

钢筋混凝土高层剪力墙结构的最大适用高度及高宽比应满足水平荷载作用下的整体抗倾覆稳定性要求，并使设计经济合理。A 级和 B 级高度剪力墙的最大适用高度应分别满足表 7-1 和表 7-2 的要求。

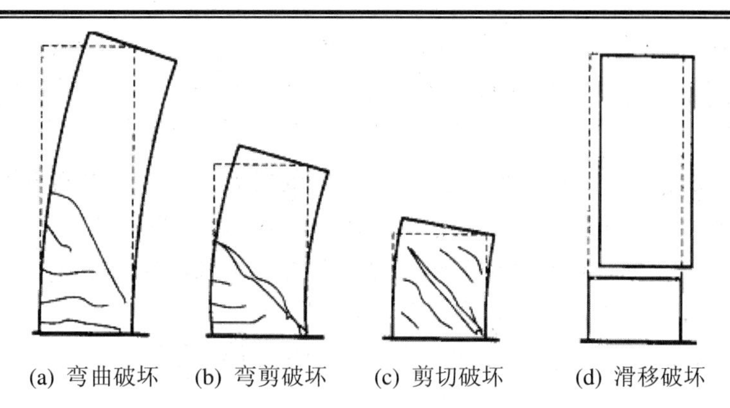

图 7.1　悬臂实体剪力墙的破坏形态

表 7-1　A 级高度钢筋混凝土剪力墙结构的最大适用高度(m)

	非抗震设计	6 度设防	7 度设防	8 度设防	9 度设防
全部落地剪力墙	150	140	120	100	60
部分宽肢剪力墙	130	120	100	80	不应使用

表 7-2　B 级高度钢筋混凝土剪力墙结构的最大适用高度(m)

	非抗震设计	6 度设防	7 度设防	8 度设防
全部落地剪力墙	180	170	150	130
部分宽肢剪力墙	150	140	120	100

A 级和 B 级高度钢筋混凝土剪力墙的高宽比限值应分别满足表 7-3 和表 7-4 的要求。

表 7-3　A 级高度钢筋混凝土剪力墙结构的最大高宽比

	非抗震设计	6 度、7 度设防	8 度设防	9 度设防
高宽比限值	6	6	5	4

表 7-4　B 级高度钢筋混凝土剪力墙结构的最大高宽比

	非抗震设计	6 度、7 度设防	8 度设防
高宽比限值	8	7	6

2. 结构平面布置

(1) 在剪力墙结构中，剪力墙宜沿主轴方向或其他方向双向布置。一般情况下，采用矩形、L 形、T 形平面时，剪力墙沿两个正交的主轴方向布置；三角形及 Y 形平面可沿 3 个方向布置；正多边形、圆形和弧形平面，则可沿径向及环向布置。抗震设计的剪力墙结构，应避免仅单向有墙的结构布置形式。剪力墙墙肢截面宜简单、规则。剪力墙结构的侧向刚度不宜过大。侧向刚度过大，将使结构周期过短，地震作用大，很不经济。另外，长度过大的剪力墙易形成中高墙或矮墙，由受剪承载力控制破坏状态，使延性变形能力减弱，不利于抗震。

(2) 高层建筑结构不应采用全部为短肢剪力墙的剪力墙结构(短肢剪力墙是指墙肢截面高度与厚度之比为5～8的剪力墙，一般剪力墙是指墙肢截面高度与厚度之比大于8的剪力墙)。短肢剪力墙较多时，应布置筒体(或一般剪力墙)，形成短肢剪力墙与筒体(或一般剪力墙)共同抵抗水平力的剪力墙结构，并应符合下列规定。

① 其最大适用高度应比表7-1中剪力墙结构的规定值适当降低，且7度和8度抗震设计时分别不应大于100m和60m。

② 抗震设计时，筒体和一般剪力墙承受的第一振型底部地震倾覆力矩不宜小于结构总底部地震倾覆力矩的50%。

③ 抗震设计时，各层短肢剪力墙在重力荷载代表值作用下产生的轴力设计值的轴压比，抗震等级为一级、二级、三级时分别不宜大于0.5、0.6和0.7；对于无翼缘或端柱的一字形短肢剪力墙，其轴压比限值相应降低0.1。

④ 短肢剪力墙截面厚度不应小于200mm。

⑤ 7度和8度抗震设计时，短肢剪力墙宜设置翼缘。一字形短肢剪力墙平面外不布置与之单侧相交的楼面梁。

(3) 剪力墙的门窗洞口宜上下对齐、成列布置，形成明确的墙肢和连梁。避免使墙肢刚度相差悬殊的洞口设置。抗震设计时，抗震等级一级、二级、三级的剪力墙底部和加强部位不宜采用错洞墙；一级、二级、三级抗震等级的剪力墙均不宜采用叠合错洞墙。

(4) 同一轴线上的连续剪力墙过长时，应该用楼板或细弱的连梁分成若干个墙段，每一个墙段相当于一片独立剪力墙，墙段的高宽比应不小于2。每一墙肢的宽度不宜大于8m，以保证墙肢受弯承载力控制，而且靠近中和轴的竖向分布钢筋在破坏时能充分发挥其强度。

(5) 剪力墙结构中，如果剪力墙的数量太多，会使结构刚度和重量太大，不仅材料用量增加，而且地震力也增大，使上部结构和基础设计变得困难。

一般来说，采用大开间剪力墙(间距为6.0～7.2 m)比小开间剪力墙(间距为3～3.9 m)的效果更好。以高层住宅为例，小开间剪力墙的墙截面面积约占楼面面积的8%～10%，而大开间剪力墙可降至6%～7%，降低了材料用量，而且增大了建筑物的使用面积。

判断剪力墙结构刚度是否合理可以根据结构基本自振周期来考虑，宜使剪力墙结构的基本自振周期控制在(0.05～0.06)n(n为层数)。当周期过短、地震力过大时，宜加以调整。调整结构刚度有以下方法。

① 适当减小剪力墙的厚度。

② 降低连梁高度。

③ 增大门窗洞口宽度。

④ 对较长的墙肢设置施工洞，分为两个墙肢，以避免墙肢吸收过多的地震剪力而不能提供相应的抗剪承载力。墙肢长度超过8m时，一般都应由施工洞口划分为小墙肢。墙肢由施工洞分开后，如果建筑上不需要，可以用砖墙填充。

3. 结构竖向布置

(1) 普通剪力墙结构的剪力墙应在整个建筑上竖向连续，上应到顶，下要到底，中间楼层不要中断。若剪力墙不连续，会使结构刚度突变，对抗震非常不利。

顶层取消部分剪力墙而设置大房间时，其余的剪力墙应在构造上予以加强。底层取消部分剪力墙时，应设置转换楼层，并按专门规定进行结构设计。为避免刚度突变，剪力墙的厚度应按阶段变化，每次厚度减少宜为 50～100mm，使剪力墙刚度均匀连续改变。厚度改变和混凝土强度等级的改变宜错开楼层。

(2) 为减少上下剪力墙结构的偏心，一般情况下，厚度宜两侧同时内收。外墙为保持外墙面平整，可以只在内侧单面内收；电梯井因安装要求，可以只在外侧单面内收。

(3) 剪力墙的洞宜上下对齐，成列布置，使剪力墙形成明确的墙肢和连梁。成列开洞的规则剪力墙传力直接，受力明确，地震中不易因为复杂应力而产生严重震害，如图 7.2(a)所示；错洞墙洞口上、下不对齐，受力复杂，如图 7.2(b)所示，洞口边容易产生显著的应力集中，因而配筋量增大，而且地震中常易发生严重震害。

(4) 剪力墙相邻洞口之间以及洞口与墙边缘之间要避免如图 7.3 所示的小墙肢。试验表明：墙肢宽度与厚度之比小于 3 的小墙肢在反复荷载作用下，会比大墙肢早开裂、早破坏，即使加强配筋，也难以防止小墙肢的早期破坏。在设计剪力墙时，墙肢宽度不宜小于 $3b_w$(b_w为墙厚)，且不应小于 500mm。

(5) 采用刀把形剪力墙如图 7.4 所示会使剪力墙受力复杂，应力局部集中，而且竖向地震作用会对其产生较大的影响。

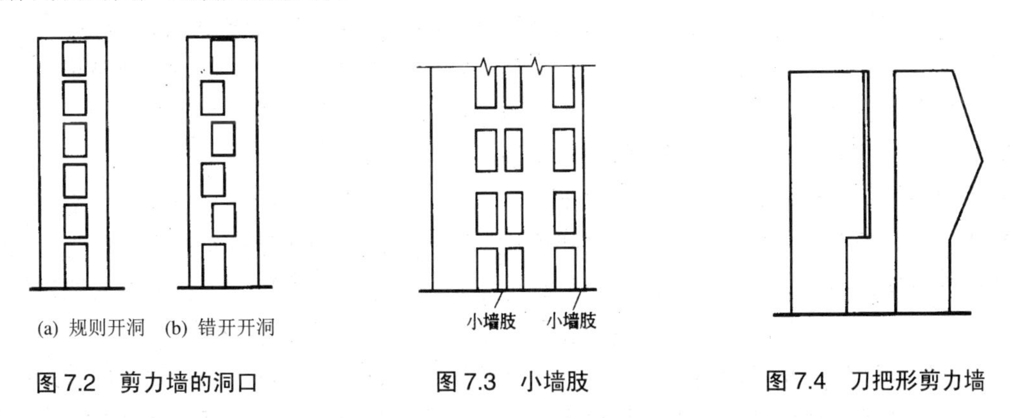

图 7.2 剪力墙的洞口

图 7.3 小墙肢

图 7.4 刀把形剪力墙

(6) 抗震设计时，一般剪力墙结构底部加强部位的高度可取墙肢总高度的 1/8 和底部两层总高度二者中的较大值。当剪力墙高度超过 150m 时，其底部加强部位的高度可取墙肢总高度的 1/10。部分框支剪力墙结构底部加强部位的高度可取框支层加上框支层以上两层的高度及墙肢总高度的 1/8 中二者的较大值。

7.1.3 剪力墙最小厚度及材料强度选定

1. 剪力墙材料选择

剪力墙结构的混凝土强度等级不应低于 C20；带有筒体和短肢剪力墙的剪力墙结构的混凝土强度等级不应低于 C25。

2. 剪力墙的最小截面尺寸要求

(1) 按一级、二级抗震等级设计的剪力墙的截面厚度，底部加强部位不应小于层高或剪力墙无支长度的1/16，且不应小于200mm；其他部位不应小于层高或剪力墙无支长度的1/20，且不应小于160mm。当为无端柱或翼墙的一字形剪力墙时，其底部加强部位截面厚度不应小于层高的1/12；其他部位不应小于层高的1/15，且不应小于180mm。墙肢的支承来自于楼板和与该墙肢垂直相交的墙肢，当墙肢层高大于墙肢的支承距离时，可由支承长度决定墙肢的最小厚度，同样能达到提供合适的出平面外刚度的目的。

(2) 按三级、四级抗震等级设计的剪力墙截面厚度，底部加强部位不应小于层高或剪力墙无支长度的1/20，且不应小于160mm；其他部位不应小于层高或剪力墙无支长度的1/25，且不应小于160mm。

(3) 非抗震设计的剪力墙，其截面厚度不应小于层高或剪力墙无支长度的1/25，且不应小于160mm。

(4) 剪力墙井筒中，分隔电梯井或管道井的墙肢截面厚度可适当减小，但不宜小于160mm。

对墙肢最小厚度及多排配筋的要求主要是使墙肢有较大的出平面外刚度和出平面外抗弯承载力。

7.1.4　剪力墙的延性要求

在进行构件的正截面承载力设计时构件的延性取决于构件受力时相对受压区高度的大小。当构件由受弯依次过渡到大偏压、小偏压、轴心受压时，构件的延性不断减小。剪力墙墙肢的底层往往是各楼层中轴压力最大的地方，若不对墙肢的轴压比进行限制，将使底层墙体的延性严重降低，延性降低将使结构消耗地震能量的能力减弱，在强震情况下更容易发生倒塌。由于地震时结构会产生水平力，该力在墙肢中引起的弯矩总是底部最大，故限制墙肢相对受压区高度的大小总是有利的。对于6度区的建筑结构，由于不需进行地震力的计算，使得在多遇地震下的内力计算结果是底层墙肢为小偏压，但仍然有必要进行混凝土受压区高度的控制，其目的是使墙肢在大震作用下具有更好的延性。

墙肢轴压力的大小是相对不变的，当地震强度增大时，主要增大的是墙肢的弯矩值和剪力值，这样可能使墙肢由小偏压构件向大偏压构件变化，相对受压区高度也会减小。对于大偏压构件，由于墙肢端部钢筋均能达到屈服，受压区高度的大小就完全由轴压力的大小决定，延性也就主要由轴压力的大小决定。因此，抗震设计时，各层短肢剪力墙在重力荷载代表值作用下产生的轴力设计值的轴压比，抗震等级为一级、二级、三级时分别不宜大于0.5、0.6和0.7；对于无翼缘或端柱的一字形短肢剪力墙，由于端部混凝土的极限压应变有所降低，轴压比的限制应更严格，应比前述要求再降低。

抗震设计时，一级、二级抗震等级的剪力墙底部加强部位，其在重力荷载代表值作用下的墙肢轴压比不宜超过表7-5中的限值。

表 7-5　剪力墙轴压比限值

轴压比	一级(9 度)	一级(7、8 度)	二级
$\frac{N}{f_c A}$	0.4	0.5	0.6

注：① N——重力荷载代表值作用下剪力墙墙肢的轴向压力设计值。

② A——剪力墙墙肢截面面积。

③ f_c——混凝土轴心抗压强度设计值。

由于边缘构件能提高剪力墙端部的极限压应变，在相对受压区高度相同的情况下能使墙肢延性增强，故墙肢均应设置边缘构件。对于一般情况应设置构造边缘构件，对于特殊情况应设置约束边缘构件。为了提高墙肢的延性，水平钢筋和箍筋的设置总是有利的。

7.1.5　短肢剪力墙

高规提出了关于短肢剪力墙的设计规定，并对截面高度与厚度之比小于 5 的情况又作了进一步规定：截面高度与厚度之比小于 3 时，应按柱设计(当形成异型柱时，则应按异型柱的要求设计)；至于剪力墙高度与厚度之比大于 3、又小于 5 的剪力墙，实际上也是短肢剪力墙，由于它们更弱，高规提出不宜采用小于 5 的小墙肢，并且对这种小墙肢的轴压比提出了更严格的限制，因此即使采用短肢剪力墙，也要尽可能使墙肢截面高度与厚度之比大于 5。

近年兴起的短肢剪力墙结构，有利于住宅建筑布置，又可进一步减轻结构自重，应用逐渐广泛。但是由于短肢剪力墙抗震性能较差，地震区应用经验不多，考虑高层住宅建筑的安全，要求一般剪力墙不宜过少、短肢剪力墙的墙肢不宜过短。在允许高层建筑中采用短肢剪力墙的前提下，高规对短肢剪力墙的应用范围作了限制，并提出了一些加强措施。

1. *应用范围*

高规首先规定：高层建筑结构不应采用全部为短肢剪力墙的剪力墙结构。短肢剪力墙较多时，应布置筒体(或一般剪力墙)，形成短肢剪力墙与筒体(或一般剪力墙)共同抵抗水平力的剪力墙结构。第二，具有较多短肢剪力墙的剪力墙结构最大适用高度应比表 7-1 中剪力墙结构的规定值适当降低，7 度和 8 度抗震设计时分别不应大于 100m 和 60m。第三，高规进一步明确规定：B 级高度高层建筑和 9 度抗震设计的 A 级高度高层建筑，即使设置筒体，也不应采用具有较多短肢剪力墙的剪力墙结构。第四，应当说明，如果在剪力墙结构中，只有个别小墙肢，则不属于这种短肢剪力墙与筒体共同工作的剪力墙结构。

2. *加强措施*

高规对这种结构抗震等级、筒体和一般剪力墙承受的地震倾覆力矩、墙肢厚度、轴压比、截面剪力设计值、纵向钢筋配筋率等作了相应规定，其中对抗震结构规定较多。

抗震设计时，筒体和一般剪力墙承受的第一振型底部地震倾覆力矩不宜小于结构总底部地震倾覆力矩的 50%；目的是限制短肢剪力墙的数量。短肢剪力墙的抗震等级应比一般剪力墙的抗震等级提高一级采用，目的是从构造上改善短肢剪力墙的延性。

出于改善延性的考虑，规定抗震设计时，各层短肢剪力墙在重力荷载代表值作用下产生的轴力设计值的轴压比，抗震等级为一级、二级、三级时分别不宜大于 0.5、0.6 和 0.7(对一般剪力墙，三级抗震等级时轴压比未限制)；对于无翼缘或端柱的一字形短肢剪力墙，其延性更为不利，因此轴压比限值要相应降低 0.1；对于短肢剪力墙的剪力设计值，不仅底部加强部位应按高规进行调整，其他各层也要调整，一级、二级抗震等级应分别乘以增大系数 1.4 和 1.2；目的是避免短肢剪力墙过早剪坏。短肢剪力墙截面的纵向钢筋的配筋率，底部加强部位不宜小于 1.2%，其他部位不宜小于 1.0%；对短肢剪力墙截面最小厚度而言，无论抗震设计还是非抗震设计，其厚度都不应小于 200mm；对于非抗震设计，除要求建筑最大适用高度适当降低外，对墙肢厚度也有限制，对墙肢厚度限制的目的是使墙肢不致过小。一字形短肢剪力墙延性及平面外稳定均十分不利，因此除了对轴压比限制更严以外，还规定 7 度和 8 度抗震设计时，一字形短肢剪力墙平面外不宜布置与之单侧垂直相交或斜交的楼面梁，同时要求短肢剪力墙应尽可能设置翼缘。

7.2 墙 肢 设 计

剪力墙的墙肢可以是整体墙，也可以是联肢墙的墙肢。剪力墙可来自于剪力墙结构，也可来自于框-剪结构的剪力墙，还可是其他结构的剪力墙部分。按第 4 章求得剪力墙某一墙肢的内力(弯矩 M、轴力 N、剪力 V)后，须首先按抗震等级进行内力调整，然后进行正截面承载力的计算。本小节主要介绍以下 3 个方面的内容：墙肢内力设计值、墙肢的承载力计算和墙肢的构造要求。

7.2.1 墙肢内力设计值

墙肢的内力有轴力、弯矩和剪力 3 种内力。对于轴力，由偏心受压构件的 M-N 关系曲线可知，对于大偏心受压构件，当轴力 N 增大时，在弯矩 M 不变的前提下将引起配筋量的减小，而剪力墙墙肢在地震作用下大多为大偏心受压构件，故对剪力墙墙肢的轴向力不应作出增大的调整。

1. 墙肢弯矩设计值

对于墙肢的弯矩，为了实现强剪弱弯的原则，一般情况下对弯矩不作出增大的调整，但对于一级抗震等级的剪力墙，为了使地震时塑性铰的出现部位符合设计意图，在其他部位保证不出现塑性铰，对一级抗震等级的剪力墙的设计弯矩包线作了如下规定。

(1) 底部加强部位及上一层应按墙底截面组合弯矩计算值采用。

(2) 其他部位可按墙肢组合弯矩计算值的 1.2 倍采用。

这一规定的描述如图 7.5 所示，图中虚线为计算的组合弯矩图，实线为应采用的弯矩设计值。需要说明的是，图中非加强区域的 1.2 倍组合弯矩连线应为以层为单位的阶梯形折线，在图中用直线近似表达。

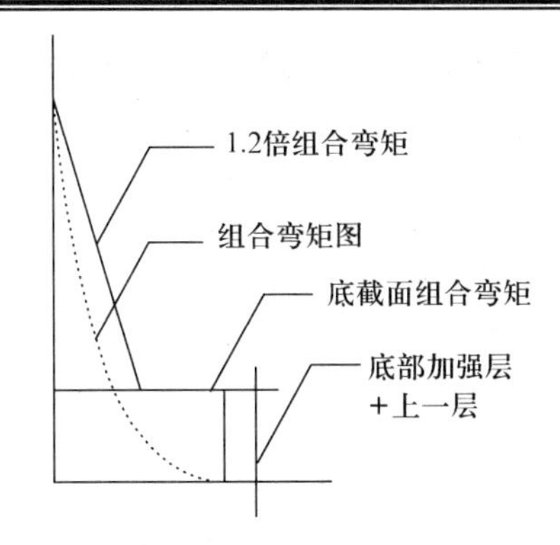

图 7.5　一级抗震等级设计的剪力墙各截面弯矩设计值

2. 墙肢剪力设计值

抗震设计时，为体现强剪弱弯的原则，剪力墙底部加强部位的剪力设计值要乘以增大系数，按其抗震等级的不同，增大系数不同。按高规规定，一级、二级、三级抗震等级剪力墙底部加强部位都可用调整系数增大其剪力设计值，四级抗震等级及无地震作用组合时可不调整，公式如下。

$$V = \eta_{vw} V_w \tag{7-1}$$

式中：V——考虑地震作用组合的剪力墙墙肢底部加强部位截面的剪力设计值；

V_w——考虑地震作用组合的剪力墙墙肢底部加强部位截面的剪力计算值；

η_{vw}——剪力增大系数，一级为 1.6，二级为 1.4，三级为 1.2。

但是在设防烈度为 9 度时，剪力墙底部加强部位仍然要求用实际的正截面配筋计算出的抗弯承载力计算其剪力增大系数，即 9 度抗震设计时尚应符合

$$V = 1.1\frac{M_{wua}}{M_w}V_w \tag{7-2}$$

式中：M_{wua}——考虑承载力抗震调整系数 γ_{RE} 后的剪力墙墙肢正截面抗弯承载力，应按实际配筋面积、材料强度标准值和轴向力设计值确定，有翼墙时应考虑墙两侧各一倍翼墙厚度范围内的纵向钢筋；

M_w——考虑地震作用组合的剪力墙墙肢截面的弯矩设计值。

7.2.2　墙肢正截面承载力计算

墙肢轴力大多数时候是压力，同时考虑到墙肢的弯矩影响，此时的正截面承载力计算应按偏心受压构件进行。当墙肢轴力出现拉力时，同时考虑到墙肢弯矩影响，此时的正截面承载力计算应按偏心受拉构件进行。综上所述，墙肢正截面承载力分为正截面偏心受压承载力验算和正截面偏心受拉承载力验算两个方面。

1. 墙肢正截面偏心受压承载力验算

墙肢正截面偏心受压承载力的计算方法有两种，一种为《混凝土结构设计规范》(GB 50010—2002)中的有关计算方法，另一种为《高层建筑混凝土结构技术规程》(JGJ 3—2002)中的有关计算方法，前者运算较复杂且偏于精确，后者运算稍简单且趋于粗略。下面分别对这两种方法进行简单介绍。典型带翼缘剪力墙截面如图 7.6 所示。

《混凝土结构设计规范》(GB 50010—2002)(以下简称规范)计算公式推导的主要依据为一般正截面承载力设计的 3 个基本假定。

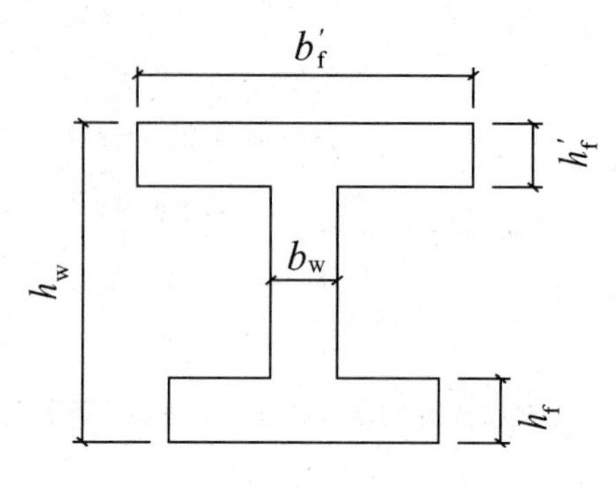

图 7.6　剪力墙截面

所谓均匀配筋构件是指截面中除了在受压边缘和受拉边缘集中配置钢筋 A_s' 及 A_s 以外，沿截面腹部还配置了等直径、等间距的纵向受力钢筋 A_{sw}，一般每侧不少于 4 根。这种配筋形式常用于剪力墙等结构中。

从理论上讲，规范已有公式可求出任意位置上的钢筋应力 σ_{si}，再列出力的平衡方程式就可对均匀配筋构件的承载力进行计算。但这种一般性的计算方法必须反复迭代，计算工作量十分繁重，不便于实际应用。为此，规范给出了简化的计算公式。

为便于计算，可将分散的纵筋 A_{sw} 换算为连续的钢片。如图 7.7 所示为均匀配筋偏压构件的承载力计算，钢片单位长度上的截面面积为 A_{sw}/h_{sw}，h_{sw} 为截面均匀配置纵向钢筋区段的高度，可取 $h_{sw}=h_{w0}-a_s'$。

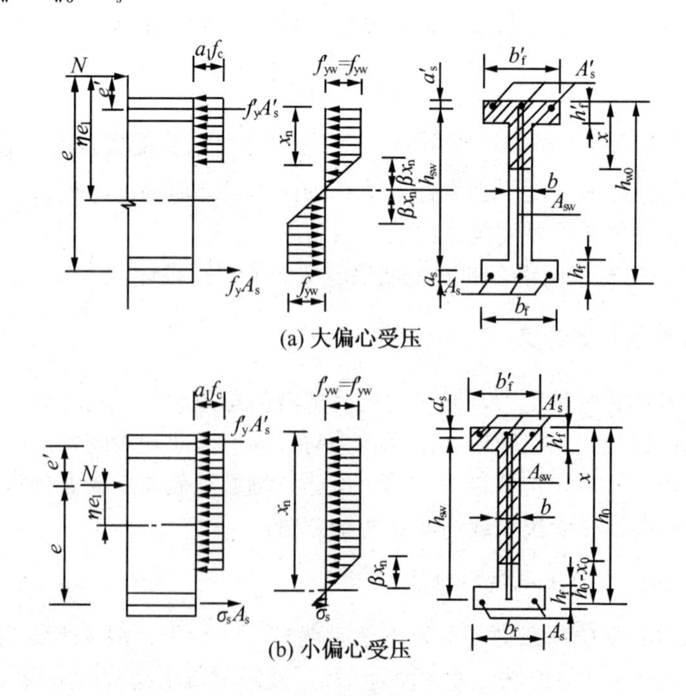

图 7.7　均匀配筋偏压构件的承载力计算

这样截面的承载力就可分为两部分：一部分为混凝土截面和端部纵向钢筋 A_s、A_s' 组成的一般钢筋混凝土偏压构件的承载力；另一部分为钢片 A_{sw} 的承载力。也就是说，均匀配筋的偏压构件的承载力公式只需在前述一般钢筋混凝土大、小偏心受压构件的承载力基本公式中增加一项钢片 A_{sw} 的承载力 N_{sw}、M_{sw} 就可以了。即其正截面受压承载力可按下列公式计算。

$$N \leqslant \alpha_1 f_c[\xi b h_{w0} + (b_f' - b)h_f'] + f_y' A_s' - \sigma_s A_s + N_{sw} \tag{7-3}$$

$$Ne \leqslant \alpha_1 f_c[\xi(1-0.5\xi) b h_{w0}^2 + (b_f' - b)h_f'(h_{w0} - \frac{h_f'}{2})] + f_y' A_s'(h_{w0} - a_s') + M_{sw} \tag{7-4}$$

问题的关键就是给出计算 N_{sw}、M_{sw} 的公式。

对大偏压情况，可假定在截面受压和受拉区的外区段内，钢片的应力分别达到抗压强度设计值 f_{yw}' 和抗拉强度设计值 f_{yw}，对热轧钢筋，$f_{yw}' = f_{yw}$。在由应变平截面假定得出的实际中和轴附近的中间区段 $2\beta x_n$ 范围内，钢片应力则由 f_{yw}' 线性变化到 f_{yw}。β 为钢筋屈服应变 ε_y 与混凝土极限压应变 ε_{cu} 的比值。

对小偏压情况，可假定处于受压区的钢片应力达到 f_{yw}'；受拉区钢片边缘处的应力为 σ_{sw}。在实际中和轴附近的 βx_n 区段，应力由 f_{yw}' 线性变化到 σ_{sw}。

由此可建立起 N_{sw} 及 M_{sw} 的计算公式，并加以一定的简化，就得到

$$N_{sw} = (1 + \frac{\xi - \beta_1}{0.5\beta_1 w}) f_{yw} A_{sw} \tag{7-5}$$

$$M_{sw} = [0.5 - (\frac{\xi - \beta_1}{\beta_1 w})^2] f_{yw} A_{sw} h_{sw} \tag{7-6}$$

式中：N_{sw}——沿截面腹部均匀配置的纵向钢筋所承担的轴向压力，当 $\xi > \beta_1$ 时，取 $\xi = \beta_1$ 计算；

M_{sw}——沿截面腹部均匀配置的纵向钢筋的内力对 A_s 重心的力矩，当 $\xi > \beta_1$ 时，取 $\xi = \beta_1$ 计算；

w——高度 h_{sw} 与 h_{w0} 的比值，$w = h_{sw}/h_{w0}$。

由于上述表达式中考虑的因素较多，给工程运算带来较大的不便，《高层建筑混凝土结构技术规程》(JGJ 3—2002)在前述公式的基础上对此进一步简化并在工程实践中得到了广泛的运用。下面对《高层建筑混凝土结构技术规程》(JGJ 3—2002)中的墙肢正截面偏心受压公式进行详细介绍。

在现行国家标准《混凝土结构设计规范》(GB 50010—2002)中偏心受压截面计算公式的基础上，根据中国建筑科学研究院结构所等单位所做的剪力墙试验进行了简化，得到《高层建筑混凝土结构技术规程》(JGJ 3—2002)的简化公式。简化时假定在剪力墙腹板中 1.5 倍相对受压区范围之外，受拉区分布钢筋全部屈服，中和轴附近受拉受压应力都很小，受压区的分布钢筋合力也很小，因此在计算时忽略 1.5 倍受压区范围之内的分布筋作用。高规中的计算公式就是在上述简化假定中得到的。

按照工字形截面两个基本平衡公式($\sum N = 0, \sum M = 0$)，可得各种情况下的设计计算公式。

$$N \leqslant A_s' f_y' - A_s \sigma_s - N_{sw} + N_c \tag{7-7}$$

$$N(e_0 + h_{w0} - \frac{h_w}{2}) \leqslant A_s' f_y' (h_{w0} - a_s') - M_{sw} + M_c \tag{7-8}$$

式(7-8)左侧为轴力对端部受拉钢筋合力点取矩的计算结果，右侧分别为端部受压钢筋、受拉分布筋(忽略受压分布筋的作用)和受压混凝土对端部受拉钢筋合力点取矩的计算结果。

当 $x > h_f'$ 时，中和轴在腹板中，基本公式中 N_c、M_c 由下列公式计算。

$$N_c = \alpha_1 f_c b_w x + \alpha_1 f_c (b_f' - b_w) h_f' \tag{7-9}$$

$$M_c = \alpha_1 f_c b_w x (h_{w0} - \frac{x}{2}) + \alpha_1 f_c (b_f' - b_w) h_f' (h_{w0} - \frac{h_f'}{2}) \tag{7-10}$$

当 $x \leqslant h_f'$ 时，中和轴在翼缘内，基本公式中 N_c、M_c 由下式计算。

$$N_c = \alpha_1 f_c b_f' x \tag{7-11}$$

$$M_c = \alpha_1 f_c b_f' x (h_{w0} - \frac{x}{2}) \tag{7-12}$$

对于混凝土受压区为矩形的其他情况，按 $b_f' = b_w$ 代入式(7-11)、(7-12)进行计算。

当 $x \leqslant \xi_b h_{w0}$ 时，为大偏压，此时受拉、受压端部钢筋都达到屈服，基本公式中 σ_s、N_{sw}、M_{sw} 由下列公式计算。

$$\sigma_s = f_y \tag{7-13}$$

$$N_{sw} = (h_{w0} - 1.5x) b_w f_{yw} \rho_w \tag{7-14}$$

$$M_{sw} = \frac{1}{2}(h_{w0} - 1.5x)^2 b_w f_{yw} \rho_w \tag{7-15}$$

上列公式为忽略受压分布钢筋的有利作用，将受拉分布钢筋对端部受拉钢筋合力点取矩求得。当 $x > \xi_b h_{w0}$ 时，为小偏压，此时端部受压钢筋屈服，而受拉分布钢筋及端部钢筋均未屈服。既不考虑受压分布钢筋的作用，也不计入受拉分布钢筋的作用。基本公式中 σ_s、N_{sw}、M_{sw} 由下列公式计算。

$$\sigma_s = \frac{f_y}{\xi_b - 0.8}(\frac{x}{h_{w0}} - \beta_1) \tag{7-16}$$

$$N_{sw} = 0 \tag{7-17}$$

$$M_{sw} = 0 \tag{7-18}$$

界限相对受压区高度由下式计算。

$$\xi_b = \frac{\beta_1}{1 + \frac{f_y}{E_s \varepsilon_{cu}}} \tag{7-19}$$

式中：a_s'——剪力墙受压区端部钢筋合力点到受压区边缘的距离。

b_f'——T 形或 I 形截面受压区翼缘宽度，矩形截面时 $b_f' = b_w$。

e_0——偏心距，$e_0 = M/N$。

f_y，f_y'——分别为剪力墙端部受拉、受压钢筋强度设计值。

f_{yw}——剪力墙墙体竖向分布钢筋强度设计值。

f_c——混凝土轴心抗压强度设计值。

h_f'——T 形或 I 形截面受压区翼缘的高度。

h_{w0}——剪力墙截面有效高度，$h_{w0}=h_w-a_s'$。

ρ_w——剪力墙竖向分布钢筋配筋率；$\rho_w=\dfrac{A_{sw}}{b_w h_{w0}}$，$A_{sw}$ 为剪力墙腹板竖向钢筋总配筋量。

ξ_b——界限相对受压区高度。

α_1——受压区混凝土矩形应力图的应力与混凝土轴心抗压强度设计值的比值。当混凝土强度等级不超过 C50 时取 1.0；当混凝土强度等级为 C80 时取 0.94；当混凝土强度等级在 C50 和 C80 之间时，可按线性内插取值。

β_1——随混凝土强度提高而逐渐降低的系数。当混凝土强度等级不超过 C50 时取 0.8；当混凝土强度等级为 C80 时取 0.74；当混凝土强度等级在 C50 和 C80 之间时，可按线性内插取值。

ε_{cu}——混凝土极限压应变，应按现行国家标准《混凝土结构设计规范》(GB 50010—2002)第 7.1.2 条的有关规定采用。

对于无地震作用组合，可直接按上述方法进行验算；而有地震作用参与组合时，公式应作以下调整。

$$N \leqslant \frac{1}{\gamma_{RE}}(A_s' f_y' - A_s\sigma_s - N_{sw} + N_c) \tag{7-20}$$

$$N\left(e_0 + h_{w0} - \frac{h_w}{2}\right) \leqslant \frac{1}{\gamma_{RE}}[A_s' f_y'(h_{w0} - a_s') - M_{sw} + M_c] \tag{7-21}$$

式中：γ_{RE}——承载力抗震调整系数，取 0.85。

对于大偏心受压情况，由于忽略了受压分布筋的有利作用，计算的受弯承载力比实际的受弯承载力低，偏于安全；对于小偏心受压情况，同时忽略了受压分布筋和受拉分布筋的有利作用，计算出的受弯承载力也小于实际的受弯承载力，也偏于安全。所以，《高层建筑混凝土结构技术规程》(JGJ 3—2002)的计算结果较《混凝土结构设计规范》(GB 50010—2002)的计算结果更安全。

2. 墙肢正截面偏心受拉承载力验算

所有正截面承载力设计的 M、N 相关关系可以归结为一条近似的二次抛物线，如图 7.8 所示。线上关键点和线段有以下对应关系：a 点—轴心受压，c 点—纯弯，e 点—轴心受拉，b 点—大小偏心受压的分界点，d 点—大小偏心受拉的分界点，因此曲线上各段分别为 ab—小偏心受压，bc—大偏心受压，cd—大偏心受拉，de—小偏心受拉。

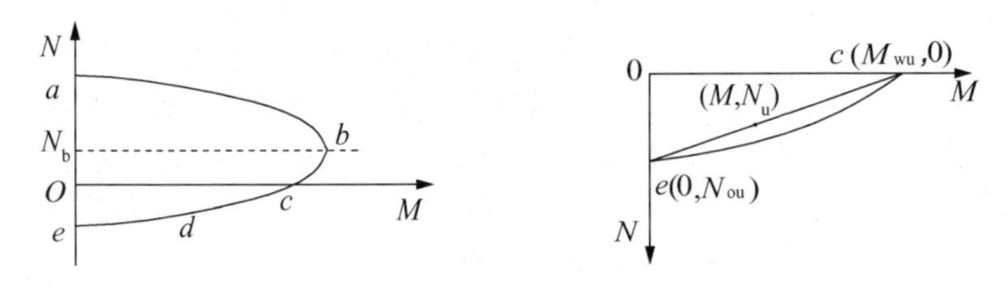

图 7.8　墙肢 M-N 相关关系曲线

将 ce 段放大后，对应于某一配筋和截面情况，若其轴心受拉承载力为 N_{ou}，纯弯时受弯承载力为 M_{wu}，则所有 M、N 组合所对应的点落在抛物线内时是安全的，所对应的点落在抛物线外时是不安全的。其分界线为抛物线。由于该段抛物线远离抛物线顶点 b，故可偏安全地近似用 c、e 两点的连线来模拟，c 点坐标为$(M_{wu},0)$,e 点的坐标为$(0, N_{ou})$,ce 连线的直线方程为：

$$\frac{N}{N_{ou}}+\frac{M}{M_{wu}}=1$$

上式中 $N=N_u$，$M=N_u e_0$

可得

$$N_u=\frac{1}{\dfrac{1}{N_{ou}}+\dfrac{e_0}{M_{wu}}} \tag{7-22}$$

规范规定，当无地震组合时，应满足

$$N \leqslant N_u=\frac{1}{\dfrac{1}{N_{ou}}+\dfrac{e_0}{M_{wu}}} \tag{7-23}$$

当地震参与荷载组合时，应满足

$$N \leqslant \frac{N_u}{\gamma_{RE}}=\frac{1}{\gamma_{RE}}\left(\frac{1}{\dfrac{1}{N_{ou}}+\dfrac{e_0}{M_{wu}}}\right) \tag{7-24}$$

N_{ou} 为构件轴心受拉时的承载力，对于对称配筋的剪力墙，$A_s'=A_s$，剪力墙腹板竖向分布筋的全部截面积为 A_{sw}，则有

$$N_{ou}=2A_s f_y+A_{sw} f_{yw} \tag{7-25}$$

M_{wu} 为墙肢纯弯时的受弯承载力，规范有以下公式。

$$M_{wu}=A_s f_y(h_{w0}-a_s')+A_{sw} f_{yw}\frac{h_{w0}-a_s'}{2} \tag{7-26}$$

需要说明的是式(7-25)中右侧第二项假定墙肢腹板钢筋全部受拉屈服，并将其对受压钢筋合力点取矩，这在纯弯时是不可能出现的，这样将导致受弯承载力的虚假增大，由此引起图中 c 点向右移动而使计算结果偏不安全。该偏大的幅度与腹板配筋量有关，配筋率小时偏大幅度较小，而配筋率大时偏大幅度较大，另外，其影响程度还与端部配筋和腹板配筋的比值有关。

应当注意高规对偏心受拉墙肢所作的规定。在抗震设计的双肢剪力墙中，墙肢不宜出现小偏心受拉，因为如果双肢剪力墙中一个墙肢出现小偏心受拉，该墙肢可能会出现水平通缝而使混凝土失去抗剪能力，该水平通缝同时降低该墙肢的刚度，由荷载产生的剪力绝大部分将转移到另一个墙肢，导致其抗剪承载力不足，该情况应在设计时予以避免。当墙肢出现大偏心受拉时，墙肢易出现裂缝，使其刚度降低，剪力将在墙肢中重分配，此时，可将另一墙肢按弹性计算的剪力设计值增大(乘以系数 1.25)，以提高其抗剪承载力，由于地震力是双向的，故应对两个墙肢同时进行加强。

7.2.3　墙肢斜截面受剪承载力计算

为了使剪力墙不发生斜压破坏，首先必须保证墙肢截面尺寸和混凝土强度不致过小，只有这样才能使配置的水平钢筋能够屈服并发挥预想的作用。对此，《混凝土结构设计规

范》 (GB 50010—2002)有以下规定。

无地震作用组合时，

$$V_w \leqslant 0.25\beta_c f_c b_w h_{w0} \tag{7-27}$$

有地震作用组合时，

剪跨比 λ 大于 2.5 时，

$$V_w \leqslant \frac{1}{\gamma_{RE}}(0.20\beta_c f_c b_w h_{w0}) \tag{7-28}$$

剪跨比 λ 不大于 2.5 时，

$$V_w \leqslant \frac{1}{\gamma_{RE}}(0.15\beta_c f_c b_w h_{w0}) \tag{7-29}$$

式中：V——剪力墙截面剪力设计值，对剪力墙底部加强部位应为进行剪力调整后的剪力设计值。

h_{w0}——剪力墙截面有效高度。

β_c——混凝土强度影响系数。当混凝土强度等级不大于 C50 时取 1.0；当混凝土强度等级为 C80 时取 0.8；当混凝土强度等级在 C50 至 C80 之间时可按线性内插取用。

λ——计算截面处的剪跨比，即 $M^c/(V^c h_{w0})$，其中 M^c、V^c 应分别取与 V 同一组组合的、未按高规的有关规定进行调整的弯矩和剪力计算值。

在已经满足上述要求的前提下，按以下要求进行配筋计算。

无地震作用组合时，

$$V \leqslant \frac{1}{\lambda - 0.5}(0.5 f_t b_w h_{w0} + 0.13N\frac{A_w}{A}) + f_{yh}\frac{A_{sh}}{s}h_{w0} \tag{7-30}$$

有地震作用组合时，

$$V \leqslant \frac{1}{\gamma_{RE}}[\frac{1}{\lambda - 0.5}(0.4 f_t b_w h_{w0} + 0.1N\frac{A_w}{A}) + 0.8 f_{yh}\frac{A_{sh}}{s}h_{w0}] \tag{7-31}$$

式中：N——剪力墙的轴向压力设计值；抗震设计时，应考虑地震作用效应组合。当 N 大于 $0.2f_c b_w h_w$ 时，应取 $0.2f_c b_w h_w$。这是由于轴力的增大虽能在一定程度上提高混凝土的抗剪承载力，但当轴力增大到一定程度时却无助于混凝土抗剪承载力的提高，过大时还会引起混凝土抗剪承载力的丧失，考虑到规范所取用的安全度，混凝土抗剪承载力丧失的可能性不会出现，故当 $N \geqslant 0.2f_c b_w h_w$ 时，N 可取 $0.2f_c b_w h_w$。

A——剪力墙截面面积；对于 T 形或 I 形截面，含翼板面积。

A_w——T 形或 I 形截面剪力墙腹板的面积，矩形截面时应取 A。

λ——计算截面处的剪跨比。计算时，当 λ 小于 1.5 时应取 1.5，当 λ 大于 2.2 时应取 2.2；当计算截面与墙底之间的距离小于 $0.5h_{w0}$ 时，λ 应按距墙底 $0.5h_{w0}$ 处的弯矩值与剪力值计算。

s——剪力墙水平分布钢筋间距。

配筋计算出来以后须满足构造要求和最小配筋率要求，以防止发生剪拉破坏。

综上所述，墙肢斜截面受剪承载力的设计思路为：通过控制名义剪应力的大小防止发生斜压破坏，通过按计算配置所需的水平钢筋防止发生剪压破坏，满足构造要求并满足最小水平配筋率防止发生斜拉破坏。

7.2.4　墙肢施工缝的抗滑移验算

按一级抗震等级设计的剪力墙，要防止水平施工缝处发生滑移。考虑了摩擦力的有利影响后，要验算通过水平施工缝的竖向钢筋是否足以抵抗水平剪力，已配置的端部和分布竖向钢筋不够时，可设置附加插筋，附加插筋在上、下层剪力墙中都要有足够的锚固长度。高规给出的水平施工缝处的抗滑移能力验算公式如下。

$$V_{wj}=\frac{1}{\gamma_{RE}}(0.6f_yA_s+0.8N) \tag{7-32}$$

式中：V_{wj}——水平施工缝处考虑地震作用组合的剪力设计值。

A_s——水平施工缝处剪力墙腹板内竖向分布钢筋、竖向插筋和边缘构件(不包括两侧翼墙)纵向钢筋的总截面面积。

f_y——竖向钢筋抗拉强度设计值。

N——水平施工缝处考虑地震作用组合的不利轴向力设计值，压力取正值，拉力取负值。

7.2.5 墙肢边缘构件的设计要求

剪力墙边缘构件分为约束边缘构件和构造边缘构件两种，在一级、二级抗震设计的剪力墙底部加强部位及其上一层的墙肢端部应设置约束边缘构件，在一级、二级抗震设计的剪力墙的其他部位以及三级、四级抗震设计和非抗震设计的剪力墙墙肢端部应设置构造边缘构件。

1. 约束边缘构件

剪力墙约束边缘构件的设计应符合下列要求。

(1) 约束边缘构件沿墙肢方向的长度 l_c 和箍筋配箍特征值 λ_v 宜符合表 7-6 的要求，且一级、二级抗震设计时，箍筋直径均不应小于 8mm、箍筋间距分别不应小于 100mm 和 150mm。箍筋的配筋范围如图 7.9 中的阴影面积所示，体积配箍率为单位体积中所含箍筋体积的比率，体积配箍率 ρ_v 应按下式计算。

$$\rho_v=\lambda_v\frac{f_c}{f_{yv}} \tag{7-33}$$

式中：λ_v——约束边缘构件配箍特征值。

f_c——混凝土轴心抗压强度设计值。

f_{yv}——箍筋或拉筋的抗拉强度设计值，超过 360MPa 时，应按 360MPa 计算。

表 7-6 约束边缘构件范围 l_c 及其配箍特征值 λ_v

项　目	一级(9 度)	一级(7、8 度)	二　级
λ_v	0.20	0.20	0.20
l_c(暗柱)	$0.25h_w$	$0.20\ h_w$	$0.20\ h_w$
l_c(翼墙和端柱)	$0.20\ h_w$	$0.15\ h_w$	$0.15\ h_w$

注：① λ_v 为约束边缘构件的配箍特征值，h_w 为剪力墙墙肢长度。

② l_c 为约束边缘构件沿墙肢方向的长度，不应小于表中数值、$1.5b_w$ 和 450mm 三者的较大值，有翼墙或端柱时尚不应小于翼墙厚度或端柱沿墙肢方向截面高度加 300mm。

③ 翼墙长度小于其厚度的 3 倍或端柱截面边长小于墙厚的 2 倍时，视为无翼墙或无端柱。

(2) 约束边缘构件纵向钢筋的配筋范围不应小于图 7.9 中阴影面积，其纵向钢筋最小截面面积，一级、二级抗震设计时分别不应小于图 7.9 中阴影面积的 1.2%和 1.0%并分别不应小于 6ϕ16 和 6ϕ14。

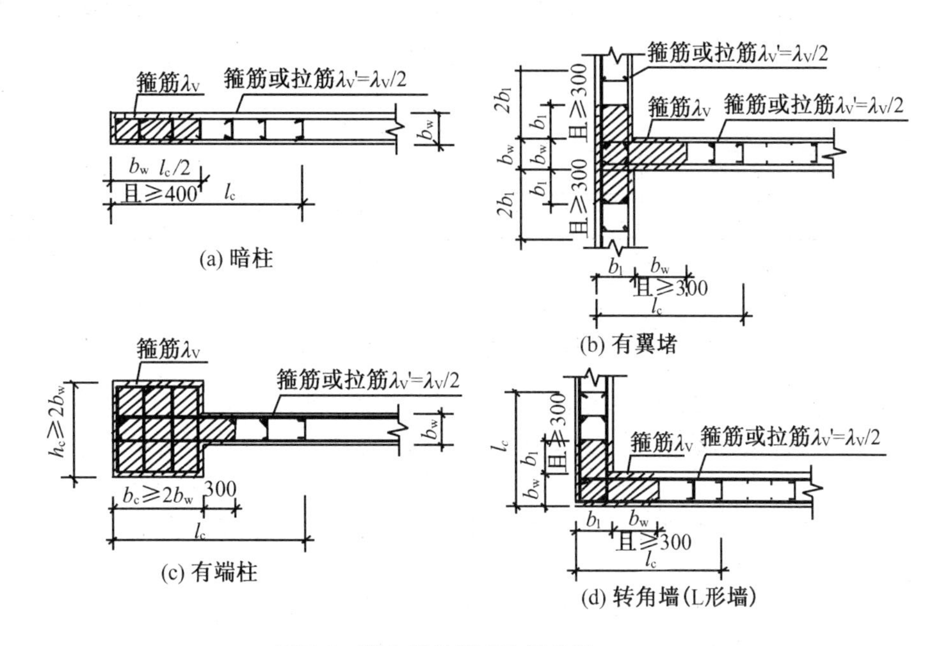

图 7.9　剪力墙的约束边缘构件

2. 构造边缘构件

剪力墙构造边缘构件的设计宜符合下列要求。

(1) 构造边缘构件的范围和计算纵向钢筋用量的截面面积 A_c 宜取图 7.10 中的阴影部分。

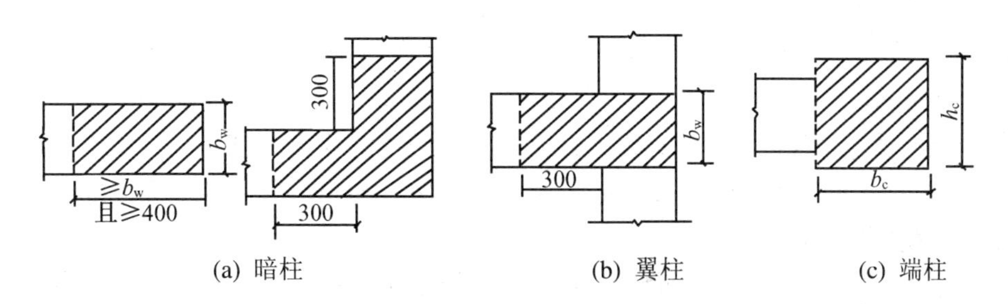

图 7.10　剪力墙的构造边缘构件

(2) 构造边缘构件的纵向钢筋应满足受弯承载力要求。

(3) 抗震设计时，构造边缘构件的最小配筋应符合表 7-7 的规定，箍筋的无支长度不应大于 300mm，拉筋的水平间距不应大于纵向钢筋间距的 2 倍。当剪力墙端部为端柱时，端柱中纵向钢筋及箍筋宜按框架柱的构造要求配置。

表 7-7 剪力墙构造边缘构件的配筋要求

抗震等级	底部加强部位			其他部位		
	纵向钢筋最小量(取较大值)	箍筋		纵向钢筋最小量(取较大值)	箍筋或拉筋	
		最小直径(mm)	最大间距(mm)		最小直径(mm)	最大间距(mm)
一级	—	—	—	0.008 A_c，6ϕ14	8	150
二级	—	—	—	0.006 A_c，6ϕ12	8	200
三级	0.005A_c，4ϕ12	6	150	0.004 A_c，4ϕ12	6	200
四级	0.005 A_c，4ϕ12	6	200	0.004 A_c，4ϕ12	6	250

注：① 符号ϕ表示钢筋直径。

② 对转角墙的暗柱，表中拉筋宜采用箍筋。

③ 箍筋的配筋范围宜取图 7.10 中阴影部分，其配箍特征值λ_v不宜小于 0.1。

(4) 抗震设计时，对于复杂高层建筑结构、混合结构、框架－剪力墙结构、筒体结构以及 B 级高度的剪力墙结构中的剪力墙(筒体)，其构造边缘构件的最小配筋应符合下列要求。

① 纵向钢筋最小配筋应将表 7-7 中的 0.008A_c、0.006A_c，和 0.004A_c分别用 0.010A_c、0.008A_c和 0.005A_c代替。

② 箍筋的配筋范围宜取图 7.10 中阴影部分，其配箍特征值λ_r不宜小于 0.1。

(5) 非抗震设计时，剪力墙端部应按构造配置不少于 4 根 12mm 的纵向钢筋，沿纵向钢筋应配置不少于直径为 6mm，间距为 250mm 的拉筋。

7.2.6 墙肢构造措施

剪力墙结构混凝土强度等级及截面尺寸应满足 7.1.3 节中的规定要求，当截面尺寸不满足时应按高规附录 D 计算墙体的稳定。

(1) 高层建筑剪力墙中竖向和水平分布钢筋，不应采用单排配筋。当剪力墙截面厚度 b 不大于 400mm 时，可采用双排配筋；当 b_w 大于 400mm，但不大于 700mm 时，宜采用三排配筋；当 b_w 大于 700mm 时，宜采用四排配筋。受力钢筋可均匀分布成数排。各排分布钢筋之间的拉接筋间距不应大于 600mm，直径不应小于 6mm，在底部加强部位，约束边缘构件以外的拉接筋间距尚应适当加密。

(2) 矩形截面独立墙肢的截面高度 h_w 不宜小于截面厚度 b_w 的 5 倍；当 h_w/b_w 小于 5 时，其在重力荷载代表值作用下的轴压力设计值的轴压比，一级、二级时不宜大于表 7-5 的限值减 0.1，三级时不宜大于 0.6；当 h_w/b_w 不大于 3 时，宜按框架柱进行截面设计，底部加强部位纵向钢筋的配筋率不应小于 1.2%，一般部位不应小于 1.0%，箍筋宜沿墙肢全高加密。

(3) 剪力墙分布钢筋的配置应符合下列要求。

① 一般剪力墙竖向和水平分布筋的配筋率，一级、二级、三级抗震设计时均不应小于 0.25%，四级抗震设计和非抗震设计时不应小于 0.20%。

② 一般剪力墙竖向和水平分布钢筋间距均不应大于 300mm；分布钢筋直径均不应小

于 8mm。

(4) 剪力墙竖向、水平分布钢筋的直径不宜大于墙肢截面厚度的 1/10。

(5) 房屋顶层剪力墙以及长矩形平面房屋的楼梯间和电梯间剪力墙、端开间的纵向剪力墙、端山墙的水平和竖向分布钢筋的最小配筋率不应小于 0.25%，钢筋间距不应大于 200mm。

(6) 剪力墙钢筋锚固和连接应符合下列要求。

① 非抗震设计时，剪力墙纵向钢筋最小锚固长度应取 l_a；抗震设计时，剪力墙纵向钢筋最小锚固长度应取 l_{aE}。l_a、l_{aE} 的取值应符合高规的有关规定(6.5.2 条及 6.5.3 条)。

② 剪力墙竖向及水平分布钢筋的搭接连接，如图 7.11 所示，一级、二级抗震等级剪力墙的加强部位，接头位置应错开，每次连接的钢筋数量不宜超过总数量的 50%，错开净距不宜小于 500mm；其他情况剪力墙的钢筋可在同一部位连接。非抗震设计时，分布钢筋的搭接长度不应小于 1.2 l_a；抗震设计时不应小于 $1.2l_{aE}$。

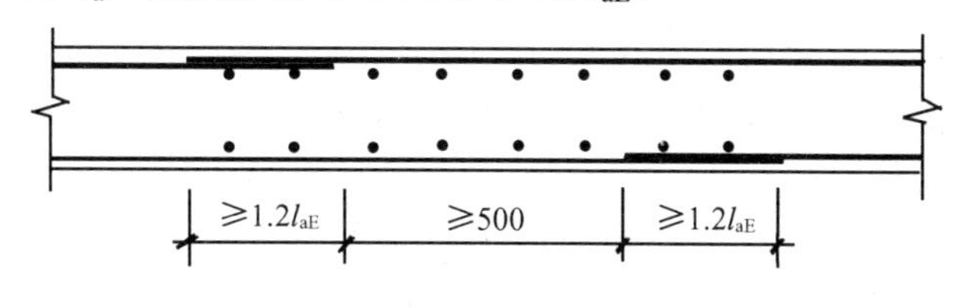

图 7.11　墙内分布钢筋的连接

注：非抗震设计时图中 l_{aE} 取 l_a。

③ 暗柱及端柱内纵向钢筋连接和锚固要求宜与框架柱相同，宜符合高规的有关规定(6.5 条)。

7.3　连 梁 设 计

对墙肢间的梁、墙肢和框架柱相连的梁，当梁跨高比小于 5 时应按连梁设计，当梁跨高比大于 5 时应按一般框架梁设计，本小节所讲述的是上述位置跨高比小于 5 的梁。

7.3.1　连梁的内力设计值

连梁的内力应进行调整，这种调整主要是剪力的调整，剪力的调整可能使剪力减小并带来弯矩的减小，也可能是在连梁弯矩不变的前提下将连梁剪力调大。

对于墙肢间的连梁，当出现连梁抗剪能力不能满足要求时，增大连梁的截面尺寸往往不能使连梁满足抗剪要求，这是因为连梁抗弯刚度的增大幅度吸引的剪力增量比由于截面尺寸加大而引起的抗剪承载力增量要大得多，这时减小连梁的截面尺寸可使情况变得更好。但是过多地减小连梁的截面尺寸将使墙肢之间的联系减弱并降低联肢墙的整体刚度和整体抗剪承载力。考虑到在地震时墙肢和连梁开裂的差异，内力计算时可按以下要求对连梁进行内力调整。

剪力墙连梁对剪切变形十分敏感，其名义剪应力限制比较严，在很多情况下计算时经常出现超限情况，高规给出了一些处理方法。

(1) 减小连梁截面高度，连梁名义剪应力超过限制值时，加大截面高度会吸引更多剪力，更为不利。减小截面高度或加大截面宽度是有效措施，但后者一般很难实现。

(2) 抗震设计的剪力墙中连梁弯矩及剪力可进行塑性调幅，以降低其剪力设计值。连梁塑性调幅可采用两种方法，一是按照高规的方法，在内力计算前就将连梁刚度进行折减；二是在内力计算之后，将连梁弯矩和剪力组合值乘以折减系数。两种方法的效果都是减小连梁内力和配筋。因此在内力计算时已经按高规的规定降低了刚度的连梁，其调幅范围应当限制或不再继续调幅。当部分连梁降低弯矩设计值后，其余部位连梁和墙肢的弯矩设计值应相应提高。

无论用什么方法，连梁调幅后的弯矩、剪力设计值不应低于使用状况下的实际值，也不宜低于比设防烈度低一度的地震作用组合所得的弯矩设计值，其目的是避免在正常使用条件下或较小的地震作用下连梁上出现裂缝。因此建议一般情况下，可掌握调幅后的弯矩不小于调幅前弯矩(完全弹性)的 0.8 倍(6～7 度)和 0.5 倍(8～9 度)。

(3) 当连梁破坏对承受竖向荷载无明显影响时，可考虑在大震作用下该连梁不参与工作，按独立墙肢进行第二次多遇地震作用下的结构内力分析，墙肢应按两次计算所得的较大内力进行配筋设计。

当第(1)、(2)条的措施不能解决问题时，允许采用第 3 条的方法处理，即假定连梁在大震下破坏，不再能约束墙肢。因此可考虑连梁不参与工作，而按独立墙肢进行第二次结构内力分析，这时就是剪力墙的第二道防线。此时，剪力墙的刚度降低，侧移允许增大，这种情况往往使墙肢的内力及配筋加大，以保证墙肢的安全。

上述措施均应使连梁的弯矩和剪力减小，在设计连梁时不应将连梁的纵筋配筋加大，但为了实现连梁的强剪弱弯、推迟剪切破坏、提高延性，高规给出了连梁剪力设计值的增大系数。

无地震作用组合以及有地震作用组合的四级抗震等级时，应取考虑水平风荷载或水平地震作用组合的剪力设计值。

有地震作用组合的一级、二级、三级抗震等级时，连梁的剪力设计值应按下式进行调整。

$$V_{\mathrm{b}} = \eta_{\mathrm{vb}} \frac{M_{\mathrm{b}}^{\mathrm{l}} + M_{\mathrm{b}}^{\mathrm{r}}}{l_n} + V_{\mathrm{Gb}} \tag{7-34}$$

9 度抗震设计时还要求用连梁实际抗弯配筋反算相应的剪力值，即

$$V_{\mathrm{b}} = 1.1(M_{\mathrm{bua}}^{\mathrm{l}} + M_{\mathrm{bua}}^{\mathrm{r}}) / l_n + V_{\mathrm{Gb}} \tag{7-35}$$

式中：$M_{\mathrm{b}}^{\mathrm{l}}$，$M_{\mathrm{b}}^{\mathrm{r}}$——分别为梁左、右端顺时针或反时针方向考虑地震作用组合的弯矩设计值；对一级抗震等级且两端均为负弯矩时，绝对值较小一端的弯矩应取零。

$M_{\mathrm{bua}}^{\mathrm{l}}$，$M_{\mathrm{bua}}^{\mathrm{r}}$——分别为连梁左、右端顺时针或反时针方向实配的受弯承载力所对应的弯矩值，应按实配钢筋面积(计入受压钢筋)和材料强度标准值并考虑承载力抗震调整系数计算。

l_{n}——连梁的净跨。

V_{Gb}——在重力荷载代表值(9 度时还应包括竖向地震作用标准值)作用下，按简支梁计算的梁端截面剪力设计值。

η_{vb}——连梁剪力增大系数，一级取 1.3，二级取 1.2，三级取 1.1。

上述剪力调整时，由竖向荷载引起的剪力 V_{Gb} 可按简支梁计算的原因有二。一是对于连梁尚未完全开裂时，由于连梁两侧支座情况基本一致，按两端简支与按两端固支的计算结果是一致的；二是对于连梁开裂以后的情况，按两端简支计算竖向荷载引起的剪力与实际情况是基本相符的。

7.3.2 连梁正截面承载力计算

剪力墙中的连梁受到弯矩、剪力和轴力的共同作用，由于轴力较小，常常忽略轴力而按受弯构件设计。连梁的抗弯承载力验算与普通的受弯构件相同。连梁一般采用对称配筋（$A_s = A_s'$），可按双筋截面验算。由于受压区很小，忽略混凝土的受压区贡献，通常采用简化计算公式。

$$M \leqslant f_y A_s (h_{b0} - a_s') \tag{7-36}$$

式中：A_s——纵向受拉钢筋面积；

h_{b0}——连梁截面有效高度；

a_s'——纵向受压钢筋合力点至截面近边的距离。

7.3.3 连梁斜截面承载力计算

大多数连梁的跨高比较小。在住宅、旅馆等建筑采用的剪力墙结构中，连梁的跨高比可能小于 2.5，甚至接近于 1。在水平荷载作用下，连梁两端的弯矩方向相反，剪切变形大，易出现剪切裂缝。尤其在小跨高比情况下，连梁的剪切变形更大，对连梁的剪切破坏影响更大。在反复荷载作用下，斜裂缝会很快扩展到全对角线上，发生剪切破坏，有时还会在梁的端部发生剪切滑移破坏。因此，在地震作用下，连梁的抗剪承载力会降低。连梁的抗剪承载力按式(7-37)～式(7-39)验算。

无地震作用组合时，
$$V_b \leqslant 0.7 f_t b_b h_{b0} + f_{yv} \frac{A_{sv}}{s} h_{b0} \tag{7-37}$$

有地震作用组合时，

当跨高比大于 2.5 时，
$$V_b \leqslant \frac{1}{\gamma_{RE}} \left(0.42 f_t b_b h_{b0} + f_{yv} \frac{A_{sv}}{s} h_{b0}\right) \tag{7-38}$$

当跨高比不大于 2.5 时，
$$V_b \leqslant \frac{1}{\gamma_{RE}} \left(0.38 f_t b_b h_{b0} + 0.9 f_{yv} \frac{A_{sv}}{s} h_{b0}\right) \tag{7-39}$$

式中：V_b——调整后的连梁剪力设计值；

b_b——连梁截面宽度；

其余符号同前。

另外，若连梁中的平均剪应力过大，剪切斜裂缝就会过早出现，在箍筋未能充分发挥作用之前，连梁就已发生剪切破坏。试验研究表明：连梁截面上的平均剪应力大小对连梁破坏性能影响较大，尤其在小跨高比条件下。因此，要限制连梁截面上的平均剪应力，使连梁的截面尺寸不至于过小，对小跨高比的连梁限制应更严格，限制条件如下。

无地震作用组合时，
$$V_b \leqslant 0.25 \beta_c f_c b_b h_{b0} \tag{7-40}$$

有地震作用组合时，

当跨高比大于 2.5 时，$V_{\mathrm{b}} \leqslant \frac{1}{\gamma_{\mathrm{RE}}}(0.20\beta_{\mathrm{c}} f_{\mathrm{c}} b_{\mathrm{b}} h_{\mathrm{b0}})$ (7-41)

当跨高比不大于 2.5 时，$V_{\mathrm{b}} \leqslant \frac{1}{\gamma_{\mathrm{RE}}}(0.15\beta_{\mathrm{c}} f_{\mathrm{c}} b_{\mathrm{b}} h_{\mathrm{b0}})$ (7-42)

7.3.4 连梁构造措施

连梁的配筋构造应满足下列要求，如图 7.12 所示。

(1) 连梁顶面、底面纵向受力钢筋伸入墙内的锚固长度，抗震设计时不应小于 l_{aE}；非抗震设计时不应小于 l_{a}，且不应小于 600mm。

(2) 抗震设计时，沿连梁全长的箍筋构造应按第 4 章中的框架梁梁端加密区箍筋的构造要求采用；非抗震设计时，沿连梁全长的箍筋直径不应小于 6mm，间距不应大于 150mm。

(3) 顶层连梁纵向钢筋伸入墙体的长度范围内，应配置间距不大于 150mm 的构造箍筋，箍筋直径应与该连梁的箍筋直径相同。

(4) 墙体水平分布钢筋应作为连梁的腰筋在连梁范围内拉通连续配置；当连梁截面高度大于 700mm 时，其两侧面沿梁高范围设置的纵向构造钢筋(腰筋)的直径不应小于 10mm，间距不应大于 200mm；对跨高比不大于 2.5 的连梁，梁两侧的纵向构造钢筋(腰筋)的面积配筋率不应小于 0.3%。

由于布置管道的需要，有时需在连梁上开洞，在设计时需对削弱的连梁采取加强措施，对开洞处的截面进行承载力验算，并应满足下列要求：穿过连梁的管道宜预埋套管，洞口上、下的有效高度不宜小于梁高的 1/3，且不宜小于 200mm，洞口处宜配置补强钢筋，可在洞口两侧各配置 2Φ14 的钢筋，如图 7.13 所示。

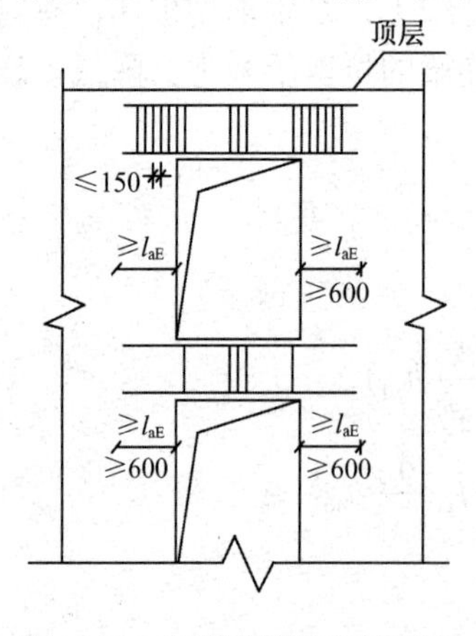

图 7.12 连梁配筋构造示意图

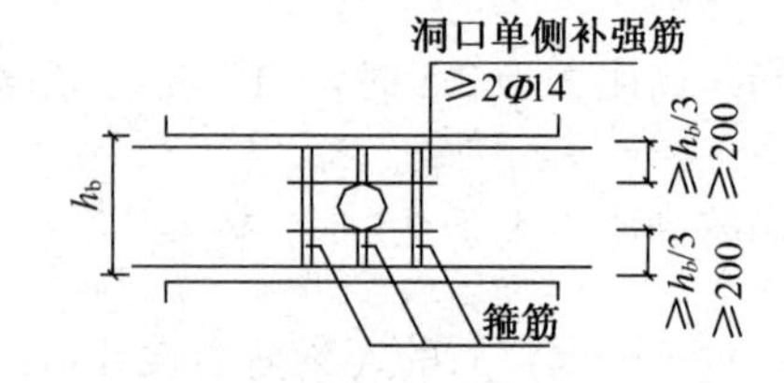

图 7.13 连梁洞口补强配筋示意图

注：非抗震设计时图中 l_{aE} 取 l_{a}。

7.4 本章小结

本章首先介绍了剪力墙结构的概念设计，然后对墙肢和连梁的内力调整和承载力设计进行了介绍，最后讲述了墙肢和连梁设计时的构造要求。剪力墙结构的概念设计包括剪力墙的受力变形特点、结构布置要求、最小厚度要求、材料强度要求、延性要求、短肢剪力墙的设计要求，然后对墙肢的正截面偏心受压承载力设计、正截面偏心受拉承载力设计及斜截面受剪承载力设计进行了重点介绍。由于抗震的原因，须对剪力墙墙肢和连梁的内力进行调整，这是本章的难点。

7.5 思　考　题

1. 剪力墙结构的定义、优点、缺点及其适用范围是什么？
2. 按剪力墙结构的几何形式可将其分为几种类型？
3. 竖向荷载在剪力墙结构内部是按照什么规律传递的？
4. 水平荷载作用下，剪力墙计算截面是如何选取的？水平剪力在各剪力墙上按照什么规律分配？
5. 剪力墙的布置原则是什么？
6. 剪力墙最小墙厚如何选取？
7. 整体剪力墙的定义是什么？
8. 比较两个规范在墙肢正截面偏心受压承载力设计时的差异。
9. 墙肢斜截面承载力设计的设计思路是什么？
10. 墙肢正截面偏心受拉承载力设计公式在什么情况下不安全的程度最大？为什么？
11. 为什么要进行墙肢和连梁的内力调整？
12. 为什么不能对墙肢的轴力进行调整？
13. 在剪力墙内，水平钢筋和竖向钢筋的设计原则是什么？
14. 进行悬臂剪力墙正截面抗弯承载力设计时，在大小偏心受压情况下，截面应力假定如何？
15. 抗震延性悬臂剪力墙的设计和构造措施有哪些？
16. 联肢剪力墙“强墙弱梁”的设计要点是什么？
17. 开洞剪力墙中，连梁性能对剪力墙破坏形式、延性性能有些什么影响？连梁延性的设计要点是什么？
18. 高墙与矮墙的主要区别是什么？

第 8 章　复杂高层建筑结构简介

教学提示：本章简要介绍了复杂高层建筑结构的主要类型与设计概念，阐述了带转换层的高层建筑结构、带加强层的高层建筑结构、错层结构、连体结构以及多塔楼结构的设计原则，并简要介绍了相应的计算方法。

教学要求：熟悉常见复杂高层结构的特点与设计原则，了解相应的计算方法与设计要求。

8.1　概　　述

随着现代高层建筑高度的不断增加，功能日趋复杂，高层建筑竖向立面造型也日趋多样化。这常常要求上部某些框架柱或剪力墙不落地，为此需要设置巨大的横梁或桁架来支承，有时甚至要改变竖向承重体系(如上部为剪力墙体系的公寓，下部为框架-剪力墙体系的办公室或者商场用房)。这就要求设置转换构件将上、下两种不同的竖向结构体系进行转换、过渡。通常，转换构件占据一层或两层，即转换层。底部大空间剪力墙结构是典型的带有转换层的结构，在我国应用十分广泛，如北京南洋饭店、香港新鸿基中心等。

当结构抗侧刚度或整体性需要加强时，在结构的某些层内必须设置加强构件，人们称之为加强层。加强层往往布置在某个高度的一层或两层中，芝加哥西尔斯大厦就是其中较为典型的例子。

基于建筑使用功能的需要，楼层结构不在同一高度，当上、下楼层楼面高差超过一般梁截面高度时就要按错层结构考虑。

连体结构是指在两个建筑之间设置一个到多个连廊的结构。当两个主体结构为对称的平面形式时，也常把两个主体结构的顶部若干层连接成整体楼层，称为凯旋门式。高层建筑的连体结构，在全国许多城市中都可以见到，例如北京西客站、上海凯旋门大厦、深圳侨光广场大厦等。

多塔楼结构的主要特点是在多个高层建筑塔楼的底部有一个连成整体的大裙房，形成大底盘。当一幢高层建筑的底部设有较大面积的裙房时，为带底盘的单塔结构，这种结构是多塔楼结构的一种特殊情况。对于多个塔楼仅通过地下室连成一体，地上无裙房或有局部小裙房但不连成为一体的情况，一般不属于大底盘多塔楼结构。

《高层建筑混凝土结构技术规程》(JGJ 3—2002)第 10 章中列出了比较常用的复杂高层建筑结构，如带转换层的结构、带加强层的结构、错层结构、连体结构、多塔楼结构等，该规程同时规定 9 度抗震设计时不应采用带转换层的结构、带加强层的结构、错层结构和连体结构；7 度和 8 度抗震设计的高层建筑不宜同时采用超过两种上述的复杂结构。

由于复杂高层建筑的结构形式变化多样，目前尚没有完善的设计和计算方法，要根据具体的结构体系和上下布置合理选择、灵活处理。本章所介绍的内容，多基于已建建筑的成功经验，在前人研究的理论基础上加以概括与提炼，着重强调与复杂高层建筑结构相关的基本概念。为便于读者深入理解规范及规程的有关规定及构造措施，本章列出了一些规范中的设计和构造要求，具体设计时还要遵循相应规范与规程要求进行。

8.2　带转换层的高层建筑

近年来，高层建筑变得体型复杂且功能多样，向综合性发展，如上部楼层为住宅、旅馆；中部为办公用房；下部作为商店、餐馆、文化娱乐设施。不同用途的楼层需要大小不同的开间、进深及不同的结构形式，因此在结构转换的楼层处需设置转换结构构件以形成转换层，大致可分为内部形成大空间和外部形成大入口两大类。这就要求结构自下而上增加竖向构件，这样的结构布置与结构合理的传力机制正好相反，部分竖向构件必须要支承在水平构件上，形成大跨度的水平转换构件，来完成上、下不同柱网、不同开间、不同结构形式的转换，如图 8.1 所示。

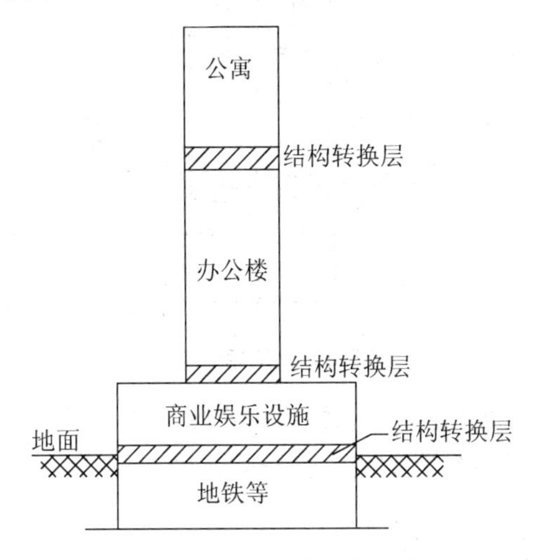

图 8.1　多功能综合性高层建筑

由于转换层结构内容新颖，受力复杂，目前关于转换层结构完善、实用的理论分析文献还不多。因此，系统研究转换层结构的计算理论、设计方法及计算程序是亟待解决的课题。在现代高层建筑中，转换层的应用愈来愈多，它增加了结构的复杂程度，主要表现在：转换层的上部、下部结构布置或体系有变化，容易形成下部刚度小、上部刚度大的不利结构，易出现下部变形过大的软弱层，或承载力不足的薄弱层，而软弱层本身又十分容易发展成为承载力不足的薄弱层而在大震时倒塌。因此，传力通畅，克服和改善结构沿高度方向的刚度和质量不均匀是带转换层结构设计的关键。

8.2.1　转换层结构的设置类别

转换层的基本功能就是把上部小柱网结构的竖向荷载传递到下部大柱网的结构上，从结构的角度看，转换层可实现下列转换。

1. 上层和下层结构类型转换

这种转换层广泛用于剪力墙结构和框架-剪力墙结构，它将上部剪力墙转换为下部的框架，以创造一个较大的内部活动空间。

图 8.2 为北京 24 层的南洋饭店示意图，总高 85m。第 1～4 层为框架结构，第 6 层以上为剪力墙结构，第 5 层为转换层，剪力墙的托梁高 4.5m，底柱最大直径为 1.6m。

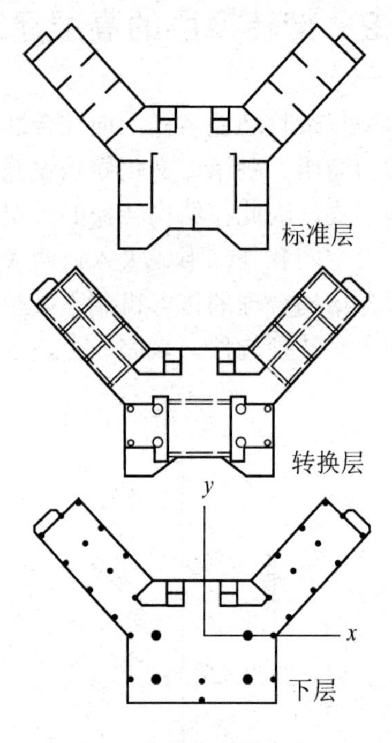

图 8.2　北京南洋饭店

图 8.3 为墨西哥城高 138.4m 的日光饭店示意图，共 42 层，该饭店地下 4 层，上部客房为剪力墙结构，通过转换层到下部变为大空间的框架结构。

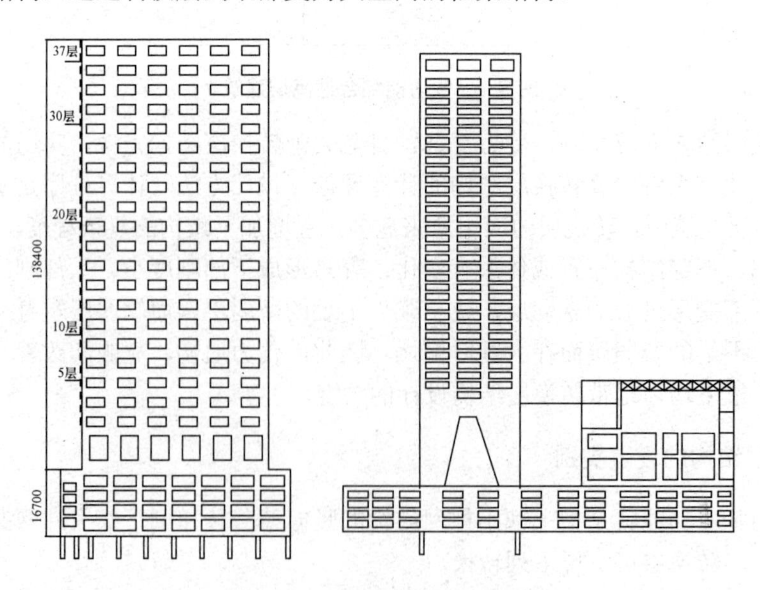

图 8.3　墨西哥城日光饭店

剪力墙直接支承在柱子上形成框支剪力墙，它的转换层形式很简单，框支柱上一层的剪力墙就是转换部位，但是这部分墙的应力分布十分复杂，要进行特殊设计。在转换层全部或部分高度将剪力墙加厚，称为“托梁”。

2. 上、下层的柱网尺寸、轴线改变

转换层上、下的结构形式没有改变，但是通过转换层使下层柱的柱距放大，完成上下层不同柱网轴线布置的转换。

具有这类转换构件的结构上、下层的刚度相差不会很大，只是由于下层跨度较大，上柱传来的竖向荷载要通过刚度及承载力大的水平构件作为转换构件，转换层的刚度与其他层有所差别，设计时要尽量选择适当的转换构件，以减少刚度突变。

图 8.4 为香港新鸿基中心示意图，筒中筒结构体系，高 178.6m，51 层，5 层以上是办公楼，外框筒柱距为 2.4m，1～4 层为大空间商业用房。为解决底层入口问题，采用截面为 2.0m×5.5m 的预应力大梁进行结构轴线转换，将下层柱距扩大为 16.8m 和 12m。

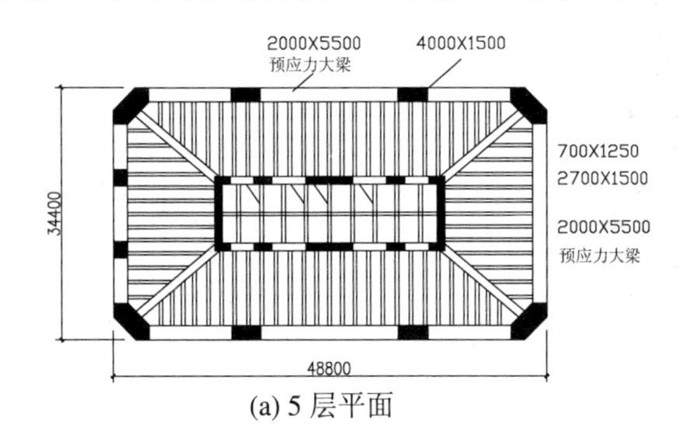

(a) 5 层平面

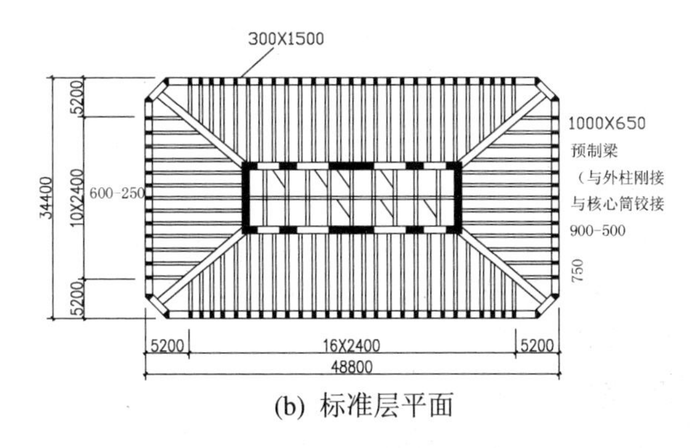

(b) 标准层平面

图 8.4　香港新鸿基中心

3. 同时转换结构形式和结构轴线布置

有少数建筑物上部与下部建筑布置完全不同，竖向构件不能贯通，无法直接传力。这种结构的传力途径被破坏，转换构件设计和结构自身设计都十分困难，通常采用的方案是用箱形转换构件或厚板转换构件进行间接传力。但采用钢筋混凝土厚板作为转换构件，是典型的沿高度刚度和质量不均匀的结构，对抗震十分不利。箱形板实际上是在厚板中间挖掉部分混凝土，形成交叉梁系构成的转换层。相对于厚板，箱形板的重量和刚度均减小了，但是，交叉梁并非正交，构造仍然十分复杂，目前还没有很完善的厚板转换层的计算和设计方法。

图 8.5 为捷克布拉迪斯拉发市的基辅饭店示意图，高 60m，共 19 层，上层为密柱网框架结构的客房，下层为大空间剪力墙，中间通过厚度为 1.4m 的钢筋混凝土厚板转换，从而满足了建筑功能的要求。

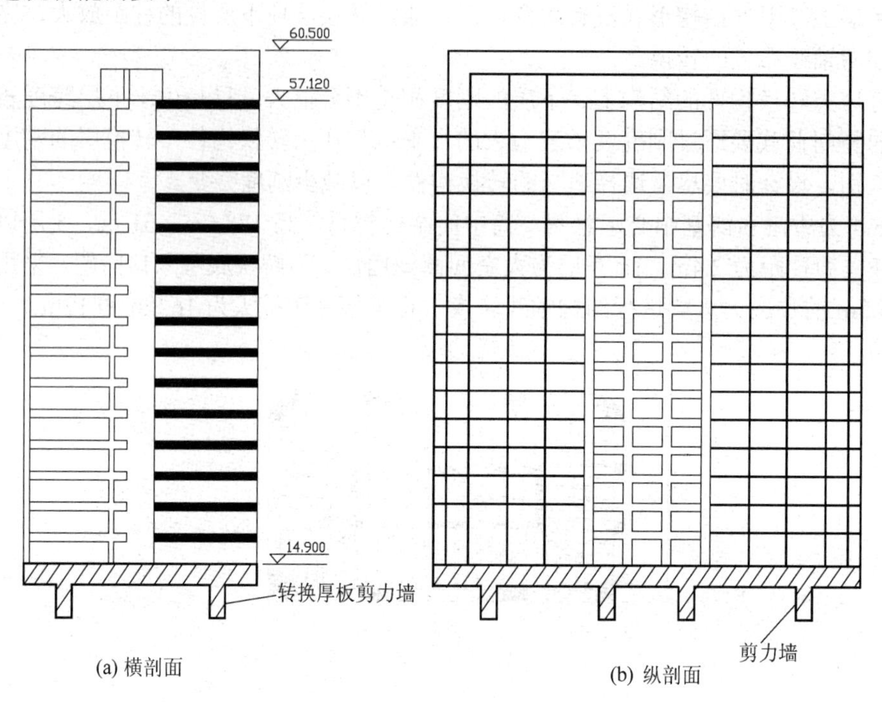

图 8.5　捷克布拉迪斯拉发市基辅饭店的厚板转换层

8.2.2　转换层的结构形式

1. 内部结构采用的转换层结构形式

目前工程中应用的转换层，其结构形式有梁式、板式、箱式、桁架式及空腹桁架式，如图 8.6 所示。非抗震设计和 6 度抗震设计时转换构件可采用厚板，7、8 度抗震设计的地下室的转换构件可采用厚板。

(1) 梁式转换层如图 8.6 (a)、(b)所示。

受力明确，设计和施工简单，应用最为广泛，多用于上层为剪力墙结构下层为框架结构的转换。当需要纵横墙同时转换时，则需设置双向转换梁。

(2) 板式转换层，如图 8.6 (c)所示。

当上下柱网、轴线有较大的错位，不便用梁式转换层时，可以改用板式转换方式。板的厚度一般很大，以形成厚板式承台转换层。它的优点在于下层柱网可以灵活布置，不必严格与上层结构对齐，但由于板很厚，自重就增大，材料消耗很多。图 8.5 所示的基辅饭店就是典型的采用厚板式转换层的实例。

(3) 箱式转换层，如图 8.6(d)所示。

单向托梁、双向托梁连同上下层较厚的楼板共同工作，可以形成刚度很大的箱式转换层，以实现从上层向更大跨度的下层进行转换。

(4) 桁架式和空腹桁架式转换层，如图 8.6(e)、(f)所示。

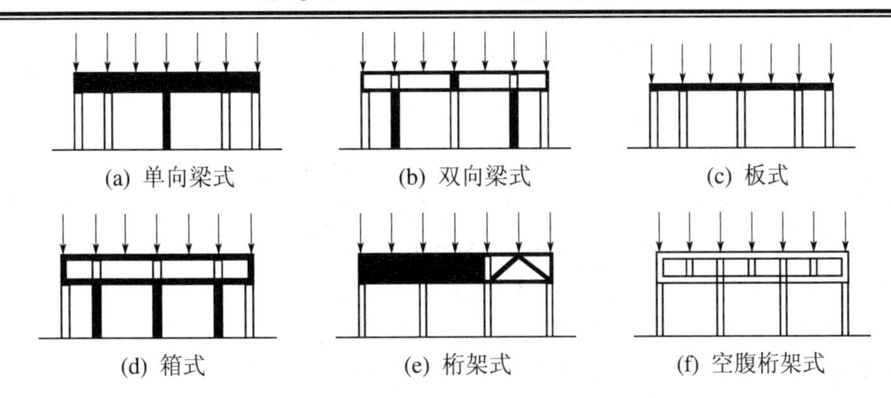

图 8.6　内部结构采用的转换层结构形式

这两种形式的转换层的最大优点是构造简单、受力合理，同时减少材料和降低自重，能适应较大跨度的转换。只不过桁架式转换层具有斜撑杆，而空腹桁架式转换层的杆件都是水平、垂直的，在室内空间利用上比桁架式转换层和箱式转换层好。

2. 外部结构采用的转换层结构型式

由于建筑使用功能的需要，外围结构往往要在底部扩大柱距。目前，一般有如图 8.7 所示的几种处理方案。其中梁式转换如图 8.7(a)～(b)所示，底层用几根大柱支撑，给人以稳定、强壮的感觉，曾在香港康乐中心大厦等建筑中采用；合柱式转换(如图 8.7(e)所示)使用三柱合一柱的方式，结构合理，造型美观，曾在纽约世界贸易中心等建筑中采用；拱式转换(如图 8.7(f)所示)曾用在日本岗山住友生命保险大楼等建筑中，将拱与桁架结合获得大跨度的转换效果。

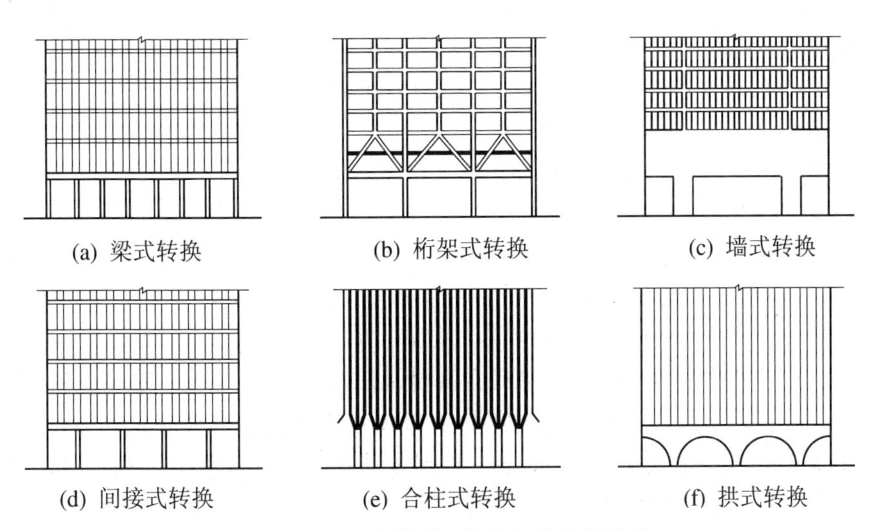

图 8.7　外部结构采用的转换层结构形式

8.2.3　转换层结构的设计

转换层结构的受力复杂，很多情况下计算简图不明确，简化计算或者局部结构平面有限元分析常常不能反映真实内力。在框支剪力墙中，采用杆件计算简图的整体计算也无法得到转换层的准确应力分布，一般都要求对转换部位进行局部平面有限元分析，然后按照应力大小配筋，并运用概念设计方法在关键部位予以加强。

1. 转换层楼板

带转换层的结构都有层剪力的转移，剪力转移主要依靠楼板。底部大空间剪力墙结构由框支剪力墙转移到落地剪力墙中的剪力往往是很大的，楼板和转换构件都要承受较大的剪力，因此要求转换层楼板厚度不应小于 180mm，混凝土强度等级不宜低于 C30；并应采用拉通的双层双向配筋，每层每一方向的配筋率不宜小于 0.25%；楼板外侧可利用纵向框架或外纵墙加强；楼板开洞位置尽可能远离外侧边，在大空间部分的楼板不宜开洞。还应根据结构布置的具体情况和传递剪力的多少考虑是否应将相邻的楼层也予以加强，必要时应校核楼板的剪应力是否超过规范的允许值。

2. 框支梁

框支梁受力复杂，宜在结构整体计算后，按有限元法进行详细分析。由于框支梁与上部墙体的混凝土强度等级及厚度不同，竖向应力在柱上方集中，并产生大的水平拉应力。大量分析结果表明：框支梁一般为偏心受拉构件，并承受较大的剪力，加大框支梁的刚度能有效地减少墙体的拉应力。框支梁不但要承托上部剪力墙传递下来的竖向荷载，而且还是保证框支剪力墙抗震安全的关键部位，除了要满足设计要求外，还必须注意其构造要求。框支梁设计应符合下列要求。

(1) 框支梁与框支柱截面中线宜重合。

(2) 框支梁截面宽度 b_b 不宜小于上层墙体厚度的 2 倍，且不宜小于 400mm；当梁上托柱时，尚不应小于梁宽方向的柱截面边长，梁截面高度 h_b 抗震设计时不应小于计算跨度的 1/6，非抗震设计时不应小于计算跨度的 1/8，也可采用加腋梁。框支梁的混凝土强度等级不应低于 C30。

(3) 框支梁截面组合的最大剪力设计值应符合下列条件。

无地震作用组合时：$V \leqslant 0.20\beta_c f_c b_b h_{b0}$ (8-1)

有地震作用组合时 $V \leqslant 1/\gamma_{RE}(0.15\beta_c f_c b_b h_{b0})$ (8-2)

(4) 梁纵向钢筋接头宜采用机械连接，同一截面内接头钢筋截面面积不应超过全部纵筋截面面积的 50%，接头位置应避开上部墙体开洞部位、梁上托柱部位及受力较大部位。

(5) 梁上、下部纵筋的最小配筋率在非抗震设计时分别不应小于 0.30%；抗震设计时，特一级、一级、二级分别不应小于 0.60%、0.50%、0.40%；

(6) 框支梁支座处(离柱边 1.5 倍梁截面高度范围内)箍筋应加密，加密区箍筋直径不应小于 10mm，间距不应大于 100mm。加密区箍筋最小面积含箍率在非抗震设计时不应小于 $0.9f_t/f_{yv}$；抗震设计时，特一级、一级、和二级分别不应小于 $1.3f_t/f_{yv}$、$1.2f_t/f_{yv}$ 和 $1.1f_t/f_{yv}$。框支墙门洞下方梁的箍筋也应按上述要求加密。

(7) 偏心受拉的框支梁，其支座上部纵筋至少应有 50%沿梁全长贯通，下部纵筋应全部直通到柱内；沿梁高应配置间距不大于 200mm、直径不小于 16mm 的腰筋。

(8) 梁上、下纵向钢筋和腰筋的锚固宜符合图 8.8 的要求；当梁上部配置多排纵向钢筋时，其内排钢筋锚入柱内的长度可适当减小，但不应小于钢筋锚固长度 la(非抗震设计)或 l_{aE}(抗震设计)。

(9) 框支梁不宜开洞，若需开洞时，洞口位置宜远离框支柱边，以减小开洞部位上下弦杆的内力值。上下弦杆应加强抗剪配筋，开洞部位应配置加强钢筋，或用型钢加强。

(10) 当竖向结构布置复杂，框支主梁承托剪力墙并承托转换次梁及其上剪力墙时，应进行应力分析，按应力校核配筋，并加强构造配筋措施。

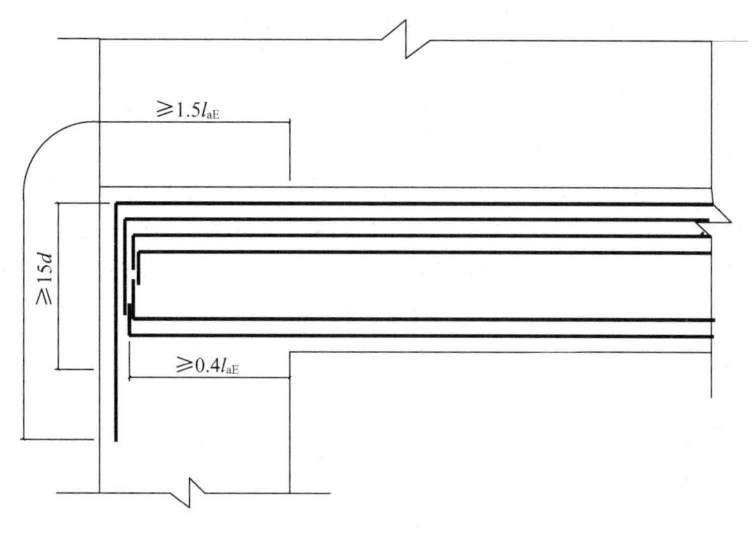

图 8.8 框支梁主筋和腰筋的锚固

注：非抗震设计时图中 laE 应取为 la。

3. 框支柱

1) 带转换层的高层建筑结构框支柱承受的地震剪力标准值

由底层大空间剪力墙住宅模型试验及大量程序计算结果得知：转换层以上部分，水平力大体上按各片剪力墙的等效刚度比例分配；在转换层以下，一般落地墙的刚度远远大于框支柱，落地墙几乎承受全部地震作用，框支柱的剪力非常小。考虑到实际工程中，转换层楼面可能会有较大的面内变形，从而导致较大的框支柱剪力。且落地墙出现裂缝后刚度下降，也会导致框支柱剪力增加。所以实际设计中应按转换层位置的不同，框支柱数目的多少对框支柱的剪力作相应调整，同时也相应调整框支柱的弯矩及柱端梁的剪力、弯矩。

带转换层的高层建筑结构，其框支层柱承受的地震剪力标准值应按下列规定采用。

(1) 每层框支柱数目不多于 10 根的场合，当框支层为 1～2 层时，每根柱所受的剪力应至少取基底剪力的 2%；当框支层为 3 层及 3 层以上时，每根柱所受的剪力应至少取基底剪力的 3%。

(2) 每层框支柱的数目多于 10 根的场合，当框支层为 1～2 层时，每层框支柱承受剪力之和应取基底剪力的 20%；当框支层为 3 层及 3 层以上时，每层框支柱承受剪力之和应取基底剪力的 30%。

框支柱剪力调整以后，应相应调整框支柱的弯矩及柱端梁(不包括转换梁)的剪力、弯矩，框支柱轴力可不调整。

2) 框支柱设计的其他相关规定

(1) 最小截面尺寸及混凝土强度等级。

框支柱截面宽度 b_c 宜和梁宽 b_b 相等，也可比梁宽大 50mm。非抗震设计时，b_c 不宜小于 400mm，框支柱截面高度 h_c 不宜小于梁跨度的 1/15；抗震设计时，b_c 不宜小于 450mm，h_c 不宜小于梁跨度的 1/12。

柱净高与截面长边尺寸之比宜大于 4。当不能满足此项要求时，宜通过加大框支楼层的层高来保证框支柱的延性。框支柱的混凝土强度等级不应低于 C30。

(2) 框支柱截面的组合最大剪力设计值应符合下列条件。

无地震作用组合时　　$V \leqslant 0.20\beta_c f_c b_b h_{b0}$　　(8-3)

有地震作用组合时　　$V \leqslant 1/\gamma_{RE}\ (0.15\beta_c f_c\ b_b h_{b0})$　　(8-4)

(3) 轴压比限值：框支柱应比一般框架柱具有更大的延性和抗倒塌能力，所以对轴压比有更严格的要求：有地震作用组合时，框支柱轴压比按抗震等级一级、二级、三级宜符合 0.60、0.70、0.80 的要求；无地震作用组合时，框支柱的轴压比限值应取 0.9。

(4) 特一级、一级、二级框支层的柱上端和底层的柱下端截面的弯矩组合值应分别乘以增大系数 1.8、1.5、1.25；框支角柱的弯矩设计值和剪力设计值应分别在上述基础上乘以增大系数 1.1。

(5) 有地震作用组合时，特一级、一级、二级框支柱由地震作用引起的轴力应分别乘以增大系数 1.8、1.5、1.25，但计算柱轴压比时不宜考虑该增大系数。

(6) 框支柱设计应符合下列要求：①柱内全部纵向钢筋配筋率应符合高规 6.4.3 条的规定。②抗震设计时，框支柱箍筋应采用复合螺旋箍或井字复合箍，箍筋直径不应小于 10mm，箍筋间距不应大于 100mm 和 6 倍纵向钢筋直径的较小值，并应沿柱全高加密。③抗震设计时，一级、二级柱加密区的配箍特征值应比高规表 6.4.7 规定的数值增加 0.02，且柱箍筋体积配箍率不应小于 1.5%。

4. 斜腹杆桁架

采用斜腹杆桁架作转换结构时，一般宜满足下列要求。

(1) 斜腹杆桁架作转换结构时，一般宜跨满层设置，且其上弦节点宜布置成与上部密柱、墙肢形心对中的形式。

(2) 混凝土强度等级不宜低于 C30。

(3) 上下弦杆应计入相连楼板有效翼缘作用，按偏心受压或偏心受拉构件设计，其中轴力可按上下弦杆及相连楼板有效翼缘的轴向刚度比例分配。

(4) 受压斜腹杆断面一般应由其轴压比控制计算确定，以确保其延性，其限值见表 8-1。

表 8-1　斜腹杆桁架作转换结构的轴压比限值

抗震等级	特一级	一级	二级	三级
轴压比限值	0.6	0.7	0.8	0.9

受压斜腹杆轴压比=$N_{max} / (f_c b_b h_{b0})$　　(8-5)

式中：N_{max}——斜腹杆桁架受压斜腹杆最大组合轴力设计值；

f_c——斜腹杆桁架混凝土抗压设计强度；

b_b——受压斜腹杆截面宽度；

h_{b0}——受压斜腹杆截面有效高度。

初步确定受压斜腹杆截面时，可取 $N_{max}=0.8G$　　　　(8-6)

式中：G——斜腹杆桁架上按简支状态计算分配传来的所有重力荷载作用下受压斜腹杆轴向压力设计值。

(5) 上下弦杆轴向刚度、弯曲刚度中应计入楼板作用，楼板有效翼缘宽度为：$12h_i$(中桁架)、$6h_i$(边桁架)，h_i 为与上下弦杆相连楼板厚度。

(6) 斜腹杆桁架上下弦节点如图 8.9、图 8.10 所示，其截面应满足抗剪要求，见式(8-7)和式(8-8)，以保证整体桁架结构具有一定延性而不发生脆性破坏。

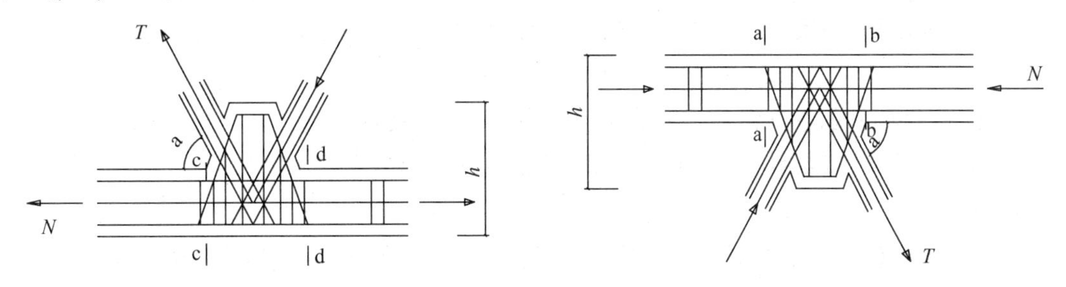

图 8.9　上弦节点　　　　图 8.10　下弦节点

上弦节点的剪力为

$$V_a=\eta_v\left(\frac{M_n^l+M_n^r}{l_n}\right)+V_G$$

$$V_b=\eta_v\left(\frac{M^l+M^r}{l}\right)+V_G+T\sin\alpha \tag{8-7}$$

下弦节点的剪力为

$$V_c=\eta_v\left(\frac{M_n^l+M_n^r}{l_n}\right)+V_G$$

$$V_d=\eta_v\left(\frac{M^l+M^r}{l}\right)+V_G+T\sin\alpha \tag{8-8}$$

式中：η_v——剪力增大系数，特一级取 1.56，一级取 1.3，二级取 1.2，三级取 1.1，非抗震时取 1.0；

M_n^l，M_n^r——分别为上弦 a-a、下弦 c-c 截面组合弯矩设计值；

M^l，M^r——分别为上弦 b-b、下弦 d-d 截面组合弯矩设计值；

l、l_n——分别为上、下弦的轴线跨长和净跨；

V_G——上、下弦在重力荷载代表值作用下，按简支梁分析的梁端相应截面剪力设计值；

$T\sin\alpha$——斜腹桁架节点剪力设计值；

α——受力斜腹杆与上下弦的夹角；

T——特一级为 $1.56T_0$，一级为 $1.3T_0$，二级为 $1.2T_0$，三级为 $1.1T_0$，非抗震时为 $1.0T_0$；

T_0——受拉或受压腹杆组合轴向力设计值。

(7) 受拉弦杆纵向钢筋宜对称沿周边均匀布置，且应按正常使用状态下裂缝宽度为 0.2mm 进行控制。纵向钢筋至少应有 50%全桁架贯通，其余跨中纵向受拉钢筋均应伸过节点区，在不需要该钢筋处加受拉锚固长度后方可切断，纵向钢筋进入边节点区锚固，以过边节点中心起计算锚固长度，且需末端伸至节点边向上弯≥15d(d 为纵向钢筋直径)。

(8) 受拉弦杆箍筋最小面积配箍率要求如下。抗震等级一级时不小于 0.6%；二级时不小于 0.5%；三级和非抗震设计时不小于 0.4%。

(9) 受压弦杆纵向钢筋宜对称沿周边均匀布置，其含钢率要求如下。抗震等级一级时不小于 1.2%；二级时不小于 1%；三级和非抗震设计时不小于 0.9%，且宜全桁架贯通。纵向钢筋进入边节点区起计锚固长度，且需伸至节点边下弯≥10d(d 为纵向钢筋直径)。

(10) 受压弦杆箍筋全杆段加密，其体积配箍率要求如下。抗震等级一级时不小于 1.2%；二级时不小于 1.0%；三级和排抗震设计时不小于 0.8%。

(11) 受拉腹杆的纵向钢筋、箍筋配置的构造要求同受拉弦杆，其纵筋全部贯通，进入节点区的锚固以过节点中心起计锚固长度，且需末端伸至节点边水平弯长≥15d(d 为纵向钢筋直径)。

(12) 受压腹杆的纵向钢筋、箍筋配置的构造要求同受压弦杆，其纵筋从进入节点区起计锚固长度，且需末端伸至节点边水平弯长≥10d(d 为纵向钢筋直径)。

(13) 所有杆件纵向钢筋支座锚固长度均为 la_E(抗震设计)、la (非抗震设计)。

(14) 桁架节点区断面及其箍筋数量应满足截面抗剪承载力要求，且构造上要求满足节点斜面长度≥腹杆断面高度+50mm。节点区内箍筋体积配箍率要求同受压弦杆。

5. 空腹桁架

(1) 空腹桁架作转换结构时，一般宜满层设置，且其上弦节点宜布置成与上部密柱及墙肢形心对中形式。

(2) 上下弦杆轴向刚度、弯曲刚度中应计入楼板作用，楼板有效翼缘宽度如下。12h_i(中桁架)、6 h_i (边桁架)，h_i 为与上下弦杆相连楼板厚度。

(3) 空腹桁架腹杆断面一般应由其剪压比控制计算确定，以避免脆性破坏，其限值同转换梁的剪压比限值，无地震作用组合时为 0.20，有地震作用组合时为 0.15。

$$\text{腹杆剪压比}=V_{max}/\beta_c f_c b_b h_{b0} \tag{8-9}$$

式中：V_{max}——空腹桁架腹杆最大组合剪力设计值；

f_c——空腹桁架腹杆混凝土抗压设计强度；

b_b——空腹桁架腹杆断面宽度；

h_{b0}——空腹桁架腹杆断面有效高度；

β_c——混凝土强度影响系数。

(4) 空腹桁架腹杆应满足强剪弱弯的要求，可按纯弯构件设计。

(5) 空腹桁架上下弦杆应计入相连楼板有效翼缘作用，按偏心受压或偏心受拉构件设计，其中轴力可按上下弦杆及相连楼板有效翼缘的轴向刚度比例分配。

(6) 空腹桁架上下弦节点如图 8.11 所示，其截面应满足抗剪要求，以保证空腹桁架结构具有一定的延性，不发生脆性破坏。

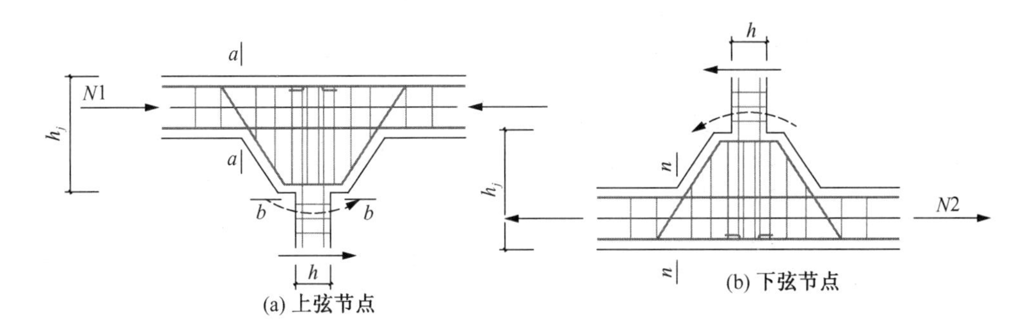

图 8.11　空腹桁架

上弦 a—a 截面及下弦 c—c 截面的剪力计算、剪压比要求、受剪承载力要求同斜腹杆桁架。竖腹杆 b—b 截面的剪力为

$$V=\eta^{v}(M^{t}+M^{b})/H_{n} \tag{8-10}$$

式中：η^{v}——剪力增大系数，特一级取 1.56，一级取 1.3，二级取 1.2，三级取 1.1，非抗震时取 1.0；

H_n——竖杆净高；

M^t、M^b——分别为竖杆上下端顺时针或逆时针方向截面组合弯矩设计值。

竖腹杆的轴压比应满足表 8-1 要求。受压、受拉弦杆的纵向钢筋、箍筋的构造要求均同斜腹杆桁架受压、受拉弦杆的要求。混凝土强度等级不宜低于 C30。

所有构件纵向钢筋支座锚固长度为 l_{aE} (抗震设计)、l_a (非抗震设计)。

桁架节点区断面及其箍筋数量应满足截面抗剪承载力要求，构造上要求断面尺寸满足≥直腹杆断面宽度或高度+50mm。节点区内侧附加元宝钢筋除满足抗弯承载力外，直径不宜小于 20，间距不宜大于 100mm。节点区内箍筋体积配箍率要求同受压弦杆。

6. 箱形梁

(1) 箱形梁作为转换结构时，一般宜跨满层设置，且宜沿建筑周边环通构成“箱子”，满足箱形梁刚度和构造要求。混凝土强度等级不应低于 C30。

(2) 箱形梁抗弯刚度应计入相连层楼板作用，楼板有效翼缘宽度为：$12h_i$ (中梁)、$6h_i$ (边梁)、h_i 为箱形梁上下翼相连楼板厚度，不宜小于 180mm。板在配筋时应考虑自身平面内的拉力和压力的影响。

(3) 箱形梁腹板断面厚度一般应由其剪压比控制计算确定，其限值同转换梁的剪压比限值，且不宜小于 400mm。

(4) 箱形梁配筋有下列要求。

箱形梁纵向钢筋配置宜如图 8.12 所示。箱形梁混凝土强度等级、开洞构造要求、纵向钢筋、箍筋构造要求同框支梁。箱形梁腰筋构造要求同转换梁。箱形梁上下翼缘楼板内横向钢筋不宜小于 ϕ12@200 双层。

箱形梁纵向钢筋边支座构造、锚固要求如图 8.12 所示，所有纵向钢筋(包括梁翼缘柱外部分)均以柱内边起计锚固长度。

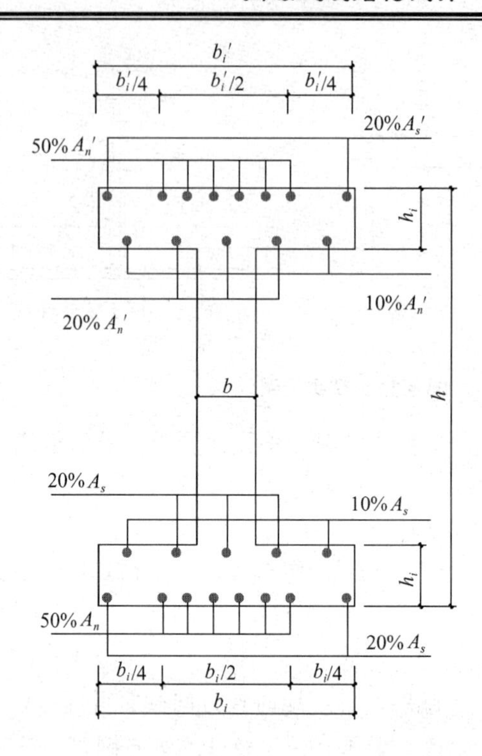

图 8.12　箱形梁纵筋配置要求

7. 厚板

《高规》第 10.2.1 条规定：非抗震设计和 6 度抗震设计可采用厚板转换结构，7、8 度抗震设计的地下室转换构件可采用厚板。由于厚板上下传力的特殊性，整体计算时一定要考虑厚板面外的变形，这样才能使上部结构、厚板、下部结构的变形、内力计算合理。厚板平面内可以按刚度无限大考虑。具体设计时应遵循以下一些基本规定。

(1) 转换厚板的厚度可由抗弯、抗冲切计算确定。转换厚板可局部做成薄板，薄板与厚板交界处可加腋。转换厚板亦可局部做成夹心板。

(2) 转换厚板宜按整体计算时所划分的主要交叉梁系的剪力和弯矩设计值进行截面设计并按有限元法分析结果进行配筋校核。受弯纵向钢筋可沿转换板上、下部双层双向配置，每一方向总配筋率不宜小于 0.6%。转换板抗剪箍筋的体积配筋率不宜小于 0.45%；为防止转换厚板的板端沿厚度方向产生层状水平裂缝，宜在厚板外周边配置钢筋骨架网进行加强，且不小于 φ16@200 双向。

(3) 转换厚板上、下部的剪力墙、柱的纵向钢筋均应在转换厚板内可靠锚固。

(4) 转换厚板上、下一层的楼板应适当加强，楼板厚度不宜小于 150mm。

(5) 厚板在上部集中力和支座反力作用下应按现行钢筋混凝土结构设计规范进行抗冲切验算并配置必需的抗冲切钢筋。

8.2.4　转换层结构布置及设计的一般规定

由于结构转换往往形成复杂结构，在进行带转换层结构的初步设计时就要与建筑配合，采取措施，调整布置，使上、下刚度、质量分布尽量接近。带转换层结构的布置及设计应注意以下原则。

1. 减少转换

布置转换层上下主体竖向结构时，要注意尽可能多的布置成上下主体竖向结构连续贯通，尤其是在核心筒框架结构中，核心筒宜尽量予以上下贯通。

2. 传力直接

布置转换层上下主体竖向结构时，要注意尽可能使水平转换结构传力直接，尽量避免多级复杂转换，更应尽量避免传力复杂、抗震不利、质量大、耗材多、不经济不合理的厚板转换。

3. 强化下部、弱化上部

为保证下部大空间整体结构有适宜的刚度、强度、延性和抗震能力，应尽量强化转换层下部主体结构刚度，弱化转换层上部主体结构刚度，使转换层上下部主体结构的刚度及变形特征尽量接近。常见的措施有加大筒体尺寸、加厚下部筒壁厚度、提高混凝土强度等级，上部剪力墙开洞、开口、短肢、薄墙等。

底部大空间为 1 层时，可近似采用转换层上、下层结构等效侧向刚度比 γ 表示转换层上、下层结构刚度的变化。γ 宜接近 1，非抗震设计时 γ 不应大于 3，抗震设计时 γ 不应大于 2。

一般 γ 可按下列公式计算。

$$\gamma = \frac{G_2 A_2}{G_1 A_1} \times \frac{h_1}{h_2}$$

$$A_i = A_{wi} + C_i A_{ci} \qquad (i = 1,2) \tag{8-11}$$

$$C_i = 2.5(h_{ci} / h_i)^2 \qquad (i = 1,2) \tag{8-12}$$

式中：G_1，G_2——底层和转换层上层的混凝土剪变模量；

A_1，A_2——底层和转换层上层的折算抗剪截面面积；

A_{wi}——第 i 层全部剪力墙在计算方向的有效截面面积(不包括翼缘面积)；

A_{ci}——第 i 层全部柱的截面面积；

h_i——第 i 层的层高；

h_{ci}——第 i 层柱沿计算方向的截面高度。

4. 优化转换结构

研究表明：转换层位置较高的高层建筑不利于抗震设计，当因建筑功能需要必须进行高位转换时，应作专门分析。转换结构宜优先选择不致引起框支柱(边柱)柱顶弯矩过大、柱剪力过大的结构形式，如斜腹杆桁架(包括支撑)、空腹桁架和宽扁梁等，并满足强度、刚度要求，避免框支层发生脆性破坏。

5. 计算全面准确

必须将转换结构作为整体结构中的一个重要组成部分，采用符合实际受力变形状态的正确计算模型进行三维空间整体结构计算分析。采用有限元方法对转换结构进行局部补充计算时，转换结构以上至少取两层结构进入局部计算模型，同时应计及转换层及所有楼层楼盖平面内刚度，计及实际结构三维空间盒子效应，采用比较符合实际边界条件的正确计算模型。

整体结构宜进行弹性时程分析补充计算和弹塑性时程分析校核，还应注意对整体结构进行重力荷载下的准确施工模拟计算。

8.3 带加强层的高层建筑

目前在我国的高层公共建筑中，钢筋混凝土筒体结构体系是最常用的结构体系之一。高层结构高度的加大，使得高宽比较大，而结构的抗侧刚度则较小。实腹墙筒体作为房屋结构最主要的抗侧力结构，抗侧刚度较弱，其结果势必增加周边框架结构的负担，使框架结构的梁柱截面尺寸增大，以至于超过经济合理的范围。设置加强层可以使外柱参与整体抗弯，从而增强结构体系的整体抗侧能力，减小芯筒的弯矩，减小结构的侧移，加强层的作用图 8.13 所示。

图 8.13 大致表示了框架-核芯筒结构体系未设置与设置一道加强层及设置两道加强层对芯筒弯矩 M 的影响。

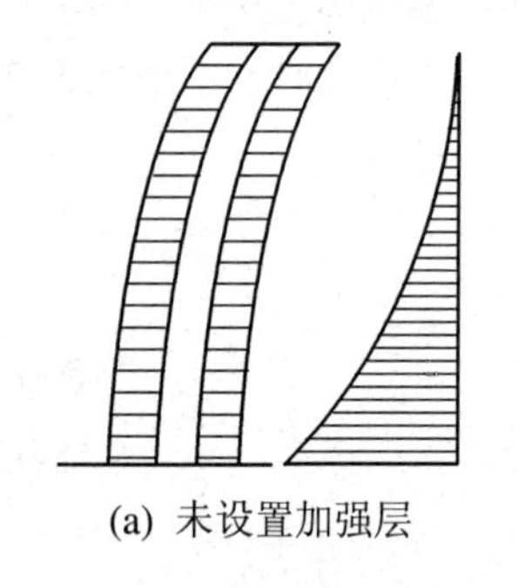

(a) 未设置加强层

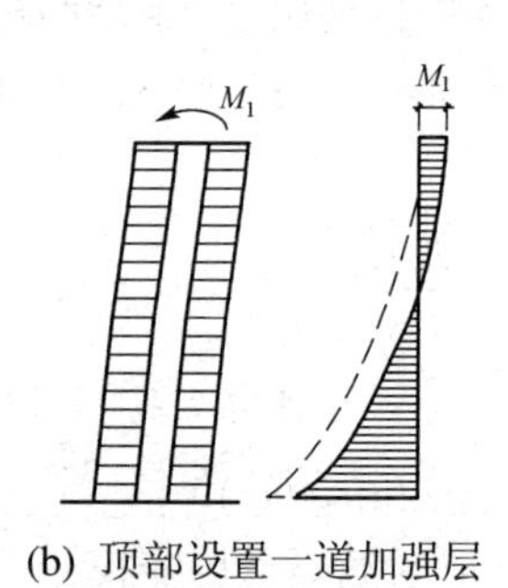

(b) 顶部设置一道加强层

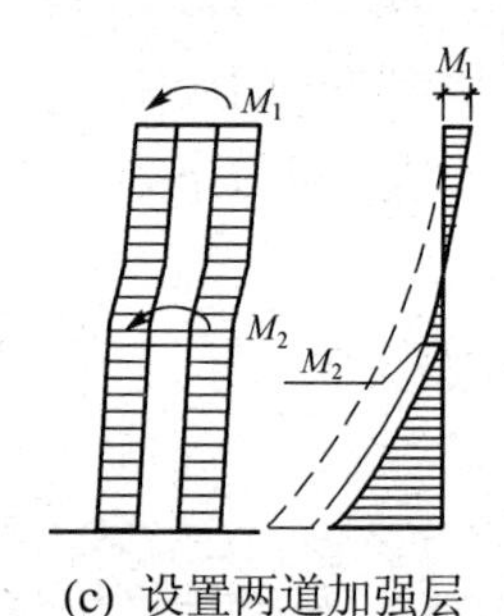

(c) 设置两道加强层

图 8.13 加强层的作用

8.3.1 加强层的类型

加强层构件有 3 种类型，一是伸臂，二是腰桁架和帽桁架，三是环向构件(环梁)。三者功能不同，不一定同时设置，但如果同时设置，一般设置在同一层。

1. 伸臂

伸臂是指刚度很大、连接内筒和外柱的实腹梁或桁架，通常沿高度选择一至几层布置伸臂构件。高层建筑结构内设置伸臂的主要目的是增大外框架柱的轴力，从而增大外框架的抗倾覆力矩，增大结构抗侧刚度，减小侧移。由于伸臂本身刚度较大，又加强了结构抗侧力的刚度，有时就把设置伸臂的楼层称为加强层或刚性加强层。

伸臂对结构受力性能的影响是多方面的，如果设计不当或措施不足，容易造成薄弱层(柱端出铰或剪坏)。这是由于伸臂本身的刚度和伸臂的道数不同造成的(伸臂刚度与柱子刚度相差愈大，则愈容易形成薄弱层)，它不但使得伸臂所在层的上、下相邻层的柱弯矩、剪力都有突变，更主要的是引起刚度突变，上、下柱与一个刚度很大的伸臂相连，地震作用下这些柱子容易出现塑性铰或剪坏，形成薄弱层，对抗震不利。因此针对当前对加强层尚没有规范规定且缺乏有关震害及试验研究资料的情况，建议在地震区高层建筑结构体系选型中，应当在深入细致分析比较的基础上再决定是否采用加强层。如果结构的层间侧移能满足规范和规程要求，则不必设置。再者，在筒中筒结构中，框筒主要依靠密柱深梁使翼缘框架各柱受力，结构抗侧刚度很大，伸臂的作用与此重复，因此在筒中筒结构中，一般不再设置伸臂。

在高层建筑中都需要有避难层和设备层，通常都将伸臂和避难层、设备层设置在同一层。因此，设计者布置伸臂时必须要综合考虑建筑布置和设备层布置的要求，了解伸臂设置对结构受力的影响，并明确其合理的位置，才能从结构的角度提出建议，制订出各方面都合理的综合优化布置方案。

2. 环向构件

环向构件是指沿结构周围布置一层楼(或两层楼)高的桁架，其作用如同加在结构身上的一道“箍”，将结构外圈的各竖向构件紧密联系在一起，增强了结构的整体性。随着结构高度的增高，也可设置两道或三道“箍”。

环向构件多采用斜杆桁架或空腹桁架形式，它的刚度很大，可以协调周圈竖向构件的变形，减小竖向变形差，加强角柱与翼缘柱的联系，使竖向构件受力均匀。在框筒结构中，环向构件可加强深梁作用，减少剪力滞后。在框架-核心筒结构中，环向桁架也能加强外圈柱子的联系，减小稀柱之间的剪力滞后，增大翼缘框架柱的轴向力。在框架-核心筒-伸臂结构中，通常伸臂只和一根柱子相连接，设置环向构件后，将伸臂产生的轴力分散到其他柱子，使较多的柱子共同承受轴力，使相邻框架柱轴力均匀化，因此环向桁架常常和伸臂结合使用。设置环向桁架还可以减小伸臂的刚度，环向桁架与伸臂结合应用有利于减小框架柱和内筒的内力突变。

3. 腰桁架和帽桁架

腰桁架和帽桁架是设置在内筒和外柱间的桁架或大梁，自身具备很大的刚度，可减少内筒和外柱间的竖向变形差。大量工程实践和理论研究表明，内筒和外柱的竖向应力不同，加之温度差别、徐变等因素的影响，常常导致内外构件竖向变形不同，使楼盖大梁产生变形和相应应力，如果变形引起的应力较大，会较早出现裂缝，影响结构的承载力，不利于抗震。设置刚度很大的桁架或大梁，可以限制内、外竖向变形差，从而减小楼盖大梁的变形。一般在高层建筑高度较大时，就需要设置限制内、外竖向变形差的桁架或大梁，如图 8.14 所示。

如果仅仅考虑减少重力荷载、温度、徐变产生的竖向变形差，在 30～40 层的结构中，一般在顶层设置一道桁架效果最为明显，为帽桁架。当结构高度很大时，也可同时在中间某层设置，为腰桁架。

伸臂和帽桁架、腰桁架的形式相同，作用却不同。在较高的高层结构中，如果将减少侧移的伸臂结构与减少竖向变形差的帽桁架或腰桁架结合在一起使用，则可在顶部及 0.5～0.6H 处设置两道伸臂，综合效果较好。

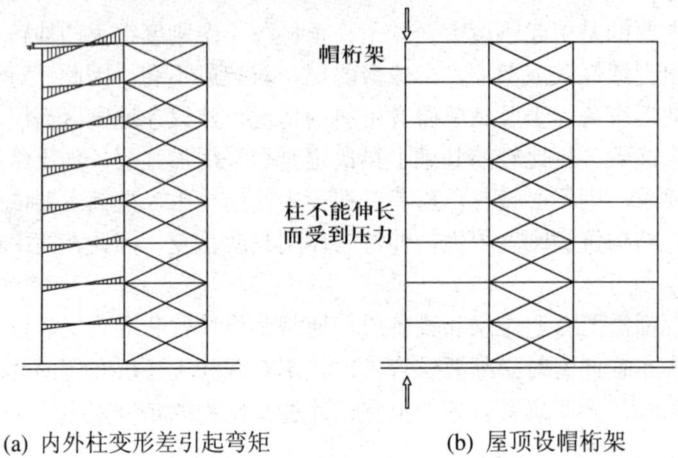

(a) 内外柱变形差引起弯矩　　(b) 屋顶设帽桁架

图 8.14　设置帽桁架减少竖向变形差

8.3.2　加强层的设计原则

1. 结构形式

与转换层类似，常见的结构型式有梁式、桁架式、空腹桁架式、箱式等。

2. 加强层的层数

从理论上讲，这是一个优化设计问题。由图 8.13 所示，设置加强层的确对改善结构刚度有利，但大量研究表明，加强层的层数并非越多越好，一层时减小侧移的效率最高，随着数量增多，减小侧移的绝对值虽在加大，但减小侧移的效率却在降低。当加强层多于 3 层时，其侧移减小效果已很微弱，故建议一般水平加强层的设置不超过 3 层。

3. 加强层的平面布置

在平面上布置加强层的刚臂应横贯建筑全宽，在内侧与芯筒连接，在外侧与外围框架柱连接。

4. 加强层的竖向布置

在竖直方向，加强层设在什么位置效果最好，目前的设计理论还不成熟，主要是因为理论分析的简化假定与工程实际有较大差异，一般都倾向于以减小侧移为目标函数来研究其最优位置。实际应用中应针对具体建筑，建立多个接近工程实际的计算模型，做多方案的分析比较，以求得加强层实际的最优层位。综合目前国内外的研究成果，归纳如下。

(1) 当只设置一道伸臂时，最佳位置在底部固定端以上 0.60H 附近，H 为结构总高度，即大约在结构的 2/3 高度处设置伸臂能较好发挥其抗侧作用。

(2) 设置两道伸臂的效果会优于一道伸臂，侧移会更小。当设置两道伸臂时，如果其中一道设置在 0.7H 以上(也可在顶层)，则另一道宜设置在 0.5H 处，可以得到较好的效果。

(3) 设置多道伸臂时，会进一步减小位移，但位移减小并不与伸臂数量成正比。设置伸臂多于 4 道时，减小侧移的效果基本稳定。当设置多道伸臂时，一般可沿高度均匀布置。且宜两个主轴方向都设置刚度较大的水平外伸构件。

5. 加强层的刚度

现有的工程分析及研究资料表明：加强层的刚度太小，达不到减小侧移的目的；但若加强层刚度过大，则会导致在加强层处抗侧刚度和质量的过大突变，对结构受力及抗震均不利，故加强层的刚度太大没有必要。建议在满足有关规范对侧移限值要求的前提下，加强层宜尽量选用相对较小的刚度。

6. 加强层设计的其他规定

(1) 抗震要求与轴压比限值。带加强层的高层建筑结构，为避免结构在加强层附近形成薄弱层，使结构在罕遇地震作用下能呈现强柱弱梁、强剪弱弯的延性机制。要求在设置加强层后，带加强层高层建筑的抗震等级符合 A 级和 B 级高度的高层建筑结构抗震等级的规定，但加强层及其相邻层的框架柱和核心筒剪力墙的抗震等级应提高一级采用，特一级的不再提高。并必须注意加强层上、下外围框架柱的强度及延性设计，框架柱轴压比要从严控制，可参考表 8-2。

表 8-2　加强层及其相邻上下层框架柱轴压比限值

	抗震等级		
	一级	二级	三级
轴压比限值	0.70	0.80	0.90

(2) 提高加强层及其相邻上下层楼盖的整体性，混凝土强度等级不宜低于 C30，楼板应采用双层双向配筋，每层每方向钢筋均应拉通，且配筋率不宜小于 0.35%。

(3) 加强层水平外伸构件宜设施工后浇带，待主体结构完成后再行浇筑成整体，以消除施工阶段在重力荷载作用下加强层水平外伸构件、水平环带构件的应力集中的影响。

(4) 加强层构件(外伸刚臂)与外框柱的连接可以是刚接，也可以是铰接。为刚接时，对加强层的作用不明显，计算中一般假定与外框柱为铰接。

(5) 柱纵向钢筋总配筋率在抗震等级为一级时不应小于 1.6%，二级时不应小于 1.4%，三级、四级及非抗震设计时不应小于 1.2%。总配筋率不宜大于 5%。柱箍筋应全高加密，间距不大于 100mm，箍筋体积配箍率抗震等级一级时不应小于 1.6%，二级时不应小于 1.4%，三级、四级及非抗震设计时不应小于 1.2%，箍筋应采用复合箍或螺旋箍。

8.3.3　带加强层高层建筑结构的计算分析应遵循的原则

(1) 带加强层高层建筑结构应按三维空间分析方法进行整体内力和位移计算，加强层水平外伸构件作为整体结构中的构件参与整体结构计算。

(2) 为确保计算精度，采用振型分解反应谱法时应取 9 个以上振型计算地震作用。

(3) 地震区场地地震动参数应由当地地震部门进行专门研究测定，并在此基础上进行弹性和弹塑性时程分析补充计算和校核。

(4) 带加强层高层建筑结构在重力荷载作用下必须进行较准确的施工模拟计算，并应计入非荷载效应影响。加强层构件一端连接内筒，一端连接外框柱。外框柱由于楼层竖向荷载将产生较大的轴向变形，而内筒墙的轴向变形则很小，在分析时如果按一次加载的图式计算，则会得到内外竖向构件产生的很大的轴向变形差，刚性外伸刚臂构件在内筒墙端部产生很大的负弯矩，使截面设计和配筋构造困难。因此，应考虑竖向荷载实际在施工过程中的分层施加情况，分析时采用按分层加载、考虑施工过程的方法计算。

8.4 错层结构

8.4.1 错层结构特点

错层结构属竖向布置不规则结构，错层附近的竖向抗侧力结构受力复杂，容易形成众多应力集中部位。在地震作用下，错层结构加上扭转效应的影响，可能给建筑物造成比较严重的破坏。错层结构的楼板有时会受到较大的削弱。剪力墙结构错层后会使部分剪力墙的洞口布置不规则，形成错洞剪力墙或叠合错洞剪力墙。框架结构错层则更为不利，往往形成许多短柱与长柱混合的不规则体系。

基于错层结构的抗震性能及地震作用下的破坏形态目前尚缺乏研究，高层建筑结构宜避免错层。

8.4.2 错层结构的设计规定

《高层建筑混凝土结构技术规程》第 10.4 节对错层结构的平、立面布置、抗震设计构造等都给出了明确要求。

结构布置，抗震设计时，高层建筑应避免错层，多高层建筑尽可能不采用错层结构。当房屋两部分因功能不同而使楼层错开时，宜首先采用防震缝或伸缩缝分为两个独立的结构单元。并应按《高层建筑混凝土结构技术规程》(JGJ 3—2002)第 10.1.3 条的规定限制房屋高度，同时还需符合该规程提出的其他各项有关要求。有错层而又未设置伸缩缝、防震缝分开，结构各部分楼层柱(墙)高度不同，形成错层结构，应视为对抗震不利的特殊建筑，在计算和构造上必须采取相应的加强措施。抗震设计时，B 级高度的建筑物不宜采用错层结构，9 度区不应采用错层结构，8 度区的错层高度不大于 60m，7 度区的错层高度不大于 80m。

错层结构应尽量减少扭转影响，错层两侧宜设计成抗侧刚度和变形性能相近的结构体系，以减小错层处的墙柱内力。

关于计算模型，在框架结构、框架-剪力墙结构中有错层时，对抗震不利，宜避免。在平面规则的剪力墙结构中有错层，当纵、横墙体能直接传递各错层楼面的楼层剪力时，可不作错层考虑，且墙体布置应力求刚度中心与质量中心重合，计算时每一个错层可视为独立楼层。

当错层高度不大于框架梁的截面高度时，可以作为同一楼层参加结构计算，这一楼层的标高可取两部分楼面标高的平均值。当错层高度大于框架梁的截面高度时，各部分楼板应作为独立楼层参加整体计算，不宜归并为一层计算。此时每一个错层部分可视为独立楼层，独立楼层的楼板可视为在楼板平面内刚度无限大。

关于错层柱、墙构造有如下规定：错层结构在错层处的构件要采取加强措施。错层处框架柱的截面宽度和高度均不得小于 600mm，混凝土强度等级不应低于 C30，抗震等级提高一级，竖向钢筋配筋率不宜小于 1.5%。错层处框架柱也可采用型钢混凝土柱，箍筋体积配箍率不宜小于 1.5%，箍筋全柱段加密。错层处平面外受力的剪力墙，其截面厚度，非抗震设计时不应小于 200mm，抗震设计时不应小于 250mm，并均应设置与之垂直的墙肢或扶壁柱，抗震等级应提高一级采用。错层处剪力墙的混凝土强度等级不应低于 C30。水平和竖向分布钢筋的配筋率在非抗震设计时不应小于 0.3%，抗震设计时不应小于 0.5%。

关于程序计算有如下规定：当必须采用错层结构时，应采用三维空间分析程序进行计算。目前三维空间分析程序 TAPS、ETAPS、TBSA、TBWE、TAT、SATWE、TBSAP 等均可进行错层结构的计算。错层结构的突出特点是在同一楼层平面内，部分区域有楼板，部分区域没有楼板。在没有楼板的区域内，有些竖向构件可能与梁连接，也可能是越层构件。软件会自动将错层构件在楼层平面内的节点设为独立的弹性节点，不受楼板计算假定限制，并能准确确定越层柱计算长度系数。而框架柱和平面外受力的剪力墙，其抗震等级的提高需要设计人员交互定义，程序不能自动处理。

8.5 连 体 结 构

8.5.1 连体结构的特点

连体高层建筑是指两个或多个塔楼由设置在一定高度的连廊相连而组成的建筑物。我国目前成功建设的高层连体结构很多，其中北京西客站、上海凯旋门大厦、深圳侨光广场大厦等就是其中较为典型的例子。由于连廊的存在，连体结构在地震作用下的反应远比单塔和不设置连廊的多塔结构复杂，其动力特性、受力机理、动力反应均有待于进一步研究。到目前为止，对连体高层建筑这种新结构形式的研究文献并不多，研究也并不深入。从结构受力上来看，用连体连起来有利还是不连起来有利？连体的最优位置在何处？最适宜的连体刚度为多大？这些是连体结构设计中亟待解决的问题。

同济大学等单位的研究表明：结构连体层的刚度、位置和形式发生变化时，结构的振型频率、形态和阶序均发生变化，其中刚度变化导致动力特性变化存在阶跃性，一般是在刚度较低的范围(10%～20%)内发生，刚度达到一定值后，结构整体动力特性趋于稳定。目前，国内一般的高层建筑实际采用的整体计算分析方法，如三维杆件空间分析方法和协同工作分析方法，基本上都假定楼板在平面内刚度无限大，建筑物为线弹性结构，并可离散化为多质点系。

连体结构存在多个塔楼，塔楼之间存在着相对位移，连接体能协调塔楼间的变形，减小结构整体变形，但开裂后也可能在塔楼间引起严重的碰撞，导致连接功能迅速丧失，动力特性与连体结构完全不同。采用延性较好的结构形式，增加连接体的抗御变形和耗能能力，以使连体结构有较好的抗震性能是高层连体结构设计的关键。

8.5.2 连体结构的抗震性能

连体结构通过连体将各塔楼连成一个整体，使建筑物的工作特点由竖向悬臂梁变成巨型框架，建筑物的振动特性也将相应发生变化。这种变化必将影响到建筑物的地震反应。另外，如果连体刚度较小，连体建筑在总体上将趋向于空间薄壁杆，其在地震作用下的抗扭性能是一个必须考虑的问题。

由计算分析及同济大学等单位进行的振动台试验说明：连体结构振型较为复杂，前几个振型与单体建筑有明显不同，除同向振型外，还出现反向振型，因此要进行详细的计算分析。实验还表明：对于连体结构，无论对称与否，都存在大量的参与系数很小甚至为零的低阶振型，所以在进行振型组合时应选择足够多的振型来满足设计的精度要求。连体结构总体为一开口薄壁构件，扭转性能较差，扭转振型丰富，当第一扭转频率与场地卓越频率接近时，容易引起较大的扭转反应，易使结构发生脆性破坏。连体结构中部刚度小，而此部位混凝土强度等级又低于下部结构，从而使结构薄弱部位由结构的底部转为连体结构中塔楼的中下部，这是连体结构设计时应注意的问题。

架空的连体对竖向地震的反应比较敏感，尤其是跨度较大、自重较大的连体受竖向地震的影响更为明显。因此《高层建筑混凝土结构技术规程》(JGJ 3—2002)10.5.2 条规定，8 度抗震设计时，连体结构的连体部分应考虑竖向地震的影响。

8.5.3 连体结构的结构布置和构造规定

(1) 《高层建筑混凝土结构技术规程》(JGJ 3—2002)规定，连体结构各独立部分宜有相同或相近的体型、平面和刚度。7 度、8 度抗震设计时，层数和刚度相差悬殊的建筑不宜采用连体结构。特别是对于第二种形式的连体结构，其两个主体宜采用双轴对称的平面形式，否则在地震中将出现复杂的相互耦连的振动，扭转影响大，对抗震不利。

(2) 抗震设计时，连接体及连接体相邻的结构构件的抗震等级应提高一级采用，若原抗震等级为特一级则不再提高；非抗震设计时，应加强构造措施。

(3) 连体结构中连体与主体结构宜采用刚性连接以保证结构的安全。若采用非刚性连接时，支座滑移量应能满足两个方向在罕遇地震作用下的位移要求，这在结构设计及构造上是相当困难的。

(4) 连接体应加强构造措施。作用于连接体楼面中的内力相当于作用在一个主体部分的楼层水平拉力和面内剪力。连接体的边梁截面宜加大，楼板厚度不宜小于 150mm，采用双层双向筋钢网，每层每方向钢筋网的配筋率不宜小于 0.25%。

连接体结构可设置钢梁、钢桁架和混凝土梁，混凝土梁在楼板标高处宜设加强型钢，该型钢伸入主体部分，加强锚固。当有多层连接体时，应特别加强其最下面一至两个楼层的设计和构造。

8.6 多塔楼结构

8.6.1 多塔楼结构的特点

多塔楼结构具有两个突出特点，其一是每个塔楼都有独立的迎风面，在计算风荷载时，不考虑各塔楼间的相互影响；其二是每个塔楼都有独立的变形，各塔楼变形仅与塔楼本身因素、与底盘的连接关系和底盘的受力特性有关，各塔楼之间没有直接影响，但都通过底盘间接影响其他塔楼。

我国是从 20 世纪 80 年代起出现多塔楼结构形式的。事实上，除了经验意义上的约定，我们无法在数值上准确定义什么样是大底盘，什么样是大门洞，但有一点可以肯定，那就是多塔楼结构特性随着塔楼间连接方式的变化而变化。大部分多塔楼结构在结构布置和体型等方面已超过我国现行规范的规定，属于“超限高层建筑”范畴，目前，能较好反映复杂结构的内力分析软件，特别是针对多塔楼结构的弹塑性分析软件较少，研究人员对多塔楼结构的设计缺乏有效手段和充分的认识，因而对结构的安全度难以把握。所以国家建设部规定对“超限高层建筑”要进行抗震专项审查。结构模型试验是多塔楼高层建筑结构抗震性能研究的重要手段。整体结构模型模拟地震振动台试验能经济、有效而且直观地反映整体结构的变形性能和抗震能力，是研究多塔楼高层建筑结构振动特性和抗震性能的最有效手段之一。用商业软件对结构进行计算分析、动力特性研究，再将计算分析结果与试验结果进行比较分析，是目前广为认同的研究手法。同济大学等单位进行了多幢多塔楼高层建筑结构模型试验，提出了一系列研究计算方法和设计改进建议。塔楼高度或裙房高度发生变化时，结构高阶振型的频率发生较大变化，结构振型形态和振型阶序都发生变化；塔楼抗侧刚度或裙房抗侧刚度发生变化时，结构频率和振型形态变化不大，振型阶序一般不发生变化。这些建议为实际工程的设计施工提供了有效的指导。

8.6.2　多塔楼结构布置规定

带大底盘的多高层建筑，结构在大底盘上一层突然收进，属竖向不规则结构；大底盘上有 2 个或多个塔楼时，结构振型复杂，并会产生复杂的扭转振动。如结构布置不当，竖向刚度突变、扭转振动反应及高振型影响将会加剧。因此，在多塔楼结构(含单塔楼)设计中应遵守下述结构布置的要求。

(1) 多塔楼建筑结构的各塔楼的层数、平面和刚度宜接近；塔楼对底盘宜对称布置，塔楼结构的综合质心与底盘结构质心的距离不宜大于底盘相应边长的 20%，见《高层建筑混凝土结构技术规程》(JGJ3—2002)第 10.6.1 条。

中国建筑科学研究院建筑结构研究所等单位进行了多例多塔楼结构的有机玻璃模型试验，由试验和计算分析结果说明：当各塔楼的质量和刚度相差较大、分布不均匀时，结构的扭转振动反应大，高振型对内力的影响较为突出。如各塔楼层数和刚度相差较大时，宜将裙房用防震缝分开。试验研究和计算分析同时还表明：塔楼在底盘上部突然收进已造成结构竖向刚度和抗力的突变，如结构布置上又使塔楼与底盘偏心则更加剧了结构的扭转振动反应。因此，结构布置上应注意尽量减少塔楼与底盘的偏心。

(2) 抗震设计时，带转换层塔楼的转换层不宜设置在底盘屋面的上层塔楼内，多塔楼结构转换层不适宜位置如图 8.15 所示，否则应采取有效的抗震措施，见《高层建筑混凝土结构技术规程》(JGJ 3—2002)第 10.6.2 条。

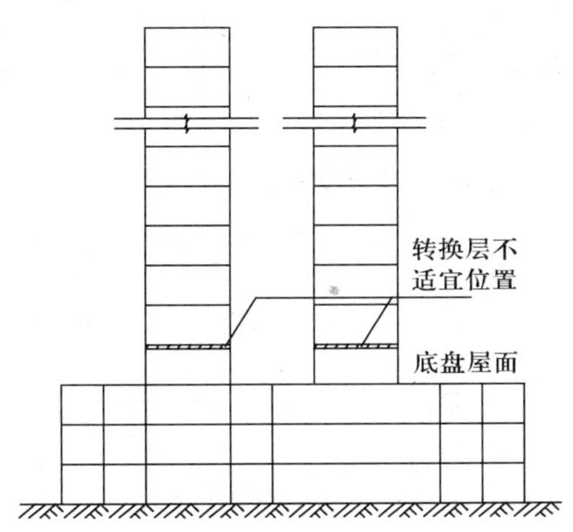

图 8.15　多塔楼结构转换层不适宜位置示意图

多塔楼结构中同时采用带转换层结构，即同一建筑中同时采用两种复杂结构。多塔楼结构由于其竖向刚度、质量突变加之结构内力传递途径的变化，要保证结构的安全已相当困难，如再把转换层设置在大底盘屋面的上层塔楼内，若没有有效的抗震措施，仅靠本规程和各项规定设计很难避免该楼层在地震中被不破坏。所以结构布置中不允许这 3 种不利的结构布置同时在一个工程中出现。

8.6.3 多塔楼结构的加强措施

多塔楼结构的设计除需符合《高层建筑混凝土结构技术规程》(JGJ 3—2002)的各项有关规定外，尚应满足下列补充加强措施。

(1) 为保证多塔楼(含单塔楼)建筑结构底盘与塔楼的整体作用，底盘屋面楼板厚度不宜小于 150mm，并应加强配筋构造，板面负弯矩配筋宜贯通。底盘屋面的上、下层结构的楼板也应加强构造措施。当底盘楼层为转换层时，其底盘屋面楼板的加强措施应符合《高层建筑混凝土结构技术规程》(JGJ 3—2002)10.2.20 条及 10.6.3 条关于转换层楼板的规定。

(2) 抗震设计时，对多塔楼(含单塔楼)结构的底部薄弱部位应予以特别加强，如图 8.16 所示为多塔楼结构加强部位示意图。多塔楼之间的底盘屋面梁应予加强。各塔楼与底部裙房相连的外围柱、剪力墙，从固定端至裙房屋面上一层的高度范围内，柱纵向钢筋的最小配筋率宜适当提高，柱箍筋宜在裙房屋面上、下层的范围内全高加密。剪力墙宜按《高层建筑混凝土结构技术规程》(JGJ 3—2002)第 7.2.16 条和第 10.6.4 条的规定设置约束边缘构件。

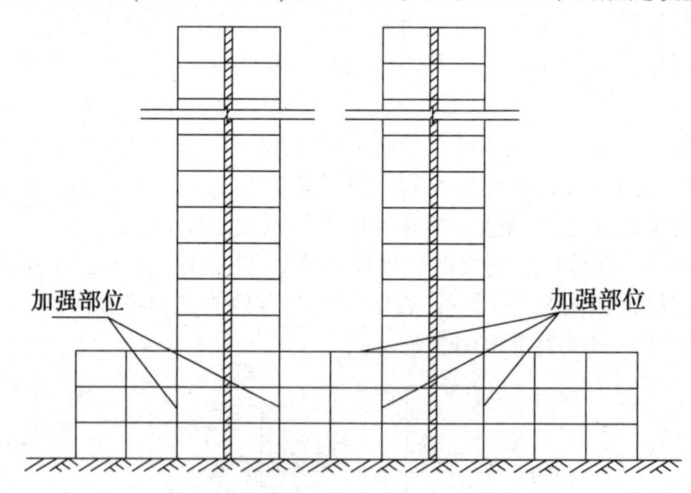

图 8.16 多塔楼结构加强部位示意图

当塔楼为底部带转换层结构时，应满足《高层建筑混凝土结构技术规程》(JGJ 3—2002)第 10.2 节的各项规定。

8.7 本章小结

本章介绍的内容都针对具体的结构，虽然每个结构都有一定的代表性，但从中也得到了一些共性认识：复杂高层建筑不应采用严重不规则的结构体系；复杂高层建筑应具备必要的承载能力、刚度和变形能力，避免连续倒塌。对可能出现的薄弱部位，应采取有效措施，宜具有多道抗震防线。设计计算时宜严格按照抗震设计准则，即强柱弱梁，强节点弱杆件、强剪弱弯、强压弱拉、强底层柱底等来进行结构设计。对结构的底部区域及错层处剪力墙应进行加强处理。在满足结构的层间位移和整体位移的条件下，尽量使结构的所有构件具有良好的延性。多取参与组合的振型数，尽量避免和改善刚度与质量沿竖向不均匀分布，仔细分析可能存在的薄弱环节，研究具体的内力分配特点，通过调整内力和构件配筋设计改善薄弱部位的性能。

目前，复杂高层建筑还有待进一步探讨的问题很多，如转换层位置对整体结构地震反应的影响，多塔楼结构的裙房，连体局部应力状态与结构构造，以及如何改进现有层模型、科学地确定各种层参数，使之能达到弹塑性时程分析精度，振型选取方法的改进等。为确保结构设计的安全度，对复杂高层建筑的受力及变形性能，特别是抗震性能进行详细而系统的研究是十分必要的。

8.8 思考题

1. 常用的复杂高层建筑结构有哪些类型？

2. 转换层有哪几种类型？分别用在哪些结构体系中？

3. 转换层有什么作用？转换层设计时应注意的主要问题有哪些？

4. 转换层有哪几种形式？试分析它们的利弊。

5. 转换层设计的一般规定有哪些？

6. 加强层的结构形式有哪些？为什么把伸臂、环梁、腰桁架和帽桁架称为加强层？它们分别有什么作用？

7. 加强层平面布置有什么要求？试分析加强层数量与位置的合理分布。

8. 设计加强层时，对其刚度有何要求？

9. 怎样理解加强层的抗震等级与轴压比限值要求？

10. 带加强层高层建筑结构的计算分析应遵循的原则有哪些？

11. 分析错层结构的特点，为什么高层建筑结构宜避免错层？

12. 分析错层对剪力墙结构和框架结构的不利影响，为什么说错层结构属竖向布置不规则结构？

13. 熟悉错层结构设计的最基本规定及三维空间分析软件。

14. 什么是连体结构？目前国内采用的计算方法是什么？

15. 连体结构的常见形式有哪两种？其结构布置有哪些规定？

16. 熟悉连体结构的构造规定，为什么说当有多层连接体时，应特别加强其最下面一至两个楼层的设计和构造。

17. 什么是多塔楼结构？布置上有哪些基本规定？

18. 抗震设计时，带转换层塔楼的转换层设置有什么要求？应采取哪些加强措施？

第 9 章　高层建筑钢结构与混合结构设计

教学提示：本章主要介绍高层建筑钢结构和混合结构的设计。在高层建筑钢结构设计中介绍了结构体系与结构布置原则、结构计算方法，重点讲解了钢结构件设计和连接方法，并对钢结构抗震设计进行了简单介绍；在高层建筑混合结构设计中介绍了混合结构体系的布置，重点讲解钢骨混凝土和钢管混凝土构件的设计与节点设计。

教学要求：熟悉高层建筑钢结构计算方法与设计要求，掌握高层建筑钢结构构件设计与连接设计，熟悉钢骨混凝土和钢管混凝土构件的设计与节点设计及相应的构造要求。

9.1　高层建筑钢结构设计简介

9.1.1　概述

钢结构具备自重轻、强度高、施工快、抗震性能好等优点，近年来在高层，大跨度建筑中得到广泛的应用。1931 年建成的 102 层高 381m 的美国纽约帝国大厦、1974 年建成的 110 层高 443m 的美国芝加哥西尔斯大厦、1996 年建成的高 451.9m 的马来西亚双塔石油大厦等都是钢结构超高层建筑。

近年来我国钢结构建筑得到快速发展。20 世纪 80 年代以来，我国开始陆续建造以钢结构为主要抗侧力构件的高层建筑。我国第一座超高层钢结构是 1987 年建成的深圳发展中心大厦，高 165.3m；第一座全钢结构超高层建筑是 1988 年建成的上海国际贸易中心大厦，高 146.5m。

高层建筑钢结构设计涉及钢材特性、结构体系与结构布置原则、设计计算方法、构件与节点的设计以及构造要求等内容。

1. 钢材的要求

高层建筑钢结构的钢材，一般采用 Q235 等级 B、C、D 的碳素结构钢，以及 Q345 等级 B、C、D、E 的低合金高强度结构钢。抗震结构钢材的抗拉强度实测值与屈服强度实测值的比值不应小于 1.2，应具有明显的屈服台阶，伸长率大于 20%，并具有良好的可焊性。

2. 结构体系与结构布置原则

高层建筑钢结构体系分为框架体系、双重抗侧力体系和筒体体系。其中双重抗侧力体系 Q 包括钢框架-支撑(剪力墙板)体系、钢框架-混凝土剪力墙体系和钢框架-混凝土核心筒体系。而筒体体系包括框筒体系、桁架筒体系、筒中筒体系和束筒体系。不同的钢结构体系，其最大适用高度和最大高宽比不同。钢结构和有混凝土剪力墙的钢结构高层建筑的最大适用高度见表 9-1。钢结构民用房屋适用的最大高宽比限值见表 9-2。当钢结构房屋不超过 12 层时，常采用框架结构、框架-支撑结构或其他结构类型；而超过 12 层的钢结构房屋，当抗震设防烈度为 8、9 度时，常采用偏心支撑、带竖缝钢筋混凝土抗震墙板、内藏钢支撑钢筋混凝土墙板或其他消能支撑及筒体结构。

表 9-1　钢结构和有混凝土剪力墙的钢结构高层建筑的最大适用高度(m)

结构种类	结构体系	非抗震设防	抗震设防烈度		
			6、7	8	9
钢结构	框架	110	110	90	70
	框架-支撑(剪力墙板)	260	220	200	140
	各类筒体	360	300	260	180
有混凝土剪力墙的钢结构	钢框架-混凝土剪力墙 钢框架-混凝土核心筒	220	180	100	70
	钢框筒-混凝土核心筒	220	180	150	70

注：① 房屋高度指室外地面到主要屋面板板顶的高度(不包括局部突出屋顶部分)。

② 超过表内高度的房屋，应进行专门研究和论证，采取有效的加强措施。

高层建筑钢结构布置原则与钢筋混凝土高层建筑结构布置原则相同。建筑平面应尽可能简单规则，结构各层的抗侧刚度中心与水平作用合力中心应接近重合，同时各层的抗侧刚度中心应尽量位于同一竖直线上。竖向应尽量采用规则结构。在抗震设防的框架-支撑结构中，支撑(剪力墙板)在竖向应做到连续布置，且形式和布置在竖向保持一致。

高层建筑钢结构楼盖一般应采用压型钢板现浇钢筋混凝土组合楼板，尽量少采用预制钢筋混凝土楼板。当层数不超过 12 层时，可采用装配整体式钢筋混凝土楼板，也可采用装配式楼板或其他轻型楼盖；超过 12 层的钢结构，必要时应设置水平支撑。当采用预应力薄板加混凝土现浇层或一般现浇钢筋混凝土楼板时，楼板与钢梁应有可靠连接。对转换层或设备、管道孔口较多的楼层，应采用现浇混凝土楼板或设置水平刚性支撑。高层建筑钢结构应满足如下原则：

1) 结构体系与选型

(1) 当高层建筑钢结构需要设置外伸刚臂和腰桁架或帽桁架(在顶层)时，宜设置在设备层，外伸刚臂应横贯楼层连续布置。

(2) 支撑和剪力墙板可选用中心支撑、偏心支撑、内藏钢板支撑、带缝混凝土墙板或钢板剪力墙。

(3) 抗震高层钢结构的体系和布置应具有明确的计算简图和合理的地震作用传递途径；宜设置防止部分结构或构件破坏而导致整个体系丧失抗震能力的多道设防；应具有必要的刚度和承载力、良好的变形能力和耗能能力；沿高度方向刚度应均匀避免因局部削弱或突变形成薄弱部位，产生过大的应力集中或塑性变形集中；对可能出现的薄弱部位，应采取加强措施；宜积极采取轻质高强材料。

(4) 钢结构和混凝土剪力墙的钢结构高层建筑的高宽比不宜大于表 9-2 的规定。

2) 结构平面布置

(1) 抗震设防的高层建筑钢结构，其常用平面布置如图 9.1 所示，平面尺寸关系应符合表 9-3 的要求。当钢框筒结构采用矩形平面时，其长宽比不宜大于 1.5:1，不能满足此项要求时，宜采用多束筒结构。

表 9-2　高宽比的限值

结构类型	结构体系	非抗震设防	抗震设防烈度		
			6、7	8	9
钢结构	框架	5	5	4	3
	框架-支撑(剪力墙板)	6	6	5	4
	各类筒体	6.5	6	5	5
有混凝土剪力墙的钢结构	钢框架-混凝土剪力墙	5	5	4	4
	钢框架-混凝土核心筒	5	5	4	4
	钢框筒-混凝土核心筒	6	5	5	4

注：当塔形建筑的底部有大底盘时，高宽比采用的高度应从大底盘的顶部算起。

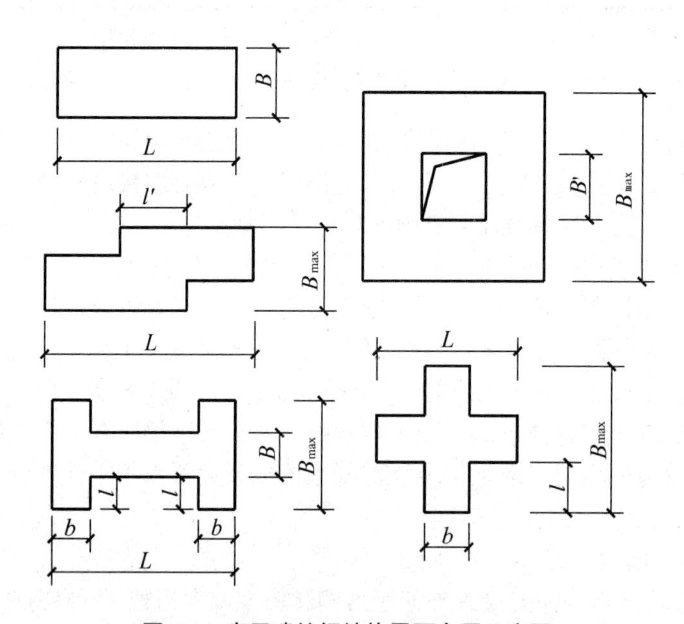

图 9.1　高层建筑钢结构平面布置示意图

表 9-3　L、l、l'及B'的限值

L/B	L/B_{max}	l/b	l'/B_{max}	B'/B_{max}
≤5	≤4	≤1.5	≥1	≤0.5

(2) 抗震设防的高层建筑钢结构，不符合表 9-3 和图 9.1 所示的情况属不规则结构，在平面布置上具有下列情况之一者，也属平面不规则结构。

① 任一层的偏心率大于 0.15。

② 结构平面形状有凹角，凹角的伸出部分在一个方向的长度，超过该方向建筑总尺寸的 25%。

③ 楼面不连续或刚度突变，包括开洞面积超过该层总面积的 50%。

④ 抗水平力构件既不平行又不对称于抗侧力体系的两个互相垂直的主轴。

属于上述情况①、④项者应计算结构扭转的影响，属于第③项者应采用相应的计算模型，属于第②项者应采用相应的构造措施。

(3) 高层建筑宜选用风压较小的平面形状，并考虑邻近高层建筑物对该建筑物风压的影响，在体形上应避免在设计风速范围内出现横风向振动。

(4) 高层建筑钢结构不宜设置防震缝，薄弱部位应采取措施提高抗震能力；高层建筑钢结构也不宜设置伸缩缝，必须设置时，抗震设防的结构伸缩缝应满足防震缝要求。

3) 结构竖向布置

(1) 抗震设防的高层建筑钢结构，宜采用竖向规则体系。在竖向布置上具有下列情况之一者，为竖向不规则结构。

① 楼层刚度小于其相邻上层刚度的 70%，且连续 3 层总的刚度降低超过 50%。

② 相邻楼层质量之比超过 1.5(建筑为轻屋盖时，顶层除外)。

③ 立面收进尺寸的比例为 $L_1/L<0.75$，如图 9.2 所示。

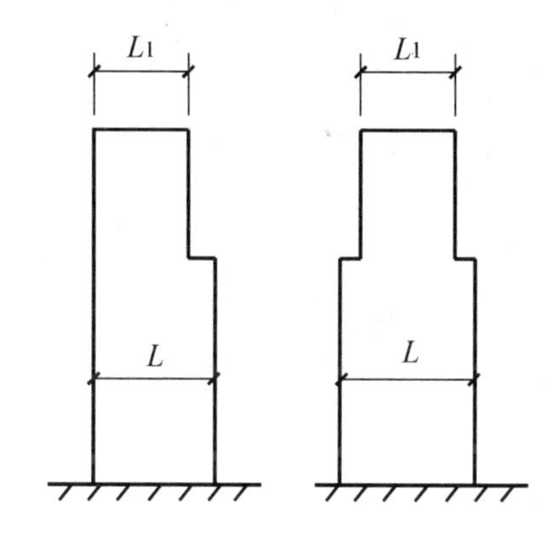

图 9.2　立面收进

④ 竖向抗侧力构件不连续。

⑤ 任一楼层抗侧力构件的总受剪承载力小于相邻上层的 80%。

(2) 抗震设防的框架-支撑结构中，支撑(剪力墙板)宜竖向连续布置。除底部楼层和外伸刚臂所在楼层外，支撑的形式和布置在竖向宜一致。

4) 结构的楼面布置

(1) 楼板宜采用压型钢板现浇钢筋混凝土结构，不宜采用预制钢筋混凝土楼板。当采用预应力薄板加混凝土现浇层或一般现浇钢筋混凝土楼板时，楼板与钢梁应有可靠连接。

(2) 对转换楼层或设备、管道孔口较多的楼层，应采用现浇混凝土楼板或设水平刚性支撑。建筑物中有较大的中庭时，可在中庭的上端楼层用水平桁架将中庭开口连接，或采取其他增强结构抗扭刚度的有效措施。

5) 地基、基础和地下室

(1) 高层建筑钢结构的基础形式应根据上部结构、工程地质条件、施工条件等因素综合确定，宜选用筏基、箱基、桩基或复合基础。当基岩较浅、基础埋深不符合要求时，应采用岩石锚杆基础。

(2) 钢结构高层建筑宜设地下室。抗震设防建筑的高层结构基础埋深宜一致，不宜采用局部地下室。

(3) 高层建筑钢结构的基础埋置深度(从室外地坪或通长采光井底面到承台底部或基础底部的深度)，当采用天然地基时，不宜小于$\frac{1}{15}H$，当采用桩基时，不宜小于$\frac{1}{18}H$。此处，H是室外地坪至屋顶檐口(不包括突出屋面的屋顶间)的高度。当有根据时，埋置深度可适当减小。

(4) 当主楼与裙房之间设置沉降缝时，应采用粗砂等松散材料将沉降缝地面以下部分填实，以确保主楼基础四周的可靠侧向约束；当不设沉降缝时，在施工中宜预留后浇带。

(5) 在高层建筑钢结构与钢筋混凝土基础或地下室的钢筋混凝土结构层之间，宜设置钢骨混凝土结构层。

(6) 在框架-支撑体系中，竖向连续布置的支撑桁架应以剪力墙形式延伸至基础。

9.1.2 结构计算方法

高层建筑钢结构属空间结构体系，一般应采用空间结构计算模型。为了便于计算，常简化为考虑平面抗侧力结构的空间协同计算模型。当结构布置规则、质量及刚度沿高度分布均匀、不计扭转效应时，可进一步简化为平面结构计算模型。

框架结构、框架-支撑结构、框架-剪力墙和框筒结构的内力和位移均可采用矩阵位移法计算。筒体结构可按位移相等原则转化为连续的竖向悬臂筒体，采用薄壁杆件理论、有限元法或其他有效方法进行计算。

高层建筑钢结构在截面预估时，可以采用近似方法计算荷载效应。不同结构体系采用不同的近似计算方法，下面对高层建筑钢结构不同体系的近似计算方法进行介绍。

1. 框架结构

竖向荷载作用下，框架内力可以采用分层法进行简化计算。在水平荷载作用下，框架内力和位移可采用 D 值法进行简化计算。

2. 框架-支撑结构

框架-支撑结构是指由普通框架和支撑框架所组成的结构体系。平面布置规则的框架-支撑结构，在水平荷载作用下常常可以被简化为平面抗侧力体系进行分析，将所有框架合并为总框架，并将所有竖向支撑合并为总支撑，然后进行协同工作分析，其模型如图 9.3 所示。总支撑可视作一根弯曲杆件，其等效惯性矩可按(9-1)式计算。

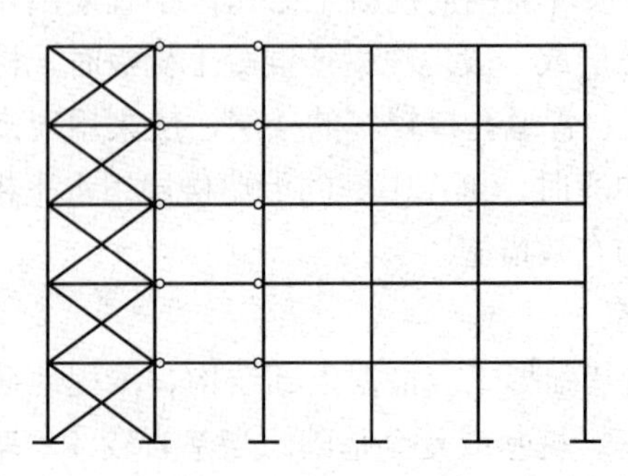

图 9.3 框架-支撑结构的协同分析模型

$$I_{eq}=\mu\sum_{j=1}^{m}\sum_{i=1}^{n}A_{ij}a_{ij}^{2} \tag{9-1}$$

式中：μ——折减系数，对中心支撑可取 0.8～0.9；

A_{ij}——第 j 榀竖向支撑第 i 根柱的截面面积；

a_{ij}——第 i 根柱到第 j 榀竖向支撑的柱截面形心轴的距离；

n——第一榀竖向支撑的柱子数；

m——水平荷载作用方向竖向支撑的榀数。

3. 框架-剪力墙结构

平面布置规则的框架-剪力墙结构，在水平荷载作用下可以将所有框架合并为总框架，所有剪力墙合并为总剪力墙，然后进行协同工作分析。

4. 框筒结构

平面为矩形或其他规则形状的框筒结构，可采用等效角柱法、展开平面框架法或等效截面法，转化为平面框架进行近似计算。

9.1.3　构件设计

高层钢结构计算包括静力计算和地震作用效应验算，计算内容包括弹性条件下的强度和变形验算以及弹塑性条件下的变形验算。本节主要介绍梁、柱、支撑等非抗震设计时的强度和整体稳定性的计算，而构件的局部稳定性则通过限定构件中板件的宽厚比来满足。

1. 梁的设计

高层钢结构梁应满足抗弯强度、抗剪强度和整体稳定性要求。

梁的抗弯强度应满足

$$\frac{M_x}{\gamma_x W_{nx}}\leqslant f \tag{9-2}$$

式中：M_x——梁对 x 轴的弯矩设计值；

W_{nx}——梁对 x 轴的净截面抵抗矩；

γ_x——截面塑性发展系数，按现行钢结构设计规范取用；

f——钢材强度设计值。

梁的抗剪强度应满足

$$\tau=\frac{VS}{It_w}\leqslant f_v \tag{9-3}$$

式中：V——计算截面沿腹板平面作用的剪力；

S——计算剪应力处以上毛截面对中和轴的面积矩；

I——毛截面惯性矩；

t_w——腹板厚度。

当梁设置有刚性铺板时，可不验算稳定，否则按式(9-4)式验算梁的稳定。

$$\frac{M_x}{\varphi_b W_x}\leqslant f \tag{9-4}$$

式中：W_x——梁的毛截面抵抗矩，单轴对称者以受压翼缘为准；

φ_b——梁的整体稳定性系数，按现行钢结构设计规范采用。

2. 轴心受压柱

轴心受压柱按(9-5)式进行验算。

$$\frac{N}{\varphi A} \leqslant f \tag{9-5}$$

式中：N——柱压力设计值；

A——柱的毛截面面积；

φ——轴心受压构件稳定性系数，按现行钢结构设计规范采用。

3. 支撑

高层钢结构中的支撑有中心支撑和偏心支撑两类。中心支撑形式有十字交叉斜杆体系(如图 9.4(a)所示)、单斜杆体系(如图 9.4(b)所示)、人字形斜杆体系(如图 9.4(c)所示)和 K 形斜杆(如图 9.4(d)所示)等体系。但 K 形斜杆体系不能用于抗震设防的结构。偏心支撑框架中的支撑斜杆，应至少在一端与梁相连(不在柱节点处)，另一端可连接在梁与柱相交处或在偏离另一支撑的连接点与梁连接，并在支撑与柱之间或在支撑与支撑间形成耗能梁段。偏心支撑类型如图 9.5 所示。

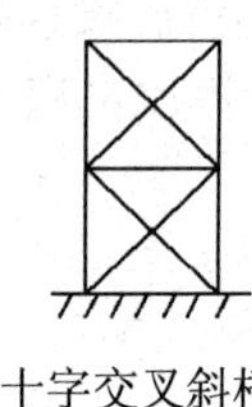
(a) 十字交叉斜杆体系

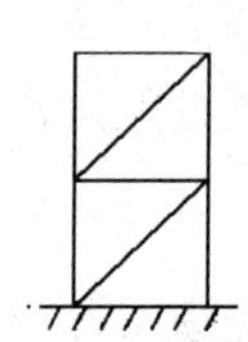
(b) 单斜杆体系

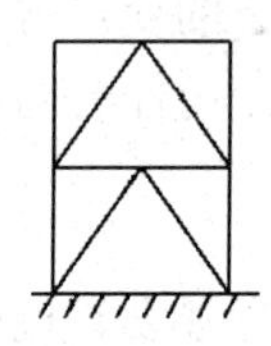
(c) 人字形斜杆体系

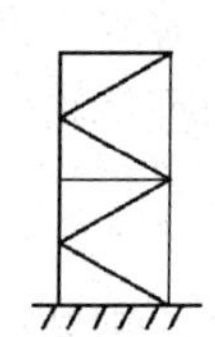
(d) K 形斜杆体系

图 9.4　中心支撑类型

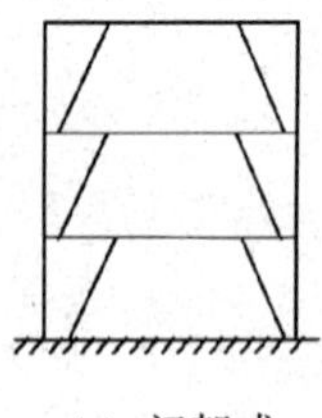
(a) 门架式

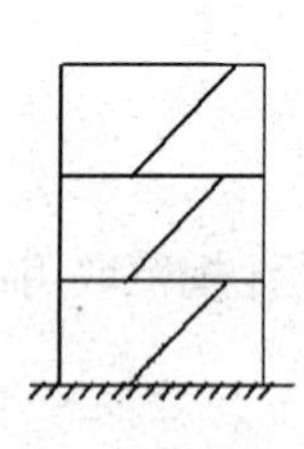
(b) 单斜杆式

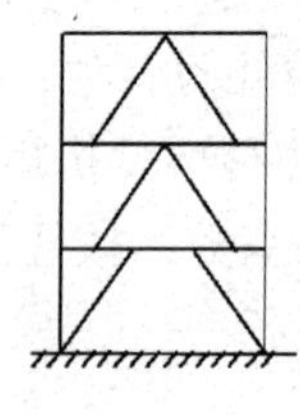
(c) 人字形

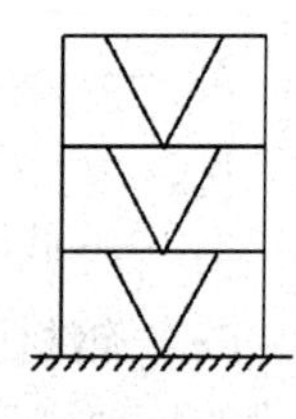
(d) V 字形

图 9.5　偏心支撑类型

中心支撑和偏心支撑中的支撑杆件按轴心受压或轴心受拉构件计算，除摩擦型高强度螺栓处外，其强度按(9-6)式验算。

$$\frac{N_{br}}{A_{n,br}} \leqslant f \tag{9-6}$$

受压支撑杆件的整体稳定性按(9-7)式验算。

$$\frac{N_{br}}{\varphi A_{br}} \leqslant f \tag{9-7}$$

式中：N_{br}——支撑杆件轴力设计值；

$A_{br}, A_{n,br}$——分别为杆件毛截面面积和净截面面积；

φ——轴心受压构件的整体稳定性系数，按现行钢结构设计规范采用。

消能梁段是偏心支撑钢框架中塑性变形耗能的主要构件，消能梁段的长度决定结构的耗能能力。由于剪切变形耗能优于弯曲变形耗能，偏心支撑钢框架应尽可能采用短梁段。耗能梁段的净长 a 符合(9-8)式者为剪切屈服型短梁段：

$$a \leqslant 1.6M_p / V_p \tag{9-8}$$

式中：M_p，V_p 分别为耗能梁段的塑性受弯承载力和塑性受剪承载力，分别按(9-9)式计算。

$$\begin{aligned} M_p &= W_p f_y \\ V_p &= 0.58 f_y h_0 t_w \end{aligned} \tag{9-9}$$

式中：W_p——梁段截面的塑性抵抗矩；

f_y——钢材的屈服强度；

h_0——梁段腹板计算高度；

t_w——为梁段腹板厚度。

耗能梁段的截面与同一跨内框架梁相同。耗能梁段的设计按有关规范进行。与耗能梁段同一跨内的框架梁按式(9-2)～式(9-4)进行验算。

9.1.4　连接设计

高层建筑钢结构的节点连接主要包括梁与柱的连接、柱与柱的连接、梁与梁的连接、支撑连接、柱脚等。

高层建筑钢结构的节点连接方式包括焊接、高强度螺栓或栓焊混合连接。节点的焊接连接根据受力情况又可分为全熔透或部分熔透焊缝。焊缝熔敷金属应与母材强度相匹配。不同强度钢材焊接时，焊接材料的强度应按强度较低的钢材选用。高层建筑钢结构承重构件的螺栓连接应采用摩擦型高强度螺栓连接。

高层建筑钢结构的节点连接在非抗震设计时，应按结构处于弹性受力阶段设计；当抗震设防时，应按结构进入弹塑性阶段设计，节点连接的承载力应高于构件截面的承载力。

连接的设计可按照现行《钢结构设计规范》和《高层民用建筑钢结构技术规程》有关规定执行，本节主要介绍连接的构造要求。

1. 梁与柱的连接

框架梁与柱的连接一般采用柱贯通型，很少采用梁贯通型。抗震设计时梁柱连接常采用刚接。当框架梁在互相垂直的两个方向都与柱刚性连接时，柱一般采用箱型截面。

工程中常用的梁柱连接方法有梁柱直接连接(如图 9.6(a)所示)和柱上焊接悬臂矩梁与梁连接(如图 9.6(b)所示)。梁与柱直接连接时，梁翼缘与柱翼缘采用全熔焊缝连接，梁腹板与柱可采用摩擦型高强度螺栓连接。梁与柱采用柱带悬臂短梁连接时，悬臂梁翼缘与柱应采用全熔透坡口焊接连接，腹板采用角焊缝连接。

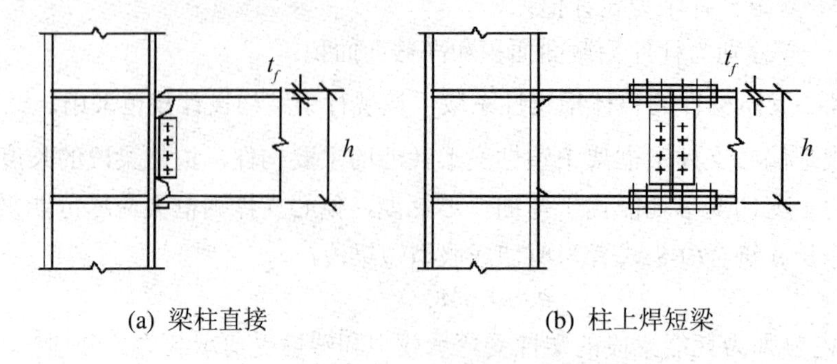

图 9.6　框架梁与柱翼缘的刚性连接

当框架梁端垂直于工字型柱腹板与柱刚接时，仍可采用梁柱直接(如图 9.7(a)所示)或柱上焊短梁(如图 9.7(b)所示)两种方式。但应在梁翼缘的对应位置设置柱的横向加劲肋，在梁高范围内设置柱的竖向连接板，应避免连接处板件宽度的突变。

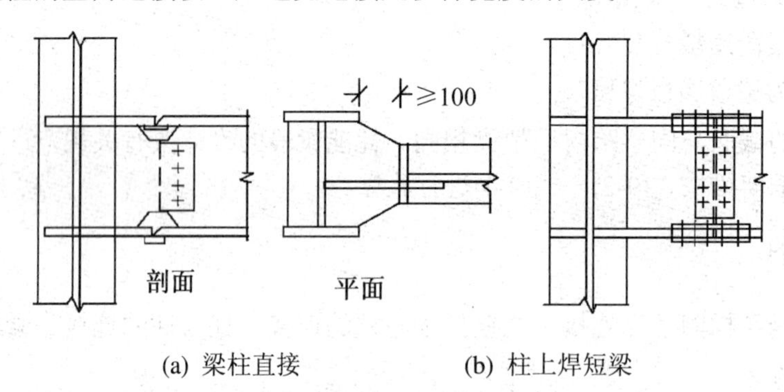

图 9.7　梁端垂直于工字形柱腹板与柱的刚性连接

图 9.8 是梁与柱直接连接的典型构造图。柱翼缘与梁上翼缘连接处的梁腹板做成半径 10～15mm 圆弧，扇形切角的半径为 35mm，圆弧端部与梁翼缘的全熔透焊缝隔开 10mm。梁的下翼缘焊接衬板的反面与柱翼缘或壁板相连处采用角焊缝，角焊缝沿衬板全长焊接，焊脚尺寸为 6mm。

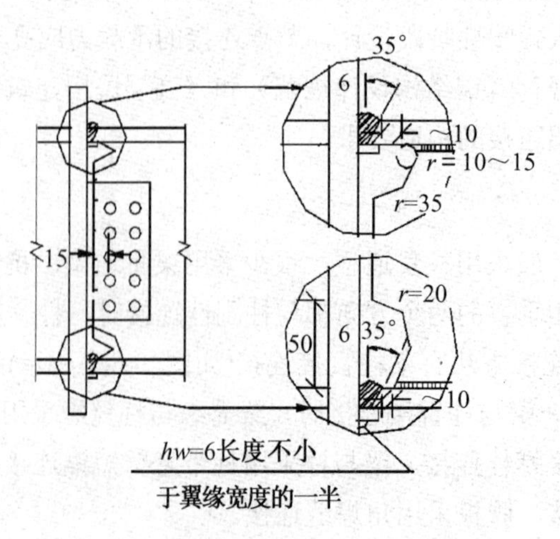

图 9.8　梁与柱直接连接的曲型构造图

梁柱刚性连接时应在梁翼缘的对应位置设置柱的水平加劲肋(或隔板)。水平加劲肋厚度不得小于梁翼缘厚度的 1/2，且符合板件宽厚比限值。

当柱两侧的梁不等高时，各梁翼缘对应位置均应设置柱的水平加劲肋。加劲肋间距不应小于 150mm，且不小于水平加劲肋的宽度(如图 9.9(a)所示)。当不能满足此要求时，应调整梁的端部高度，此时可将截面高度较小的梁腹板高度局部加大，腋部翼缘的坡度不得大于 1 : 3(如图 9.9(b)所示)。当与柱相连的梁在柱的两个互相垂直的方向高度不等时，同样也应分别设置柱的水平加劲肋(如图 9.9(c)所示)。

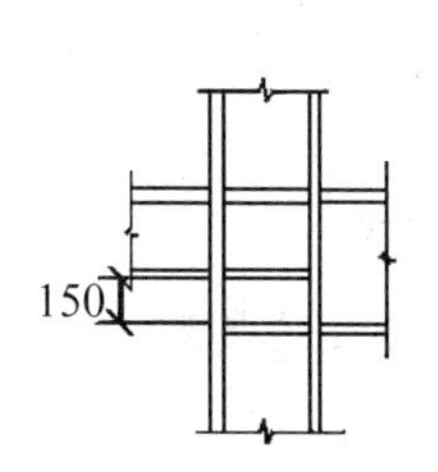

(a) 水平加劲肋设置

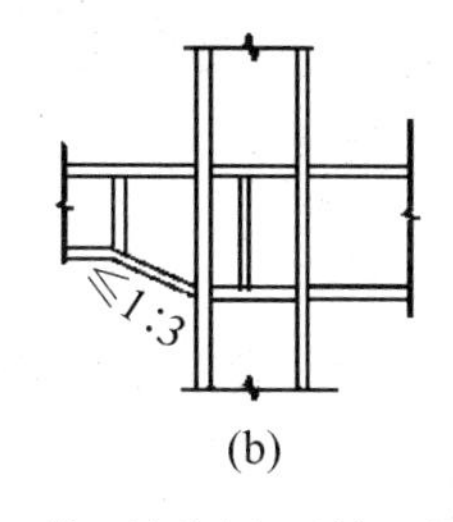

(b) 柱两侧梁高不等于加腋

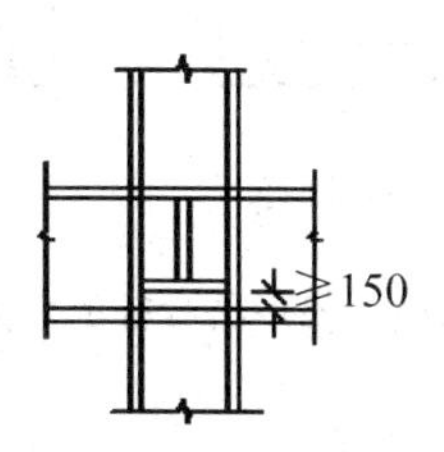

(c) 与柱垂直方向梁高不等时水平加劲肋设置

图 9.9　柱两侧梁高不等时的水平加劲肋

当梁与柱按铰接连接时，可采用图 9.10 所示的节点做法。

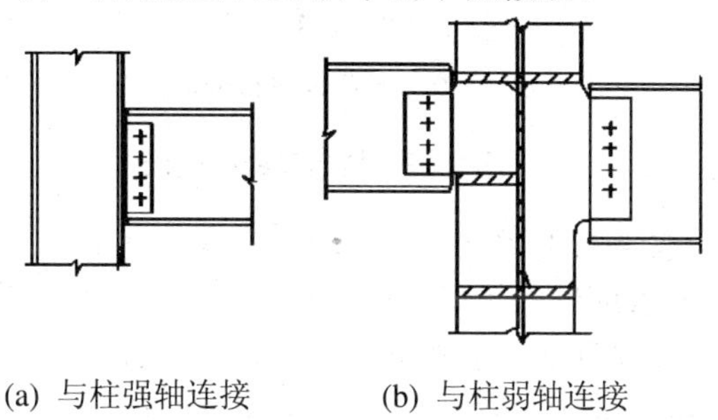

(a) 与柱强轴连接　　(b) 与柱弱轴连接

图 9.10　梁与柱的铰接

2. 柱与柱的连接

钢框架一般采用工字形柱或箱形柱。箱形柱一般为焊接柱，柱角部的组装焊缝应采用部分熔透的 V 形或 U 形焊缝，焊缝厚度不小于板厚的 1/3，且不小于 14mm，抗震设防时不小于板厚的 1/2，如图 9.11(a)所示。当梁柱连接采用刚接时，在梁上下各 600mm 范围的柱采用全熔透焊缝，如图 9.11(b)所示。

箱形组合柱在工地的接头应全部采用焊接，其坡口应采用如图 9.12 所示的形式。下箱形柱的上端应设置隔板，与柱口平齐，厚度不小于 16mm，其边缘应与柱截面一起刨平。上箱形柱下部附近应设置上柱隔板，厚度不小于 10mm。柱在工地的接头上下侧各 100mm 范围内，截面组装焊缝采用坡口全熔透焊缝。非抗震设防时，如果柱的弯矩较小且不产生拉力，可通过上下柱接触面直接传递 25%的压力和 25%的弯矩，可采用部分熔透的 V 形焊缝，但柱上下端应刨平顶紧，且端面与柱的轴线垂直。

变截面柱的可通过改变截面心尺寸或改变柱翼缘厚度来实现，主要采用变柱翼缘厚度方法。当需要变柱截面尺寸时，应采用如图 9.13(a)，(b)所示的做法，且变截面上下端均应设置隔板。如果变截面位置位于梁柱接头处时，常采用如图 9.13(c)所示的做法，且变截面两侧的梁翼缘不宜小于 150mm。

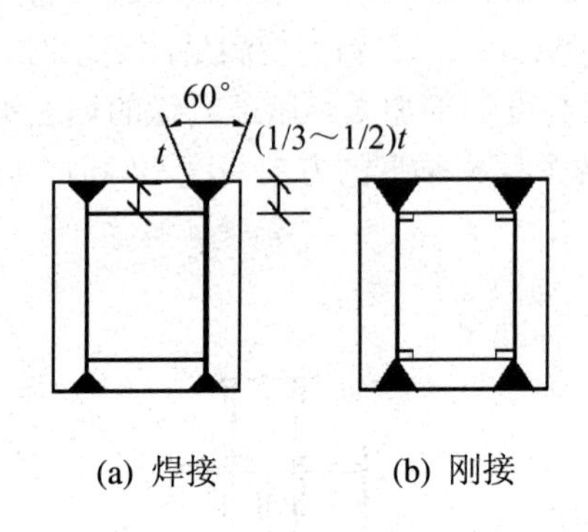

图 9.11　箱形组合柱的角部组装焊缝

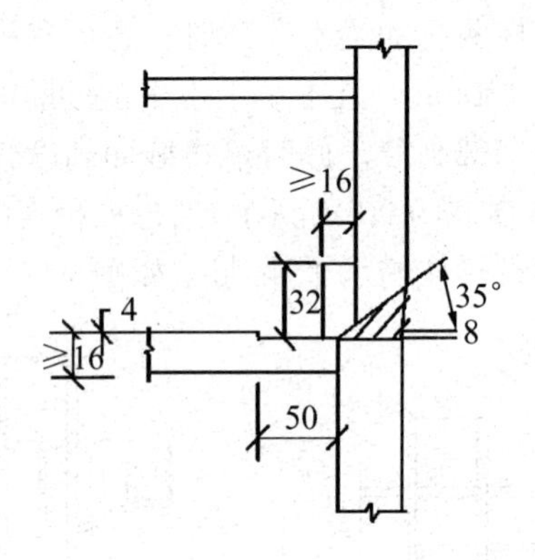

图 9.12　箱形组合柱的工地焊接

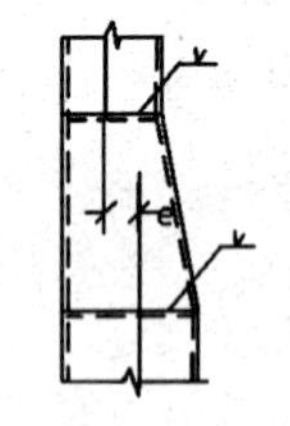

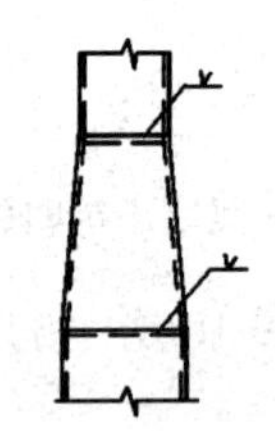

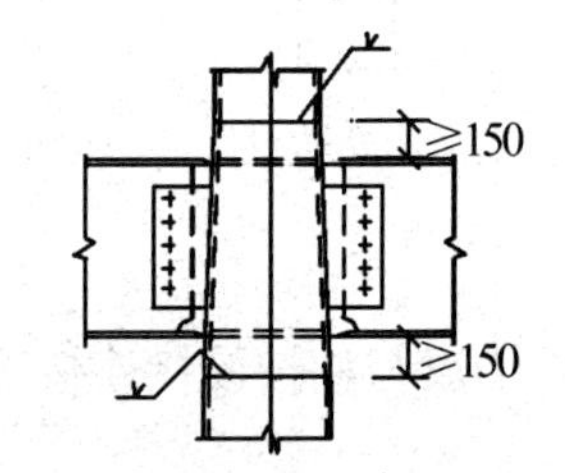

图 9.13　柱的变截面连接

钢骨混凝土框架一般采用工字形或十字形柱。在十字形柱与箱形柱相连处的两种截面过渡段中，十字形柱的腹板应伸入箱形柱内，其伸入长度应不小于钢柱截面高度加 200mm。与上部钢结构相连的钢骨混凝土柱沿其全高设栓钉，栓钉间距和列距在过渡段内一般采用 150mm，不大于 200mm；在过渡段外不大于 300mm。箱型柱与十字形柱的连接如图 9.14 所示。

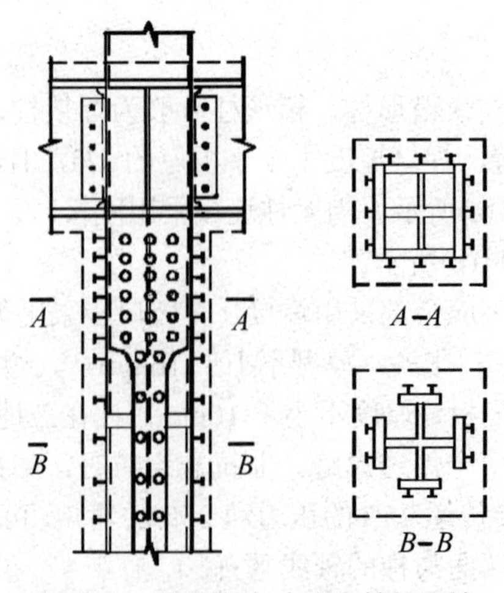

图 9.14　箱型柱与十字形柱的连接

3. 梁与梁的连接

框架梁的工地接头主要常采用柱带悬臂梁段与梁的连接方式，常有 3 种接头形式。

(1) 翼缘采用全熔透焊缝连接，腹板用摩擦型高强度螺栓连接。

(2) 翼缘和腹板均采用摩擦型高强度螺栓连接。

(3) 翼缘和腹板均采用全熔透焊缝连接。

次梁和主梁的连接一般采用简支连接，必要时也可采用刚性连接，其做法如图 9.15 所示。

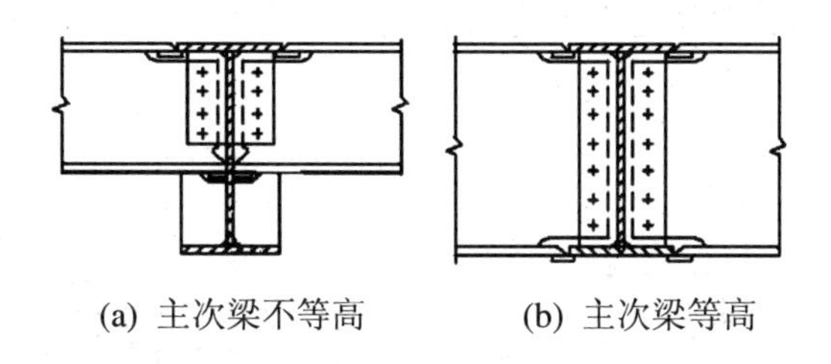

(a) 主次梁不等高　　(b) 主次梁等高

图 9.15　主梁与次梁的刚性连接

4. 支撑连接

支撑与框架的连接及支撑的拼接一般采用螺栓连接，如图 9.16 所示。柱和梁在支撑翼缘的连接处应设置加劲肋。支撑翼缘与箱形柱连接时在柱腹板的相应位置设置隔板。

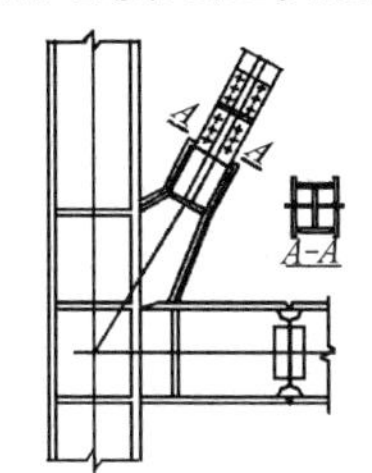

(a) 支撑翼缘朝向框架平面外支撑与梁柱节点连接

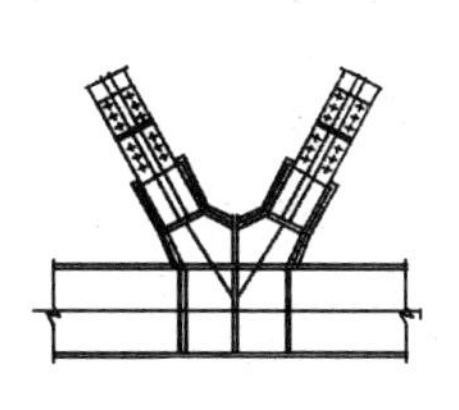

(b) 支撑翼缘朝向框架平面处支撑与梁连接

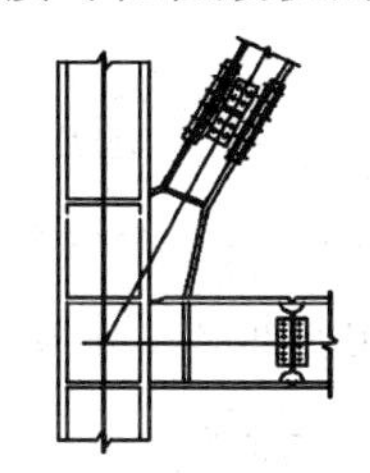

(c) 支撑腹板位于框架平面内支撑与梁柱节点连接

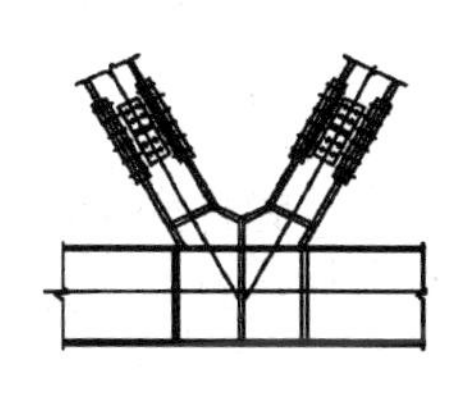

(d) 支撑腹板位于框架平面内支撑与连接

图 9.16　支撑与框架的连接

偏心支撑与耗能梁段相交时，支撑轴线与梁轴线的交点不应位于耗能梁段外。偏心支撑的剪切屈服型耗能梁段与柱翼缘的连接如图 9.17 所示。梁翼缘与柱翼缘间应采用坡口全熔透对接焊缝；梁腹板与柱间应采用角焊缝。耗能梁段一般不与工字形柱腹板连接。耗能梁段腹板应设加劲肋，加劲肋应在 3 边与梁采用角焊缝连接。

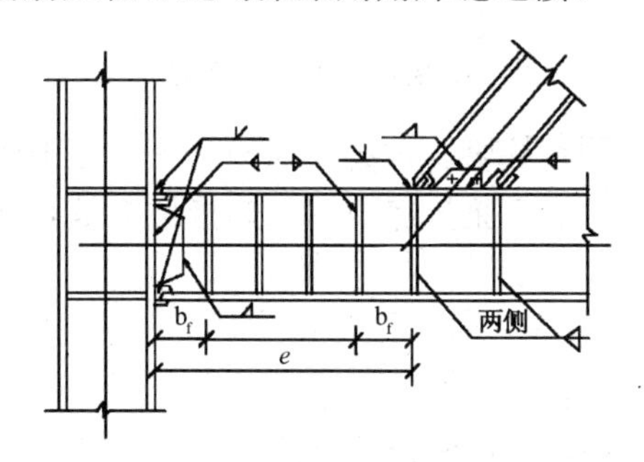

图 9.17　耗能梁段与柱翼缘的连接

5. 柱脚

高层钢结构框架柱的柱脚一般采用埋入式或外包式柱脚。柱脚铰接时可以采用外露式柱脚。

埋入式柱脚做法如图 9.18 所示。埋入式柱脚的埋深对轻型工字形柱，不得小于钢柱截面高度的 2 倍；对于大截面 H 形钢柱和箱型柱，不得小于钢柱截面高度的 3 倍。埋入部分的顶部必须设置水平加劲肋或隔板。埋入部分应设置栓钉，栓钉数量和布置按有关规定采用。埋入式柱脚钢柱翼缘的混凝土保护层厚度对中柱不得小于 180mm；对边柱或角柱的外侧一般不小于 250mm。

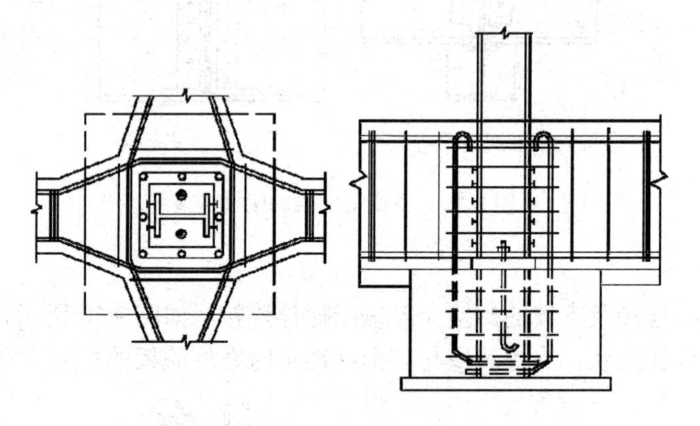

图 9.18　埋入式柱脚

外包式柱脚做法如图 9.19 所示。其混凝土外包高度与埋入式柱脚的埋入深度要求相同。外包处的栓钉数量和布置也与埋入式柱脚相同。

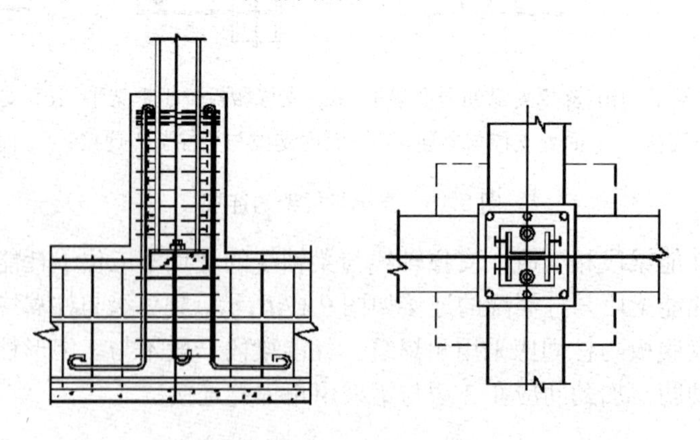

图 9.19　外包式柱脚

外露式柱脚常采用锚栓固定柱脚。柱脚底部的水平反力由底板和基础混凝土间摩擦力传递，当水平力超过摩擦力时，可采用底板下部焊接抗剪键和柱脚外包钢筋混凝土两种方法来加强。

9.1.5　其他

下面主要介绍高层建筑钢结构抗震设计时的有并问题。

钢结构在抗震设计时应满足“强柱弱梁、强节点弱构件”的要求。即结构发生屈服时，梁的屈服先于柱的屈服，构件的破坏先于连接的破坏。

钢结构房屋应尽量避免不规则结构，一般不设防震缝。确实需要设置防震缝时，缝宽不小于相应钢筋混凝土结构房屋防震缝的1.5倍。

钢结构在多遇地震下的阻尼比，对不超过12层的钢结构采用0.35，对超过12层的钢结构采用0.02；进行罕遇地震下的结构分析时阻尼比采用0.05。

1. 钢结构的基本周期

钢结构的基本周期计算应考虑非结构构件的影响，对根据主体结构弹性刚度计算的周期乘以修正系数。对于重量及刚度沿高度分布比较均匀的结构，基本自振周期可按(9-10)式近似计算。

$$T_1 = 0.7\xi_T\sqrt{\mu_n} \tag{9-10}$$

式中：μ_n——结构顶层假想侧移(m)，即假想将结构各层的重力荷载作为楼层的集中水平力，按弹性静力方法计算所得的顶层侧移值；

ξ_T——周期修正系数，一般采用0.9。

在初步计算时，结构的基本周期可按式(9-11)经验公式估算。

$$T_1 = 0.1N \tag{9-11}$$

式中：N——建筑物层数(不包括地下部分及屋顶小塔楼)。

2. 构件长细比限值

框架柱是高层建筑钢结构的主要抗侧力竖向构件，框架柱的长细比关系到钢结构的整体稳定性，因此应限制框架柱的长细比。当结构不超过12层钢框架柱的长细比，抗震设防烈度为6～8时不应大于$120\sqrt{235/f_y}$，9度时不应大于$100\sqrt{235/f_y}$；超过12层的钢框架柱的长细比在6、7、8、9度时分别不应大于$120\sqrt{235/f_y}$、$80\sqrt{235/f_y}$、$60\sqrt{235/f_y}$和$60\sqrt{235/f_y}$。

中心支撑斜杆的支撑斜杆长细比越大越容易压屈，其长细比限值按表9-4选用。

表9-4　钢结构中心支撑杆件长细比限值

类　型		6、7度	8度	9度
不超过12层	按压杆设计	150	120	120
	按拉杆设计	200	150	150
超过12层		120	90	60

注：表列数值适用于Q235钢，其他钢材应乘以$\sqrt{235/f_y}$

偏心支撑框架的支撑斜杆的长细比不应大于$120\sqrt{235/f_y}$。

3. 板件宽厚比限值

地震作用时，梁端允许出现塑性铰，部分柱端也会出现塑性。为了保证梁柱出现塑性铰后板件的局部稳定，应对梁柱构件的宽厚比加以限定。其限值按现行《建筑抗震设计规范》执行。

中心支撑框架的支撑杆件在轴向力作用下，有可能在杆件丧失整体稳定或强度破坏前，组成杆件的板件先出现局部屈曲，应限制其宽厚比。其限值按现行《建筑抗震设计规范》执行。

偏心支撑框架的支撑杆件，其宽厚比应按现行《钢结构设计规范》规定的轴心受压构件在弹性设计时的宽厚比限值执行。耗能梁段是偏心支撑钢框架中的主要耗能构件，为了防止耗能梁段及与耗能梁段同一跨内梁的构件局部屈曲，该梁板件的宽厚比限值应更严格一些。

9.2　高层建筑混合结构设计简介

9.2.1　概述

高层建筑混合结构指梁、柱、板和剪力墙等构件或结构的一部分采用钢、钢筋混凝土、钢骨混凝土、钢管混凝土、钢-混凝土组合梁板等两种或两种以上材料混合组成的高层建筑结构。主要形式为由钢框架或型钢混凝土框架与钢筋混凝土筒体所组成的共同承受竖向荷载和水平作用的高层建筑结构。其中钢骨混凝土、钢管混凝土、钢-混凝土组合梁板是由钢与混凝土材料结合而成的组合结构构件。钢-混凝土组合结构是在钢结构和钢筋混凝土结构的基础上发展起来的一种新型结构，它充分利用了钢结构和混凝土结构的优点，是结构工程领域近年来发展较快的一个方向。本节主要介绍混合结构的体系布置、钢骨混凝土构件设计和钢管混凝土柱设计方面等内容。

9.2.2　混合结构体系的布置

混合结构体系目前还没有统一的分类。从抗侧力体系角度可分为混合框架结构、混合框架-钢筋(钢骨)混凝土剪力墙(筒体)结构和混合筒中筒结构。

1. 混合结构体系

(1) 混合框架结构。

混合框架结构是指框架结构中部分或全部构件采用混合结构构件的结构。根据梁柱所采用的混合构件不同，可将混合框架结构分为以下形式。

① 钢柱，钢-混凝土组合梁。

② 钢骨或钢管混凝土柱，钢-混凝土组合梁。

③ 钢骨或钢管混凝土柱，钢筋混凝土梁。

④ 全钢骨混凝土框架。

(2) 混合框架-钢筋(钢骨)混凝土剪力墙(筒体)结构。

该结构体系由混合框架和剪力墙(或筒体)组成，剪力墙或筒体采用钢筋混凝土或钢骨混凝土。主要有以下形式。

① 钢框架-钢骨混凝土核心筒。

② 钢骨混凝土框架-钢筋(或钢骨)混凝土核心筒。

③ 钢管混凝土柱、钢梁框架-钢骨混凝土核心筒。

(3) 混合筒中筒结构。

混合筒体结构是指筒中筒结构体系中的部分或全部筒体采用钢骨混凝土筒体的结构体系。

高层建筑一般底部受力较大，上部受力较小，因此高层建筑的底部要采用承载力大的钢骨混凝土或钢管混凝土构件，上部要采用钢筋混凝土或钢结构，形成沿竖向变化的混合结构形式。采用这种混合结构形式时，上部构件的材料一般应与下部构件材料之一相同，并通过过渡层使上、下层构件的受力平顺传递，且上、下层刚度无显著突变。

2. 混合结构体系的结构布置原则

(1) 混合结构房屋的结构布置除应符合下面的要求外，尚应符合高规第 4.3 节及 4.4 节的有关规定。

(2) 建筑平面的外形宜简单规则，宜采用方形、矩形等规则对称的平面，并尽量使结构的抗侧力中心与水平合力中心重合。建筑的开间、进深宜统一。

(3) 混合结构的竖向布置宜符合下列要求。

① 结构的侧向刚度和承载力沿竖向宜均匀变化，构件截面宜由下至上逐渐减小，无突变。

② 当框架柱的上部与下部的类型和材料不同时，应设置过渡层。

③ 对于刚度突变的楼层，如转换层、加强层、空旷的顶层、顶部突出部分、型钢混凝土框架与钢框架的交接层及邻近楼层，应采取可靠的过渡加强措施。

④ 钢框架部分采用支撑时，宜采用偏心支撑和耗能支撑，支撑宜连续布置，且在相互垂直的两个方向均宜设置，并互相交接。支撑框架在地下的部分宜延伸至基础。

(4) 混合结构体系的高层建筑 7 度抗震设防且房屋高度不大于 130m 时，宜在楼面钢梁或型钢混凝土梁与钢筋混凝土筒体交接处及筒体四角设置型钢柱。7 度抗震设防且房屋高度大于 130m 及 8 度、9 度抗震设防时，应在楼面钢梁或型钢混凝土梁与钢筋混凝土筒体交接处及筒体四角设置型钢柱。

(5) 混合结构体系的高层建筑应由钢筋混凝土筒体承受主要的水平力，并应采取有效措施，保证钢筋混凝土筒体的延性。

(6) 混合结构中，外围框架梁与柱应采用刚性连接，楼面梁与钢筋混凝土筒体及外围框架柱的连接可采用刚接或铰接。

(7) 在钢框架-钢筋混凝土筒体结构中，当采用 H 形截面柱时，宜将柱截面强轴方向布置在外围框架平面内。角柱宜采用方形、十字形或圆形截面。

(8) 在混合结构中，可采用外伸桁架加强层，必要时可同时布置周边桁架。外伸桁架平面宜与抗侧力墙体的中心线重合。外伸桁架应与抗侧力墙体钢接且宜伸入并贯通抗侧力墙体，外伸桁架与外围框架柱的连接宜采用铰接或半钢接。

(9) 当布置有外伸桁架加强层时，应采取有效措施，减少由于外柱与混凝土筒体竖向变形差异引起的桁架杆件内力的变化。

(10) 楼面宜采用压型钢板现浇混凝土组合楼板、现浇混凝土楼板或预应力叠合楼板，楼板与钢梁应可靠连接。

3. 混合结构体系设计要求

(1) 混合结构体系最大适用高度。

混合结构高层建筑适用的最大高度应符合表 9-5 的要求。

表 9-5　钢-混凝土混合结构房屋适用的最大高度(m)

结构体系	非抗震设计	抗震设防烈度			
		6	7	8	9
钢框架-钢筋混凝土筒体	210	200	160	120	70
型钢混凝土框架-钢筋混凝土筒体	240	220	190	150	70

注：① 房屋高度指室外地面标高至主要屋面高度，不包括突出屋面的水箱、电梯机房、构架等的高度。
② 当房屋高度超过表中数值时，结构设计应有可靠依据并采取进一步有效措施。

(2) 混合结构高宽比限值。

混合结构高层建筑的高宽比不宜大于表 9-6 的规定。

表 9-6　高宽比限值

<table>
<tr><th rowspan="2">结构体系</th><th rowspan="2">非抗震设计</th><th colspan="3">抗震设防烈度</th></tr>
<tr><th>6、7</th><th>8</th><th>9</th></tr>
<tr><td>钢框架-钢筋混凝土筒体</td><td>7</td><td rowspan="2">7</td><td rowspan="2">6</td><td rowspan="2">4</td></tr>
<tr><td>型钢混凝土框架-钢筋混凝土筒体</td><td>8</td></tr>
</table>

(3) 混合结构侧移限值。

混合结构在风荷载及地震作用下，按弹性方法计算的最大层间位移与层高的比值 $\Delta u/h$ 不宜超过表 9-7 的规定。

表 9-7　$\Delta u/h$ 的限值

<table>
<tr><th>结构体系</th><th>$H \leqslant 150$m</th><th>$H \geqslant 250$m</th><th>150m $< H <$ 250m</th></tr>
<tr><td>钢框架-钢筋混凝土筒体</td><td rowspan="2">1/800</td><td rowspan="2">1/500</td><td rowspan="2">1/800～1/500 线性插入</td></tr>
<tr><td>型钢混凝土框架-钢筋混凝土筒体</td></tr>
</table>

(4) 地震剪力分配。

抗震设计时，钢框架-钢筋混凝土筒体结构各层框架柱所承受的地震剪力不应小于结构底部总剪力的 25%和框架部分地震剪力最大值的 1.8 倍二者的较小者；型钢混凝土框架-钢筋混凝土筒体各层框架柱所承担的地震剪力应符合《高规》第 8.1.4 条的规定。

(5) 混合结构抗震等级。

钢-混凝土混合结构房屋抗震设计时，钢筋混凝土筒体及型钢混凝土框架的抗震等级应按表 9-8 确定，并应符合相应的计算和构造措施。

表 9-8　钢—混凝土混合结构抗震等级

结构类型		6		7		8		9
钢框架-钢筋混凝土筒体	高度(m)	≤150	＞150	≤130	＞130	≤100	＞100	≤70
	钢筋混凝土筒体	二	一	一	特一	一	特一	特一
型钢混凝土框架-钢筋混凝土筒体	钢筋混凝土筒体	二	二	二	一	一	特一	特一
	型钢混凝土框架	三	二	二	一	一	一	一

(6) 混合结构的结构计算规定。

① 对于建筑物楼面有较大开口或为转换楼层时，应采用现浇楼板。对楼板开口较大部位宜采用可计算楼板变形的程序进行内力和位移计算，或采取设置刚性水平支撑等加强措施。

② 在进行弹性阶段的内力和位移计算时，对钢梁及钢柱可采用钢材的截面计算，对型钢混凝土构件的刚度可采用型钢部分刚度与钢筋混凝土部分的刚度之和。

$$EI = E_c I_c + E_a I_a \tag{9-12}$$

$$EA = E_c A_c + E_a A_a \tag{9-13}$$

$$GA = G_c A_c + G_a A_a \tag{9-14}$$

式中：$E_c I_c$，$E_c A_c$，$G_c A_c$——钢筋混凝土部分的截面抗弯刚度、轴向刚度及抗剪刚度；

$E_a I_a$，$E_a A_a$，$G_a A_a$——型钢部分的截面抗弯刚度，轴向刚度及抗剪刚度。

③ 在进行结构弹性分析时，宜考虑钢梁与混凝土楼面的共同作用，梁的刚度可取钢梁刚度的 1.5～2.0 倍，但应保证钢梁与楼板有可靠的连接。

④ 计算内力和位移中，设置外伸桁架的楼层应考虑楼板在平面内的变形。

⑤ 计算竖向荷载作用时，宜考虑柱、墙在施工过程中轴向变形差异的影响，并宜考虑在长期荷载作用下，由于钢筋混凝土筒体的徐变收缩对钢梁及柱产生的内力不利影响。

⑥ 当钢筋混凝土筒体先于钢框架施工时，应考虑施工阶段钢筋混凝土筒体在风力及其他荷载作用下的不利受力状态。型钢混凝土构件应验算在浇筑混凝土之前，钢框架在施工荷载及可能的风荷载作用下的承载力、稳定及位移，并据此确定钢框架安装与浇筑混凝土楼层的间隔层数。

⑦ 柱间钢支撑两端与柱或钢筋混凝土筒体的连接可按铰接计算。

⑧ 钢-混凝土混合结构中的钢构件应按国家现行标准《钢结构设计规范》(GB 50017)及《高层民用建筑钢结构技术规程》(JGJ 99)进行设计；钢筋混凝土构件应按现行国家标准《混凝土设计规范》(GB 50010)及本规程第 7 章的有关规定进行设计；型钢混凝土构件可按现行行业标准《型钢混凝土组合结构技术规程》(JGJ 138)进行截面设计。

⑨ 有地震作用组合时，型钢混凝土构件和钢构件的承载力抗震调整系数 γ_{RE} 应按表 9-9 和表 9-10 选用。

表 9-9　型钢混凝土构件承载力抗震调整系数 γ_{RE}

正截面承载力计算				斜截面承载力计算	连　　接
梁	柱	剪　力　墙	支　　撑	各类构件及节点	焊缝及高强螺栓
0.75	0.80	0.85	0.85	0.85	0.90

注：轴压比小于 0.15 的偏心受压柱，其承载力抗震调整系数 γ_{RE} 应取 0.75。

表 9-10　钢构件承载力抗震调整系数 γ_{RE}

钢　梁	钢　柱	钢　支　撑	节点及连接螺栓	连接焊缝
0.75	0.75	0.80	0.85	0.90

⑩ 在型钢混凝土构件中，型钢钢板的宽厚比满足表 9-11 的要求时，可不进行局部稳定验算。如图 9.20 所示。

表 9-11　型钢钢板宽厚比

钢　号	梁		柱		钢　管　柱
	b/t_f	h_w/t_w	b/t_f	h_w/t_w	D/t_w
Q235	<23	<107	<23	<96	<150
Q345	<19	<91	<19	<81	<109

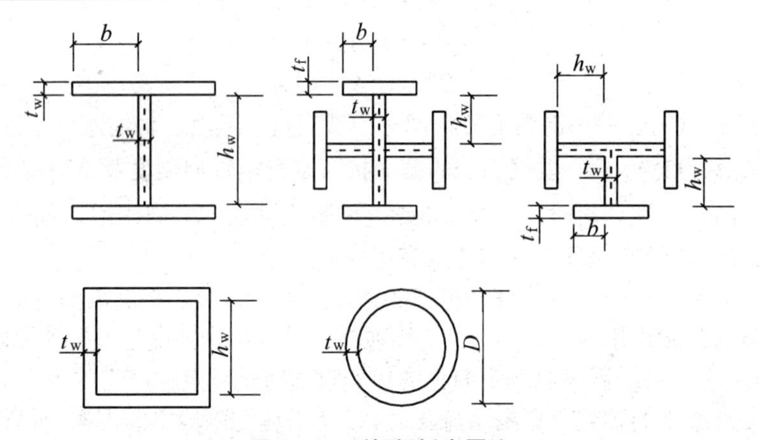

图 9.20　型钢钢板宽厚比

9.2.3　混合结构中钢骨混凝土构件设计

钢骨混凝土结构是指在钢骨周围配置钢筋并浇筑混凝土的结构，钢骨混凝土构件的内部钢骨部分与外包钢筋混凝土部分形成整体，共同受力，其受力性能优于钢骨部分和钢筋混凝土部分的简单叠加。

钢骨的形式有实腹式和空腹式两种。由于空腹式钢骨混凝土构件的受力性能与普通混凝土构件基本相同，目前多采用实腹式钢骨混凝土构件，实腹式钢骨混凝土截面形式如图 9.21 所示。

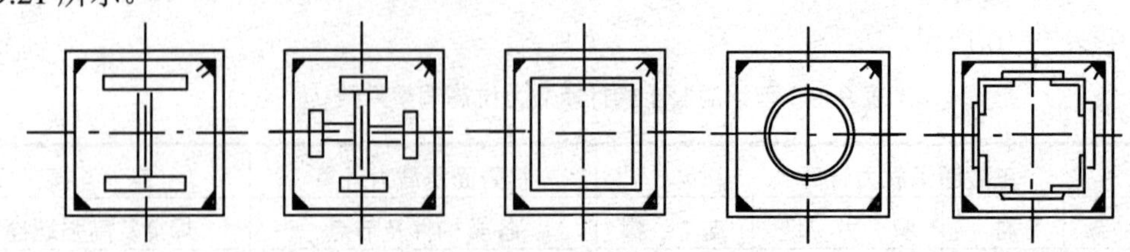

图 9.21　常用实腹式钢骨混凝土截面形式

钢骨混凝土构件中的材料有型钢、钢筋和混凝土。型钢材料一般采用 Q235-B～Q235-C，D 级的碳素结构钢或 Q345-B～Q345-E 级的低合金高强度结构钢。型钢可以采用焊接型钢和轧制型钢。型钢的质量应满足现行国家标准的规定；纵向受力钢筋一般采用 HRB335 级、HRB400 级热轧钢筋；箍筋一般采用 HPB235 级、HRB335 级热轧钢筋；混凝土强度等级一般不应小于 C30。

钢骨混凝土梁中型钢的保护层厚度一般不小于 100mm，梁纵筋与型钢骨架的最小净距不应小于 30mm，且不小于梁纵筋直径的 1.5 倍。梁纵筋配筋率一般不小于 0.30%。

钢骨混凝土柱的型钢保护层厚度一般不小于 120mm，柱纵筋与型钢的最小净跨不应小于 25mm。柱中纵向钢筋最小配筋率一般不小于 0.8%。

通常钢骨混凝土的含钢率不小于 2%，也不宜大于 15%，合理的含钢率为 5%～8%。

为了防止型钢的的局部失稳，型钢的钢板厚度一般不小于 6mm，当型钢的钢板宽厚比满足规范要求时，可不进行局部稳定验算。

钢骨混凝土结构构件有梁、柱、剪力墙等，各构件的计算包括承载力计算、裂缝宽度验算以及挠度验算等。本节主要介绍非抗震设计的梁、柱、剪力墙的计算以及节点构造。

1. 钢骨混凝土框架梁的计算

(1) 正截面承载力计算。

钢骨混凝土框架梁正截面承载力计算时进行如下假定。

① 满足平截面假定。

② 不考虑混凝土抗拉强度。

③ 受压边缘混凝土极限压应变取 0.003，相应的最大压应力取混凝土抗压强度设计值，受压区应力图简化为等效的矩形应力图，其高度取按平截面假定所确定的中和轴高度乘以系数 0.8，矩形应力图的应力取为混凝土轴心抗压强度值。

④ 型钢腹板的应力为拉、压应力图形，设计计算时简化为等效矩形应力图形。

⑤ 钢筋应力取钢筋应变与其弹性模量的乘积，但不大于其强度设计值。受拉钢筋和型钢受拉翼缘的极限拉应变取 0.001。

对充满型实腹型钢的型钢混凝土框架梁，其正截面受弯承载力按下列式计算，如图 9.22 所示。

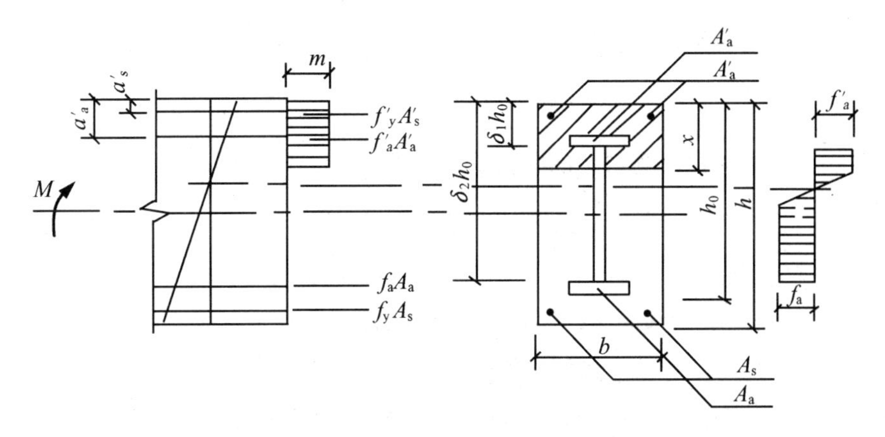

图 9.22　框架梁正截面承载力计算

$$M \leqslant f_c bx(h_0 - \frac{x}{2}) + f_y' A_s'(h_0 - a_s') + f_a' A_{af}'(h_0 - a_a') + M_{aw} \tag{9-15}$$

$$f_c bx + f_y' A_s' + f_a' A_{af}' - f_y A_s - f_a A_{af} + N_{aw} = 0 \tag{9-16}$$

当 $\delta_1 h_0 < 1.25x$，$\delta_2 h_0 > 1.25x$ 时

$$N_{aw} = [2.5\xi - (\delta_1 + \delta_2)] t_w h_0 f_a \tag{9-17}$$

$$M_{aw} = [\frac{1}{2}(\delta_1^2 + \delta_2^2) - (\delta_1 + \delta_2) + 2.5\xi - (1.25\xi)^2] t_w h_0^2 f_a \tag{9-18}$$

$$\xi_b = \frac{0.8}{1 + \frac{f_y + f_a}{2 \times 0.003 E_s}} \tag{9-19}$$

混凝土受压区高度 x 还应满足下列(9-20)和(9-21)公式要求。

$$x \leqslant \xi_b h_0 \tag{9-20}$$

$$x \geqslant a_a' + t_f \tag{9-21}$$

式中：ξ——相对受压区高度，$\xi = x / h_0$；

ξ_b——相对界限受压区高度，$\xi_b = x_b / h_0$；

x_b——界限受压区高度；

M_{aw}——型钢腹板承受的轴向合力对型钢受拉翼缘和纵向受拉钢筋合力点的力矩；

N_{aw}——型钢腹板承受的轴向合力；

δ_1——型钢腹板上端至截面上边距离与 h_0 的比值；

δ_2——型钢腹板下端至截面上边距离与 h_0 的比值；

t_w，h_w，t_f——型钢腹板厚度、高度，型钢翼缘厚度；

h_0——型钢受拉翼缘和纵向受拉钢筋合力点至混凝土受压边缘距离。

(2) 斜截面承载力计算。

钢骨混凝土框架梁的受剪截面应满足以下条件。

$$V_b \leqslant 0.45 f_c b h_0 \tag{9-22}$$

$$\frac{f_a t_w h_w}{f_c b h_0} \geqslant 0.10 \tag{9-23}$$

型钢为充满型实腹型钢的钢骨混凝土框架梁，其斜截面受剪承载力按(9-24)式计算。

$$V_b \leqslant 0.08 f_c b h_0 + f_{yv} \frac{A_{sv}}{s} h_0 + 0.58 f_a t_w h_w \tag{9-24}$$

集中荷载作用下的梁，其斜截面受剪承载力应按(9-25)式计算。

$$V_b \leqslant \frac{0.20}{\lambda + 1.5} f_c b h_0 + f_{yv} \frac{A_{sv}}{s} h_0 + \frac{0.58}{\lambda} f_a t_w h_w \tag{9-25}$$

式中：f_{yv}——箍筋强度设计值；

A_{sv}——配置在同一截面内箍筋各肢的全部截面面积；

s——沿构件长度方向上箍筋的间距；

λ——计算截面剪跨比，可取 $\lambda = a / h_0$，a 为计算截面至支座截面或节点边缘的距离，计算截面取集中荷载作用点处的截面。λ 小于 1.4 时取 1.4，大于 3 时取 3。

2. 钢骨混凝土框架柱的计算

(1) 正截面偏心受压承载力计算。

钢骨混凝土框架柱正截面偏心受压承载力计算的基本假定与梁正截面受弯承载力计算的假定相同。当型钢截面为充满型实腹型钢的钢骨混凝土框架柱，其偏心受压构件正截面承载力按式(9-26)及式(9-27)计算，如图 9.23 所示。

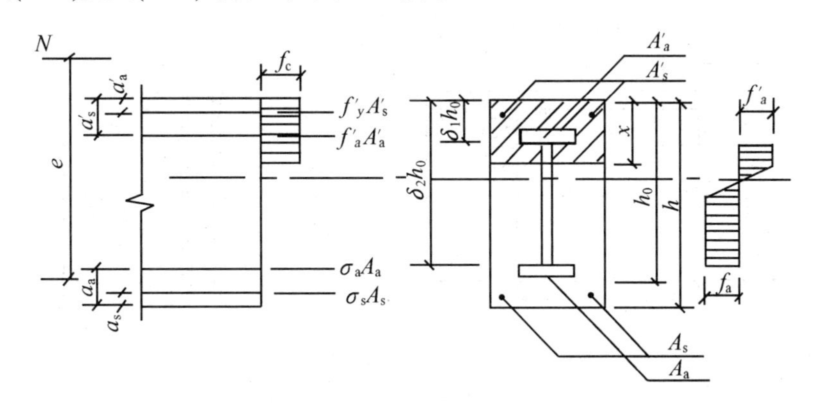

图 9.23　偏心受压框架柱承载力计算

$$M_e \leqslant f_c bx(h_0 - \frac{x}{2}) + f_y'A_s'(h_0 - a_s') + f_a'A_{af}'(h_0 - a_a') + M_{aw} \tag{9-26}$$

$$N \leqslant f_c bx + f_y'A_s' + f_a'A_{af}' - \sigma_s A_s - \sigma_a A_{af} + N_{aw} \tag{9-27}$$

受拉边或受压较小边的钢筋应力 σ_s 和型钢翼缘应力 σ_a 按下列条件计算。

当 $x \leqslant \xi_b h_0$ 时为大偏心受压构件，取 $\sigma_s = f_y, \sigma_a = f_a$；

当 $x > \xi_b h_0$ 时为小偏心受压构件，则：

$$\begin{aligned}\sigma_s &= \frac{f_y}{\xi_b - 0.8}(\frac{x}{h_0} - 0.8) \\ \sigma_a &= \frac{f_a}{\xi_b - 0.8}(\frac{x}{h_0} - 0.8)\end{aligned} \tag{9-28}$$

(2) 斜截面承载力计算。

钢骨混凝土框架柱的受剪截面应满足式(9-21)和式(9-22)要求。

框架柱的斜截面受剪承载力按式(9-29)计算。

$$V_b \leqslant \frac{0.20}{\lambda + 1.5} f_c bh_0 + f_{yv}\frac{A_{sv}}{s}h_0 + \frac{0.58}{\lambda} f_a t_w h_w + 0.07N \tag{9-29}$$

式中：λ——框架柱的计算剪跨比，其值取上、下端较大弯矩设计值 M 与对应的剪力设计值 V 和柱截面有效高度的比值，即 $\lambda = M/(Vh_0)$。λ 小于 1.0 时取 1.0，大于 3 时取 3。

N——框架柱的轴向压力设计值。

3. 钢骨混凝土剪力墙的计算

钢骨混凝土剪力墙计算包括两端配有型钢的钢筋混凝土剪力墙的计算和型钢混凝土边

框柱—钢筋混凝土剪力墙的计算两部分内容。

(1) 两端配有型钢的钢筋混凝土剪力墙。

① 剪力墙正截面偏心受压承载力计算。

两端配有型钢的钢筋混凝土剪力墙正截面偏心受压承载力按(9-30)及(9-31)式计算，如图 9.24 所示。

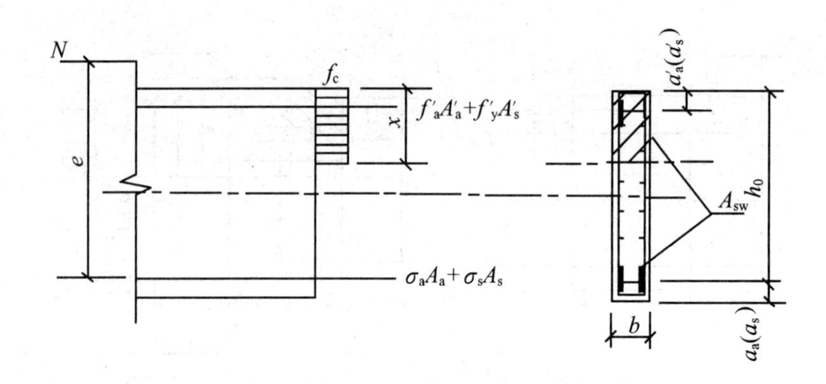

图 9.24　剪力墙正截面偏心受压承载力计算

$$M_e \leqslant f_c bx(h_0-\frac{x}{2})+f'_yA'_s(h_0-a'_s)+f'_aA'_a(h_0-a'_a)+M_{sw} \tag{9-30}$$

$$N \leqslant f_c bx+f'_yA'_s+f'_aA'_{af}-\sigma_a A_a-\sigma_s A_s+N_{sw} \tag{9-31}$$

式中：N_{sw}——剪力墙竖向分布钢筋所承担的轴向力。当$\xi>0.8$时，取$N_{sw}=f_{yw}A_{sw}$，否则按下式计算：

$$N_{sw}=(1+\frac{\xi-0.8}{0.4\omega})f_{yw}A_{sw} \tag{9-32}$$

M_{sw}——剪力墙竖向分布钢筋的合力对型钢型截面重心的力矩。当$\xi>0.8$时，取$M_{sw}=0.5f_{yw}A_{sw}h_{sw}$，否则按下式计算。

$$M_{sw}=\left[0.5-(\frac{\xi-0.8}{0.8\omega})^2\right]f_{yw}A_{sw}h_{sw} \tag{9-33}$$

式中：A_{sw}——剪力墙竖向分布钢筋总面积；

f_{yw}——剪力墙竖向分布钢筋强度设计值；

ω——剪力墙竖向分布钢筋配置高度h_{sw}与截面有效高度的比值，即$\omega=h_{sw}/h_0$；

b——剪力墙厚度；

h_0——型钢受拉翼缘和纵向受拉钢筋合力点到混凝土受压边缘的距离；

e——轴向力作用点至型钢受拉翼缘和纵向受拉钢筋合力点的距离。

② 剪力墙斜截面承载力计算。

两端配有型钢的钢筋混凝土剪力墙的受剪截面应满足以下条件。

$$V_w \leqslant 0.25f_c bh_0 \tag{9-34}$$

两端配有型钢的钢筋混凝土剪力墙在偏心受压时的斜截面受剪承载力按下式计算。

$$V_w \leqslant \frac{1}{\lambda-0.5}(0.05f_c bh_0+0.13N\frac{A_w}{A})+f_{yv}\frac{A_{sv}}{s}h_0+\frac{0.4}{\lambda}f_aA_a \tag{9-35}$$

式中：λ——计算截面处的剪跨比，$\lambda = M/(Vh_0)$。λ 小于 1.5 时取 1.5，大于 2.2 时取 2.2。

N——考虑地震作用组合的剪力墙的轴向压力设计值。当 $N > 0.2 f_c bh$ 时，$N = 0.2 f_c bh$。

A——剪力墙截面面积，有翼缘时包括翼缘面积。

A_w——T 形、工字截面剪力墙腹板的截面面积。矩形截面 $A=A_w$。

A_{sh}——配置在同一水平截面内的水平分布钢筋的全部截面面积。

A_a——剪力墙一端暗柱中型钢截面的面积。

s——水平分布钢筋的竖向间距。

(2) 型钢混凝土边框柱—钢筋混凝土剪力墙。

型钢混凝土边框柱—钢筋混凝土剪力墙正截面偏心受压承载力计算与两端配有型钢的钢筋混凝土剪力墙正截面偏心受压承载力计算方法相同。而型钢混凝土边框柱—钢筋混凝土剪力墙正截面偏心受压时的斜截面受剪承载力按式(9-36)计算。

$$V_w \leqslant \frac{1}{\lambda - 0.5}(0.05\beta_r f_c bh_0 + 0.13N\frac{A_w}{A}) + f_{yv}\frac{A_{sv}}{s}h_0 + \frac{0.4}{\lambda}f_a A_a \tag{9-36}$$

式中的 β_r 为周边柱对混凝土墙体的约束系数，取 1.2。

在承载力计算中，剪力墙的翼缘计算宽度取剪力墙厚度加两侧各 6 倍翼缘墙的厚度、墙间距的一半和剪力墙肢高度的 1/20 中的最小者。

4. 钢骨混凝土结构节点构造

(1) 梁柱节点。

梁柱节点设计时应做到构造简单，传力明确，便于混凝土浇筑和配筋。型钢混凝土结构的梁柱连接有以下几种形式。

① 型钢混凝土柱与型钢混凝土梁的连接。

② 型钢混凝土柱与钢筋混凝土梁的连接。

③ 型钢混凝土柱与钢梁的连接。

柱内型钢一般应采用贯通型，其拼接构造应满足钢结构的连接要求。型钢柱沿高度方向，在对应于梁的上下边缘处，应设计水平加劲肋，加劲肋形式应便于混凝土浇筑，如图 9.25 所示。

型钢柱与钢筋混凝土梁相连时，梁内纵筋应伸入柱节点，且应满足钢筋锚固要求。设计上应减少梁纵向钢筋穿过柱内型钢柱的数量，且一般不穿过型钢钢翼缘，也不应与柱内型钢直接焊接连接，如图 9.26 所示。

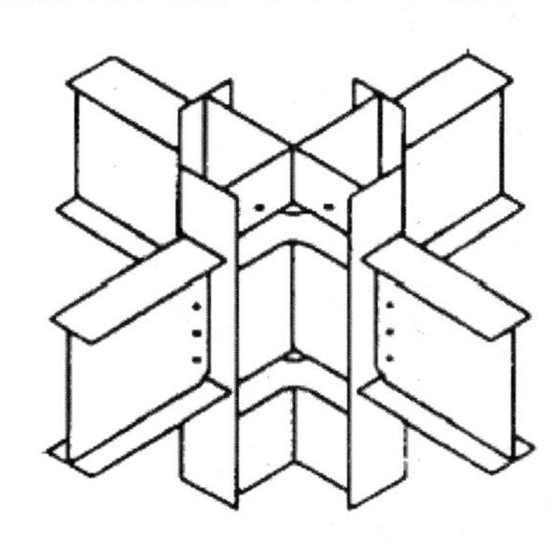

图 9.25　型钢混凝土内型钢梁柱节点构造

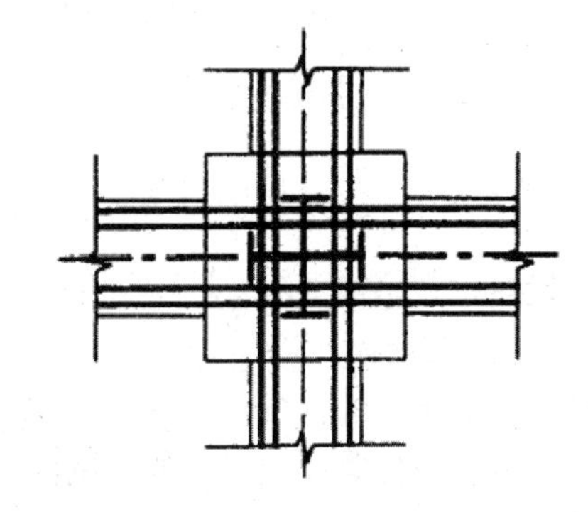

图 9.26　型钢混凝土梁柱节点穿筋构造

型钢混凝土柱与型钢混凝土梁或钢梁连接时，其节点做法与高层钢结构的梁柱节点类似。

(2) 柱与柱连接。

当结构下部采用型钢混凝土柱，上部采用钢筋混凝土柱时，两者间应设置结构过渡层。过渡层应是下部型钢混凝土柱向上延伸一层或两层，过滤层柱的纵向配筋应按钢筋混凝土柱计算，且箍筋沿柱全高加密。过渡层内的型钢应设置栓钉，栓钉的直径和间距应满足相应规程的要求。

当结构下部采用型钢混凝土柱，上部采用钢结构柱时，两者间也应设置结构过渡层。过渡层应在下部型钢混凝土柱向上延伸一层，过渡层中的型钢应按上部钢结构设计要求的截面配置，且向下一层延伸到梁下部至两倍柱型钢截面高度。过渡层内的型钢应设置栓钉，栓钉的直径和间距应满足相应规程的要求。

型钢混凝土柱中的型钢柱截面改变时，一般应保持型钢截面高度不变，而改变翼缘的宽度、厚度或腹板的厚度。如果要改变柱截面高度时，应设过渡层且在变截面上下端设置加劲肋。

(3) 梁与梁连接。

当型钢混凝土梁与钢筋混凝土梁连接时，型钢混凝土梁中的型钢一般应延伸至钢筋混凝土梁 1/4 跨处，在伸长段型钢上、下翼缘设置栓钉，且梁端到伸长段外两倍梁高范围内应箍筋加密。

当主梁为型钢混凝土梁，而次梁为钢筋混凝土梁时，次梁中的钢筋应穿过或绕过型钢混凝土梁的型钢。

(4) 梁与墙的连接。

型钢混凝土梁或钢梁与钢筋混凝土墙垂直连接时，可采用铰接和刚接形式。

铰接时在钢筋混凝土墙中设置预埋件，预埋件上焊连接板，连接板与型钢梁腹板用高强螺栓连接，如图 9.27 所示。

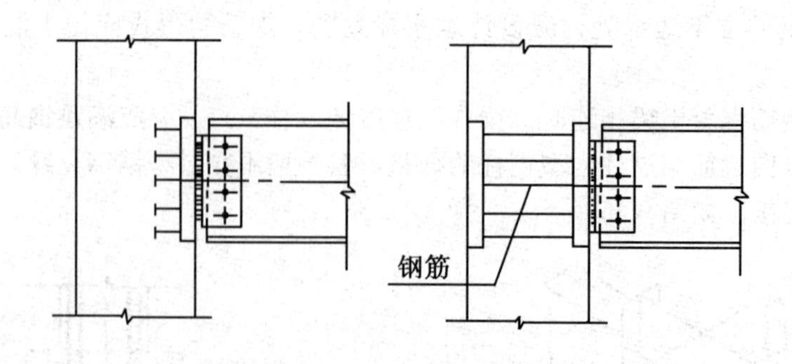

图 9.27　梁与墙的铰接连接构造

刚接时，在钢筋混凝土墙中设型钢柱，型钢梁与墙中型钢柱形成刚性连接。

(5) 柱脚构造。

型钢混凝土柱的柱脚一般应采用埋入式柱脚。埋置深度不应小于 3 倍型钢柱截面高度。在柱脚部位以及柱脚向上一层的范围内，型钢翼缘外侧一般应设置栓钉。

9.2.4　钢管混凝土柱的设计

钢管混凝土是指在钢管内填充混凝土而形成的组合结构材料，一般用作受压构件，包括轴心受压和偏心受压。按截面形式不同分为圆钢管混凝土、方钢管混凝土和多边形钢管混凝土等。圆钢管混凝土结构在实际工程中应用较多，通常简称为钢管混凝土结构。

钢管混凝土可以充分发挥钢管与混凝土两种材料的作用。对混凝土而言，钢管使混凝土受到横向约束而处于三向受压状态，从而使管内混凝土的抗压强度和变形能力提高；对钢管而言，由于钢管较薄，在受压状态下容易局部失稳，不能充分发挥其强度潜力，管中填实了混凝土后，避免了钢管发生局部失稳，使强度潜力得以发挥。

钢管混凝土中的钢管可采用直缝焊接管、螺旋形缝焊管和无缝钢管。焊接管必须采用坡口焊，并达到与母材等强的要求。钢管外径不小于 100mm，壁厚不小于 4mm。混凝土采用普通混凝土，其强度等级一般不低于 C30。为防止钢管的局部失稳，钢管外径与壁厚之比应限制在 $20\sqrt{235/f_y}$ 与 $85\sqrt{235/f_y}$ 之间。为了防止钢管混凝土构件的整体失稳，构件的长细比应满足相关规范和规程的要求。

钢管混凝土主要用于框架柱、桁架杆件或其他轴心(偏心)受压构件，而框架柱又分为单肢柱和格构柱。钢管混凝土结构或构件应进行承载力和变形验算。本节对钢管混凝土单肢柱的设计计算作简单介绍。

1. 轴向受压承载力验算

钢管混凝土柱的轴向受压承载力应满足式(9-37)要求。

$$N \leqslant N_u \tag{9-37}$$

式中：N——轴向压力设计值；

N_u——钢管混凝土柱的轴向受压承载力。

钢管混凝土柱的轴向受压承载力 N_u，要考虑长细比的影响，对于同时受弯矩作用的钢管混凝土柱，还要考虑弯矩的影响，N_u 按式(9-38)计算。

$$N_u = \varphi_l \varphi_e N_0 \tag{9-38}$$

式中：N_0——钢管混凝土短柱的轴向受压承载力设计值；

φ_l——考虑长细比影响的承载力折减系数；

φ_e——考虑弯矩作用下偏心影响的承载力折减系数。

在任何情况下式(9-38)中 φ_l 与 φ_e 均应满足下列条件。

$$\varphi_l \varphi_e \leqslant \varphi_0 \tag{9-39}$$

式中的 φ_0 为按轴心受压考虑的 φ_l 值。

(1) 钢管混凝土短柱的轴向受压承载力。

$$N_0 = f_c A_c (1 + \sqrt{\theta} + \theta) \tag{9-40}$$

式中：f_c——混凝土的抗压强度设计值；

A_c——钢管内混凝土的横截面面积；

θ——钢管混凝土的套箍指标，$\theta = f_a A_a / f_c A_c$；

f_a——钢管的抗拉、抗压强度设计值；

A_a——钢管的横截面面积。

(2) 弯矩作用下偏心影响的承载力折减系数。

考虑钢管混凝土柱的柱端弯矩作用时偏心影响的承载力折减系数 φ_e 按下列公式计算。

当 $e_0/r_c \leqslant 1.55$ 时 $\varphi_e = 1/(1+1.85e_0/r_c)$　　(9-41)

当 $e_0/r_c > 1.55$ 时 $\varphi_e = 0.4/(e_0/r_c)$　　(9-42)

式中：r_c——钢管的内半径；

e_0——柱较大弯矩端的轴向压力对构件截面重心的偏心距，$e_0 = M_2/N$；

M_2——柱两端弯矩设计值的较大者；

N——轴向压力设计值。

(3) 长细比影响的承载力折减系数。

考虑钢管混凝土柱长细比影响的承载力折减系数 φ_l 按下列公式计算。

当 $l_0/d > 4$ 时 $\varphi_l = 1-0.115\sqrt{l_0/d-4}$　　(9-43)

当 $l_0/d \leqslant 4$ 时 $\varphi_l = 1$　　(9-44)

式中：d——钢管外径；

l_0——柱的等效计算长度。按下面两种情况考虑。

① 两支承点间无横向荷载作用的框架柱和杆件。

$$l_0 = k\mu l \tag{9-45}$$

式中：l——框架柱或杆件的长度；

μ——考虑柱端约束条件的计算长度系数，根据梁柱的刚度比，按《钢管混凝土结构设计与施工规程》CECS28：9 0 的附录中的规定确定该系数；

k——考虑柱身弯矩分布梯度影响的等效长度系数，如图 9.28 所示。

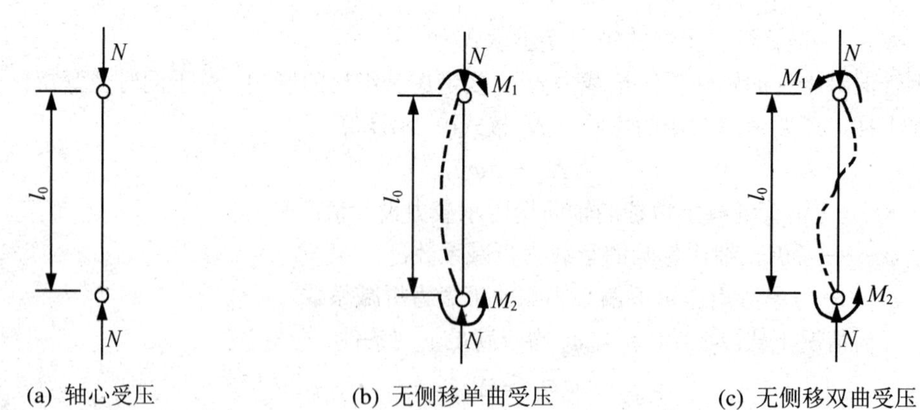

(a) 轴心受压　　(b) 无侧移单曲受压　　(c) 无侧移双曲受压

图 9.28　无侧移框架柱的计算简图

轴心受压柱和杆件 $k=1$。

无侧移框架柱 $k = 0.5+0.3\beta+0.2\beta^2$。

有侧移框架柱当 $e_0/r_c \geqslant 0.8$ 时，$k=0.5$；当 $e_0/r_c < 0.8$ 时，$k = 1-0.625e_0/r_c$。

式中 β 为柱两端弯矩设计值之较小者与较大者的比值，$\beta = M_1/M_2$，$|M_1| \leqslant |M_2|$，单曲压弯者取正值，双曲压弯者取负值。

无侧移框架是指框架中设有支撑架、剪力墙、电梯井等支撑结构，且支撑结构的抗侧移刚度等于或大于框架本身抗侧移刚度的 5 倍者。有侧移框架是指框架中未设上述支撑结构或支撑结构的抗侧刚度小于框架本身抗侧刚度的 5 倍者。

② 悬臂柱，如图 9.29 所示。

$$l_0 = kH \tag{9-46}$$

式中：H——悬臂柱的长度；

k——考虑柱身弯矩分布梯度影响的等效长度系数。按下列规定计算，并取其中较大者。

当嵌固端的偏心率 $e_0 / r_c \geqslant 0.8$ 时 $k = 1$。

当嵌固端的偏心率 $e_0 / r_c < 0.8$ 时 $k = 2 - 1.25 e_0 / r_c$。

当悬臂柱的自由端有 M_1 力矩作用时 $k = 1 + \beta$。

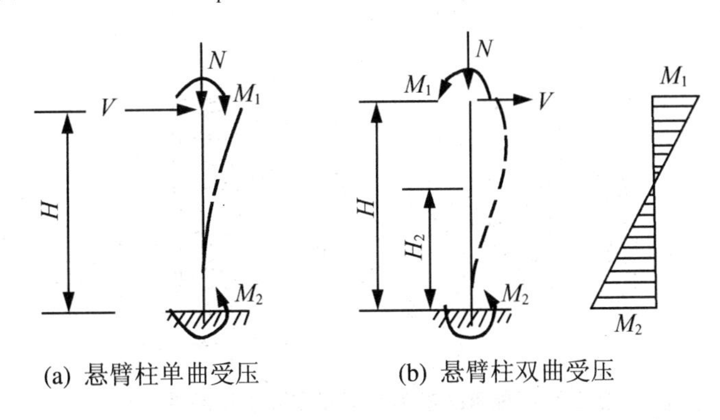

(a) 悬臂柱单曲受压　(b) 悬臂柱双曲受压

图 9.29　悬臂柱的计算简图

式中 β 为悬臂柱自由端的弯矩设计值 M_1 与嵌固端的弯矩设计值 M_2 之比值。当 β 为负值(双曲压弯)时，则按反弯点所分割成的高度为 H_2 的子悬臂柱计算。

嵌固端是指计算方向相交于柱同一节点的横梁的线刚度与柱的线刚度比不小于 4，或柱基础的长和宽均不小于柱直径的 4 倍的部位。

2. *局部受压计算*

局部受压是钢管混凝土结构常见的受力形式，钢管混凝土柱有两种局部受压，即混凝土局部受压和钢管—混凝土界面附近局部受压，两种局部受压都应进行局部受压承载力验算。下面主要讨论混凝土局部受压，应满足式(9-47)的条件。

$$N \leqslant N_{ul} \tag{9-47}$$

式中：N——轴向压力设计值；

N_{ul}——钢管混凝土在局部受压下的承载力设计值。

钢管混凝土在局部受压下的承载力设计值按式(9-48)计算，如图 9.30 所示。

$$N_0 = f_c A_t (1 + \sqrt{\theta} + \theta) \beta \tag{9-48}$$

式中：A_t——局部受压面积；

β——钢管混凝土的局部受压强度提高系数，$\beta = \sqrt{A_e / A_t}$，当 β 大于 3 时，取 3；

A_e——钢管内混凝土的横截面面积；

其他符号见式(9-40)。

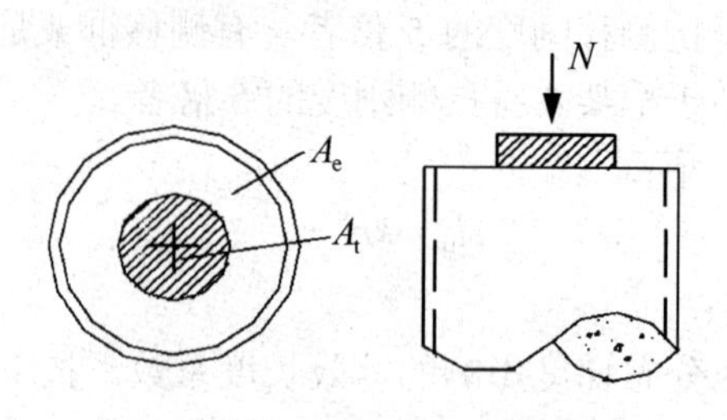

图 9.30　钢管混凝土局部受压

当钢管中混凝土配有螺旋箍筋时，钢管混凝土局部受压下的承载力设计值按式(9-49)计算，如图 9.31 所示。

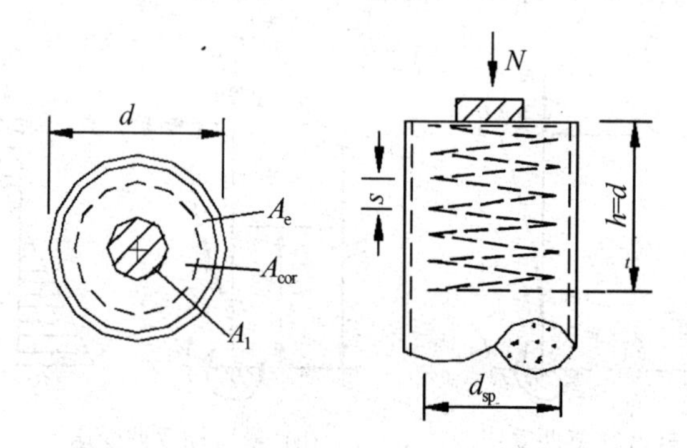

图 9.31　配有螺旋箍筋钢管混凝土局部受压

$$N_0 = f_c A_t[(1+\sqrt{\theta}+\theta)\beta + (\sqrt{\theta_{sp}}+\theta_{sp})\beta_{sp}] \tag{9-49}$$

式中：β_{sp}——螺旋筋套箍混凝土的局部受压强度提高系数，$\beta_{sp} = \sqrt{A_{cor}/A_t}$；

θ_{sp}——螺旋筋套箍混凝土的套箍指标，$\theta_{sp} = \rho_{v,sp} f_{sp} / f_c$；

A_{cor}——螺旋筋套箍内的核心混凝土横截面面积；

$\rho_{v,sp}$——螺旋箍筋的体积配筋率，$\rho_{v,sp} = 4A_{sp}/(sd_{sp})$；

A_{sp}——螺旋箍筋的横截面面积；

d_{sp}——螺旋圈的直径；

s——螺旋圈的间距。

3. 节点构造

钢管混凝土节点构造应做到构造简单、整体性好、传力明确、安全可靠、节约材料和施工方便。

(1) 钢管混凝土柱的连接节点。

钢管接长时，如果管径不变，一般采用等强度的坡口焊缝；如果管径改变时，可采用法兰盘和螺栓连接，同样应满足等强度要求，且法兰盘用带孔板，使管内混凝土保持连续。框架柱长度一般应按 12m 或 3 个楼层分段。分段接头宜接近反弯点位置。为增强钢管与核心混凝土共同受力，每段柱的接头处，在下段柱端一般设置一块环形封顶板，如图 9.32 所示。当钢管厚度小于 30mm 时，封顶板厚 12mm；否则取 16mm。

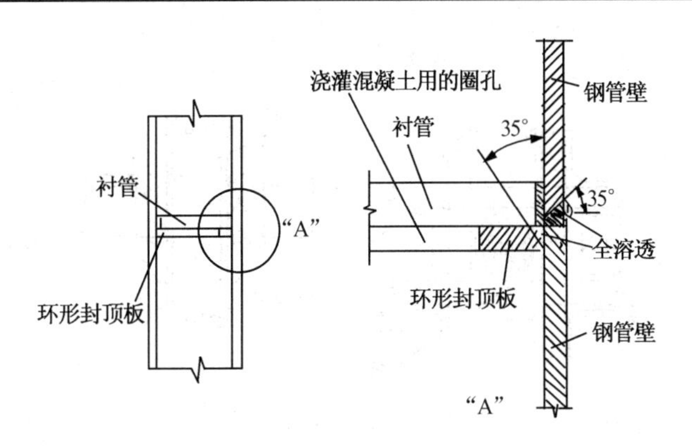

图 9.32　柱接头的封顶板

(2) 梁柱连接节点。

梁柱连接处梁端剪力的传递，对混凝土梁和钢梁采用不同的处理。对混凝土梁，采用焊接于柱钢管上的钢牛腿来实现，如图 9.33 所示。对于钢梁，采用焊接于柱钢管上的连接腹板来实现，如图 9.34 所示。梁柱连接处的梁内弯矩根据梁的材料不同采用不同的连接方法。当梁为钢梁或预制混凝土梁时，可采用钢加强环与钢梁上下翼缘板或与混凝土梁纵筋焊接来实现，如图 9.35 所示。对于现浇混凝土梁可采用连续双梁或将梁端局部加宽，使梁内纵向钢筋连续绕过钢管来实现，如图 9.36 所示。

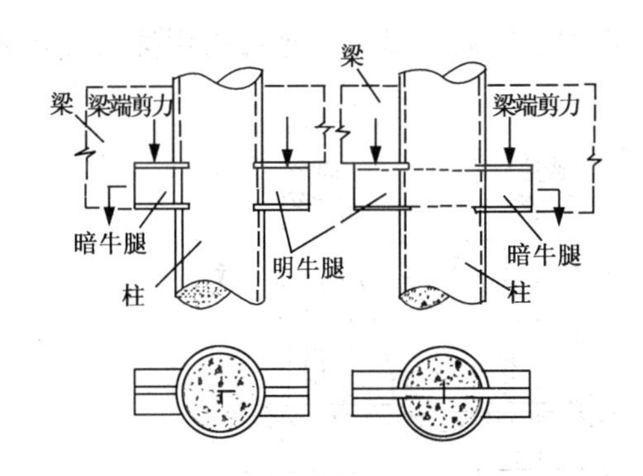

图 9.33　传递剪力的梁柱连接(混凝土梁)

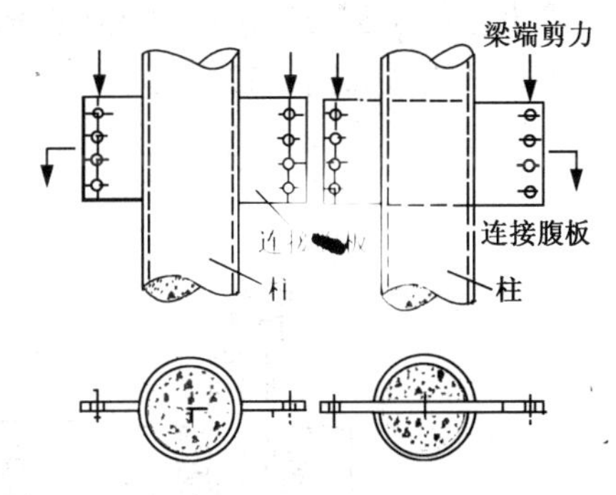

图 9.34　传递剪力的梁柱连接(钢梁)

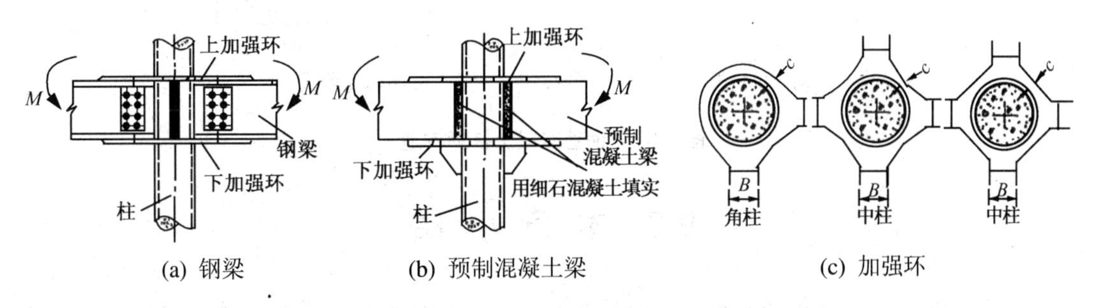

(a) 钢梁　　(b) 预制混凝土梁　　(c) 加强环

图 9.35　传递弯矩的梁柱连接(钢梁或预制混凝土梁)

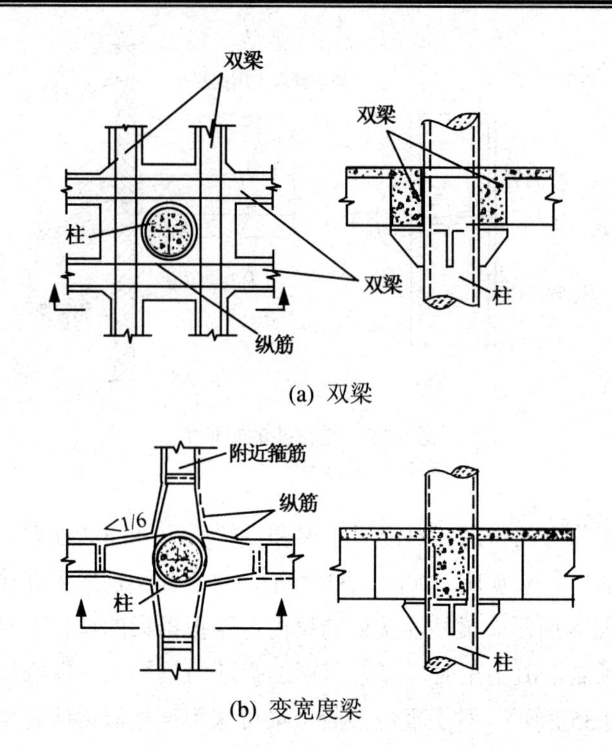

(a) 双梁

(b) 变宽度梁

图 9.36　传递弯矩的梁柱连接(钢梁或预制混凝土梁)

柱脚钢管的端头必须采用封头板封固，钢管混凝土柱脚与基础的连接采用插入式和端承式两种，其构造如图 9.37 所示。

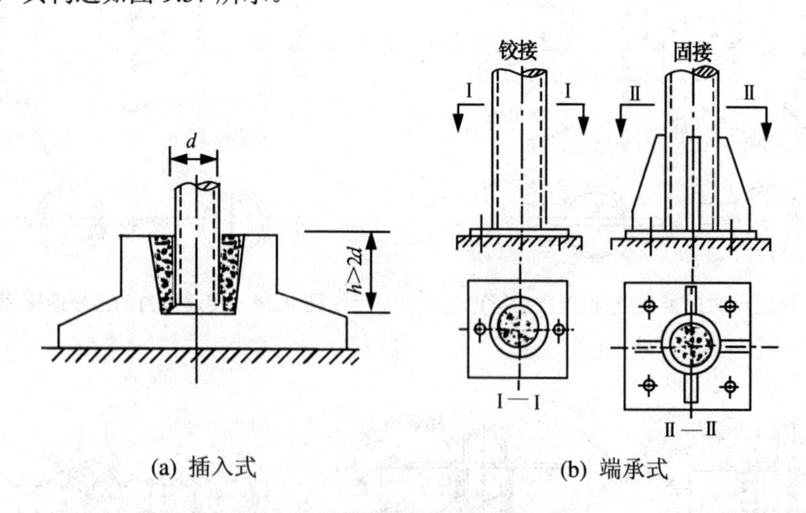

(a) 插入式　　(b) 端承式

图 9.37　钢管混凝土柱脚构造

9.3　本章小结

本章主要介绍了高层建筑钢结构的结构体系、结构计算方法、构件及连接设计，以及混合结构的组成和体系布置、钢骨混凝土构件和连接、钢管混凝土柱和连接设计等内容。

9.4 思 考 题

1. 高层建筑钢结构有哪些结构体系，各有什么特点？
2. 中心支撑钢框架和偏心支撑钢框架有什么不同？
3. 为什么要规定钢结构构件的长细比限值和板件的宽厚比限值？
4. 工程中钢框架的梁柱连接常用哪两种方法？
5. 钢框架梁的设计计算包括哪些内容？
6. 高层建筑混合结构体系有哪些？
7. 与钢筋混凝土构件相比，钢骨混凝土构件和钢管混凝土构件有什么优缺点？
8. 钢骨混凝土构件承载力计算有什么特点？
9. 钢管混凝土柱的轴向受压承载力的主要影响因素有哪些？
10. 钢管混凝土有几种局部受压？
11. 钢骨混凝土梁柱连接应注意哪些问题？
12. 钢管混凝土梁柱连接方式有哪些？

参 考 文 献

[1] 高层建筑混凝土结构技术规程(JGJ 3-2002). 北京：中国建筑工业出版社，2002.

[2] 混凝土结构设计规范(GB 50010-2002). 北京：中国建筑工业出版社，2002.

[3] 建筑抗震设计规范(GB 50011-2001). 北京：中国建筑工业出版社，2001.

[4] 建筑结构荷载规范(GB 50009-2001). 北京：中国建筑工业出版社，2002.

[5] 高层民用建筑钢结构技术规程(JGJ 99-1998). 北京：中国建筑工业出版社，1998.

[6] 钢骨混凝土结构设计规程(YB 9082-1997). 北京：冶金工业出版社，1998.

[7] 型钢混凝土组合结构技术规程(JGJ 138-2001). 北京：中国建筑工业出版社，2001.

[8] 高强混凝土结构技术规程(CECS 104:99). 北京：中国工程建设标准化协会，1999.

[9] 钢管混凝土的结构设计与施工规程(CECS 28:90). 北京：中国工程建设标准化协会，1990.

[10] 钢-混凝土组合结构设计规程(DL/T 5085-1999). 北京：中国电力出版社，1999.

[11]《高层建筑混凝土结构技术规程》编制组. 高层建筑混凝土结构技术规程宣贯培训教材. 2002.

[12] 吕西林. 高层建筑结构. 第 2 版. 武汉：武汉理工大学出版社，2003.

[13] 霍达. 高层建筑结构设计. 北京：高等教育出版社，2004.

[14] 徐有邻，周氐. 混凝土结构设计规范理解与应用. 北京：中国建筑工业出版社，2002.

[15] 包世华. 新编高层建筑结构. 北京：中国水利水电出版社，2001.

[16] 徐培福，黄小坤. 高层建筑混凝土结构技术规程理解与应用. 北京：中国建筑工业出版社，2003.

[17] 方鄂华，钱稼茹，叶列平. 高层建筑结构设计. 北京：中国建筑工业出版社，2003.

北京大学出版社土木建筑系列教材(已出版)

序号	书名	主编	定价	序号	书名	主编	定价
1	建筑设备	刘源全　张国军	35.00	39	工程结构检测	周　详　刘益虹	20.00
2	土木工程测量	陈久强　刘文生	35.00	40	土木工程课程设计指南	许　明　孟茁超	25.00
3	土木工程材料	柯国军	35.00	41	桥梁工程	周先雁　王解军	52.00
4	土木工程计算机绘图	袁　果　张渝生	28.00	42	房屋建筑学(上：民用建筑)	钱　坤　王若竹	32.00
5	工程地质	何培玲　张　婷	20.00	43	房屋建筑学(下：工业建筑)	钱　坤　吴　歌	26.00
6	建设工程监理概论(第2版)	巩天真　张泽平	30.00	44	工程管理专业英语	王竹芳	24.00
7	工程经济学	冯为民　付晓灵	34.00	45	建筑结构CAD教程	崔钦淑	36.00
8	工程项目管理	仲景冰　王红兵	32.00	46	建设工程招投标与合同管理实务	崔东红	38.00
9	工程造价管理	车春鹂　杜春艳	24.00	47	工程地质	倪宏革　时向东	25.00
10	工程招标投标管理	刘昌明　宋会莲	20.00	48	工程经济学	张厚钧	36.00
11	工程合同管理	方　俊　胡向真	23.00	49	工程财务管理	张学英	38.00
12	建筑工程施工组织与管理	余群舟	20.00	50	土木工程施工	石海均　马　哲	40.00
13	建设法规	胡向真　肖　铭	20.00	51	土木工程制图	张会平	34.00
14	建设项目评估	王　华	35.00	52	土木工程制图习题集	张会平	22.00
15	工程量清单的编制与投标报价	刘富勤　陈德方	25.00	53	土木工程材料	王春阳　裴　锐	40.00
16	土木工程概预算与投标报价	叶　良　刘　薇	28.00	54	结构抗震设计	祝英杰	30.00
17	室内装饰工程预算	陈祖建	30.00	55	土木工程专业英语	霍俊芳　姜丽云	35.00
18	力学与结构	徐吉恩　唐小弟	42.00	56	混凝土结构设计原理	邵永健	40.00
19	理论力学	张俊彦　黄宁宁	26.00	57	土木工程计量与计价	王翠琴　李春燕	35.00
20	材料力学	金康宁　谢群丹	27.00	58	房地产开发与管理	刘　薇	38.00
21	结构力学简明教程	张系斌	20.00	59	土力学	高向阳	32.00
22	流体力学	刘建军　章宝华	20.00	60	建筑表现技法	冯　柯	42.00
23	弹性力学	薛　强	22.00	61	工程招投标与合同管理	吴　芳　冯　宁	39.00
24	工程力学	罗迎社　喻小明	30.00	62	工程施工组织	周国恩	28.00
25	土力学	肖仁成　俞　晓	18.00	63	建筑力学	邹建奇	34.00
26	基础工程	王协群　章宝华	32.00	64	土力学学习指导与考题精解	高向阳	26.00
27	有限单元法	丁　科　陈月顺	17.00	65	建筑概论	钱　坤	28.00
28	土木工程施工	邓寿昌　李晓目	42.00	66	岩石力学	高　玮	35.00
29	房屋建筑学	聂洪达　郄恩田	36.00	67	交通工程学	李　杰　王　富	39.00
30	混凝土结构设计原理	许成祥　何培玲	28.00	68	房地产策划	王直民	42.00
31	混凝土结构设计	彭　刚　蔡江勇	28.00	69	中国传统建筑构造	李合群	35.00
32	钢结构设计原理	石建军　姜　袁	32.00	70	房地产开发	石海均　王　宏	34.00
33	结构抗震设计	马成松　苏　原	25.00	71	室内设计原理	冯　柯	28.00
34	高层建筑施工	张厚先　陈德方	32.00	72	建筑结构优化及应用	朱杰江	30.00
35	高层建筑结构设计	张仲先　王海波	23.00	73	高层与大跨建筑结构施工	王绍君	45.00
36	工程事故分析与工程安全	谢征勋　罗　章	22.00	74	工程造价管理	周国恩	42.00
37	砌体结构	何培玲	20.00	75	土建工程制图	张黎骅	29.00
38	荷载与结构设计方法	许成祥　何培玲	20.00	76	土建工程制图习题集	张黎骅	26.00

请登陆 www.pup6.com 免费下载本系列教材的电子书(PDF 版)、电子课件和相关教学资源。
欢迎免费索取样书，并欢迎到北大出版社来出版您的大作，可在 www.pup6.com 在线申请样书和进行选题登记，也可下载相关表格填写后发到我们的邮箱，我们将及时与您取得联系并做好全方位的服务。
联系方式：010-62750667，donglu2004@163.com，linzhangbo@126.com，欢迎来电来信咨询。